TRAITÉ

D'ANATOMIE

VÉTÉRINAIRE.

TRAITÉ

D'ANATOMIE

VÉTÉRINAIRE ;

Par J. GIRARD,

CHEVALIER DES ORDRES ROYAUX DE SAINT-MICHEL ET DE LA LÉGION
D'HONNEUR, ANCIEN DIRECTEUR DE L'ÉCOLE ROYALE VÉTÉRINAIRE
D'ALFORT, ANCIEN PROFESSEUR DANS LE MÊME ÉTABLISSEMENT,
MEMBRE TITULAIRE DE L'ACADÉMIE ROYALE DE MÉDECINE, DE
LA SOCIÉTÉ ROYALE ET CENTRALE D'AGRICULTURE, ETC.

QUATRIÈME ÉDITION

REVUE.

TOME DEUXIÈME.

PARIS,

LIBRAIRIE BOUCHARD-HUZARD,

RUE DE L'ÉPERON, Nº 7.

—

1841.

ANATOMIE

VÉTÉRINAIRE.

ORDRE II.

ORGANES DE LA DIGESTION.

Ces organes, nombreux et renfermés en grande partie dans la cavité abdominale, sont la *bouche*, le *pharynx*, l'*œsophage*, l'*estomac*, l'*intestin*, le *mésentère*, le *foie*, le *pancréas*, la *rate*, l'*épiploon*. Plusieurs, creux et continus, les uns à la suite des autres, composent un long canal, prolongé depuis l'ouverture de la bouche jusqu'à l'anus, c'est le *conduit alimentaire*. Les autres organes, que l'on peut considérer comme des annexes de ce conduit, coopèrent de différentes manières à la digestion ; l'office de la plus grande partie consiste à sécréter des humeurs, qui, en pénétrant les substances alimentaires, servent à les fluidifier, à les animaliser.

§ 1er. *De la bouche.*

La bouche est la cavité antérieure du conduit alimentaire, et le siége du goût ; en vertu de cette dernière propriété, elle explore, distingue certaines qualités des substances qu'elle admet, et elle fait subir aux aliments diverses altérations qui les disposent à la digestion gastrique. La cavité buccale à laquelle on distingue *l'entrée*, la *partie moyenne* et le *fond*, a pour base les deux mâchoires, s'étend en arrière et en haut jusqu'au pharynx et se trouve circonscrite antérieurement par les lèvres, latéralement par les joues, postérieurement par le voile du palais ; elle comprend la considération d'un grand nombre de parties qui lui sont intimement annexées, ou qui concourent à la former : on compte les *lèvres*, les *arcades dentaires*, les *gencives*, les *joues*, le *palais*, le *voile du palais*, la *langue*, enfin les *follicules et glandes salivaires*.

La bouche est tapissée par une membrane muqueuse, blanchâtre, qui s'étend depuis le bord libre des lèvres et se continue postérieurement avec la membrane interne du pharynx. Cette membrane revêt la face interne des lèvres et des joues, fournit les gencives, se propage sur la surface libre de la langue, forme les liens propres à cet organe, et devient partie constituante du palais, ainsi que du voile ou septum staphylin. Différente par sa texture et par ses propriétés, en raison des endroits qu'elle occupe, elle entretient l'exhalation vaporeuse de la bouche, et soutient les conduits excréteurs de la salive.

Des lèvres.

Les lèvres, au nombre de deux, l'une supérieure ou antérieure et l'autre inférieure ou postérieure, sont des prolongements très-mobiles, fixés aux bords alvéolaires des dents incisives, et destinés à fermer la bouche.

Leur *face externe*, tapissée par la peau et divisée par une ligne médiane, se trouve garnie de petits poils fins et écartés; elle offre aussi divers mamelons ainsi que de gros crins, roides, peu nombreux; parfois elle porte des moustaches, dont la longueur et la grosseur varient.

La lèvre inférieure, constamment plus petite, moins épaisse et moins mobile que la supérieure, présente, dans le milieu de sa surface externe, une grosse protubérance hémisphérique, appelée *houppe du menton* et plus communément *la barbe*.

La *face interne* des lèvres, lisse, douce et recouverte par la membrane muqueuse de la bouche, est communément blanchâtre, parfois marbrée, et laisse voir quelques mamelons, qui sont autant de follicules muqueux.

Leur *base*, qui est attachée, près et en arrière du bord alvéolaire des dents incisives, occupe une surface d'une certaine étendue.

Déprimé et arrondi en dehors, le *bord libre* est tranchant du côté de la cavité de la bouche. En s'appliquant l'un contre l'autre, les bords ferment exactement l'ouverture de la cavité et empêchent la sortie des substances qui peuvent y être contenues.

Structure. La substance charnue ou le *corps* des lèvres se compose d'une masse fibreuse, entremêlée de filets nerveux, de vaisseaux et de gros follicules, recouverte en dehors par la peau et en dedans par la membrane buccale. Parmi ses fibres musculaires, les unes s'étendent circulairement, tandis que d'autres, transversales ou obliques, fournissent différents faisceaux, qui vont s'insérer à divers points des os et composent plusieurs muscles (1).

La *peau* des lèvres, mince et intimement unie à la substance précédente, est pourvue de gros bulbes, dans lesquels s'implantent les crins précédemment indiqués.

La *membrane interne* ou *labiale* couvre une masse de gros follicules, maintenue entre les fibres charnues et traversée par quelques filets nerveux.

Les *vaisseaux* et les *nerfs* labiaux sont généralement gros et fort nombreux. Les artères émanent des maxillaires et des palato-labiales : les veines accompagnent les artères ; les nerfs proviennent des branches maxillaires de la cinquième paire.

Les lèvres ferment la bouche, aident à prendre les aliments à les retenir et à les pousser sous les dents molaires pendant la mastication ; elles servent aussi à humer les boissons ; et les crins dont elles sont garnies ont la propriété de prévenir l'animal de l'approche des corps extérieurs.

Différences. Dans le *bœuf,* la lèvre supérieure,

______

(1) Voyez tome Ier, page 326 et suiv.

ferme, très-grosse et recouverte extérieurement d'une membrane mamelonnée, constitue le *mufle*; sa surface externe est humectée par une humeur séreuse, qui s'amasse souvent en gouttelettes. La lèvre inférieure du même herbivore est petite, peu mobile et dentelée à son bord libre.

La lèvre supérieure de la *bête ovine* offre un sillon médian, profond et dépourvu de poils; ceux-ci sont longs et nombreux le long du bord libre.

Dans le *chien*, l'ouverture extérieure de la gueule est très-fendue, et les lèvres ont une plus grande étendue que dans les herbivores. La supérieure est partagée par un sillon médian, parfois très-profond. Le bord libre de la lèvre inférieure, découpé en biseau sur le côté externe, forme du côté de la cavité de la gueule une lame mince, dentelée, qui s'insinue sous la lèvre supérieure.

L'ouverture de la gueule du *porc* est un peu moins grande que celle du *chien*, la lèvre inférieure est petite, peu mobile, et la supérieure concourt à la formation du *boutoir*.

Des arcades dentaires.

Au nombre de deux, l'une supérieure et l'autre inférieure, ces parties ont une figure parabolique, servent à couper, à broyer les aliments fibreux, qui ont besoin d'une division plus intime pour pouvoir être digérés. Chacune de ces arcades se compose d'une série de dents, implantées dans les os maxillaires, les unes à la suite des autres, et distinguées en *incisives*, *angulaires* et *molaires* (1).

Des gencives.

Formées par des prolongements de la membrane de la bouche, les gencives concourent à fixer les dents et les affermissent dans leurs alvéoles; elles sont formées d'un tissu serré, blanchâtre, s'implantent aux bords alvéolaires des maxillaires, et s'interposent dans les intervalles que laissent entre elles ces mêmes dents.

Des joues.

Elles composent les parois latérales de la bouche, forment de chaque côté une grande poche oblongue, prolongée depuis la commissure des lèvres, le long des dents molaires, jusqu'au voile du palais; chacune de ces poches donne accès au canal parotidien, qui forme un gros mamelon situé au niveau de la troisième dent molaire supérieure.

Leur *substance* musculo-membraneuse présente deux couches, dont l'externe est formée par le muscle alvéolo-labial, tandis que l'interne est une continuité de la membrane buccale. Ces deux couches, fortement unies entre elles, soutiennent divers groupes de follicules, que quelques anatomistes ont appelés *glandes molaires*, et qui versent dans la cavité de la bouche une grande quantité d'humeur.

Dans les *ruminants*, toute la surface interne des

____

(1) Voir le Traité de l'âge du cheval. Paris, 1834, 3e édition.

joues est parsemée de grands mamelons coniques, courbés en arrière, et qui se font aussi remarquer à la face interne des lèvres proche de leur commissure.

Dans le *chien* et dans le *porc*, on observe que l'étendue des joues est en raison inverse de l'ouverture de la gueule.

Du palais.

Le palais, circonscrit par l'arcade dentaire supérieure, forme les parois supérieures de la bouche; il constitue une voûte à base osseuse, dont la surface blanchâtre et rugueuse offre une ligne longitudinale médiane, ainsi qu'une série de sillons transversaux courbés en avant.

La voûte osseuse, formée par le prolongement interne des sus-maxillaires, porte une arête médiane, deux scissures latérales, divers trous variables et destinés au passage des vaisseaux (1).

Épaisse et très-vasculaire, la *membrane palatine* est une continuité de celle de la bouche, et elle fournit les gencives internes de l'arcade supérieure. A sa surface libre, on aperçoit les sillons transversaux, placés les uns à la suite des autres, et décrivant chacun deux segments de cercle, dont la convexité est antérieure. Ces sillons ont un bord mince et tourné du côté du fond de la bouche. La face adhérente tient à la voûte osseuse par divers filaments, plus fortement implantés tout le long de l'arête médiane

____

(1) Voyez la description des sus-maxillaires, tome Ier, page 175 et suiv.

qu'ailleurs. Cette membrane palatine, très-vasculaire et pourvue d'une couche épidermique épaisse, s'engorge et gonfle dans toutes les circonstances où le sang afflue dans son tissu par suite d'une irritation spéciale.

Les artères fournies par les deux palato-labiales forment diverses anastomoses transversales, et se ramifient dans le tissu de la membrane. Les veines, très-rameuses, très-anastomotiques, plus grosses et bien plus nombreuses que les artères, composent la majeure partie du tissu de la membrane. Les nerfs suivent le trajet des artères, auxquelles ils s'accolent.

Quant aux usages du palais, cette partie de la bouche sert à la gustation sans en être cependant le siége principal.

Dans les *didactyles*, les sillons palatins composent deux rangées, l'une droite et l'autre gauche, complétement séparées par une ligne ou dépression médiane, dont on ne voit que la trace dans les monodactyles. Chacun de ces sillons fournit du côté du voile du palais un bord ferme et denticulé, disposition d'autant plus remarquable qu'elle rend le palais dur et âpre. Les sillons les plus développés se trouvent vers le milieu de la voûte palatine.

Le palais du *porc*, plus rugueux, offre une série de sillons, dont les plus gros résident vers le milieu, et tous ces sillons sont alternes comme dans le bœuf.

Dans le palais du *chien*, on ne compte que dix sillons; ceux de droite sont réunis avec ceux de gauche, de manière qu'il n'y a pas d'interruption.

Du voile du palais

Le voile du palais ou septum staphylin sépare la bouche d'avec la cavité gutturale ; c'est une longue cloison, épaisse, molle, rugueuse, suspendue à l'extrémité de la voûte palatine, fixée par ses côtés et prolongée inférieurement jusque derrière l'épiglotte. Cette production musculo-membraneuse se relève du côté de l'ouverture gutturale des narines, au moment du passage des aliments, qui sont poussés de la bouche dans le pharynx.

Ses *faces* opposées l'une à l'autre, ridées et dirigées obliquement de haut en bas et d'avant en arrière, sécrètent un mucus glaireux et abondant, qui leur sert d'enduit et les préserve d'être irritées par le passage des substances étrangères.

L'*extrémité supérieure*, épaisse et fixée à la voûte palatine, forme la base du voile ; tandis que l'*inférieure*, libre, présente un bord mince, concave, qui embrasse la base de l'épiglotte. Chaque *bord* latéral porte deux piliers, dont l'un, mince et allongé, se prolonge jusqu'à l'extrémité inférieure du septum staphylin, et le second, épais et court, se dirige du côté de la base de la langue, et renferme de gros follicules muqueux ; ceux-ci constituent dans les didactyles et les tétradactyles un corps assez considérable, appelé *tonsilles* ou *amygdales*.

Structure. Le voile du palais est principalement formé par un grand repli membraneux, qui renferme un amas de follicules muqueux, ainsi que deux petits muscles destinés à l'exécution des mouvements de la partie.

Épaisse, molle et très-folliculeuse, la *membrane* du septum staphylin est une continuité de celle de la bouche ; parvenue à l'extrémité inférieure du voile palatin, elle se replie en arrière et en haut ; après avoir formé la couche postérieure du voile, elle se propage dans l'ouverture gutturale des narines et se continue ainsi avec la membrane nasale.

La substance folliculeuse, maintenue entre les deux couches membraneuses dont il vient d'être parlé, compose une masse plus épaisse en haut qu'en bas, et traversée dans la direction du plan médian par le muscle staphylin ; ce corps folliculaire est la source de la sécrétion de l'humeur glaireuse répandue sur les surfaces du voile (1).

Usages. Outre les fonctions précédemment indiquées, le septum staphylin dirige l'air inspiré vers la glotte ; il ferme le passage de la cavité gutturale dans la bouche, et force les substances qui remontent à sortir toutes par les naseaux.

Différences. Dans les *didactyles* et les *tétradactyles*, le voile du palais n'est pas aussi étendu que dans les monodactyles ; il ne descend pas jusque contre l'épiglotte, et laisse conséquemment un passage libre de la cavité gutturale à celle de la bouche. Cette différence explique pourquoi les premiers quadrupèdes peuvent rejeter par la bouche les substances qui remontent de l'œsophage.

____

(1) Pour les muscles du voile du palais, voyez tome Ier, p. 348.

De la langue.

La langue est un organe musculeux, très-mobile, oblong, logé dans la cavité intermaxillaire ; organe dont la surface libre est pourvue d'une tunique ou enveloppe provenant de la membrane buccale ; dont la base ou partie postérieure tient aux os hyoïde et maxillaire ; dont la partie antérieure flottante exécute les mouvements les plus variés ; ses principaux usages sont de servir à la manducation et à la gustation.

Sa *partie fixe* ou *sa base* est attachée à l'hyoïde ainsi qu'au maxillaire par des prolongements musculeux, qui composent les muscles hyoglosse, kératoglosse et génioglosse ; elle est aussi maintenue dans la cavité intermaxillaire par trois replis remarquables, formés par la membrane de la bouche. Le premier de ces replis, mince, allongé et placé sous la partie flottante, est attaché à la symphyse maxillaire et constitue le *frein de la langue ;* tandis que les deux replis postérieurs, courts, épais et situés dans le fond de la bouche, forment les *piliers latéraux de la langue.*

Sa *partie flottante* est aplatie de dessus en dessous, susceptible de s'allonger, de revenir sur elle-même et de se replier dans tous les sens ; elle offre un sillon médian, et se termine par une pointe arrondie d'un côté à l'autre.

Toute sa *surface antérieure* et *supérieure* est pourvue d'un velouté fin, formé par des sortes de petits poils, très-ténus, très-courts, et qui sont, à n'en pas douter, des villosités par où suinte un fluide séreux. Le long de la partie flottante, cette même surface est lisse et douce ; tandis que, postérieurement et sur toute la base de la langue, elle ne présente nulle trace de ligne médiane, et offre une certaine âpreté ; vers son extrémité postérieure et proche du voile du palais, on voit deux cavités rondes, appelées *lacunes de la langue* (communément les trous borgnes), et destinées à recéler un groupe de papilles fungiformes.

La *surface inférieure*, bien moins étendue et bornée à la partie flottante, est très-douce et laisse voir le frein de la langue, ligament mince, semi-lunaire et à bord tranchant. De chaque côté de ce frein et sur l'os maxillaire, s'observe un tubercule oblong et percé d'un trou, qui est l'orifice du canal excréteur de la glande maxillaire.

Entre la partie fixe de la langue et la branche maxillaire, on remarque tant à droite qu'à gauche un enfoncement oblong appelé le *canal ;* cette cavité se termine postérieurement au niveau de la dernière dent molaire, et se trouve limitée par le pilier lingual ; elle offre dans son fond une rangée longitudinale de gros mamelons, qui portent les orifices des canaux excréteurs de la glande sous-linguale.

Structure. La langue a pour base une masse charnue, recouverte d'une membrane très-organisée ; et cette substance paraît être une production des muscles attachés à l'hyoïde et à l'os maxillaire. En examinant la texture de ce corps musculeux que nous avons désigné sous le titre de *muscle lingual,* on voit que les fibres de chacun des muscles qui s'y plongent affectent une direction marquée jusqu'à une certaine profondeur; mais que, proche de la surface supérieure de l'organe, ces fibres s'entre-croisent en sens différents et d'une manière inextricable. Ces mêmes fibres charnues sont entremêlées d'un tissu adipeux, plus abondant dans le centre de la langue qu'à ses bords et à son extrémité; elles sont aussi traversées par les vaisseaux et par les nerfs propres à la langue.

La *membrane*, très-vasculaire et papillaire, est une continuité de celle de la bouche; en se repliant, elle forme le canal, le frein et les deux piliers, dont il a été parlé précédemment. La surface externe de cette membrane présente des villosités et des papilles diverses, susceptibles de tension, d'une érection fibrillaire, qui augmente leur action sécrétoire et les dispose efficacement à la perception des saveurs. Certaines papilles constituent de gros mamelons, dont les uns sont fungiformes, d'autres coniques, et quelques autres lenticulaires. Plusieurs de ces papilles sont logées dans des lacunes; cette disposition se fait remarquer tant à la base de la langue, où résident les deux grandes lacunes, que sur les côtés de ce même organe.

Cette membrane adhère à la substance charnue d'une manière intime, au moyen d'un tissu lamineux, dense, qui pénètre la masse charnue et s'identifie avec elle : elle offre, dans son organisation, deux feuillets, l'un épidermique et l'autre dermoïde; quelques anatomistes lui reconnaissent 1° une lame ou couche épidermique extérieure ; 2° un réseau réticulaire, qui soutient les papilles et les villosités diverses ; 3° un chorion ou partie plus épaisse, qui constitue le corps de la membrane.

Parmi les *vaisseaux* et les *nerfs*, les uns, désignés sous le nom de *linguaux*, se portent à la membrane, se ramifient sous cette tunique, la pénètrent et vont se rendre dans ses papilles : ceux du second ordre, les *sous-linguaux*, plus particulièrement destinés pour les muscles, gagnent la langue par sa partie inférieure et se ramifient dans son tissu musculeux. Les artères de la langue proviennent de la glosso-faciale ; les veines accompagnent les artères ; le nerf lingual émane de la cinquième paire, reçoit un filet de la septième, et un autre du trisplanchnique ; le nerf sous-lingual est fourni par la douzième paire.

Usages. La langue est le principal, mais non pas l'unique organe du goût ; pendant la mastication, elle distribue et maintient les aliments sous les dents molaires ; elle les ramasse en tas, les pousse jusque dans le pharynx, et concourt ainsi à effectuer l'acte de la déglutition. Elle coopère aussi à l'action de boire ; elle fait alors fonction de piston, et attire les liquides dans la bouche, d'où elle les pousse dans le pharynx.

Différences. La langue du *bœuf*, plus grosse, plus longue, surtout plus forte que celle du cheval, constitue un instrument dont l'animal se sert avantageusement pour fourrager, pour ramasser les aliments, pour lécher les corps et pour nettoyer les ouvertures de ses naseaux, ainsi que le pourtour de sa bouche ; la surface supérieure est âpre, hérissée de pointes aiguës, dures et courbées en arrière.

Dans le *chien*, la langue, mince, douce, longue et très-mobile, se replie en cuiller pour laper et pour lécher. La langue du *chat* est, au contraire, courte, sèche et garnie de papilles cornées.

La langue du *porc* tient beaucoup de celle du chien, mais elle est moins longue et plus grosse.

Des glandes salivaires.

Préposées à la sécrétion de la salive et disposées symétriquement autour de la bouche, ces glandes sont au nombre de trois principales de chaque côté, la *parotide*, la *sous-linguale* et la *maxillaire* ; elles ne diffèrent entre elles que par leur forme, leur volume et leur situation respective ; elles présentent les mêmes caractères essentiels, la même organisation et les mêmes usages.

Ces corps glanduleux sont formés d'une substance blanchâtre, dont le tissu est ferme et résistant, et dont la texture offre une multitude de grains, unis en lobes irréguliers, et que l'on peut diviser en lobules très-ténus.

Les glandes salivaires n'ont point de capsule ou enveloppe spéciale ; elles sont simplement entourées par un tissu cellulaire qui pénètre leur substance, soutient les lobules et s'identifie avec les autres tissus de l'organe.

Leurs conduits excréteurs se rendent directement dans la bouche, où ils versent l'humeur sécrétée par la glande de laquelle ils émanent.

Les vaisseaux, très-nombreux, abordent de toutes parts dans leur substance, et s'y ramifient jusqu'à une grande ténuité.

1° La parotide.

La plus considérable des trois glandes salivaires, la parotide, occupe l'intervalle situé sur le côté de l'articulation de la tête avec l'encolure ; elle s'étend depuis la base de l'oreille jusqu'au niveau du larynx, et fournit un long canal excréteur, qui s'ouvre dans la bouche, au niveau de la troisième dent molaire supérieure.

Sa *face externe* est rugueuse, et recouverte par deux expansions musculaires très-minces. Sa *face interne*, très-inégale, est en quelque sorte moulée sur les parties auxquelles elle adhère par un tissu cellulaire abondant, de manière que ses enfoncements et ses éminences reçoivent et sont réciproquement reçus.

Son *extrémité supérieure* embrasse exactement la base de la conque, et lui est unie par un tissu cellulaire serré ; l'*extrémité inférieure* constitue un prolongement, sorte d'appendice posé sur les côtés du larynx et maintenu entre les deux branches de la jugulaire par un tissu lamineux abondant.

Son *bord antérieur* est appliqué et fortement fixé sur toute la partie supérieure du bord postérieur de l'os maxillaire : en haut et près de l'articulation maxillo-temporale, la substance glandulaire couvre l'artère et la veine sous-zygomatiques, ainsi que des cordons nerveux ; un peu plus bas, elle passe sur l'artère maxillo-musculaire et enveloppe la branche courte du muscle stylo-maxillaire. Le *bord posté-rieur* de la glande s'applique sur le bord de l'apophyse trachélienne de l'atloïde, et y adhère d'une manière serrée.

STRUCTURE. La substance de la parotide est traversée par un grand nombre de ramifications tant vasculaires que nerveuses; elle fournit un long canal excréteur nommé *parotidien* ou *salivaire supérieur*. Ce canal, préposé à charrier l'humeur sécrétée, résulte de la réunion successive de tous les conduits qui émanent des diverses granulations dont est composée la parotide. Il quitte la glande vers le milieu de son bord antérieur, d'où il se dirige en bas, au côté interne du bord postérieur de l'os maxillaire jusqu'à la scissure maxillaire, sur laquelle il se recourbe de dedans en dehors pour gagner le chanfrein et aller se plonger dans la joue au niveau de la troisième dent molaire. En passant dans la scissure, il devient superficiel et se trouve situé entre la veine glosso-faciale qui est en dessus, et l'artère glosso-faciale qui est en bas, un peu en dessous. Après avoir franchi le bord postérieur du maxillaire, le canal salivaire monte le long du bord antérieur du muscle zygomato-maxillaire, étant toujours accompagné des mêmes vaisseaux. Parvenu à la hauteur de la joue, il prend une direction oblique d'arrière en avant, traverse la joue et s'ouvre dans la bouche en formant un gros tubercule hémisphérisque, correspondant à la troisième dent molaire supérieure. La direction oblique que tient ce canal à travers la joue peut être comparée à celle des uretères pour arriver dans la vessie; ce mode de terminaison favorise l'abord de la salive dans la bouche, sans que la contraction musculaire puisse le gêner, et il s'oppose en même temps au reflux des liquides contenus dans la bouche par le canal parotidien.

Différences. Dans le *bœuf*, la substance glandulaire affecte une couleur rougeâtre, et semble moins considérable que dans le cheval.

Le canal parotidien, tant des *bêtes à laine* que des *tétradactyles*, généralement moins long et moins flexueux, s'étend depuis la parotide, sur la surface externe du muscle zygomato-maxillaire, en tenant une direction presque droite. Quelquefois, et surtout dans la bête à laine, ce canal présente deux branches qui ne se réunissent qu'à une petite distance des joues.

2° La glande maxillaire.

Bien moins grosse que la parotide, la glande maxillaire est située profondément dans la cavité intermaxillaire; elle constitue un corps allongé, aplati et maintenu par un tissu cellulaire abondant sur le côté de la face inférieure de la langue, tout près de la branche de l'os maxillaire; elle se prolonge depuis la face inférieure de l'atloïde jusque vers le milieu de la partie fixe de la langue, et elle laisse échapper un long canal excréteur qui s'ouvre dans la bouche, à côté du frein de la langue.

Ses *faces*, tant *externe* qu'*interne*, sont unies

aux parties adjacentes par un tissu cellulaire abondant et lâche.

Son *extrémité supérieure*, sorte d'appendice, tient à l'atloïde ainsi qu'à la face interne de la parotide ; tandis que l'*inférieure* adhère à la substance de la langue.

La glande maxillaire offre la même organisation que la parotide ; mais elle n'est pas traversée, comme cette dernière, par de gros vaisseaux et par plusieurs rameaux nerveux. Son canal excréteur, grêle, long et formé d'une membrane muqueuse très-mince, s'élève à peu près du milieu de son bord supérieur, d'où il se dirige en avant sous les muscles hyoglosse et kératoglosse, règne au côté interne du bord inférieur de la glande sous-linguale, et va s'ouvrir dans le mamelon placé à côté du frein de la langue. Ce mamelon, communément le *barbillon*, est plus développé dans le bœuf, où il présente une petite lame cartilagineuse, repliée sur elle-même et servant de pavillon à l'orifice dont il s'agit.

3° La glande sous-linguale.

Cette glande, plus petite que la précédente, est maintenue en long sous la membrane qui revêt le canal de la langue, dans le fond duquel elle aboutit par une série de mamelons placés les uns à la suite des autres. Ces mamelons forment une crête saillante et longitudinale que l'on aperçoit facilement en tirant la langue hors de la bouche et en la portant de côté. La glande sous-linguale a une forme allongée et aplatie sur ses côtés ; ses faces latérales sont entourées d'un tissu cellulaire abondant, et son bord inférieur correspond au muscle mylo-hyoïdien.

Usages des glandes salivaires.

Les organes que nous venons d'examiner sont destinés à la sécrétion de la salive, humeur qui pénètre les aliments, les ramollit, leur imprime les premiers caractéres d'animalisation, et les dispose à des changements particuliers qu'ils subissent dans 'est omac. A cet appareil sécrétoire de la salive il faut ajouter les follicules nombreux dont est parsemée la membrane de la bouche, et qui fournissent, pendant la mastication, une humeur analogue à celle des glandes.

La salive est une liqueur un peu visqueuse, douce, légèrement salée, inodore, et plus particulièrement caractérisée par la propriété qu'elle a d'absorber une grande quantité d'air et de mousser lorsqu'on l'agite. Elle est très-putrescible, se mêle facilement, à l'eau, et, lorsqu'elle se décompose ou qu'on la chauffe à la température de 30 à 40 degrés, elle exhale une odeur fétide.

Elle acquiert cette mauvaise odeur dans quelques affections; certaines tumeurs autour des canaux salivaires, ou des ulcères dans quelques-uns de ces canaux développent aussi cette odeur fétide.

A l'analyse chimique, l'humeur salivaire fournit une grande quantité d'eau que l'on évalue aux trois quarts ou aux quatre cinquièmes, et dans laquelle il existe, 1° un peu de mucilage animal très-aéré, mousseux, presque indissoluble dans l'eau ; 2° une petite partie d'albumine : elle contient, en outre, du muriate de soude et de potasse, du sous-carbonate de soude, du carbonate et du phosphate de chaux.

La sécrétion de la salive varie dans une foule de circonstances ; elle est généralement plus abondante dans les jeunes et les vieux animaux que dans les adultes ; elle devient aussi plus abondante par suite de la faim et pendant la manducation ; enfin cette sécrétion se trouve activée par toutes les causes qui réveillent, excitent l'action des glandes salivaires ; et cette augmentation a lieu, soit que les substances agissent par leur présence, ou bien par l'appétence qu'en éprouve l'individu. Si l'on présente des aliments à un animal fortement pressé par la faim, la sécrétion salivaire devient tellement copieuse, que l'humeur s'écoule hors de la bouche. Si, après avoir fait jeûner, pendant environ soixante heures, un cheval dans lequel on aura isolé les deux canaux parotidiens, on lui donne à manger et qu'on ouvre au même instant les canaux mis à découvert ; pendant le temps que l'animal consommera environ une demi-botte ordinaire de foin, on pourra obtenir jusqu'à dix litres d'une salive claire, blanche, mais très-peu visqueuse : cette expérience, réitérée sur de vieux chevaux, nous a donné presque toujours les mêmes résultats.

Les propriétés de la salive ne sont pas moins variables que sa sécrétion. Tantôt plus fluide, d'autres fois plus visqueuse, cette liqueur est susceptible de prendre des caractères de malignité et de devenir virulente, comme cela se fait remarquer dans le cas de rage.

§ II. *Du pharynx ou arrière-bouche.*

Le pharynx, cavité très-irrégulière, se trouve situé sous le crâne, dans le plan médian et à la suite de la bouche, dont il n'est séparé que par le voile du palais. Cette cavité, appelée *gutturale*, et qui forme du côté de l'œsophage une excavation infundibuliforme, sert en quelque sorte de vestibule, dans lequel aboutissent plusieurs ouvertures remarquables.

On peut distinguer à l'arrière-bouche quatre parois, l'une supérieure, l'autre inférieure, et deux latérales. La première, correspondante au crâne, présente 1° en haut et postérieurement les deux poches et conduits gutturaux de la cavité tympanique; 2° l'ouverture commune des deux cavités nasales; 3° en bas, la face postérieure du voile du palais, qui bouche exactement le passage du pharynx dans la cavité de la bouche.

La paroi inférieure, comprise depuis l'extrémité inférieure du septum staphylin jusqu'à l'origine de l'œsophage, constitue le détroit de l'arrière-bouche, et comprend deux ouvertures, dont une appartient au larynx et l'autre à l'œsophage.

Les parois latérales sont étroites et n'offrent rien d'important.

La composition du pharynx résulte de la superposition de deux couches membraneuses, dont l'externe est charnue et l'interne folliculeuse.

La membrane charnue, à laquelle aboutissent les muscles constricteurs (1), présente une petite ligne blanchâtre, qui suit la direction du plan médian et semble être le point de réunion des fibres d'un côté avec celles du côté opposé.

La membrane folliculeuse, épaisse et ridée, se continue, d'une part, avec la nasale et la buccale, et inférieurement avec la laryngienne et l'œsophagienne. Elle a une teinte rougeâtre ou blanchâtre, et elle est enduite d'un mucus glaireux abondant; sa surface adhérente tient à la couche musculeuse par un tissu cellulaire peu résistant; sa surface libre offre diverses inégalités dues à la présence des follicules.

Le pharynx reçoit de chaque côté deux artères principales, dont une supérieure et l'autre inférieure; les veines suivent le trajet des artères et se dégorgent dans la jugulaire; les nerfs proviennent du glosso-pharyngien, du pneumo-gastrique et du ganglion guttural.

Par sa mobilité, le pharynx aide la déglutition, favorise surtout la transmission des substances dans la cavité de l'œsophage, et il met en rapport l'ouverture gutturale des narines avec la glotte.

La cavité dont il s'agit n'offre de différences qu'en ce qu'elle paraît plus grande, plus évasée dans les carnivores, où elle est aussi plus irritable.

____

(1) Voyez tome Ier, page 343.

§ III. *De l'œsophage.*

L'œsophage, long canal musculo-membraneux, se continue depuis le pharynx jusqu'à l'estomac, passe derrière la trachée, traverse la cavité thoracique ainsi que les piliers du diaphragme, et se termine à l'estomac. Un peu déprimé d'avant en arrière dans l'état de vacuité, ce conduit transmet les substances, soit du pharynx dans le ventricule, ou de ce dernier réservoir dans l'arrière-bouche.

Considéré depuis son origine jusqu'à sa terminaison, l'œsophage présente deux parties, dont une, antérieure ou trachélienne, et l'autre, postérieure ou thoracique. La première portion, maintenue derrière la trachée par un tissu lamineux, extensible et très-lâche, conserve cet état particulier de mollesse et de laxité pendant la vacuité du conduit ; à son origine au pharynx, elle est fixée sur le milieu de la face postérieure du larynx, et elle se trouve dans la ligne médiane : à mesure qu'elle descend et s'approche du thorax, elle se dévie progressivement à gauche ; de telle sorte qu'en franchissant l'entrée du thorax, l'œsophage passe entre la côte gauche et la trachée.

La deuxième partie, ou la portion thoracique, comprend environ la moitié postérieure du conduit ; elle est soutenue entre les deux lames du médiastin, et suit la direction du corps des vertèbres dorsales. Après l'entrée du thorax, elle passe sur la trachée, puis sur la bronche gauche, dont elle croise la direction ; elle franchit ensuite la base du cœur, laissant à droite les veines caves, et à gauche l'aorte.

En se continuant en arrière du cœur, l'œsophage s'éloigne progressivement du corps des vertèbres dorsales ; il se trouve maintenu jusqu'au diaphragme entre les deux lames du médiastin et il est flottant entre les deux poumons. Avant de pénétrer dans l'abdomen, il traverse obliquement la grande ouverture du pilier droit du diaphragme ; parvenu dans cette dernière cavité, il décrit une courbure d'environ 8 centimètres de long, et il passe dans une échancrure particulière du foie. Son insertion dans l'estomac a lieu vers la petite courbure ; elle se fait à peu près comme celle des uretères dans la vessie ; de manière que le canal œsophagien traverse les parois gastriques, un peu obliquement de droite à gauche, et d'avant en arrière.

A partir du niveau de la crosse de l'aorte postérieure, l'œsophage acquiert une épaisseur, une rigidité et une blancheur qui augmentent progressivement jusqu'à l'estomac ; cette fermeté si remarquable, jointe à l'épaisseur et au mode d'insertion du canal dans le ventricule, tient l'ouverture cardiaque dans une constriction permanente, et empêche les substances contenues dans l'estomac de s'échapper par cette ouverture.

STRUCTURE. Le canal œsophagien offre, dans sa composition, deux membranes contenues l'une dans l'autre, unies entre elles par un tissu cellulaire abondant et lâche. Ces couches, dont une *charnue* et l'autre *folliculeuse*, sont une continuité de celles du pharynx, et n'en diffèrent que par quelques propriétés particulières.

La *membrane charnue* est rouge et molle jusqu'en arrière de la base du cœur ; elle devient ensuite blanchâtre, et acquiert progressivement de la fermeté et de l'épaisseur jusqu'à sa terminaison dans l'estomac. La surface externe de cette membrane est pourvue d'un tissu lamineux abondant, et plus ou moins lâche, suivant les endroits où se trouve le canal. Sa surface interne est unie à la membrane folliculeuse, au moyen d'un tissu très-extensible, et qui permet le glissement des deux gaînes l'une sur l'autre. La membrane charnue est formée de fibres fortement unies, dont les unes sont longitudinales, d'autre spiroïdes, et quelques autres obliques.

La *membrane folliculeuse*, molle, fongueuse, blanche et bien moins épaisse que la précédente, produit des plis longitudinaux dus au resserrement de la gaîne musculeuse. Sa surface interne, pourvue d'une lame épidermique épaisse, est enduite d'un mucus sécrété par des follicules ténus et en petit nombre.

Les *vaisseaux* de l'œsophage sont, en général, peu considérables ; le long de l'encolure, ce canal reçoit des ramifications artérielles fournies par les carotides et autres ; en arrière des bronches, il est accompagné par une artère qui lui est propre, et lui envoie successivement des divisions jusqu'à l'estomac. Les veines qui s'élèvent de l'œsophage suivent le trajet des artères, et se rendent dans les grosses veines circonvoisines. Les nerfs sont des filets déliés qui proviennent des plexus gutturaux, bronchiques et cardiaques.

Usages. Comme il a été dit précédemment, l'œsophage sert à transmettre les substances diverses, soit du pharynx dans l'estomac, ou bien de ce dernier réservoir dans l'arrière-bouche. Cette translation est opérée par un mouvement de contraction d'avant en arrière, ou d'arrière en avant, mouvement d'autant plus efficace que les substances sont moins diffusibles.

Différences. Dans tous les autres quadrupèdes domestiques, les parois de l'œsophage sont uniformes et de la même épaisseur dans toute la longueur du conduit.

Considéré dans les *didactyles*, l'œsophage présente, du côté de sa terminaison au rumen, une dilatation infundibuliforme, et fournit un canal particulier qui va se rendre directement dans la caillette.

Dans le *chien* et dans le *porc*, le canal œsophagien s'insère à l'extrémité de la petite courbure, sans nul trajet dans la cavité abdominale; en approchant du ventricule, il se dilate de manière à former une cavité infundibuliforme.

L'œsophage des *gallinacés* présente deux dilatations remarquables : l'une, plus grande et située en avant du thorax, constitue le *jabot*; la deuxième, placée dans le thorax même, précède immédiatement le gésier, et forme le *ventricule succinturié*.

Organes digestifs renfermés dans l'abdomen.

Ces viscères composent la majeure partie de l'appareil digestif, forment une masse considérable, et diffèrent entre eux par leur conformation, par leur structure et par leurs propriétés; tous sont enveloppés, soutenus par la membrane péritonéale, qui concourt à en former plusieurs.

1° L'*abdomen*, très-grande cavité, de forme ovoïde, beaucoup plus spacieuse dans les herbivores que dans les autres quadrupèdes, ayant des parois essentiellement musculeuses, contient les viscères digestifs avec leurs annexes, ainsi que la plus grande partie des organes urinaires et génitaux.

On peut reconnaître à cette cavité quatre faces ou régions principales; l'une antérieure, l'autre postérieure, une troisième supérieure, et la quatrième inférieure.

La région *antérieure* ou *diaphragmatique*, circonscrite latéralement par les cercles cartilagineux des côtes, supérieurement par les piliers du diaphragme, et inférieurement par le prolongement abdominal du sternum, constitue une surface concave, d'une certaine étendue, et dans laquelle on distingue un centre et une circonférence.

La région *postérieure* termine l'abdomen, offre une grande cavité profonde, formée par le bassin et appelée *pelvienne*. Cette cavité, dans laquelle on reconnaît l'entrée, la cavité proprement dite, et le fond ou extrémité postérieure, va en diminuant d'avant en arrière, depuis l'entrée jusqu'au fond, qui se trouve toujours être la partie la plus basse.

La région *supérieure* ou *sous-lombaire* s'étend depuis l'ouverture œsophagienne du diaphragme jusqu'à l'entrée de la cavité pelvienne; elle présente une partie médiane et deux latérales.

La surface *inférieure* de l'abdomen, la plus étendue, inclinée d'arrière en avant et de haut en bas vers le sternum, est formée par les muscles abdominaux inférieurs, par les cercles cartilagineux des côtes et par le prolongement du sternum ; elle comprend la plus grande partie des parois abdominales, soutient les viscères et se subdivise en plusieurs régions secondaires. Le long de la ligne médiane, on compte 1° la région *prépubienne*, ou la partie située en avant du pubis ; 2° la région *ombilicale*, ou le pourtour de l'ombilic ; 3° la région *sternale*, ou la partie située près et en arrière du sternum. Les côtés de la région prépubienne composent *l'aine droite* et *l'aine gauche*; ceux de la région ombilicale forment les *flancs* ; ceux de la région sternale sont appelés les *hypocondres*.

La connaissance de ces diverses régions est nécessaire et importante pour indiquer d'une manière précise la position respective de chaque viscère. Ainsi les reins, les uretères, les cornes de l'utérus occupent la région sous-lombaire ; vers la région diaphragmatique, on trouve l'estomac, le foie, la rate ; tandis que la vessie, le rectum et une partie des organes génitaux sont contenus dans le bassin ; les intestins colon et cæcum posent immédiatement sur la surface inférieure de l'abdomen ; l'intestin grêle répond au flanc gauche, et la base du cæcum au flanc droit.

2° Le *péritoine*, membrane mince, séreuse et très-étendue, revêt toute la surface interne de l'abdomen, forme divers replis et fournit des enveloppes à presque tous les viscères renfermés dans cette cavité.

Il constitue un sac sans ouverture, dont la surface interne, lisse et vaporeuse est partout en contact avec elle-même; dont la surface externe tapisse les parois internes de l'abdomen et se replie pour envelopper presque tous les viscères abdominaux, à chacun desquels le péritoine fournit une loge ou capsule particulière. Le sac péritonéal offre deux portions, distinctes en raison des parties auxquelles elles correspondent, l'une *pariétale*, l'autre *viscérale* : la première tapisse toute la face interne de la cavité abdominale, lui est unie par un tissu cellulaire, lâche et abondant en beaucoup d'endroits, tandis qu'il est court et très-serré au centre aponévrotique du diaphragme. Les productions viscérales, différentes entre elles par leur étendue et leur épaisseur, contractent des adhérences variables suivant les organes auxquels elles appartiennent. Quant aux replis qui établissent la continuité de la partie pariétale avec les diverses productions viscérales, les uns, courts, gagnent plus ou moins immédiatement l'organe sur lequel le péritoine s'étend. D'autres replis forment des prolongements plus ou moins longs, larges et épais; ceux-ci sont en quelque sorte doubles, toujours composés de deux lames ou feuillets adaptés immédiatement l'un à l'autre, ou entre lesquels se trouvent soutenus soit des vaisseaux ou des nerfs, soit des granulations adipeuses. Proche des viscères, ces feuillets s'écartent l'un de l'autre pour envelopper l'organe, et laissent entre eux un intervalle triangulaire, occupé par du tissu cellulaire. Plusieurs de ces replis constituent des liens qui ont une certaine force, soutiennent les parties et les maintiennent dans leur situation ; quelques-uns de ces ligaments sont même pourvus d'un tissu fibreux jaunâtre et placé entre les deux feuillets de réflexion ; cette texture fibreuse se fait remarquer dans les ligaments sous-lombaires de l'utérus, à la suite des gestations. Certains replis du péritoine forment des prolongements membraneux, minces, lâches, et qui ont des usages particuliers. Les diverses portions de l'épiploon doivent être rangées dans cette dernière catégorie.

Toute la surface interne ou perspiratoire du péritoine, douce, lisse au toucher, est garnie de villosités très-fines, de pores exhalants et inhalants ; elle sécrète, perspire continuellement une humeur vaporeuse qui entretient la souplesse des parties et fournit la matière d'absorption prise par les vaisseaux inhalants.

Le péritoine est à l'abdomen ce que la peau est à tout le corps en général ; il entretient la perspiration abdominale, nécessaire à l'exercice des fonctions auxquelles les viscères sont destinés ; il soutient presque tous les organes de l'abdomen, concourt à en former plusieurs, maintient et accompagne leurs vaisseaux et leurs nerfs.

§ IV. *De l'estomac ou du ventricule.*

L'estomac, viscère creux et l'organe essentiel de la digestion, est un réservoir musculo-membraneux, situé dans l'abdomen contre le diaphragme, en avant de l'intestin, entre le foie et la rate. Ce viscère, dont la forme est celle d'un sac oblong, légèrement déprimé sur deux faces opposées, et courbé, suivant le sens de sa longueur, d'avant en arrière et de bas en haut, se continue, d'une part avec l'œsophage, et de l'autre avec l'intestin grêle. Il reçoit les substances diverses qui lui parviennent de la bouche, les retient pendant un certain temps, fait éprouver aux aliments un degré particulier de fluidité et les convertit en matière chymeuse, qui passe successivement dans l'intestin.

Placé très-profondément et en travers, sous les piliers du diaphragme, à une grande distance des parois inférieures de l'abdomen, le ventricule change de forme et de position, suivant son état de resserrement ou de dilatation. Dans quelques cas, il acquiert un développement considérable, d'autres fois il se resserre au point de ne former qu'un petit corps sphéroïde, blanchâtre, et dont la cavité est très-étroite. Considéré dans l'état de vacuité, sinon complète, du moins portée au plus haut degré (1), l'estomac réside dans le plan médian du corps, con-

______

(1) Le resserrement de l'estomac ne peut pas, comme celui de la vessie, parvenir au point d'effacer complétement la cavité intérieure du viscère.

tre le foie et sous les piliers du diaphragme ; tandis qu'étant distendu, il se trouve situé tout à fait à gauche, et près du flanc du même côté. Cette différence de position provient de ce que le viscère ne peut pas se dilater en place, et de ce qu'il éprouve un véritable mouvement de locomotion, suivant qu'il se remplit ou qu'il se vide. Dans le premier cas, il se dévie en arrière, à gauche, et s'approche des parois du flanc ; au fur et à mesure qu'il perd de son volume, il revient en avant, et s'enfonce sous les piliers du diaphragme. Ce déplacement est favorisé par le prolongement abdominal de l'œsophage, qui se redresse et s'allonge, lorsque le ventricule se porte en arrière vers le flanc gauche.

En supposant le ventricule moyennement distendu, on peut y reconnaître deux faces extérieures, deux courbures, deux extrémités, deux sacs et deux orifices.

Ses *faces* sont convexes, libres et perspirables ; l'*antérieure*, supérieure et diaphragmatique, pose du côté droit contre le foie et se trouve, dans le reste de son étendue, en rapport avec le diaphragme ; la *postérieure* s'appuie sur la partie repliée du colon, à laquelle elle se trouve liée par la portion gastrocolique de l'épiploon.

Ses *courbures* portent les vaisseaux et les nerfs qui lui sont propres, et qui sont tous soutenus, accompagnés par des prolongements épiploïques : elles constituent deux bords arrondis, dont le supérieur est appelé *petite courbure ;* tandis que l'inférieur, beaucoup plus étendu et sur lequel est fixée la rate, forme la *grande courbure*.

L'*extrémité gauche*, que l'on nomme aussi *splénique*, parce qu'elle est liée avec la base de la rate, présente une saillie plus ou moins développée, et que l'on appelle *cul-de-sac*. L'*extrémité droite* ou pylorique décrit un coude terminé par le pylore.

Les *sacs* sont séparés par une dépression circulaire qui ceint le viscère à peu près dans le milieu de sa longueur, et devient d'autant plus sensible que le ventricule est plus dilaté. Ces sacs, dont le volume est à peu près égal, ne diffèrent entre eux que par leur forme; le droit, généralement plus arrondi, se termine par une courbure, qui a lieu de bas en haut et de gauche à droite. Le gauche offre une protubérance dont la cavité intérieure produit le *cul-de-sac de l'estomac*.

L'*orifice œsophagien* ou *cardiaque*, antérieur et inférieur, tient au diaphragme par un ligament dû à un repli du péritoine. Cette première ouverture reste dans une constriction presque permanente; dans l'état ordinaire, elle ne se prête, ne se dilate qu'autant que les substances proviennent du côté de l'arrière-bouche.

L'*orifice pylorique*, qui termine à droite l'estomac, est fortifié par un bourrelet circulaire, épais et charnu; il présente intérieurement une ouverture étroite, mais toujours béante.

La *surface interne de l'estomac* est partagée en

deux parties, l'une droite et l'autre gauche, parfaitement distinctes et séparées par une espéce de
frange circulaire. La portion droite, douce, veloutée, très-vasculaire et toujours enduite d'un mucus
glaireux, correspond à tout le sac droit : elle offre
une couleur presque toujours variable, tirant plus
communément sur le jaune ou le vert.

La partie gauche, comprenant l'étendue du sac
du même côté, est blanche, dépourvue de velouté
et semblable à la face interne de l'œsophage, dont
elle ne diffère qu'en ce que, pendant le resserrement
de l'estomac, elle forme des rides irrégulières et
très-multipliées.

Structure. L'estomac est formé de plusieurs membranes superposées, diversement unies entre elles,
et différentes par leur texture et leurs propriétés.
Ce viscère offre une quantité considérable de vaisseaux et de nerfs, dont le mode de distribution
est très-remarquable et fort important à connaître;
on trouve aussi dans sa composition un tissu cellulaire qui soutient les vaisseaux ainsi que les nerfs
et sert à unir les couches membraneuses.

Les *membranes* sont au nombre de trois principales : la *péritonéale*, la *musculeuse* et la *folliculeuse* ou *muqueuse*.

La première de ces tuniques émane du péritoine,
entretient la perspiration extérieure du ventricule,
soutient ses vaisseaux et ses nerfs. Cette membrane
est une continuité des prolongements épiploïques
attachés le long des courbures de l'estomac, et
dont les lames s'écartent pour se propager sur les

surfaces du viscère et fournir ainsi la tunique péritonéale. En se séparant l'une de l'autre, les deux lames de l'épiploon laissent entre elles un intervalle triangulaire dans lequel les divisions vasculaires et nerveuses sont soutenues d'une manière lâche. Cette disposition très-remarquable explique pourquoi l'estomac peut acquérir du volume sans tirailler ni les vaisseaux ni les nerfs, qui ne font que se redresser. La surface libre de la tunique péritonéale est lisse, douce et continuellement lubrifiée par une humeur séreuse; tandis que la face interne est appliquée sur la tunique charnue, et y adhère par un tissu cellulaire, fin et serré.

La membrane charnue, dont la contraction détermine le resserrement du ventricule, est bien une continuité de la tunique musculeuse de l'œsophage; mais elle en diffère principalement par sa couleur et par l'arrangement de ses fibres constituantes. Cette deuxième tunique, intermédiaire, et dont les deux surfaces sont adhérentes, tient à la membrane folliculeuse moins fortement qu'à la tunique péritonéale; sa couleur est toujours blanchâtre et jamais rouge; ses fibres sont disposées en faisceaux, dont les uns sont longitudinaux, d'autres obliques, et quelques-uns circulaires. Considérés à l'extrémité du sac gauche, ces faisceaux fibreux se contournent, forment des circonvolutions et une sorte de tourbillon, après quoi ils se dirigent du côté du pylore; tous semblent converger vers ce dernier orifice et s'y réunir pour former le bourrelet circulaire, qui l'affermit et empêche les substances chymeuses de passer avec trop de précipitation dans l'intestin. Du côté de l'insertion de l'œsophage dans l'estomac, ces faisceaux forment deux grandes lames, qui, après avoir entouré l'ouverture du canal, se chevauchent, passent l'une sur l'autre sans s'entrelacer, et se divergent ensuite dans les parois ventriculaires. Les bandes dont il s'agit, et que l'on distingue parfaitement en procédant à la dissection de l'estomac par sa face interne, composent deux sortes de cravates, superposées autour de l'orifice œsophagien. Cette disposition très-remarquable, et que nous avons fait connaître dans notre notice sur le vomissement contre nature chez les quadrupèdes domestiques, concourt à la constriction normale de cet orifice, et à empêcher la sortie, par ce côté, des matières renfermées dans le ventricule (1). On doit encore observer que, parmi ces faisceaux charnus, les uns sont parallèles et d'autres superposés, et qu'ils composent diverses couches. Ces faisceaux, étant unis entre eux par un tissu cellulaire lâche, peuvent s'écarter, se rapprocher, glisser les uns sur les autres, en un mot se prêter avec facilité à la dilatation du ventricule et en opérer de même le resserrement. L'expérience prouve que la membrane charnue diminue d'épaisseur et perd de sa force, à mesure que les parois du ventricule se distendent;

(1) Nonobstant la constriction permanente de l'orifice œsophagien, le cheval est cependant susceptible de vomir. L'expérience démontre que cet acte peut s'effectuer chez lui dans deux circonstances très-différentes que nous avons signalées dans le mémoire sur le vomissement contre nature.

et l'effet contraire a lieu lorsque le viscère se contracte et qu'il revient sur lui-même.

La tunique folliculeuse interne, l'agent principal de la sécrétion du suc gastrique, forme la face interne de l'estomac, présente deux parties distinctes par leur aspect et leur texture : l'une, répondant au sac gauche, est blanche et continue avec la membrane interne de l'œsophage, dont elle ne diffère que par les rides ; l'autre portion, *veloutée*, *papillaire* et très-organisée, occupe le sac droit et sécrète le suc gastrique. Une sorte de frange circulaire et dont nous avons déjà parlé forme la ligne de démarcation entre ces deux parties.

La membrane folliculeuse, dont la surface interne est pourvue d'une lame épidermique, est unie à la tunique musculeuse au moyen d'un tissu lamineux abondant. Cette couche celluleuse, considérée par quelques anatomistes comme une quatrième membrane, qu'ils ont nommée *nerveuse*, soutient un réseau rétiforme formé par les ramifications des vaisseaux et des nerfs qui pénètrent la tunique interne : ces ramifications vasculo-nerveuses sont très-développées et beaucoup plus nombreuses dans la partie veloutée que dans la surface blanche.

Les *vaisseaux* de l'estomac constituent des ramifications multipliées, et se distinguent en artères, veines et lymphatiques.

Les *artères* émanent presque toutes de la cœliaque, abordent à l'estomac par les courbures et autour des orifices ; parvenues entre la membrane charnue et la tunique folliculeuse, elles forment des ramuscules innombrables et anastomotiques, qui fournissent les capillaires de la tunique interne. Avant de donner les artères dont il s'agit, la cœliaque forme trois divisions principales, distinguées en *gastrique*, *splénique* et *hépatique*.

a. La première de ces branches, la plus petite et uniquement destinée pour l'estomac, se dirige vers la petite courbure, entre les deux lames de la portion hépato-gastrique de l'épiploon, se divise bien avant d'atteindre le viscère, se répand ensuite sur les deux surfaces extérieures, et fournit quelques ramifications à l'orifice œsophagien.

b. La branche splénique, la plus considérable des trois divisions, rampe dans la scissure de la rate, se porte au delà entre les deux feuillets de la portion gastro-colique de l'épiploon, et donne successivement les artères *spléno-gastriques*, ainsi que les *épiplo-gastriques* gauches; parvenus à l'estomac, ces vaisseaux se ramifient successivement sur les surfaces du viscère, et produisent un réseau soutenu entre la tunique interne et la membrane charnue.

c. L'artère hépatique, plus particulièrement destinée pour le foie, traverse à droite et gagne la grande scissure inférieure de ce viscère; elle passe le long du bord antérieur du pancréas, et, proche de l'origine de l'intestin grêle, elle fournit les artères *pylorique* et *épiploïque droite*, qui donnent elles-mêmes des sous-divisions au pylore, ainsi qu'à la grande courbure de l'estomac.

Toutes ces artères, plus ou moins longues, tiennent une direction oblique pour arriver à l'estomac, et forment, avant d'atteindre ce viscère, deux principales divisions, l'une pour la face antérieure et l'autre pour la face postérieure. Les spléno-gastriques et les épiplo-gastriques se comportent avec les artères collatérales de la rate ou de l'épiploon, de telle manière que chaque artère gastrique naît, soit à côté, soit avec celle qui va se plonger dans le tissu de la rate, ou se porter entre les feuillets de l'épiploon.

Ces dispositions si remarquables ont pour but de rendre la circulation gastrique ou plus accélérée, ou plus lente, suivant la plénitude ou la vacuité du ventricule : pendant le resserrement de ce réservoir, les artères, flasques et repliées, n'admettent qu'une petite quantité de sang. Au fur et à mesure que le viscère se distend, les vaisseaux se redressent ; la force organique devient plus active, et la circulation se développe dans les mêmes rapports. Ces changements s'opèrent avec d'autant plus de liberté que, lorsque le sang éprouve de la gêne pour aborder à l'estomac, ce fluide reflue dans la rate et dans le foie. A ces artères il faut ajouter les rameaux de l'artère œsophagienne, qui entourent l'orifice de ce nom et s'anastomosent avec les ramuscules fournis par l'artère gastrique.

Les *veines*, plus nombreuses que les artères, dont elles suivent le trajet, se réunissent contre l'extrémité du sac gauche de l'estomac, forment une grosse branche qui remonte vers l'artère grande mésentérique, à côté de laquelle elle se décharge dans le tronc de la veine-porte.

Les *lymphatiques* aboutissent à plusieurs ganglions répandus autour des courbures et de l'orifice œsophagien, se rendent dans le réservoir thoracique par une grosse branche, qui reçoit aussi les lymphatiques du foie, du pancréas et de la rate.

Les *nerfs*, très-nombreux et très-composés, proviennent du pneumo-gastrique et du trisplanchnique ; ils partent directement du ganglion semi-lunaire, forment des enlacements qui enveloppent, accompagnent les artères, et fournissent des filets aux papilles de l'estomac, où ils s'unissent et se combinent avec les vaisseaux.

Usages. Le ventricule est l'organe creux dans lequel se passe la plus importante de toutes les opérations digestives ; il reçoit les aliments qui lui parviennent de la bouche par l'entremise de l'œsophage ; il sécrète un suc qui pénètre les substances alimentaires, leur fait subir un degré très-marqué d'animalisation et les réduit en *chyme*. Il exerce sur ces mêmes matières alimentaires une pression graduée, soutenue, qui tend continuellement à les pousser du côté du pylore et à les faire parvenir dans l'intestin, où s'achève l'altération digestive.

A mesure que la manducation s'opère, les aliments, poussés avec énergie par l'œsophage, sont déposés dans le sac gauche de l'estomac ; ils se logent d'abord dans le cul-de-sac du réservoir, d'où ils s'avancent de gauche à droite, en suivant la direction de la grande courbure et en remontant jusqu'au pylore. Si l'on sacrifie un animal immédiatement après lui avoir fait manger successivement du foin, de l'avoine, de la paille et du son, en une certaine proportion, ces diverses substances se trouveront placées dans l'estomac, suivant l'ordre de leur entrée, de manière que la première partie avalée sera la plus proche de l'ouverture pylorique, et la dernière arrivée se rencontrera vers le cul-de-sac, à peu de distance de l'orifice œsophagien.

L'estomac fournit deux espèces de fluides : l'un, visqueux, paraît être le produit des follicules muqueux et forme l'enduit glaireux qui préserve l'organe et le garantit de l'impression vive des substances apportées du dehors ; l'autre fluide, plus clair, plus limpide et plus ou moins mélangé avec diverses liqueurs, constitue le *suc gastrique*, dont l'action très-énergique et dissolvante est la principale cause de la chymification.

Différences. Elles sont nombreuses, plus ou moins importantes, et dépendent de la division, de la forme et même de la structure du viscère.

Les animaux dont l'estomac est unique sont dits *monogastriques* et subdivisés, suivant leur genre de nourriture, en herbivores, carnivores et omnivores. Tous ceux dans lesquels l'organe se trouve être multiple se distinguent par la dénomination de *polygastriques* ; les ruminants et la volaille se trouvent dans cette catégorie.

Les principales différences de l'estomac des monogastriques dépendent du mode d'insertion de l'œsophage : ainsi, dans les monodactyles, dont l'estomac est sphéroïde et court, l'orifice cardiaque réside vers le milieu de la petite courbure et à une petite distance du pylore. Dans le *porc*, le ventricule, plus allongé que celui du cheval et ayant son cul-de-sac terminé par un appendice pyramidal, présente un orifice cardiaque infundibuliforme et placé loin du pylore, à l'extrémité de la petite courbure, qu'il sépare du bord inférieur.

L'estomac du *chien* constitue un réservoir sphéroïde, et dont l'ouverture cardiaque est à peu près la même que dans le *porc*.

Le ventricule du *chat* représente une poire allongée et repliée vers la base, où se remarque l'insertion de l'œsophage, qui présente une dilatation infundibuliforme.

En général, le ventricule des *tétradactyles* est situé moins profondément que celui du cheval ; il se rétrécit, se dilate en place, et sans exécuter le mouvement de locomotion, qui a lieu dans les monodactyles ; sa tunique interne, entièrement veloutée, offre une organisation qui est la même dans toute l'étendue du viscère.

Dans les *ruminants*, on compte quatre estomacs continus l'un à la suite de l'autre, le *rumen*, le *réseau*, le *feuillet* et la *caillette*. Nous avons consacré un article particulier à la description de ces viscères, ainsi qu'au développement des phénomènes qu'ils produisent.

Dans les oiseaux gallinacés, on rencontre trois estomacs : ce sont le *jabot*, le *ventricule succin-*

turié, le *gésier*. Les oiseaux palmipèdes manquent de jabot, et ne possèdent que les deux derniers organes.

§ V. *De l'intestin.*

Long canal musculo-membraneux, très-flexueux, continu depuis l'estomac jusqu'à l'anus, et plié sur lui-même en différents sens, l'intestin forme une masse qui pose immédiatement sur les parois inférieures de l'abdomen et occupe la majeure partie de cette cavité splanchnique. Ce canal, dont le diamètre et la longueur varient suivant le genre de nourriture des animaux, présente tantôt des réservoirs oblongs, unis ou bosselés; ailleurs, des conduits cylindriques plus ou moins étroits; et il forme en divers points des resserrements, dont quelquesuns dépendent de circonstances accidentelles.

En parcourant cet intestin, les matières chymeuses éprouvent diverses élaborations; elles fournisnissent les matériaux, les éléments de la réparation des pertes, et leur résidu est expulsé au dehors par l'action du même intestin.

Dans les monodactyles, la longueur totale du canal intestinal équivaut de dix-huit à dix-neuf fois la hauteur du corps, prise du sommet du garrot à terre; ce conduit offre deux divisions premières : l'une, continue à l'estomac, forme un tube uni et étroit, c'est la *portion grêle;* la deuxième partie, faisant suite à la première et se terminant par l'ouverture dite *l'anus,* comprend le *gros intestin.*

De l'intestin grêle.

Cet *intestin*, dont la longueur surpasse de beaucoup celle du gros intestin, se divise en trois parties : l'une, gastrique ou fixe ; la deuxième, moyenne ou flottante ; et la troisième, cæcale.

1° La *partie gastrique*, celle qui constitue l'origine du canal et que l'on désigne dans l'homme par le nom d'*intestin duodénum*, se contourne au côté droit de la grande mésentérique, décrit un demi-cercle, se trouve fixée au foie et au pancréas, et comporte environ 48 centimètres de long (1). Près de son origine au pylore, cette portion duodénale forme une dilatation sphéroïde dans laquelle se dégorgent les conduits excréteurs du foie et du pancréas ; à la suite de ce renflement, elle se rétrécit et présente diverses inégalités toujours variables.

2° La *partie moyenne* ou *flottante*, dont la longueur est d'environ 20 mètres 45 décimètres, suit immédiatement la duodénale et comprend la grande majorité de l'intestin grêle ; elle commence derrière la grande mésentérique et se prolonge jusqu'au point où le canal se trouve attaché au cæcum par deux liens. Étant soutenue par un mésentère très-long, cette portion moyenne n'a pas de situation fixe ; dans l'état ordinaire de santé, elle occupe le flanc gauche et pose sur le gros in-

(1) Les mesures partielles du canal intestinal ont été déterminées d'après la taille d'un mètre 50 cent., mesure prise du garrot à terre.

testin. Généralement plus dilatée le long de la partie correspondante au cæcum, elle présente, dans sa longueur, diverses petites bosses, quelquefois même des étranglements, dont le nombre et la position ne sont point constants (1).

3° La *partie cæcale*, qui termine l'intestin grêle, est fixée au cæcum par deux mésentères, et comprend une longueur d'environ 32 centimètres ; elle est étroite, uniforme, a des parois fermes, et s'insère à la base du cæcum, qu'elle pénètre obliquement, et dans lequel elle se prolonge comme un robinet dans un tonneau.

Du gros intestin.

Bosselé et diversement replié, le *gros intestin* offre, de même que l'intestin grêle, trois parties parfaitement distinctes, et que l'on considère comme trois viscères particuliers, connus sous les noms de *cæcum*, *colon* et *rectum*.

1° Le *cæcum*, vaste réservoir allongé, très-bosselé et terminé par un cul-de-sac, suit la direction du cercle cartilagineux droit de l'abdomen, et se prolonge depuis le flanc droit jusqu'auprès du cartilage abdominal du sternum ; il est fixé supérieurement sous le rein droit, et se trouve lié à la portion repliée du colon par une production du mésentère. Continu d'une part avec l'intestin grêle, et de l'au-

______

(1) L'observation a démontré que, dans les vieux chevaux mal nourris, qui ont souffert de la faim, les étranglements dont il s'agit sont nombreux, très-forts et plus ou moins longs.

tre avec le colon, il offre une longueur de près
d'un mètre 29 centimètres, et renferme une masse
de liquides qui tiennent en suspension une grande
quantité de parcelles ou débris de fourrages.

Sa *partie moyenne*, correspondant au cercle cartilagineux de l'abdomen, se trouve attachée à la
portion repliée du colon. L'extrémité supérieure,
fixée sous le rein droit, constitue la base de l'intestin, et présente une grande courbure appelée
l'*arc du cœcum*, dont la cavité intérieure, très-
vaste, offre deux ouvertures, l'une appartenant à
l'intestin grêle et l'autre dépendant du colon.

Sa *partie inférieure*, libre, flottante et dégagée
de tout lien, se termine par une pointe mousse et
arrondie; elle forme le fond ou le cul-de-sac du
cœcum, et s'étend, dans le plan médian, jusqu'à la
distance d'environ 10 centimètres du prolongement abdominal du sternum.

Sa *surface extérieure* présente des bandes charnues, longitudinales, qui soutiennent, affermissent
les parois de ce gros réservoir, en diminuent la longueur et forment les plis transversaux, d'où résultent les valvules *conniventes*. Plus nombreuses dans
sa partie moyenne qu'aux extrémités, ces bandes
se montrent au nombre de deux à la pointe du cœcum, en remontant on en compte trois, quatre dans
le milieu de cet intestin, trois dans son arc, et deux
à sa terminaison au colon.

Sa *cavité intérieure*, analogue à sa conformation
extérieure, se termine inférieurement par un cul-
de-sac ou le fond du réservoir. Supérieurement,

l'arc du cæcum offre, à l'intérieur, les deux ouvertures intestinales, placées l'une à côté de l'autre et
séparées par un grand repli, sorte de valvule semi-
lunaire. L'orifice de l'intestin grêle forme une avance
ou prolongement de plusieurs centimètres de long,
qui se dirige obliquement vers le fond du cæcum;
l'ouverture qui aboutit au colon est étroite, affermie
par des parois charnues d'une certaine épaisseur;
enfin la valvule intermédiaire, d'autant plus saillante que l'arc est plus courbé, est disposée dans
une direction oblique.

2° Le *colon*, beaucoup plus long que le cæcum
avec lequel il fait continuité, présente deux parties
différentes par leur conformation, par leur calibre
et par la manière dont elles sont attachées dans l'abdomen. La première, dite *cæco-gastrique*, parce
qu'elle commence au cæcum et qu'elle se termine
vers l'estomac, comprend une longueur d'environ
3 mètres 57 centimètres; sa surface extérieure,
semblable à celle du cæcum, offre une succession
de bosselures transversales, ainsi que des bandes
charnues longitudinales. Pliée en deux suivant
sa longueur et maintenue en cet état par une production du péritoine, cette première partie du
colon se trouve recourbée dans la cavité abdominale,
et elle produit plusieurs circonvolutions irrégulières,
dont deux, inférieures, posent immédiatement sur
les parois musculaires de l'abdomen.

En décrivant ces diverses circonvolutions, l'intestin forme cinq courbures, dont quatre antérieures, situées contre le diaphragme, sont super-

posées et se distinguent en *sus-sternale, diaphrag-matique, hépatique* et *gastrique;* la cinquième, postérieure et logée dans la cavité du bassin, est appelée *pelvienne.* Si l'on considère ces arcs suivant la progression naturelle des matières renfermées dans le tube, la courbure sus-sternale se présente la première, et successivement la pelvienne, la dia-phragmatique, l'hépatique, enfin la gastrique. Cet ordre des arcs du colon indique la direction que tient ce viscère, et les contours qu'il fait; après son origine au cæcum, ce gros intestin se dirige obli-quement en avant vers le sternum; de la courbure sus-sternale il va en droite ligne dans le bassin, où il produit la courbure pelvienne; il revient en avant sur la circonvolution précédente, et forme la courbure diaphragmatique; il remonte du côté droit, se replie de bas en haut, et décrit ainsi la courbure dite hépatique; en quittant le foie, il donne immédiatement la courbure gastrique, passe derrière l'estomac, où se termine la portion cæco-gastrique. Cette disposition si remarquable du colon n'est pas constante et régulière; elle peut éprouver des variations par l'effet de la gestation, et dans les cas de douleurs intestinales. Ces déran-gements fréquents s'opèrent naturellement et sans déchirements, ce qui dépend essentiellement de la manière dont la portion cæco-gastrique du colon se trouve attachée dans l'abdomen.

La deuxième partie du colon *gastro-rectale,* et que l'on appelle encore *portion flottante,* diffère de la première par son calibre bien moins considérable

et surtout moins variable, par ses bosselures sphé-
roïdes, enfin par son mésentère, long et semblable
à celui de l'intestin grêle. Les matières contenues
dans cette dernière partie du colon, n'étant que
les résidus des substances chymeuses, offrent aussi
plus de consistance et une odeur plus forte. Cette
portion flottante, longue d'environ 2 mètres 6 décimètres, occupe le flanc gauche avec l'intestin
grêle, et pose sur la grosse masse intestinale, qui
est toujours inférieure, à moins de grands déran-
gements occasionnés par des douleurs violentes.

Le calibre du colon, au lieu d'être uniforme, présente diverses inégalités. D'abord très-petit à l'origine de l'intestin, où se trouve un premier détroit, il
augmente d'une manière rapide; à partir de la courbure sus-sternale, il diminue graduellement jusqu'au
delà du repli pelvien; au commencement de sa circonvolution ascendante, il est resserré et forme un
second détroit, à la suite duquel il acquiert progressivement plus de diamètre jusqu'à la courbure
hépatique, où se trouve la plus grande dilatation du
colon. En décrivant la courbure gastrique, l'intestin perd subitement de son volume, et devient pyramidal. La partie flottante, généralement plus
grosse dans son commencement, semble se rétrécir au
fur et à mesure qu'elle s'approche du rectum. Ce
qu'il importe de remarquer, c'est que les bosselures
de cette portion du colon sont d'autant plus prononcées et plus sphériques qu'elles se trouvent plus
postérieures.

De même que le cæcum, tout le colon est affermi

par des bandes longitudinales, qui se montrent dans l'ordre suivant : elles sont au nombre de deux à l'origine de l'intestin ; de quatre, sur les deux tiers supérieurs, ou environ, de la circonvolution descendante ; d'une seule dans le repli pelvien ; de deux, au détroit de la circonvolution ascendante ; de trois, dans le reste de l'étendue de cette même circonvolution ascendante ; enfin de deux sur toute la longueur de la partie flottante.

3° L'*intestin rectum*, ainsi nommé en raison de sa direction, vient à la suite du colon, termine les voies digestives, occupe la cavité du bassin, et s'ouvre au dehors par l'anus. Il succède à la partie flottante du colon, s'étend depuis le niveau de l'articulation du rachis avec le sacrum, offre une longueur de près de 32 centimètres, règne dans le plan médian jusqu'à son ouverture extérieure. Très-petit dans l'état de vacuité, il acquiert un volume considérable par l'accumulation des matières fécales, qui y sont poussées successivement par tas de deux à quatre crottins, et il n'a ni bosselures, ni bandes charnues.

Son *extrémité antérieure* est attachée 1° par un prolongement du méso-colon, étroit et appelé *méso-rectum*; 2° par un repli orbiculaire du péritoine, qui fixe cet intestin aux organes génitaux. Son ouverture postérieure ou, mieux, l'anus, qui, dans l'état de relâchement, constitue, à l'extérieur, une grosse protubérance arrondie et déprimée dans le milieu, est fixé sous la queue par quatre principaux ligaments, par des muscles, enfin par la peau du périnée, avec laquelle il se réunit. La partie moyenne du rectum est entourée d'un tissu lamineux, très-abondant et extensible, au moyen duquel elle tient supérieurement au sacrum, inférieurement aux vésicules séminales et à la grande prostate du mâle; dans la femelle, au col de l'utérus et au vagin; latéralement, aux parois mêmes de la cavité pelvienne.

La *surface extérieure* du rectum est blanche et garnie de tissu cellulaire; elle présente des stries longitudinales, dues aux gros faisceaux charnus et parallèles, dont est composée la membrane charnue. La *surface intérieure* forme des rides irrégulières, qui se développent et s'effacent à mesure que les parois s'écartent.

D'après tout ce qui précède, le canal intestinal du cheval et des autres monodactyles compose trois productions ou masses, distinctes non-seulement par le volume et l'étendue, mais surtout par la manière dont chacune d'elles se trouve rangée et soutenue dans l'abdomen. La portion repliée du colon, étant liée avec le cæcum, compose la masse la plus considérable; ses diverses circonvolutions, très-bosselées, reposent immédiatement sur la surface inférieure et latérale droite du ventre; elles occupent environ les deux tiers de cette cavité, s'enfoncent même dans le bassin, et supportent les deux autres masses placées dans le flanc gauche, et formées, l'une, par l'intestin grêle, l'autre par la portion flottante ou gastro-rectale du colon. La masse cæco-colique n'est attachée à la région sous-lombaire que par la base du cæcum et par les deux extrémités de la portion repliée du colon ; dans le reste de son étendue, elle est dégagée de tout lien, se trouve comme flottante et peut se déplacer d'autant plus facilement. La masse formée par l'intestin grêle, uniforme et sans bosselures, est attachée par un long mésentère, qui lui laisse toute la liberté de se porter çà et là, et d'occuper diverses régions de l'abdomen. La portion gastro-rectale du colon, qui concourt avec le rectum à la défécation, est aussi soutenue par un mésentère particulier ; mais elle est moins longue, moins flottante et moins vague que l'intestin grêle.

STRUCTURE. L'organisation de l'intestin résulte, comme celle de l'estomac, de l'union et de la superposition de trois couches membraneuses traversées, pénétrées par des vaisseaux et par des nerfs.

Ces *membranes* ou *tuniques* offrent la même disposition que celle du ventricule, mais elles en diffèrent sous plusieurs rapports.

La tunique péritonéale revêt la surface extérieure du tube intestinal sans l'envelopper complétement. Comme cette membrane n'est qu'une production des divers mésentères, les lames de ces replis du péritoine s'écartent pour se répandre sur l'intestin et fournir la tunique dont il s'agit ; en se séparant, elles laissent entre elles divers intervalles, dont les uns, triangulaires, sont occupés par des vaisseaux de différents calibres ; d'autres forment des surfaces plus ou moins étendues, qui servent à des adossements ou à des adhérences particulières. Ainsi les points de contact des deux circonvolutions produites par la partie cæco-gastrique du colon, l'extrémité supérieure de la circonvolution ascendante fixée derrière l'estomac, la portion du cæcum qui pose immédiatement contre la circonvolution descendante du colon, enfin la moitié postérieure, ou environ, du rectum, sont autant de surfaces sur lesquelles ne passe pas la tunique séreuse. Parmi les intervalles triangulaires occupés par des vaisseaux et qui se trouvent aussi dépourvus de péritoine, les plus remarquables s'observent sur la longueur du cæcum et de la portion repliée ou cæco-gastrique du colon.

La tunique péritonéale, dont la surface libre est exhalante et inhalante, entretient la perspiration extérieure de l'intestin; par sa face interne, cette couche adhère étroitement à la membrane charnue avec laquelle elle est unie au moyen d'un tissu lamineux, fin et court.

La tunique charnue étant une suite de celle de l'estomac, et dont les deux surfaces sont adhérentes, présente de nombreuses variations. Toujours plus épaisse et plus blanche dans les endroits où le conduit intestinal forme des détroits, elle fournit les bandes longitudinales du cæcum et du colon, ainsi que les stries transversales dont est parsemée la surface externe du rectum. Ses fibres constituantes forment divers faisceaux d'autant plus développés que la membrane offre plus d'épaisseur, et dont les externes sont longitudinaux, ainsi que le prouvent les bandelettes du cæcum et du colon; tandis que

les faisceaux, situés plus profondément et par-dessous les premiers, sont spiroïdes, ou obliques, ou
plus ou moins circulaires. Considérés dans le rectum,
ces faisceaux, très-gros et très-distincts, sont unis
par un tissu lamineux très-extensible, disposition
qui leur laisse la facilité de s'écarter, de revenir sur
eux-mêmes, d'opérer le resserrement du réservoir
et d'en permettre la dilatation.

La *membrane folliculeuse*, dont la texture et les
propriétés diffèrent peu de celles de la tunique gastrique, tient à la membrane charnue au moyen d'un
réseau vasculaire parsemé de nerfs et soutenu par
un tissu lamineux abondant. La surface interne papillaire, garnie de follicules muqueux, de villosités,
de pores exhalants et inhalants, constitue un velouté doux, jaunâtre ou verdâtre, et pourvu d'un
mucus glaireux dont l'état varie par une foule de
circonstances accidentelles. Il est à remarquer que
les follicules intestinaux, inégalement dispersés, forment, dans certains points de l'intestin grêle, des
amas de mamelons, sortes de plaques grenues, irrégulières, plus ou moins étendues, et que l'on désigne ordinairement sous le nom de glandes de *Brun-
ner* et de *Peyer*. Ces follicules, communément situés à l'opposé de l'insertion du mésentère, sont
toujours recouverts de beaucoup de mucus et deviennent parfois le siége d'altérations pathologiques
très-importantes à connaître.

La face interne de la même membrane laisse encore apercevoir des poils courts, très-fins et disséminés en différents points. La découverte de ces

productions pileuses, toujours en plus grand nombre dans les gros intestins, est due à *Maillet*, ancien chef de service à l'école d'Alfort, et enlevé beaucoup trop tôt à la science.

Les *vaisseaux*, nombreux et très-rameux, sont soutenus entre les lames du mésentère, et se comportent de la même manière que ceux qui abordent à l'estomac.

Les *artères* fournies par les mésentériques forment des divisions de différents calibres, mais toujours proportionnées au volume de l'intestin vers lequel elles se dirigent. Les grosses branches, destinées pour le cæcum et pour la partie cæco-gastrique du colon, émanent de la grande mésentérique, rampent sur la surface de ces réservoirs, et contractent entre elles diverses anastomoses. Ainsi les deux branches longitudinales qui suivent la longueur des deux circonvolutions de la partie repliée se donnent plusieurs grosses artères transversales, anastomotiques, et se réunissent vers le milieu de la courbure pelvienne. Les artères de l'intestin grêle proviennent aussi de la grande mésentérique, composent une série de longues branches d'un calibre moyen et à peu près égal, et se comportent toutes de la même manière. Parvenue à une certaine distance du tube intestinal, chacune de ces branches donne deux divisions qui s'écartent subitement l'une de l'autre, et se courbent, l'une en avant, l'autre en arrière : ces artères secondaires s'anastomosent avec les subdivisions collatérales, composent ainsi des anses ou arcades d'où émanent les petits vaisseaux qui se rendent directement dans les parois de l'intestin. Les artères de la portion flottante du colon naissent de la petite mésentérique, et comprennent une succession de longues branches qui ont la même disposition que celle de l'intestin grêle, mais dont les anses sont plus rapprochées du conduit. Quelques-unes des dernières ramifications de la petite mésentérique abordent à la partie antérieure du rectum, qui reçoit postérieurement plusieurs rameaux fournis par les artères bulbeuse et périnéale.

Les *veines intestinales*, au nombre de deux pour chaque artère, vont se réunir au côté droit de la grande mésentérique, et se dégorgent dans le tronc de la veine porte par trois branches principales, dont la postérieure traverse les divisions artérielles de la petite mésentérique. Ces veines, dépourvues de valvules, composent la majeure partie des branches du système veineux propre aux organes digestifs renfermés dans l'abdomen; elles rapportent de l'intestin le sang qui n'a pu servir aux sécrétions; elles sembleraient être préposées aussi, d'après les observations de Flandrin, de MM. Ribes et Magendie, à puiser de l'intérieur du canal une certaine partie des fluides propres à réparer les pertes.

Les *lymphatiques*, très-multipliés et destinés au transport du chyle, ainsi que de la lymphe, rampent entre les lames du mésentère, et vont se dégorger dans le réservoir sous-lombaire. Les uns suivent le trajet des vaisseaux sanguins, tandis que d'autres s'en trouvent plus ou moins écartés, et composent, toutes les fois qu'il ne sont pas colorés par la présence d'un fluide, divers filets blancs, noueux et flexueux.

Avant leur terminaison au confluent commun, tous les lymphatiques du canal intestinal aboutissent à des ganglions qui leur sont propres, et sont très-nombreux, surtout vers la base des mésentères de l'intestin grêle et de la portion flottante du colon. Plusieurs de ces lymphatiques sortent d'un ganglion pour se rendre dans un autre; quelques-uns ne traversent qu'un seul de ces corps glandiformes; et un petit nombre va directement dans le réservoir sous-lombaire. Pendant le temps de la chylification, opération qui suit toujours la digestion gastrique, et qui, cinq à six heures après le repas, se trouve être en pleine activité, les lymphatiques intestinaux se remplissent d'un fluide blanc appelé *chyle*, et contiennent, hors le temps de la chylification, une humeur semblable à la lymphe des autres parties.

Les *nerfs* fournis par les ganglions et les plexus, situés à la base des artères mésentériques, forment une multitude de rameaux, dont les plus gros accompagnent les artères; tandis que d'autres, ténus et déliés, sont solitaires entre les lames mésentériques, et se distinguent des lymphatiques isolés, tant par leur forme que par leur direction. Ces divers filets nerveux pénètrent l'intestin, s'unissent avec les ramuscules artériels, et concourent à composer le velouté, ainsi que les papilles du canal intestinal.

Usage de l'intestin. Il reçoit les matières chy-

meuses qui lui parviennent de l'estomac, au fur et
à mesure qu'elles sont digérées et fluidifiées; il
exerce sur ces matières une pression spéciale, qui
les pousse progressivement vers le rectum, et leur
fait subir diverses élaborations marquées; il produit,
en définitive, leur séparation en deux parties; l'une,
fluide, étant successivement prise, absorbée par les
vaisseaux inhalants, passe dans le torrent de la circulation, et devient la source principale de réparation des pertes; l'autre comprend les débris, les
résidus qui forment les excréments et sont expulsés au dehors par l'anus. Outre ces fonctions,
le canal intestinal reçoit et sécrète lui-même plusieurs humeurs, qui aident et favorisent de diverses
manières les grandes opérations que nous venons
d'indiquer.

DIFFÉRENCES. Dans les *didactyles*, l'intestin, généralement étroit, et dont la longueur équivaut de
trente-deux à trente-trois fois la hauteur du corps,
forme deux masses situées dans le flanc droit et posant sur la partie droite du rumen. La plus considérable de ces deux masses se compose de l'assemblage de l'intestin grêle, du cæcum et de la portion
cæco-gastrique du colon, unis et attachés ensemble par un long mésentère. L'intestin grêle, plus
étroit, plus uniforme que dans les monodactyles,
est soutenu à l'extrémité du mésentère commun
et forme une multitude de circonvolutions spiroïdes.

Le cæcum, très-long, cylindrique, sans bosselures transversales ni bandes longitudinales, décrit
un grand arc, dont la partie supérieure est fixée à

la base du mésentère commun, tandis que la partie inférieure, flottante et terminée par une pointe arrondie, se prolonge dans la cavité pelvienne.

La portion cæco-gastrique du colon, moins grosse que le cæcum, et étant aussi dépourvue de bosselures ainsi que de bandelettes, se trouve maintenue entre les lames du mésentère commun par-dessus l'intestin grêle, et présente à peu près les mêmes circonvolutions que dans le cheval.

La deuxième masse intestinale comprend la portion flottante du colon, qui ne diffère de celle du cheval qu'en ce qu'elle est plus courte et sans bandelettes charnues.

Le canal intestinal du *porc*, dont la longueur équivaut de vingt-sept à vingt-huit fois la hauteur du corps, est disposé en deux masses principales, l'une droite et l'autre gauche. La première, attachée par un mésentère très-long, se compose de l'assemblage de l'intestin grêle et d'une partie de la deuxième portion du colon, réside dans le côté droit de l'abdomen, occupe plus particulièrement la région sus-pubienne, et pose en partie sur la masse gauche. L'intestin grêle, étroit et très-long, est soutenu, attaché au bord inférieur du mésentère; tandis que la portion colique, repliée, est maintenue entre les deux lames du même mésentère; elle se trouve supérieure et peu éloignée de la colonne lombaire, dont elle suit la direction pour aller se terminer au rectum.

La masse gauche, distincte par le volume de ses réservoirs, comprend le cæcum et la portion cæco-gastrique du colon ; elle occupe tout le côté gauche de la cavité abdominale, et s'étend inférieurement du côté droit en passant sous l'intestin grêle.

Le cæcum, gros, court, très-bosselé, dont l'extrémité, libre et arrondie, conserve à peu près un calibre égal à celui de la partie moyenne, tient par sa base aux circonvolutions du colon, et se prolonge inférieurement dans la cavité pelvienne. Les parois de ce gros intestin sont affermies par diverses bandes longitudinales qui règnent dans toute sa longueur et qui ont les mêmes usages que celles du cæcum des monodactyles.

La portion cæco-gastrique, aussi bosselée et aussi grosse que le cæcum, décrit quatre circonvolutions spiroïdes, maintenues entre les deux lames du mésentère ; elle se prolonge ensuite à l'extrémité de ce même mésentère, et offre dans toute sa longueur deux fortes bandes longitudinales. Au-dessus des circonvolutions concentriques, on observe le commencement de la deuxième portion du colon, qui, après quelques inflexions, se dirige en arrière entre les lames du mésentère appartenant à la masse intestinale droite.

Dans le *chien*, la longueur du tube intestinal équivaut à huit ou neuf fois la hauteur du corps ; les parois de ce conduit sont généralement plus fortes et plus contractiles que dans les quadrupèdes précédents.

L'intestin grêle, soutenu par un mésentère long, occupe le milieu de l'abdomen, et décrit diverses circonvolutions qui posent sur les parois inférieures de la cavité abdominale.

Le cæcum, très-petit et peu distinct du colon, représente un réservoir oblong, très-court et terminé en cul-de-sac. Le même intestin, dans le *chat*, n'offre qu'une petite bosse peu détachée.

Le colon du *chien* a peu de longueur et occupe la région sous-lombaire, dans laquelle il est fixé par un mésentère court; après avoir décrit une courbure peu étendue, ce réservoir intestinal se porte en ligne droite dans le bassin, où il se continue avec le rectum. Le colon du *chat* ne diffère de celui du *chien* qu'en ce qu'il est plus court et moins flexueux.

§ VI. *Du mésentère.*

On comprend sous la dénomination générique de mésentère les liens destinés à soutenir le canal intestinal, et qui sont des productions du péritoine. Ces replis membraneux, plus ou moins longs et graisseux, maintiennent aussi les vaisseaux et les nerfs propres aux voies intestinales, et ils concourent à augmenter les surfaces perspirables de l'abdomen.

On divise communément toute l'étendue du mésentère en quatre parties : l'une, destinée au soutien de l'intestin grêle, porte le nom de *mésentère* proprement dit; la deuxième est appelée *méso-cæcale*, ou simplement le *méso-cæcum*; la troisième est dite *méso-colique*, ou le *méso-colon*; et la dernière, qui aboutit au rectum, se nomme *méso-rectale* ou *méso-rectum*.

Le *mésentère*, portion la plus longue et la plus étendue, compose une grande expansion membraneuse, dont le bord inférieur enveloppe l'intestin grêle. Cette production péritonéale, bifoliée, et que l'on a comparée à un épervier, tire son origine du pourtour de la grande mésentérique, d'où elle s'élargit en forme d'éventail ; elle s'allonge progressivement depuis l'origine de l'intestin jusqu'à la distance de 60 à 80 centimètres du cæcum, après quoi elle diminue jusqu'à sa terminaison.

Le *méso-cæcum*, généralement très-court, est commun au cæcum et à la portion repliée du colon ; il fixe la base de ces intestins dans le côté droit de la région sous-lombaire, se continue sur leur longueur et fournit les liens partiels qui les attachent l'un à l'autre.

Le *méso-colon*, moins étendu et moins long que le mésentère proprement dit, mais ayant une disposition semblable, provient du pourtour de la petite mésentérique, et soutient, à son bord inférieur, la partie flottante ou gastro-rectale du colon.

Le *méso-rectum*, dernière portion du mésentère, est un lien étroit, qui se termine à la partie antérieure du rectum.

Le mésentère est formé de deux lames intimement unies et entre lesquelles sont soutenus les vaisseaux, les nerfs et les ganglions lymphatiques dont il a été parlé à l'article du canal intestinal.

Quant aux différences du mésentère, elles sont en rapport avec la disposition qu'offre la masse intestinale dans les quadrupèdes comparés aux monodactyles. Ainsi le mésentère des *didactyles* forme deux parties principales; l'une soutient la portion repliée du colon, le cæcum et l'intestin grêle; la deuxième, moins considérable, est propre à la portion flottante du colon.

Dans le *porc*, on distingue de même deux portions principales, l'une pour chaque masse intestinale. Le mésentère du *chien* offre, comme celui des monodactyles, quatre parties, dont les trois premières sont les plus remarquables.

§ VII. *Du foie.*

Le foie est un viscère glanduleux, impair, d'un volume considérable, situé profondément dans l'abdomen, contre le diaphragme, en avant de l'estomac et du colon; il constitue une masse communément brunâtre, aplatie sur deux faces opposées, divisée en trois principaux lobes, et pourvue d'un canal excréteur, qui transmet dans l'intestin la bile sécrétée par l'organe. Cette masse glandulaire, qui offre une certaine épaisseur dans son centre, d'où elle s'amincit progressivement jusqu'à ses bords, occupe plus particulièrement le côté droit de l'abdomen; elle est fixée supérieurement aux piliers du diaphragme, et tient à cette cloison musculeuse par des liens larges et plus ou moins longs. Cette situation très-remarquable du foie, suspendu à la région sous-lombaire et flottant inférieurement, démontre que ce viscère sanguin doit éprouver, par l'acte

de la respiration, un balancement d'avant en arrière, qui ne peut que lui être très-avantageux :
cela prouve encore que, dans certaines circonstances,
ce même organe peut acquérir un volume extraordinaire, peser sur les viscères voisins, et gêner plus
ou moins leurs fonctions.

Les variations du volume du foie dépendent plus
particulièrement de la circulation sanguine de cet
organe. Ainsi le ralentissement de la circulation
sanguine de la veine porte détermine la dimension
du viscère, tandis que l'élévation de cette circulation
agit dans les mêmes rapports sur l'augmentation
de son volume.

Ses *faces*, lisses et perspirables, sont parsemées
d'un réseau, formé par les lymphatiques superficiels, qui rampent sous la capsule hépatique.

La *face antérieure,* supérieure, convexe, en quelque sorte moulée contre la face postérieure du diaphragme, offre supérieurement un ligament court,
qui passe en travers sur la veine-cave, et concourt
à fixer le foie contre le centre aponévrotique du diaphragme.

La *face postérieure,* inférieure et irrégulièrement
concave, pose, du côté gauche, contre l'estomac, et,
du côté droit, contre l'intestin. Un peu au-dessus
du centre de cette face, on voit un sillon profond
allongé de haut en bas et de droite à gauche, appelé la *grande scissure inférieure,* et destiné à loger le sinus de la veine porte ainsi que les artères,
les nerfs et le canal hépatiques.

Le *bord supérieur,* concave et très-mince, est

fixé immédiatement sous les piliers du diaphragme, et offre, vers son milieu, un long sillon profond, qui constitue la *grande scissure supérieure;* cette scissure se prolonge sur la face antérieure du foie, et contient la veine cave postérieure, dans laquelle se dégorgent les veines sus-hépatiques. Du côté gauche, le même bord supérieur laisse voir une grande échancrure qui livre passage à l'œsophage, et dont les bords donnent attache à la portion hépato-gastrique de l'épiploon.

Convexe, libre et tranchant dans quelques points, le *bord inférieur* se trouve divisé, par deux découpures profondes, en trois principaux lobes fixés au diaphragme chacun par un ligament.

Le *lobe droit,* ordinairement plus grand que le gauche, occupe l'hypocondre droit, et se trouve situé entre le colon et le diaphragme. Son bord supérieur, fixé dans le flanc droit, présente une échancrure transversale, profonde, dans laquelle est reçu et maintenu le bord antérieur du rein droit; en dessous de cette échancrure rénale et à la face intestinale du foie, se remarque un lobule, communément appelé le *lobe de Spigel,* et qui constitue dans l'homme *l'éminence porte postérieure.* Ce lobule, dont la forme la plus générale est celle d'une pyramide très-anguleuse, couchée en travers et ayant sa pointe tournée en dehors, est attaché au rein droit par un ligament. Un peu en dehors et en bas du même rein, le lobe latéral droit offre un grand ligament, par lequel il se trouve attaché à l'extrémité supérieure du cercle cartilagineux.

Le *lobe gauche*, antérieur et inférieur, réside dans le côté gauche de l'abdomen, pose antérieurement contre le centre aponévrotique du diaphragme, et postérieurement contre la face antérieure de l'estomac. Son volume égale assez souvent celui du lobe droit, et il est même quelquefois plus considérable; son ligament, aussi fort et même un peu plus long que celui du lobe droit, s'attache au diaphragme.

Le *lobe mitoyen*, toujours le plus petit et séparé des deux premiers par des sillons très-profonds, est lui-même divisé en quatre à cinq lobules irréguliers et terminés en pointe. Vers le milieu de son bord inférieur, il laisse voir une cavité triangulaire, profonde et située entre les lobules, c'est *le sillon de la veine ombilicale.* Il est attaché antérieurement au diaphragme par un grand ligament oblong et falciforme; ce ligament suspenseur, fixé par son bord antérieur le long de la ligne médiane jusqu'au prolongement abdominal du sternum, porte à son bord libre un cordon qui s'enfonce dans la cavité triangulaire et qui résulte de l'oblitération de la veine ombilicale.

Structure. Le foie est composé d'une substance granulée, brunâtre, et dont la couleur, dans l'âne et le mulet, tire sur un fond jaune parsemé de petits points qui rendent la surface de l'organe comme grenue. Cette substance hépatique, ferme, facile à déchirer et généralement peu sensible, semble être formée d'un assemblage de grains soutenus par un tissu cellulaire court. Les granulations, indépendantes les unes des autres, ont chacune une cellule particulière et sont appendues aux ramifications vasculaires, comme de petits grains de raisin desséchés. Selon quelques anatomistes, chaque grain glanduleux serait un point autour duquel se trouvent des cercles vasculaires et qui donne naissance à un canal biliaire. Pour parvenir à développer cette organisation généralement très-complexe, nous examinerons successivement la capsule du viscère, son parenchyme, son appareil excréteur, ses vaisseaux et ses nerfs.

La *capsule séreuse* provient du péritoine, qui se réfléchit de la face postérieure du diaphragme sur le foie, qu'il n'enveloppe pas en totalité. Cette membrane ne tapisse ni les grandes scissures de l'organe, ni les intervalles que laissent entre eux les feuillets des ligaments suspenseurs; elle est unie à la substance hépatique au moyen d'un tissu cellulaire fin, court, mais abondant et facile à être déchiré; sa surface extérieure, lisse et perspirable, est douce et humectée par un fluide séreux.

Le *parenchyme* du foie est un tissu compacte, peu résistant, pénétré par un suc glutineux et rougeâtre, que l'on obtient par l'expression; si l'on rompt, si l'on déchire cette substance hépatique, elle paraît rugueuse, inégale, et laisse voir une immensité de granulations *obrondes*. La texture intime de ces granulations est encore peu connue; on sait seulement que ces corps sont autant de points où se rendent les dernières ramifications de la veine porte et de l'artère hépatique, et d'où partent les ra-

dicules des veines sus-hépatiques ainsi que des conduits bilifères.

Ce qu'il y a de remarquable dans cette organisation, c'est que le tissu cellulaire ne paraît point en
faire partie intégrante; aussi doit-on considérer le foie comme un viscère essentiellement sanguin veineux, qui devient fréquemment le siége de
congestions sanguines, surtout dans les chevaux soumis à des allures vives et soutenues.

L'*appareil excréteur*, très-simple, se compose
des canaux bilifères, ramifiés de toutes parts dans
la substance de l'organe, et formant, par leurs embranchements successifs, le canal *hépato-intestinal*,
qui se rend directement dans l'intestin grêle. Ce
conduit, généralement plus gros que l'artère hépatique et de la longueur de 8 à 9 centimètres, est
couché en partie dans la grande scissure inférieure,
contre le sinus de la veine porte, tandis que sa partie inférieure est soutenue entre les deux lames de
la portion hépato-gastrique de l'épiploon. Il émane
et s'élève de la substance du foie par deux ou trois
branches, et va s'insérer dans l'intestin grêle, à cinq
ou six travers de doigt du pylore; il traverse obliquement les parois de cet intestin, fait un petit trajet oblique entre sa membrane charnue et la folliculeuse, et s'ouvre dans le milieu d'un gros mamelon
hémisphérique.

Les *artères*, généralement petites, comparativement au volume du viscère, sont des ramifications
fournies par la branche hépatique de la cœliaque;
ces divisions artérielles suivent la direction des vei-

nes sous-hépatiques, et se terminent par différentes anastomoses avec les veines sus-hépatiques.

Les *veines*, très-grosses et nombreuses, se distinguent en celles qui remplissent les fonctions d'artères et celles qui sont destinées à rapporter le sang qui n'a pu servir aux sécrétions.

Les premières pénètrent le foie par la face inféieure, et portent le nom de veines *sous-hépatiques*; les autres se dégorgent dans la veine cave postérieure, et sont appelées veines *sus-hépatiques*. Les premières émanent du tronc de la veine porte, qui se divise dans le foie à la manière des artères, et dont les ramifications, pourvues d'une capsule membraneuse, vont toujours en décroissant. Ces veines contractent des anastomoses multipliées avec les radicules des veines sus-hépatiques et avec les canaux bilifères ; elles apportent au foie un sang très-noir, épais, qui circule lentement et paraît fournir les matériaux de la bile.

Les veines sus-hépatiques naissent des artères et des veines sous-hépatiques, par des radicules qui se réunissent de proche en proche, convergent vers la grande scissure supérieure du foie, et se dégorgent dans la veine cave postérieure par une succession de branches de différents calibres. Les unes et les autres de ces veines sont dépourvues de valvules, et semblent disposées de manière à ralentir la circulation du sang qui les parcourt.

Très-multipliés et très-rameux, les *lymphatiques* se distinguent en superficiels et en profonds : les superficiels constituent un réseau anastomotique, répandu sous la capsule péritonéale, à la périphérie du foie, et qui contracte avec les lymphatiques profonds de nombreuses communications. Tous ces vaisseaux sortent du foie par la grande scissure inférieure, et aboutissent à divers ganglions situés autour de cette même scissure, et auxquels se rendent aussi les lymphatiques de l'estomac, de la rate, du pancréas, etc.

Les *nerfs*, gros et nombreux, sont des rameaux fournis par le plexus hépatique et par le nerf diaphragmatique droit; ils suivent les divisions de l'artère hépatique, et pénètrent avec elle la substance du viscère. Malgré cet appareil nerveux, le foie ne jouit que d'une sensibilité peu élevée, ainsi que le prouvent les maladies et les expériences tentées sur cet organe.

Usages. Le foie, la plus considérable de toutes les glandes, est l'aboutissant du système veineux abdominal chez l'adulte, et d'un double système vasculaire dans le fœtus. Sa principale fonction est de sécréter la bile, qui parvient dans l'intestin grêle au moyen du canal hépato-intestinal. Cette humeur, élaborée dans tous les points du viscère, passe dans les radicules des canaux bilifères, coule progressivement dans ces conduits, et arrive enfin dans l'intestin, où elle se mêle avec le chyme et avec le suc pancréatique. Cette sécrétion biliaire semble éprouver des modifications fréquentes et subordonnées à l'état variable du foie; elle devient plus abondante toutes les fois que le viscère éprouve une excitation particulière.

La bile du cheval, miscible à l'eau en toute proportion et sans odeur déterminée, est une liqueur d'un jaune verdâtre, d'une saveur légèrement amère, et dont la viscosité est semblable à celle de l'albumen de l'œuf.

Évaporée à une douce chaleur, elle donne un résidu qui forme un peu plus des quatre centièmes de son poids ; et son eau se trouve être conséquemment dans la proportion de 95 à 96 parties.

Par l'analyse chimique, elle fournit les principes fixes suivants : une grande quantité de résine verte, une matière jaune, beaucoup de mucus, une autre matière amère, ayant quelque analogie avec le picromel, mais étant en si petite quantité qu'il a été impossible d'en apprécier les proportions respectives ; on en retire aussi de la soude, différents sels, du muriate, du sulfate de soude et du phosphate de chaux (1).

Ainsi la bile du cheval diffère principalement de celle du bœuf par l'absence du picromel, par une plus grande abondance de mucus et par une moindre quantité de sels.

DIFFÉRENCES. Dans les *ruminants*, le foie offre plusieurs différences importantes et relatives à sa situation, à sa forme et à son organisation. Peu divisé et moins volumineux que dans le cheval, il est situé antérieurement et à droite, entre le feuillet et

(1) Cette analyse a été faite par M. Lassaigne, alors préparateur de chimie à cette école, sur une certaine quantité de bile extraite d'un cheval et obtenue dix-neuf heures après la ligature du canal hépato-intestinal.

le diaphragme ; il ne présente ordinairement que deux principaux lobes, séparés par la cavité triangulaire, qui livre passage à la veine ombilicale du fœtus, et qui est ici peu profonde. Le lobule de la masse droite est peu détaché, mais plus gros que celui du cheval. Il n'y a point d'échancrure pour le passage de l'œsophage, qui se termine au rumen sans faire de trajet dans l'abdomen. La face postérieure laisse apercevoir une cavité oblongue, superficielle, située au bas de la grande scissure et destinée à loger une partie de la vésicule biliaire.

Les différences les plus essentielles et même les plus frappantes dépendent de la disposition de l'appareil excréteur, plus compliqué que dans les monodactyles. Vers le milieu de sa longueur (1), le canal hépato-intestinal présente une ouverture, qui est l'orifice d'un conduit étroit et long ; ce conduit aboutit dans une petite poche allongée, la *vésicule biliaire*, et partage la longueur du canal hépato-intestinal en deux portions, l'une attachée au foie et l'autre continue à l'intestin ; cette dernière, ou, plus communément, le canal *cholédoque*, atteint et perce l'intestin à une distance du pylore bien plus grande que dans les monodactyles ; avant son insertion, il se réunit avec le canal pancréatique et s'ouvre dans le tube intestinal, en formant une pointe, en lieu et place du mamelon qui existe dans le cheval.

La *vésicule biliaire* est un réservoir membraneux pyriforme, dans lequel on distingue un corps ou

(1) Dans le bœuf, la longueur du canal hépato-intestinal est de 11 à 12 centimètres.

partie moyenne, un fond et un col. Le corps occupe la cavité superficielle, pratiquée, comme il a été
dit, dans l'épaisseur de la substance hépatique, à
laquelle il adhère au moyen d'un tissu cellulaire
fin; le fond, arrondi, plus ou moins gros et détaché,
forme la base ou le cul-de-sac de la poche. Le col
ou le sommet de la vésicule se continue avec le canal
hépato-intestinal, et constitue le canal *cystique*.
La surface interne de cette même poche offre un
velouté doux, papillaire et enduit d'un mucus glaireux. Son organisation est la même que celle du
canal hépato-intestinal, et résulte de la superposition de deux membranes, l'une péritonéale et l'autre
muqueuse. L'usage de la vésicule est de contenir
en réserve, pendant un certain temps, la bile, qui
lui parvient au moyen du canal cystique et en est
expulsée par la même voie. En séjournant dans
cette poche l'humeur biliaire acquiert des qualités
bien marquées; elle devient plus visqueuse, plus
colorée, plus amère. Son accumulation et son séjour
dans ce même réservoir semblent tenir à un état
particulier de relâchement ou d'inactivité. On sait
que la vésicule biliaire se dégorge pendant la digestion, surtout lorsque les animaux sont libres et
abandonnés à eux-mêmes; elle se dilate après la cessation de la rumination et devient très-grosse pendant la faim; elle conserve un grand volume pendant tout le temps que les animaux restent renfermés dans des habitations basses et mal aérées.

Dans les *tétradactyles*, l'appareil excréteur du
foie offre la même disposition que dans les didac-

tyles ; il comprend 1° les canaux *bilifères*, qui émanent des granulations hépatiques par des radicules ténues ; 2° le *canal hépatique*, formé de la réunion des troncs bilifères, et qui s'étend depuis le foie jusqu'à l'orifice du col de la vésicule ; 3° le *canal cystique*, qui constitue le sommet du col de la vésicule ; 4° la *vésicule* elle-même ; 5° enfin le *canal cholédoque*, qui fait la continuité des canaux hépatique et cystique.

Le foie du *chien*, plus volumineux et beaucoup plus divisé que celui du cheval, présente une couleur rouge, tirant un peu sur le violet ; les lobes sont partagés en plusieurs lobules, plus nombreux dans le lobe mitoyen que dans les deux latéraux.

La vésicule biliaire diffère de celle des ruminants, en ce qu'elle est plus enfoncée dans la substance hépatique, et que sa forme est plutôt ovoïde que pyramidale. Le canal hépato-intestinal, moins long que dans les didactyles, s'ouvre dans l'intestin à une distance moins éloignée du pylore de l'estomac que dans le bœuf.

§ VIII. *Du pancréas.*

Le pancréas est un organe glanduleux, oblong, triangulaire, irrégulièrement aplati, situé très-profondément et en travers, derrière l'estomac, sous les piliers du diaphragme ; il est préposé à la sécrétion d'un fluide encore peu connu, et qui parvient dans l'intestin grêle au moyen d'un canal excréteur. Ce viscère, généralement peu considérable, est formé d'une substance jaunâtre, molle, grenue et ayant l'apparence des glandes salivaires ; il est traversé par le tronc de la veine porte, et s'étend depuis la base de la rate jusqu'au lobe droit du foie.

La *face supérieure* et *postérieure* est maintenue appliquée contre l'extrémité gastrique de la portion repliée du colon, tant par un repli du péritoine que par un tissu cellulaire abondant. Plus en haut, cette même face tient au pilier du diaphragme, ainsi qu'aux troncs des veines cave et porte.

La *face inférieure* et *antérieure* est tapissée par le péritoine, et pose contre l'estomac sans y adhérer.

L'*extrémité droite*, beaucoup plus grosse que la gauche, fournit une sorte d'appendice qui semble détaché du restant du viscère, est maintenu contre la face postérieure du lobe droit du foie, et tient à l'intestin grêle avec lequel il a des rapports immédiats. Cette portion droite, que quelques anatomistes ont décrite sous le nom de petit pancréas, présente deux angles, dont un, antérieur et allongé, contient le canal excréteur pancréatique et entoure l'intestin ; l'angle postérieur, plus gros et arrondi, adhère au rein droit.

L'*extrémité gauche* constitue un prolongement peu considérable, terminé par une pointe arrondie et fixée contre le rein gauche et la base de la rate.

L'*anneau* du pancréas, grande ouverture ronde destinée au passage de la veine porte et correspondant au pilier du diaphragme, ne réside pas dans le milieu même de la substance pancréatique ; car la portion supérieure de l'anneau, celle qui est engagée entre la veine cave et la veine porte, est bien moins épaisse que celle qui se trouve en dessous du dernier tronc veineux.

Structure. Sous le rapport de la structure, le pancréas offre beaucoup d'analogie avec les glandes salivaires; sa composition résulte, comme celle de ces glandes, de granulations disposées en lobules, soutenues et unies entre elles par un tissu lamineux très-abondant. Cette substance pancréatique, dont la couleur offre une teinte de cannelle pâle, passe promptement, après la mort, à la décomposition putride; elle n'a point de capsule propre, et n'est soutenue, unie aux parties adjacentes, que par un tissu cellulaire qui pénètre dans son intérieur et concourt à la former.

Les granulations donnent naissance aux radicules de l'appareil excréteur; ces radicules se réunissent de proche en proche, forment des rameaux de différentes grosseurs, qui se rendent dans un long canal commun, nommé *pancréatique*. Ce conduit excréteur, situé dans le milieu de la substance du viscère, est composé de deux branches, dont la plus longue vient de l'extrémité gauche du pancréas; tandis que l'autre, un peu plus grosse, provient de l'angle qui adhère au rein droit; ces deux branches se réunissent à une certaine distance de l'intestin grêle, dans l'intérieur duquel elles aboutissent par un seul ou par plusieurs canaux, tout à côté du canal biliaire. Le plus souvent, on ne trouve qu'un seul canal pancréatique; et lorsqu'il en existe deux ou trois, il y en a toujours un principal, plus gros que les autres. Il n'est pas rare de voir ce dernier s'aboucher avec le conduit biliaire, et ne former qu'une ouverture commune dans l'intestin.

Les artères du pancréas sont nombreuses et proviennent en grande partie de la branche hépatique; quelques-unes sont fournies par la splénique, et la branche gastrique envoie assez ordinairement un ou deux rameaux pancréatiques. Les veines se réunissent avec celles qui émanent de la scissure de la rate, et quelques autres vont se dégorger directement dans le tronc de la veine porte. Les lymphatiques se dirigent vers les ganglions hépatiques, qu'ils pénètrent, et ils gagnent ensuite le canal thoracique. Les nerfs proviennent du plexus cœliaque par plusieurs filets déliés qui suivent les artères.

Usages. Le pancréas est destiné à la sécrétion d'un fluide qui paraît avoir beaucoup d'analogie avec la salive, et qu'on appelle *suc pancréatique.* Cette humeur, que l'on n'a pu jusqu'à présent recueillir en assez grande quantité pour en reconnaître les propriétés, coule progressivement dans les conduits excréteurs, et parvient dans l'intestin, où elle sert à des usages particuliers; en raison de sa viscosité et de sa facilité à mousser, elle peut s'emparer d'une portion des gaz formés dans l'estomac et chassés dans l'intestin (1). Au reste, le fluide pancréatique du cheval est une des li-

(1) Le suc pancréatique de l'homme, analysé par feu Barruel, a donné pour résultat un mucus extrêmement pur qui jouit de la pro-

queurs animales les moins connues, et sur laquelle l'on n'a que des observations incertaines.

Différences. Le pancréas des *didactyles*, beaucoup plus petit que celui des monodactyles, ne se prolonge pas du côté gauche; son canal excréteur se réunit avec le conduit cholédoque, à peu de distance de l'intestin grêle.

Dans les *carnivores*, le pancréas, plus considérable et plus ferme que dans le cheval, est divisé en deux parties, dont une suit la direction de l'intestin grêle, tandis que l'autre est maintenue entre les deux lames du mésentère, qui soutient le commencement du conduit intestinal. Ce viscère a une couleur blanche, et s'ouvre dans l'intestin par trois ou quatre petits conduits placés l'un à la suite de l'autre.

§ IX. *De la rate.*

La rate, dont les usages sont inconnus, paraît préposée à des fonctions spéciales, qui se lient avec celle du système veineux abdominal; c'est un organe vasculaire, d'un tissu mou, ayant une couleur rougeâtre tirant sur le violet, un aspect marbré et portant une capsule fibreuse, qui lui est particulière.

Ce viscère, assez gros, allongé, falciforme et

---

priété de rendre l'eau visqueuse, soit en s'y dissolvant, soit en la solidifiant. Ce mucus contient de la soude libre, une trace de chlorure de sodium et une trace très-minime de phosphate de chaux.

aplati sur deux sens opposés, occupe l'hypocondre gauche, où il se trouve fixé d'une manière lâche; il est lié, suspendu par sa base au rein gauche et au cul-de-sac de l'estomac; en se prolongeant inférieurement, il suit le contour de la grande courbure du ventricule, et tient à ce réservoir, ainsi qu'à la partie repliée du colon, par des productions épiploïques.

Généralement peu soutenue, la rate éprouve, comme le foie, un balancement, qui est l'effet de l'acte de la respiration, et qui fait varier son volume : elle grossit et prend du développement après la digestion et pendant la vacuité de l'estomac; tandis qu'elle se dégorge et diminue lorsque la digestion a lieu, lorsque le ventricule est dilaté et qu'il y a une excitation particulière de la force gastrique.

Ses deux *faces*, libres, perspirables et généralement unies, offrent parfois des dépressions, souvent même des lobules ou des tubercules de forme et de grosseur variées. La face antérieure pose contre le diaphragme, et la postérieure ou l'interne contre le colon.

L'*extrémité supérieure*, large et beaucoup plus grosse que l'inférieure, constitue la base du viscère; elle est fixée au rein gauche par un fort ligament suspenseur, au côté interne duquel se trouve une marge libre, de la largeur d'environ 5 centimètres et terminée par un bord tranchant (1).

(1) Cette marge splénique constitue une sorte de canal qui s'étend

Cette même extrémité est pourvue d'une scissure dans laquelle rampent des divisions de l'artère et de la veine spléniques soutenues entre les lames de la partie spléno-gastrique de l'épiploon.

L'*extrémité inférieure*, flottante et terminée par une pointe arrondie, correspond au côté gauche de la grande courbure de l'estomac.

Le *bord antérieur*, épais et attaché à la grande courbure du ventricule par la portion gastro-splénique de l'épiploon, présente, de même que la base de la rate, une marge longitudinale, absolument semblable et qui en fait la continuité. Cette marge, terminée en dedans par un bord tranchant, est bornée en dehors par une scissure profonde, qui loge l'artère et la veine spléniques, et donne attache à la portion épiploïque précédemment indiquée.

Le *bord postérieur*, plus mince que le précédent, est arrondi et convexe suivant sa longueur.

Structure. La rate, généralement peu sensible et dont le volume varie par une foule de circonstances, offre deux principaux éléments constitutifs : 1° une trame fibreuse aréolaire; 2° une matière liquide, de couleur de lie de vin, *le suc splénique*.

La partie fibreuse, très-vasculaire et celluleuse, constitue le squelette, la charpente de l'organe :

jusque contre le cul-de-sac gauche de l'estomac auquel il est attaché d'une manière invariable; et ce canal remarquable est la voie à la faveur de laquelle on peut atteindre l'extrémité du sac gauche du ventricule, lorsque l'on a préalablement pratiqué dans ce but une incision au flanc gauche.

on parvient à la débarrasser des sucs spléniques et
du sang en poussant par l'artère splénique une in-
jection d'eau qui, revenant par les veines, entraîne
successivement les fluides colorants; l'on continue
les injections jusqu'à ce que l'eau ressorte limpide,
et l'on termine ce genre de lavage par injecter de
l'air en place d'eau (1). Obtenue pure et privée de
liquides colorants, la partie fibreuse se présente
sous l'aspect d'une masse molle, blanchâtre, spongieuse, composée de lames et de fibres qui s'entre-
croisent en tous sens et forment des cellules innombrables.

Le suc splénique est une matière pultacée, livide,
que l'on extrait facilement au moyen d'une incision
pratiquée sur la substance de l'organe. Ce liquide,
encore peu connu, se trouverait être réparti, d'après
le professeur Marjolin, dans des vaisseaux très-
minces et faciles à rompre.

Nonobstant les principes constitutifs dont nous
venons de présenter un aperçu, la rate offre encore
à considérer des membranes, des vaisseaux et des
nerfs.

Membranes. Elles sont au nombre de deux; l'une,
séreuse et fournie par le péritoine, revêt toute la

---

(1) Pendant les premières injections, l'eau ne revient que difficilement par les veines; mais les injections continuées et soutenues développent le passage et le rendent progressivement plus facile.

La rate, dépouillée des liquides qu'elle renfermait, peut être insuf-
flée et desséchée en cet état. Étant ainsi préparée, elle constitue une
masse légère qui laisse apercevoir dans son intérieur une quantité
innombrable de cellules, ainsi que des ramifications vasculaires.

surface extérieure du viscère, à l'exception, seulement, des scissures occupées par les vaisseaux spléniques. Cette première enveloppe, transparente et assez fortement unie à la deuxième, entretient la souplesse de la partie et concourt à la perspiration abdominale.

La deuxième membrane, de nature fibreuse, forme une coque qui contient en masse la substance splénique. Cette enveloppe capsulaire adhère par sa face externe à la séreuse et tient à la surface de l'organe au moyen d'un tissu cellulaire court et très-serré. Parvenue dans les scissures, la fibreuse fournit des prolongements qui se réfléchissent et accompagnent les vaisseaux dans l'intérieur du viscère.

Artères. Grosses, courtes et très-nombreuses, les artères émanent en majeure partie de la branche splénique du tronc cœliaque; ces vaisseaux se divisent et se subdivisent dans la substance de la rate, et donnent des radicules anastomotiques avec les veines; on a remarqué que ces anastomoses sont peu développées et moins fréquentes que dans les autres parties du corps. De même que les veines, les artères sont accompagnées, fortifiées par des replis de la tunique fibreuse.

Veines. Beaucoup plus grosses que les artères et étant dépourvues de valvules, les veines proviennent de l'intérieur de l'organe par des radicules qui s'unissent graduellement en rameaux et branches; en s'échappant de la substance splénique, les branches veineuses vont grossir la grande veine spléno-gastrique, qui aboutit et se termine à la veine porte. Une remarque importante, c'est que les veines spléniques forment dans l'intérieur de la rate une multitude de *diverticulums*, de fréquentes anastomoses entre elles et s'entrecroisent en sens divers. Ce dédale veineux doit nécessairement ralentir la circulation du sang; il sert aussi à rendre raison des congestions sanguines auxquelles la rate est si souvent exposée et qui sont presque toujours mortelles.

Lymphatiques. Ces vaisseaux sont très-multipliés et se distinguent, comme ceux du foie, en superficiels et en profonds; les premiers contractent entre eux et avec les profonds de fréquentes anastomoses. Les uns et les autres rencontrent, après leur sortie du viscère, une succession de ganglions qu'ils pénètrent, et ils se rendent, en définitif, dans le réservoir sous-lombaire.

Nerfs. Les nerfs spléniques se font remarquer par de gros rameaux qui proviennent du plexus cœliaque, entourent les artères, fournissent à chacune des divisions artérielles une sorte de gaîne qui les accompagne dans l'intérieur de l'organe.

Usages. Nous avons déjà fait observer que les usages de la rate sont inconnus, nous dirons seulement ici que ce viscère a de grands rapports avec l'estomac, et que le sang qui est rapporté de l'intérieur de la rate par les veines diffère, sous quelques rapports, de celui qui y aborde par les artères. Cette dernière circonstance a fait présumer que la rate imprime au sang certaines propriétés qui rendent ce fluide plus propre à la sécrétion de la bile.

DIFFÉRENCES. Dans les *ruminants*, la rate, plus allongée, mais fixe et moins grosse que dans les monodactyles, conserve une largeur à peu près égale dans toute sa longueur, et elle forme à chacune de ses extrémités une pointe mince et arrondie; elle est située dans le côté gauche près du cercle cartilagineux, entre le diaphragme et la partie antérieure du rumen, et elle se trouve très-étroitement attachée par son bord antérieur.

§ X. *De l'épiploon.*

On désigne sous ce titre divers prolongements membraneux plus ou moins longs et graisseux, qui dérivent des replis du péritoine, sont liés, répandus, flottants autour de l'estomac et au-dessus des courbures que forme le colon contre le diaphragme. Ainsi l'épiploon, situé très-profondément, reste constamment maintenu contre le ventricule; il ne se glisse entre les circonvolutions intestinales, et ne descend jusque sur les parois inférieures de l'abdomen, que par suite de déchirements dans quelques points de son étendue.

Sa partie la plus ample, et qui, dans son développement, représente une sorte d'épervier, est fixée par l'un de ses bords dans toute la longueur de la grande courbure de l'estomac, d'où elle va s'attacher à la rate et à l'intestin colon. Une autre partie, peu étendue et supérieure, réside le long de la petite courbure de l'estomac qu'elle fixe au foie.

Formé de deux lames ou feuillets, entre lesquels sont soutenues des ramifications vasculaires et nerveuses, ainsi que des traînées de tissu adipeux, l'épiploon lie l'estomac au foie, à la rate et au colon, et présente quatre portions distinctes par leurs attaches ou points fixes, et dénommées *hépato-gastrique*, *gastro-splénique*, *spléno-colique* et *gastrocolique*.

La portion *hépato-gastrique*, la plus courte et généralement dépourvue de graisse, provient du pourtour de la grande scissure inférieure du foie, gagne la petite courbure de l'estomac, se propage du côté du pylore, et maintient les canaux excréteurs, biliaire et pancréatique, ainsi que diverses ramifications vasculaires.

La portion *gastro-splénique*, qui va de la partie gauche de la grande courbure de l'estomac à la scissure antérieure de la rate, est la plus forte des diverses productions épiploïques, et soutient entre ses lames les vaisseaux et les nerfs spléno-gastriques.

La portion *spléno-colique* fait en quelque sorte continuité avec la partie précédente, et émane de la scissure antérieure de la rate, d'où elle va se terminer au colon.

La portion *gastro-colique*, ainsi appelée parce qu'elle se porte de la grande courbure de l'estomac à la partie du colon fixée derrière ce viscère, forme un prolongement d'un grand développement, et soutient les vaisseaux ainsi que les nerfs épiploïques gauches.

Quant aux usages de l'épiploon, ils sont nombreux, mais généralement peu déterminés; il est seulement reconnu que cette membrane bifoliée sert à lier l'estomac avec le foie, la rate, le pancréas et l'intestin colon; il maintient les vaisseaux et les nerfs de l'estomac, et il augmente la perspiration abdominale. Les autres offices attribués à l'épiploon ne sont que présumables.

DIFFÉRENCES. L'épiploon des *didactyles* compose diverses productions, dont deux principales, fort amples, enveloppent toute la partie moyenne du sac droit du rumen, et se distinguent en supérieure et en inférieure : la première émane de la petite courbure de la caillette, passe sur le sac droit et s'insère dans les scissures de la face supérieure du viscère; l'expansion inférieure provient du bord interne de la grande courbure du quatrième estomac, et va se terminer dans les scissure de la face opposée.

Dans les *carnivores*, l'épiploon, très-graisseux et bien plus étendu que celui des herbivores, se glisse entre la masse intestinale et les parois inférieures de l'abdomen, et se prolonge en arrière jusque dans la cavité pelvienne.

Considérations physiologiques sur la digestion.

Tous les organes dont la description précède coopèrent à la digestion, fonction très-importante, qui commence dans la bouche, se continue dans toute la longueur du tube intestinal jusqu'à l'anus, et qui a pour but immédiat de réparer les pertes continuelles qu'éprouve l'économie animale. Pour être mise en activité, cette fonction exige la présence de substances étrangères, que l'on distingue en *aliments* et en *boissons*.

a. On entend par *aliments* en général les substances qui, introduites dans les voies digestives, sont surmontées par la force organique des parties, et fournissent l'élément de nutrition appelé le *chyle*. Tous les aliments fournis par des corps organisés sont des débris ou de végétaux ou d'animaux, et sont solides ou fluides.

Les monodactyles et didactyles se nourrissent uniquement de végétaux, et se nomment par cela même *herbivores*. Les autres quadrupèdes domestiques trouvent leur nourriture également dans le règne végétal et dans le règne animal, et sont plus ou moins *omnivores*.

Le foin, la paille et l'avoine composent les aliments les plus ordinaires des herbivores; le porc se nourrit plus particulièrement de graines et de racines; tandis que le *chien* et le *chat* ne mangent des végétaux que par l'effet de l'habitude et de la domesticité.

b. On désigne sous le nom de *boissons* tous les fluides dont les animaux s'abreuvent pour apaiser leur soif, et qui agissent soit en favorisant la formation du chyle, soit en réparant la partie séreuse des humeurs, dont il se fait une déperdition continuelle.

Les animaux sont excités à manger par un sentiment nommé la *faim*; ils sont de même avertis du besoin de boire par l'impression de la *soif*. Lorsqu'ils ont pris une suffisante quantité, soit d'aliments, soit de boissons, ils éprouvent la satiété et cessent d'introduire de nouvelles substances dans leur estomac.

La *faim*, ou l'appétence des aliments, reconnaît trois degrés particuliers; ce n'est d'abord qu'un sentiment léger, accompagné d'un certain plaisir et que l'on appelle *appétit*; parvenu au point de déterminer un état de chaleur, de pesanteur et de tiraillement, ce sentiment constitue la faim proprement dite; lorsqu'il y a douleur vive et trouble marqué dans l'exercice des fonctions, c'est l'*inanition*, qui conduit à la mort, si elle n'est arrêtée dans sa marche.

Le besoin de manger se renouvelle d'autant plus souvent que les animaux sont plus jeunes et plus vigoureux, qu'ils font plus d'exercice et qu'ils éprouvent plus de déperditions. Ce besoin est lent, et toujours peu sensible dans les individus gras et que l'on maintient dans un repos presque absolu.

La faim se manifeste de différentes manières, suivant la position dans laquelle se trouvent les animaux. Retenu par des liens et pressé par le besoin de manger, l'herbivore témoigne une véritable impatience, surtout à la vue des personnes habituées à le soigner; il se tourmente, tourne la tête de côté et d'autre, regarde fixement, fait entendre des cris plaintifs et trépigne parfois. Le rend-on libre, il court, va, vient et saisit avidement le premier aliment qui lui tombe sous la dent.

Le sentiment de la faim dépend essentiellement de l'influence nerveuse ; concentré d'abord dans la région de l'estomac, il ne tarde pas à se propager aux autres organes digestifs, et il imprime à tous un état particulier de gêne et de douleur ; ses progrès allant toujours en croissant, il devient général et trouble de plus en plus les fonctions.

La soif, ou besoin de boire, est un sentiment de sécheresse, de chaleur, de constriction, qui réside principalement dans l'arrière-bouche, se propage plus ou moins dans l'œsophage et dans l'estomac, et excite l'animal à rechercher les liquides.

Quoique plus impérieuse et plus pénible à supporter que la faim, elle influe d'une manière moins directe sur la santé des animaux, et elle parcourt ses périodes avec plus de rapidité.

L'envie de boire se renouvelle aux heures de la journée où les animaux sont dans l'habitude de faire usage de boissons ; elle se développe aussi à la suite des courses violentes ou de tout autre exercice qui a occasionné la perte ou l'évaporation d'une certaine quantité de fluides.

Les animaux tourmentés par l'ardeur de boire sont inquiets, refusent de manger, ont les yeux rouges, plus ou moins enflammés, et portent les oreilles basses. Les ruminants, ainsi que le *porc* et le *chien*, étant en marche et souffrant par le besoin de boire, tiennent la bouche ouverte, et halètent avec plus ou moins de force. Les herbivores didactyles sont, parmi les quadrupèdes domestiques, ceux qui se passent le plus longtemps de boire et de manger, et supportent le mieux la faim et la soif.

Actions digestives.

L'histoire de la *digestion* se compose d'une série de phénomènes qui se succèdent, s'enchainent et s'excitent les uns par les autres ; elle comprend neuf principales opérations : la *préhension des aliments et des boissons*, la *mastication, l'insalivation*, la *déglutition*, *l'action de l'estomac*, *l'action de l'intestin grêle*, *l'action du gros intestin*, *l'expulsion des matières fécales*, enfin *l'absorption du chyle*.

1° Pour exécuter la préhension des aliments, les animaux se servent soit des lèvres, soit des dents, soit de la langue ou de toutes ces parties en même temps ; le cheval les ramasse et les attire avec les lèvres, les saisit et les coupe avec les dents incisives. La même chose a lieu dans les autres herbivores ; mais le bœuf fait usage de sa langue pour ramasser ses aliments et les porter dans la cavité de la bouche. Le chien, dont la gueule est très-fendue, dévore, happe son aliment ; il le saisit d'abord et le pénètre avec ses dents, puis le déchire et l'arrache, s'il ne peut le prendre en entier. Pour opérer ce dernier acte, il fait usage de ses pattes de devant, avec lesquelles il retient le corps à déchirer.

Tous les herbivores, dont les lèvres sont grosses et peu fendues, hument leurs boissons et les attirent dans la bouche par une action d'aspiration. Le carnivore lape les liquides; il les introduit et les rejette dans sa gueule par les mouvements de sa langue, dont il se sert comme d'une cuiller.

Pour l'action de boire et de manger, le porc tient le milieu entre l'herbivore et le carnivore; il ramasse les grains avec ses lèvres et sa langue, découvre avec son boutoir les racines, qu'il ronge lorsqu'il ne peut en faire une seule *gueulée*; il happe et déchire les chairs des cadavres qu'il dévore. Toutes les fois que le liquide dont il veut s'abreuver est en suffisante quantité, il y plonge l'ouverture de sa gueule, et hume à la manière des herbivores; autrement il exécute une sorte de *lapement*, et prend le fluide par gorgées.

Lorsque la bouche contient une certaine quantité de substances, les fluides et autres matières sont immédiatement avalés et passent dans l'estomac; tandis que les aliments consistants, fibreux et peu atténués sont retenus dans la bouche et soumis à l'action des organes de la mastication.

Le premier effet des substances admises dans la bouche est de déterminer une sensation (la gustation) qui, suivant qu'elle est agréable ou désagréable, dispose les organes digestifs soit à les recevoir favorablement ou à les repousser, comme pouvant être nuisibles et dangereuses. La gustation s'unit intimement avec l'olfaction, et l'association de ces deux sens, qui se perfectionnent l'un par l'autre, guide sûrement les animaux dans le choix des substances alimentaires, et leur fait rejeter toutes celles qui ne conviennent pas. On a vu, à l'école royale vétérinaire d'Alfort, des loups se laisser mourir d'inanition, plutôt que de se repaître d'un aliment qui recélait un poison, *la noix vomique.*

2° La mastication, deuxième opération digestive, s'exécute à l'aide de plusieurs instruments, dont les uns sont actifs et les autres passifs ; par l'action combinée de la langue, des joues et des lèvres, les aliments sont continuellement poussés et retenus sous les dents molaires, qui, par l'effet des mouvements de la mâchoire inférieure, les coupent, les déchirent, les écrasent et les divisent de diverses manières. Les herbivores mâchent leurs aliments en les coupant et en les écrasant ; les carnivores les brisent, les écrasent et les déchirent.

Les mouvements de la mâchoire, qui ont lieu pendant la mastication, se font ordinairement de droite à gauche, et sont d'autant plus accélérés que l'animal se trouve plus pressé par le besoin de manger, et que l'aliment est lui-même plus appétissant. Dans les herbivores, la mâchoire ne se meut directement d'avant en arrière que lorsqu'il s'agit de couper les fourrages pour les introduire dans la bouche (1). La mastication est d'autant plus prolongée, que l'aliment offre plus de résistance, et que l'animal est moins stimulé par la faim.

3° L'insalivation commence dès l'instant même où l'aliment arrive dans la bouche ; mais elle se développe et devient plus parfaite pendant la mastication. Ces deux actions simultanées s'entr'aident

______

(1) Voyez ce qui a été dit tome Iᵉʳ, page 194 et suiv.

et impriment à ces substances des altérations premières, nécessaires pour la digestion gastrique. Ainsi, à mesure que les aliments sont broyés, triturés, retournés et remués dans tous les sens, ils sont en même temps imbibés, pénétrés par les fluides versés abondamment dans la bouche et particulièrement par la salive.

4° La déglutition, acte par lequel les substances diverses sont transmises de la cavité de la bouche dans celle de l'estomac, s'opère à l'aide de la langue, du pharynx et de l'œsophage. Son exécution, toujours rapide, mais plus ou moins aisée, suppose plusieurs conditions qu'il importe d'établir : la suspension de la mastication est le premier signal de la déglutition; immédiatement après, l'animal allonge le cou, et porte le bout de la tête en avant; les substances sont en même temps rassemblées et placées dans une excavation établie dans le milieu de la langue, qui s'appuie en avant et en haut contre le palais. La langue exécute ensuite un mouvement brusque d'ondulation, d'avant en arrière, à la faveur duquel elle pousse la masse du côté du pharynx, et lui fait franchir le détroit de l'arrière-bouche; le pharynx la presse à son tour, et lui fait enfiler l'œsophage, dont la contraction péristaltique la transmet avec énergie et vitesse jusque dans l'estomac. Ces actions se succèdent avec une telle rapidité, qu'elles sont pour ainsi dire simultanées; tant qu'elles s'exercent avec harmonie, le passage des substances, depuis la bouche jusqu'à l'estomac, est une opération momentanée.

La déglutition se fait avec d'autant plus d'énergie et de facilité, que la masse avalée offre plus de consistance, et rend conséquemment la contraction musculaire plus efficace. Aussi les fluides diffusibles et sans résistance sont-ils transmis à l'estomac avec moins d'aisance que les matières fibreuses. La déglutition de celles-ci est toujours favorisée, aidée par les mucosités dont se charge le bol alimentaire en passant dans le pharynx et dans l'œsophage.

5° *Action de l'estomac.* Au fur et à mesure que les aliments parviennent dans l'estomac, ils dilatent ce réservoir, font varier sa forme et sa position, et ils se placent dans sa cavité suivant l'ordre de leur admission. Déposés d'abord dans le fond du sac gauche, ils gagnent le côté droit en suivant la direction de la grande courbure du ventricule, de manière que les plus anciens ou les premiers arrivés sont toujours les plus proches du pylore.

L'accumulation des aliments dans l'estomac s'accompagne de plusieurs autres changements importants : la faim s'apaise et fait place à un sentiment agréable; la circulation gastrique se rétablit, et par suite la sécrétion des fluides devient copieuse; la rate et le foie se dégorgent, se débarrassent d'une partie des humeurs accumulées dans leur intérieur. Si l'animal continue à manger au delà de l'état de satiété, le ventre se gonfle, et la digestion gastrique est très-laborieuse; souvent même elle ne peut pas se développer, ou s'intervertit.

Humectée par la salive, par les boissons, par les humeurs gastriques et autres liqueurs, la masse alimentaire éprouve une altération particulière, et se transforme progressivement en chyme ; pendant cette conversion, qui se fait de la superficie vers le centre, les parois ventriculaires exercent une douce pression sur les matières, qu'elles compriment dans tous les sens et qu'elles poussent vers le pylore. Étant ainsi transmis dans le sac droit, les aliments perdent peu à peu la force d'agrégation ; ils éprouvent une sorte de dissolution animale, et sont chassés dans l'intestin au fur et à mesure qu'ils sont devenus fluides.

Mais, par quelles lois et comment a lieu la transformation des aliments en chyme, ou plutôt comment se fait la *chymification?* Ce point de physiologie a donné lieu à différentes explications plus ou moins ingénieuses, et que nous ne rapporterons pas ici. Selon les observations les plus exactes, le changement des aliments en chyme est une opération qui se développe lentement, qui exige le concours de plusieurs forces réunies, et dépend essentiellement de l'action éminemment dissolvante du suc gastrique.

La matière chymeuse, résultat de ce travail, offre des caractères différents, suivant les aliments qui la fournissent ; dans les herbivores, elle forme une purée très-délayée, verte ou jaune suivant la nature des aliments, ayant une odeur forte et aigre, et au milieu de laquelle nagent des parcelles nombreuses de fourrages, souvent même des graines entières.

Lorsque la chymification commence à se développer, il s'établit peu à peu un abattement qui succède à la satiété, et devient d'autant plus sensible que cette action gastrique s'exerce avec plus de difficulté. Cet état de malaise, pendant lequel toutes les sensations externes et généralement toutes les fonctions sont plus ou moins ralenties, persiste et se prolonge jusqu'à ce que la dissolution des aliments soit en pleine activité, et qu'elle soit même un peu avancée. A cette époque, l'ordre des choses change de nouveau, le malaise diminue d'une manière imperceptible et se dissipe complétement; l'équilibre se rétablit dans toutes les fonctions, et les forces se trouvent réparées; enfin l'animal récupère l'énergie et la gaieté, signes constants de toute bonne digestion gastrique.

La durée de cette importante fonction de l'estomac varie suivant le tempérament et l'âge des animaux, selon la nature des aliments et du suc gastrique. Dans le cheval et les autres monodactyles, dont l'estomac est très-petit, la chymification est très-active, puisque l'animal, étant pressé par la faim, peut manger en une heure sept kilogrammes de fourrages et sept litres d'avoine sans en être incommodé.

L'action gastrique peut être troublée et même arrêtée par un exercice trop subit et forcé, par des impressions fortes, enfin par toutes les circonstances susceptibles de déranger la concentration des forces.

Les signes qui, dans les herbivores domestiques, accompagnent et suivent la digestion gastrique sont très-nombreux : ils se manifestent tant par une habitude générale du corps que par des états particuliers du pouls, de la peau, des poils, des yeux et des oreilles.

6° *Action de l'intestin grêle.* Poussées dans l'intestin grêle par la pression de l'estomac, les substances chymeuses se mêlent avec les humeurs biliaire, pancréatique et intestinales; elles s'avancent progressivement vers le gros intestin, du côté duquel elles sont chassées par l'action péristaltique très-énergique du tube. La marche lente et successive de ces substances, dans un conduit tortueux et très-long, favorise leur mélange avec les sucs intestinaux et complète les combinaisons particulières qui ont commencé dans l'estomac. Les changements qu'elles éprouvent sont d'autant plus marqués, que ces matières se trouvent elles-mêmes plus proches du cæcum.

Considéré dans le cheval et du côté du pylore de l'estomac, le contenu compose un liquide très-visqueux, légèrement acide, un peu amer, tenant en suspension des stries ou parcelles d'aliments, et ayant une couleur verdâtre ou jaunâtre (1). En tirant du côté du gros intestin, ce contenu offre successivement moins de viscosité et plus d'homogénéité; à une certaine distance du cæcum, les matières chymeuses commencent à prédominer, et forment insensiblement un liquide odorant et d'une couleur plus uniforme.

(1) Lorsque les animaux sont constamment nourris de paille ou d'aliments de même couleur, les matières intestinales sont jaunâtres; elles ont une couleur verdâtre, toutes les fois que l'individu fait usage de fourrages plus ou moins verts.

7° *Action du gros intestin.* En parcourant cette dernière portion des voies intestinales, les substances subissent des altérations très-sensibles, surtout dans les herbivores monogastriques ; elles se dépouillent progressivement des fluides, qui sont convertis en chyle et sont absorbés ; elles forment, en définitive, des résidus qui sont expulsés au dehors et constituent les matières excrémentitielles. Le contenu du cæcum, dans ces herbivores, se montre sous forme de purée verte ou jaune, très-délayée, d'une odeur forte et herbeuse. En avançant dans la portion cæco-gastrique du colon, cette sorte de purée devient successivement moins liquide, plus colorée et plus odorante ; dans la portion flottante de cet intestin, les matières, plus consistantes, acquièrent une odeur pénétrante et désagréable, se séparent en tas, et composent ainsi les crottins. Ceux-ci commencent à se former dès le principe de cette partie postérieure du colon ; en passant successivement d'une cavité connivente dans une autre, ils deviennent plus consistants, plus desséchés ; en avant du rectum, ils s'accumulent et arrivent dans ce dernier intestin par tas de trois à cinq crottins.

8° *Expulsion des matières fécales.* Les matières, amoncelées par tas dans le rectum, excitent un sentiment de gêne et font naître l'envie de les expulser. Pour satisfaire ce besoin, qui peut devenir impérieux, l'animal commence par se camper ; il donne à son corps une attitude qui favorise la concentration de plusieurs forces capables de presser fortement le contenu, et lui faire vaincre la résistance opposée par le sphincter de l'anus. Cette opération, favorisée par la position que prend le bassin, est exécutée par le concours des muscles abdominaux, du diaphragme et des parois elles-mêmes du rectum.

9° *Chylification*. Toutes les actions digestives, quoique différentes entre elles, ont un but commun; elles tendent toutes à un même résultat, la formation du chyle, et, par suite, l'expulsion des résidus. Nous venons de parler de cette dernière opération : quant à la chylification ou chylose, elle se passe plus particulièrement dans l'intestin grêle, et elle a lieu par suite du mélange des humeurs biliaire et pancréatique avec la matière chymeuse. Ces diverses substances, soumises à une douce pression, fournissent un suc blanc, appelé le *chyle*, qui est pris, pompé par les vaisseaux inhalants. Ce fluide, que nous avons déjà fait connaître (1), est porté dans le torrent de la circulation et sert à la réparation des pertes; son extraction de la masse chymeuse n'est que temporaire et ne se renouvelle qu'à certaines époques ; l'expérience prouve qu'elle se développe après la digestion gastrique, dont elle est une suite, une conséquence. Dans le cheval et les autres monodactyles, elle est en activité quatre à cinq heures après le repas, et elle devient d'autant plus abondante que les animaux digèrent mieux et que les aliments sont plus nutritifs. Parmi les substances dont les herbivores font un usage ordinaire, l'avoine et autres grains sont reconnus pour être les aliments

---

(1) Tome Ier, page 93 et suiv.

qui fournissent le plus de chyle ; ils sont aussi ceux que les animaux préfèrent et mangent avec plus d'appétit.

L'absorption du chyle par les lymphatiques du mésentère est un fait connu et que l'on ne peut contester ; pendant la chylose, ces vaisseaux se gorgent de chyle, tandis qu'ils ne renferment qu'un peu de lymphe ou sont complétement vides lorsque toute la digestion est achevée et que l'animal éprouve de nouveaux besoins d'aliments. Quelques anatomistes pensent avec raison que les veines participent aussi à la chylose, et ils se fondent sur ce que les vaisseaux ont des orifices libres et béants dans l'intestin, et parce que certaines substances ingérées dans ce tube digestif se retrouvent dans la veine méséraïque : les belles expériences de Flandrin, renouvelées et variées par MM. Magendie et Ribes, semblent lever tous les doutes sur cette fonction des veines mésentériques.

Au résumé, la chymification complète le but essentiel de la digestion, elle rétablit les forces et elle fournit les matériaux propres à réparer les pertes ; mais cette opération ne doit pas être considérée comme une action de simple *pompement*, mais encore comme une action d'élaboration. Les vaisseaux destinés à l'absorption du chyle concourent en même temps à fabriquer cette humeur, qui est bien extraite de la masse chymeuse, mais n'y existe pas toute formée.

ORDRE III.

ORGANES DE LA RESPIRATION.

Par leur conformation et leur disposition générales, les parties destinées à la respiration ont une certaine analogie avec les organes digestifs. De même que ces derniers, elles composent un long conduit, dans lequel s'introduit une substance du dehors, et d'où elle est rejetée après avoir subi diverses altérations, qui la rendent matière superflue et excrémentitielle.

L'appareil respiratoire comprend les *cavités nasales*, le *larynx*, la *trachée*, les *bronches*, enfin les *poumons*, principaux agents de la fonction, renfermés dans la cavité thoracique et séparés l'un de l'autre par le médiastin.

Avant de procéder à la description de ces organes, nous traiterons en particulier du thorax, ainsi que des membranes qui tapissent cette cavité splanchnique; et nous terminerons tout cet article par la considération du thymus et des thyroïdes, que les anatomistes ont coutume d'exposer comme des annexes de l'appareil respiratoire.

1° Le *thorax*, deuxième cavité splanchnique et la moyenne en grandeur, est formé par les côtes, les vertèbres du dos, le sternum, les muscles intercostaux et le diaphragme; il renferme le cœur avec ses annexes, les poumons, une portion de la trachée et de l'œsophage, enfin le thymus dans le fœtus.

Cette cavité conoïde, allongée et déprimée latéralement, offre quatre faces, l'une supérieure, l'autre inférieure et deux latérales ; deux extrémités, distinguées en antérieure et en postérieure (1).

Faces. La supérieure, formée par les vertèbres du dos et la partie supérieure des côtes, constitue de chaque côté la région *dorso-costale*; l'inférieure, répondant au sternum et aux cartilages des côtes asternales qui la composent plus particulièrement, comprend les deux régions *sterno-costales*, dont une droite et l'autre gauche. Les faces latérales, formées par les côtes et par les muscles intercostaux, sont distinguées sous les noms de régions *costales*.

Extrémités. L'antérieure offre une ouverture oblongue, perpendiculaire, plus étroite en bas qu'en haut et nommée *entrée du thorax*. La postérieure, qui constitue la base de la cavité, est séparée de l'abdomen par le diaphragme (2).

La cavité thoracique est susceptible de s'allonger, de s'élargir, enfin de s'agrandir dans tous les sens; ses mouvements dépendent du mode d'articulation des côtes et de l'élasticité de leurs cartilages ; ils sont opérés par les muscles, qui concourent à former ses parois, ou qui s'attachent à quelques points de son étendue.

(1) Nous avons déjà indiqué la forme du thorax, t. Ier, p. 149.
(2) Voyez la *Myologie*, tome Ier, page 306.

2. Les *plèvres* sont deux membranes séreuses, perspirables, minces, d'une texture lamelleuse et serrée ; elles tapissent chaque côté de la cavité thoracique, s'adossent l'une contre l'autre, et se replient sur les poumons.

Chaque plèvre représente un sac clos de toutes parts, dont la surface interne est en contact avec elle-même et dont la surface externe forme diverses sortes d'adhérences. Comme ces sacs ont la même disposition, les mêmes usages, et qu'ils ne diffèrent entre eux qu'en ce que le droit est un peu plus vaste que le gauche, nous ne parlerons plus que d'une seule plèvre ; et nous distinguerons à cette membrane quatre portions, l'une *costale*, la deuxième *diaphragmatique*, la troisième *médiastine* et la dernière *pulmonaire*.

a. La portion *costale* comprend toute la partie de la plèvre qui adhère à la surface costale du thorax par le moyen d'un tissu cellulaire, dense ; elle se continue en haut et en bas avec la production médiastine, et se replie postérieurement pour tapisser le diaphragme.

b. La deuxième portion diffère de la précédente, en ce qu'elle est intimement unie au centre aponévrotique du diaphragme ; tandis que son adhérence avec la portion charnue de ce muscle est bien moins forte, et elle a lieu par un tissu lamineux facile à déchirer.

c. La portion *médiastine* est la plus remarquable, en ce qu'elle constitue, par son adossement avec la plèvre opposée, la cloison appelée le *médiastin.*

Cette cloison perpendiculaire, mais un peu inclinée à gauche par son bord inférieur, divise le thorax suivant sa longueur, et le partage en deux cavités inégales, dont la droite est la plus grande; elle soutient entre ses lames le cœur avec ses annexes, le thymus et une partie de l'œsophage.

On peut reconnaître au médiastin deux bords fixes, l'un supérieur et l'autre inférieur ; deux surfaces latérales, libres et distinguées en droite et en gauche. Le bord supérieur ou sous-dorsal forme une grande cavité longitudinale, triangulaire, résultant du repli supérieur des plèvres, et qui embrasse le corps des vertèbres dorsales, avec les vaisseaux attachés à ces os.

Le bord inférieur est fixé, sur le côté gauche de la ligne médiane, au diaphragme ainsi qu'au sternum, auquel il tient par divers faisceaux ligamenteux.

La masse du cœur divise le septum thoracique en deux portions inégales, dont une antérieure et l'autre postérieure. La première, que l'on peut aussi appeler le *petit médiastin*, soutient entre ses lames le thymus avec l'extrémité de la trachée. La portion postérieure, le grand *médiastin*, est flottante, maintient la partie gastrique de l'œsophage, et offre à sa face latérale droite un grand repli; celui-ci se prolonge sur la veine cave postérieure et forme une cavité, occupée par le plus grand des deux lobules du poumon droit. La partie moyenne et inférieure du grand médiastin est extrêmement mince et criblée d'une infinité de petits trous qui lui donnent l'aspect d'une dentelle très-fine. Cette disposition a été signalée par MM. Delafond et Bouley, professeurs à l'école d'Alfort ; elle paraît particulière aux monodactyles et on ne la remarque pas dans les autres espèces de quadrupèdes domestiques.

d. La portion *pulmonaire* provient du repli que forme la plèvre à l'origine des bronches ; elle compose une grande capsule qui contient en masse la substance pulmonaire et entretient sa perspiration extérieure : elle diffère des trois autres productions pleurétiques, en ce qu'elle est plus forte et qu'elle jouit d'une élasticité particulière.

§ I. *Des cavités nasales.*

Ces cavités spacieuses, très-anfractueuses, et disposées régulièrement de chaque côté, sans aucune communication des droites avec les gauches, recèlent l'air que respire l'animal, servent à l'olfaction et concourent à la perfection de la phonation ; elles forment de chaque côté deux parties parfaitement distinctes, dont l'une est la narine ou le naseau, et l'autre comprend les sinus.

1° La narine ou le naseau.

Cette première fosse nasale, prolongée dans l'intérieur du nez au-dessus de la voûte osseuse du palais et séparée de l'autre narine par une cloison cartilagineuse médiane, s'ouvre au dehors, et communique postérieurement dans la cavité gutturale et latéralement avec les sinus.

L'orifice extérieur ou *l'entrée du naseau* est bordé par deux lèvres mobiles, fixées l'une au-dessus de l'autre, et distinguées en supérieure ou interne, et en inférieure ou externe. Les points de réunion de ces lèvres constituent deux commissures arrondies, dont la supérieure aboutit par sa face interne dans une cavité, prolongée en haut dans l'écartement triangulaire, entre l'épine sus-nasale et le biseau du petit sus-maxillaire ; cette cavité pyramidale et terminée en cul-de-sac résulte d'un repli de la peau et forme la *fausse narine*. Les lèvres, ou plus communément les *ailes du nez*, ont chacune pour base un fibro-cartilage très-flexible, qui empêche le rapprochement exact de ces deux productions, les maintient à une certaine distance l'une de l'autre, et permet leur écartement, de manière que l'orifice nasal ne se ferme jamais complétement ; il laisse toujours un passage libre à l'air, et il se dilate toutes les fois que les muscles plient les cartilages en dehors.

De ces deux lèvres nasales, la supérieure, plus large et plus mobile, offre pour base une plaque cartilagineuse circulaire ; l'aile externe, dont le fibro-cartilage est semi-lunaire, constitue un gros repli cutané peu élevé, et à la face interne duquel se remarque l'ouverture inférieure du conduit lacrymal ; cet orifice se voit un peu avant l'union de la peau avec la membrane nasale, et se trouve au-dessus du niveau de la commissure inférieure des ailes.

La peau des ailes nasales se replie à leur face

interne, forme la fausse narine, et monte dans le naseau, pour se réunir avec la membrane muqueuse. Par-dessous la couche extérieure cutanée se trouve une substance musculeuse qui couvre les cartilages et y contracte de nombreuses implantations (1).

La *cavité proprement dite*, ou l'espace compris entre l'orifice extérieur et le fond du naseau, offre à considérer deux parois, dont une externe et l'autre interne.

La première, très-inégale et sinueuse, se trouve divisée en trois gouttières remarquables, que l'on appelle dans l'homme les *méats* du nez, et dont la supérieure se prolonge entre l'os nasal et le cornet antérieur, jusqu'aux cellules ethmoïdales. La gouttière mitoyenne, moins large et placée entre les deux cornets, communique dans les volutes de ces mêmes cornets, et se termine supérieurement par une ouverture étroite, demi-circulaire, qui aboutit dans les sinus. Enfin la dernière de ces gouttières, la plus grande et la plus inférieure, règne sur la voûte palatine et forme une voie libre, qui s'étend en ligne droite, depuis l'ouverture extérieure jusqu'à l'orifice guttural du naseau. Ces différents conduits servent à la dispersion de l'air, qu'ils distribuent dans l'intérieur des cornets, des volutes ethmoïdales, et le font parvenir dans les sinus.

La paroi latérale interne du naseau, bien moins étendue que la précédente, est formée par la cloi-

(1) Voyez la *Myologie*, tome Ier, page 245 et suiv.

son cartilagineuse médiane ; elle constitue une surface unie, ferme, résistante et propre à réfléchir la
colonne d'air, qu'elle renvoie sur la surface opposée;
où elle est éparpillée et divisée, comme il a été dit
précédemment.

Le *fond* de chaque narine répond au crâne et
communique avec l'arrière-bouche : on y observe,
1° en haut, les volutes ethmoïdales, fixées de champ
les unes au-dessus des autres, et séparées par des
gouttières, dans lesquelles ces volutes s'ouvrent
deux à deux; 2° en bas, une grande ouverture
demi-ovalaire, toujours libre, et qui se réunit sous
le vomer avec l'orifice de l'autre naseau, d'où résulte l'ouverture gutturale commune aux deux narines.

L'organisation des naseaux offre deux sortes de
parties essentiellement distinctes : 1° une base dure,
solide, et formée tant par le concours de différents
os, qui ont été décrits dans la *Squelettologie*, que
par une grande lame fibro-cartilagineuse, qui sépare
les deux narines l'une de l'autre; 2° une membrane
très-organisée, fort étendue et remarquable tant par
sa structure que par ses usages.

La cloison fibro-cartilagineuse, ferme et épaisse,
est une continuité de la lame osseuse de l'ethmoïde,
d'où elle se prolonge en bas dans le plan médian,
pour séparer les deux narines. Son bord postérieur,
arrondi, est reçu et engagé dans la grande gouttière longitudinale du vomer ; il fournit inférieurement deux expansions latérales qui bouchent les
ouvertures incisives. Son bord antérieur, évasé et

intimement fixé le long de la suture des deux os du nez, présente une dépression longitudinale et deux lames latérales; celles-ci augmentent de largeur depuis l'ethmoïde jusqu'au bout de la cloison; elles bordent les côtés du prolongement osseux sus-nasal et leur donnent une certaine flexibilité.

L'extrémité inférieure de la cloison nasale fournit de chaque côté un grand appendice, allongé de haut en bas et courbé en dehors. Cet appendice forme en quelque sorte une portion détachée, réunie seulement par le milieu avec la grande lame et divisée en deux prolongements : l'un, supérieur, large, circulaire et appelé *cartilage transversal*, constitue la base de l'aile interne de l'orifice nasal ; l'autre, inférieur, plus long, semi-lunaire et terminé par une pointe arrondie, concourt à la formation de l'aile externe.

La *membrane nasale*, ou plus communément la *pituitaire*, du genre des muqueuses, tapisse les cavités précédentes, se propage dans leurs différents détours et acquiert par là une grande étendue. En suivant la gouttière supérieure, elle s'insinue dans toutes les volutes ethmoïdales ; par le moyen du méat mitoyen, elle pénètre dans les cavités intérieures des cornets, et se réunit avec la membrane des sinus ; postérieurement et à l'extrémité du méat palatin, elle se continue avec la membrane de l'arrière-bouche.

Sa surface, libre, vaporeuse et papillaire, est enduite d'un fluide muqueux, sorte de vernis dont l'état et la sécrétion varient par une foule de circons-

tances ; cette même surface est parsemée de follicules susceptibles de prendre une certaine tension et
de devenir plus apparents, par suite d'une excitation déterminée sur l'organe ; selon les degrés de
cette excitation, la membrane prend une teinte plus
ou moins rouge et se gonfle par l'effet de l'abord des
fluides dans son tissu.

La surface interne ou adhérente de la pituitaire
porte une couche de tissu cellulaire, très-serrée,
traversée par des vaisseaux courts et déliés, ne contenant jamais de graisse. Ce tissu cellulo-vasculaire,
bien décrit par M. Rigot, et que M. Dupuy avait
précédemment signalé, est susceptible de s'infiltrer
avec assez de facilité, et il sert de moyen d'union avec
les parties sous-jacentes.

La *pituitaire* se distingue des autres membranes
muqueuses par sa mollesse particulière, par son
épaisseur et par sa texture très-vasculaire. Cette
expansion nasale, dont la couleur varie du rouge
rose au rouge foncé, au violet, au noir et au blanc,
n'est pas la même partout ; dans les cellules ethmoïdales, et dans les sinus intérieurs de la tête, elle est
très-mince, transparente, peu vasculaire et paraît
réduite : à son feuillet muqueux. Elle est formée évidemment de trois feuillets ; l'un épidermique, ou
l'épichorion, s'enlève par exfoliation ; le feuillet muqueux, qui est en deuxième ordre, forme le corps
de la membrane, et le troisième n'est autre que la
couche cellulo-vasculaire dont il a été déjà question.

Les vaisseaux de la pituitaire composent un réseau très-anastomotique, soutenu et accompagné

par du tissu cellulaire. Presque toutes les artères abordent l'organe par la base du naseau et fournissent des divisions ténues, qui ont diverses terminaisons.

Les veines, dépourvues de valvules, plus grosses et bien plus nombreuses que les artères, contractent entre elles de nombreuses anastomoses, et forment en différents endroits de longs canaux, marchant parallèlement les uns aux autres, et constituant des sinus qui servent de décharge aux veines circonvoisines. Deux de ces sinus, les plus considérables, occupent le centre de la cloison nasale et s'étendent depuis le haut jusqu'en bas ; le second règne sur la longueur de la surface du cornet postérieur ou sus-maxillaire, et un troisième se fait remarquer sur le cornet antérieur ou sous-ethmoïdal.

Les vaisseaux lymphatiques, très-rameux et très-anastomotiques, se réunissent, les superficiels avec les profonds, et vont aboutir aux ganglions sous-linguaux et gutturaux. Toutes les fois que ces absorbants transportent une humeur morbifique, ils déterminent l'engorgement des ganglions auxquels ils aboutissent. Ces sortes d'accidents se remarquent plus particulièrement dans les affections de morve et de gourme.

Les nerfs qui se ramifient dans la membrane nasale sont en grand nombre et de plusieurs ordres : on compte 1° les filaments pulpeux du nerf ethmoïdal ; 2° les rameaux du nerf nasal ; 3° le cordon orbito-nasal du nerf orbito-frontal ; 4° quelques filets rentrants du nerf sus-maxillaire ; 5° un rameau provenant du ganglion sphéno-palatin. Parvenu dans le nez, ce dernier rameau suit la direction du méat nasal inférieur, et aboutit, au niveau des ouvertures incisives, à un ganglion sphéroïde, qui est logé dans une cavité particulière : ce ganglion *incisif*, dont la découverte est due à Jacobson, envoie des filets déliés aux membranes muqueuses du palais et des narines, ce qui semble devoir le faire regarder comme le centre de l'association du goût avec l'odorat. Au reste, la disposition de l'appareil nerveux, propre à la membrane nasale, explique les sympathies des naseaux avec plusieurs organes importants, surtout avec l'encéphale, l'œil, l'estomac, les poumons et les organes génitaux.

Quant aux usages de la membrane que nous venons d'examiner, ils sont nombreux et de plusieurs sortes. Douée d'une sensibilité particulière, la muqueuse des naseaux est le siége de la perception des odeurs, et conséquemment l'organe essentiel de l'olfaction, sensation que nous exposerons avec plus de détails à l'article des sens. La pituitaire sécrète deux fluides, dont l'un, séreux, est exhalé sous forme de vapeur; l'autre, plus visqueux, forme l'enduit glaireux répandu sur sa surface libre, et constitue le mucus nasal.

2° Les sinus.

Ce second ordre de cavités se propage entre les lames de certains os de la tête, communique avec les fosses nasales au moyen d'une ouverture étroite, demi-circulaire (1), et recèle une partie de l'air qui sert à la respiration.

Les sinus ne se forment que lorsque les os de la tête ont acquis un certain accroissement, et ils ne paraissent que peu de temps avant la naissance ; ils augmentent successivement avec l'âge, s'agrandissent aux dépens, 1° de l'écartement gradué des tables des os où ils résident ; 2° de l'expulsion des dents hors des alvéoles ; 3° enfin de l'usure progressive des lames qui les divisent en différents compartiments.

Ils se développent d'abord à la partie inférieure du front, d'où ils descendent insensiblement sur le chanfrein, dans les os du nez et dans le cornet supérieur : ils se propagent en haut dans l'intérieur du frontal et du pariétal, s'étendent sur le côté du chanfrein, en bas et en arrière du crâne, dans les os lacrymal, zygomatique, grand sus-maxillaire, palatin, jusque dans le corps du sphénoïde.

Disposés régulièrement de chaque côté de la tête, les sinus droits sont séparés des sinus gauches par deux cloisons médianes, dont une antérieure *frontale*, l'autre postérieure *sphénoïdale*, et ils n'ont d'autre communication qu'avec la narine du même côté. Au lieu d'être perpendiculaires et uniformes, les cloisons médianes, diversement bosselées et concaves, sont toujours déviées, soit à droite ou à gauche du plan médian.

Parvenu à une certaine grandeur, ou considéré

_____

(1) Voyez ce qui a été dit sur cette ouverture, t. Ier, p. 185.

vers l'âge de cinq à six ans, chaque sinus de la tête constitue une vaste cavité, distribuée, par des lames plus ou moins élevées, en une multitude de loges ou compartiments irréguliers, dont plusieurs forment des cavités profondes, terminées en cul-de-sac.

Vers l'âge de huit ans et au niveau de l'épine sus-maxillaire, il se développe par-dessus les racines des dents molaires un sinus particulier, qui prend un accroissement assez prompt, communique dans la fosse nasale par l'ouverture commune demi-circulaire, et reste longtemps séparé du grand sinus primitif par une lame osseuse *sus-maxillaire*.

A partir du même âge de huit ans, on observe que toutes les lames osseuses s'amincissent et se dépriment progressivement; de manière que les cloisons incomplètes s'affaissent, tandis que les autres finissent par se perforer et établir des communications qui n'existaient pas auparavant. La perforation de la lame sus-maxillaire est toujours constante et la plus précoce; parfois elle est suivie de celle de la lame sphénoïdale, mais la cloison frontale ne nous a jamais offert ce genre d'altération.

La membrane qui tapisse le sinus est bien une continuité de la muqueuse des naseaux, mais elle en diffère tant par sa texture que par ses propriétés. Cette membrane, mince, blanche, peu vasculaire et peu sensible, exhale un fluide vaporeux qui lubrifie ces cavités nasales et élève la température de l'air. Dans le cas de morve, la membrane des sinus s'épaissit, s'engorge et éprouve diverses altérations.

Les cavités nasales donnent plus d'étendue à la

tête sans en augmenter le poids spécifique ; il paraît certain aussi qu'elles servent à la phonation, et qu'elles impriment à l'air diverses qualités qui le rendent plus propre à l'acte essentiel de la respiration.

Les sinus du *bœuf*, beaucoup plus vastes que ceux du cheval, s'étendent dans l'intérieur du front, du chignon et des racines des cornes, et se propagent en arrière du sommet de la tête jusque dans les condyles de l'occipital. Du pourtour de la circonférence orbitaire, ils descendent entre les lames de l'os sus-maxillaire et par-dessus les dents molaires, se prolongent dans l'intérieur de la voûte du palais, et se continuent dans la protubérance orbitaire.

Ces cavités nasales ne s'étendent pas dans l'intérieur du corps du sphénoïde ; elles forment de chaque côté cinq divisions principales qui constituent autant de sinus particuliers, exactement séparés l'un de l'autre par des cloisons, et ayant chacun une ouverture de communication avec la narine. Trois de ces sinus, peu étendus et situés autour de l'orbite, ont leurs ouvertures nasales rondes et placées sous la grande volute de l'ethmoïde. Les deux autres sinus, beaucoup plus grands et plus diverticulés que les *orbitaires*, se distinguent en supérieur ou *épicrânien*, et en inférieur ou *sus-maxillaire*. Le premier, qui monte depuis le niveau de l'arcade orbitaire dans le chignon, dans les racines des cornes et dans le derrière de la tête, aboutit dans la fosse nasale à côté des sinus orbitaires ; le sinus sus-maxillaire, divisé en portion sus-dentaire et portion palatine , communique dans le naseau , près de la base du cornet sus-maxillaire, au moyen d'une large ouverture oblongue.

Les sinus de la *bête à laine* ont à peu près la même disposition que ceux du bœuf ; mais ils ne se propagent pas supérieurement dans le derrière de la tête , et ils sont bien moins étendus.

§ II. *Du larynx.*

Situé dans l'arrière-bouche , en bas de l'ouverture gutturale des naseaux, et fixé au corps de l'os hyoïde, à la suite de la langue , le larynx forme l'extrémité supérieure du grand canal aérifère dont la description va suivre. Il résulte de l'assemblage de cinq cartilages articulés entre eux, de manière à former une ouverture oblongue , mobile et appelée la *glotte;* non-seulement il sert à la production de la voix , il est encore l'agent de ses principales modifications.

Les cartilages laryngiens, que l'on distingue par des noms tirés de leur forme ou de leur position, sont le *cricoïde,* le *thyroïde,* les deux *arythénoïdes* et l'*épiglotte.*

a. Le cricoïde, qui a la forme d'un anneau, constitue la base du larynx, soutient les cartilages thyroïde et arythénoïdes , et embrasse le premier cerceau trachéal, auquel il est fixé par un grand ligament jaune et élastique. Ce premier cartilage présente deux parties, dont une antérieure, demi-circulaire, offre, dans le milieu de son bord supérieur, une large échancrure plus profonde dans certains sujets que dans d'autres. La partie postérieure, communément le *chaton*, forme une large plaque, articulée par son bord supérieur avec les deux arythénoïdes, et sur ses côtés avec les extrémités du thyroïde. La face externe de cette dernière portion cricoïdienne laisse voir, dans son milieu, une crête allongée, raboteuse et assez élevée ; de chaque côté de celle-ci on observe une fosse qui, de même que la crête, donne implantation à des fibres musculaires.

b. Le thyroïde, le plus grand des cartilages laryngiens, est placé au devant du cricoïde, et détermine la forme extérieure du larynx ; il représente une large plaque courbée et allongée en arrière, dans laquelle on peut distinguer trois parties, l'une antérieure et deux latérales.

La partie antérieure ou moyenne offre, en haut et proche du corps de l'hyoïde, une bosse ou protubérance peu élevée, en bas de laquelle se remarque une grande échancrure allongée, et correspondant à celle du cartilage cricoïde. Cette échancrure est fermée par un ligament jaune, qui s'attache inférieurement au cercle du cricoïde, et sert à fixer ces deux premiers cartilages l'un avec l'autre.

Les parties latérales ou les *ailes du thyroïde* embrassent la portion circulaire du cartilage cricoïde, et se terminent postérieurement par une pointe pourvue d'une surface diarthrodiale, pour l'articulation avec le chaton du même cartilage. Par son bord supérieur, le thyroïde est attaché aux cornes de l'os hyoïde au moyen d'un ligament élastique ; son articulation sur les parties latérales du chaton du cricoïde se fait par genou, et présente une capsule synoviale ainsi qu'un petit ligament latéral.

c. Les cartilages arythénoïdes sont les plus petits, et ont été dénommés d'après la ressemblance que l'on a cru leur trouver avec le bec d'une aiguière ; ils représentent deux ailes ou feuilles fixées l'une contre l'autre, attachées par leur base au bord supérieur du chaton cricoïdien, prolongées en dedans sur la partie postérieure de la glotte, et ayant leur sommet renversé en dehors et en arrière. Chacun de ces cartilages représente une pyramide triangulaire, courbée sur elle-même, dont la face externe, un peu concave et divisée par une petite crête allongée, donne attache au muscle arythénoïdien, et dont la base forme avec le cartilage cricoïde une articulation, pourvue d'une capsule synoviale et de quelques faisceaux ligamenteux.

d. L'épiglotte, cartilage impair, dont la forme est celle d'une feuille de laurier, se trouve attachée par sa base au-dessus de l'angle antérieur de la glotte, à l'opposé des deux précédents ; sa partie libre est courbée sur elle-même, en sens inverse de celle des arythénoïdes et de manière à ce que la glotte reste toujours libre. Plus large dans le milieu qu'à ses extrémités, ce dernier cartilage est fixé dans l'échancrure du bord supérieur du thyroïde par un faisceau de fibres ligamenteuses ; à ses côtés, il est lié avec les cartilages arythénoïdes, et sa pointe libre, courbée sur elle-même, est relevée du côté de la langue. La base de l'épiglotte, plus épaisse que le sommet, fournit latéralement deux cornes ou ap-

pendices pyramidaux dont la pointe va se perdre
de chaque côté sur les cartilages arythénoïdes; ces
prolongements fibro-cartilagineux concourent à
former le ligament supérieur de la glotte. Le long
des bords de ce même cartilage laryngien, on rencontre plusieurs petits cartilages détachés, plus ou
moins nombreux et d'une forme variable.

Le larynx est susceptible de deux sortes de mouvements : l'un, de totalité, produit le déplacement
de tout l'organe, qui est élevé ou abaissé; un autre
genre de locomotion comprend les mouvements
particuliers à chacun des cartilages.

L'élévation générale du larynx est due à l'action
des muscles, qui tirent l'hyoïde en avant et en haut;
son abaissement de totalité est opéré par les muscles
sous-scapulo-hyoïdien, sterno-hyoïdien et sterno-
thyroïdien. Les mouvements particuliers dépendent
des muscles hyo-thyroïdien, crico-thyroïdien, crico-
arythénoïdien postérieur, crico-arythénoïdien latéral,
thyro-arythénoïdien, l'arythénoïdien et l'hyo-épi-
glottique (1).

L'intérieur du larynx forme la glotte, dont la
connaissance est indispensable pour expliquer les
phénomènes de la phonation. Cette ouverture,
étroite et pyramidale, s'étend d'arrière en avant,
depuis la base des arythénoïdes jusque sous l'épiglotte; elle offre à considérer deux lèvres latérales;
deux angles, l'un postérieur ou *sous-arythénoïdien*,

---

(1) Voyez la description de chacun de ces muscles dans la *Myologie*, t. 1er, p. 273-345 et suiv.

et l'autre antérieur ou *sous-épiglottique*; deux ventricules latéraux, distingués en droit et en gauche.

Les lèvres ou, plus communément, les *cordes vocales*, les *rubans de la glotte*, constituent deux gros replis, situés profondément, et prolongés du fond de l'angle sous-épiglottique jusqu'à la base des cartilages arythénoïdes : ces replis s'écartent l'un de l'autre en se portant en arrière, et ils ont pour base un fort ligament *thyro-arythénoïdien*.

L'angle ou sinus sous-arythénoïdien forme une grande excavation libre, d'autant plus profonde que les cartilages arythénoïdes sont plus rapprochés, et ce sinus offre toutes les conditions requises pour la réflexion de l'air expiré.

L'angle ou sinus sous-épiglottique, petite cavité étroite, terminée en pointe et plus profonde dans l'âne que dans le cheval, se trouve divisé transversalement par une membrane mince et susceptible de frémissement.

Les deux ventricules latéraux, réservoirs d'une certaine profondeur, ont leurs ouvertures larges et placées au-dessus du milieu des lèvres ; ces ouvertures, tournées en haut et un peu en avant, sont plus étroites dans l'âne, et situées plus près du sinus sous-épiglottique. Le fond de ces cavités ventriculaires se termine en cul-de-sac et adhère au muscle crico-arythénoïdien latéral.

La cavité intérieure du larynx est tapissée par une membrane muqueuse, qui se continue supérieurement avec la membrane de l'arrière-bouche, et inférieurement avec la muqueuse de la trachée.

Cette membrane laryngée se distingue par une sensibilité très-grande ; elle concourt, par ses replis, à former les lèvres, ainsi que les diverses cavités de la glotte.

Le larynx reçoit beaucoup de vaisseaux et de nerfs ; les artères fournies de chaque côté par la céphalique forment plusieurs gros rameaux, dont les uns abordent au larynx par le côté, d'autres par la face postérieure, et quelques autres par le bord inférieur. Les veines suivent, accompagnent les artères et se dégorgent dans la jugulaire.

Les nerfs sont des rameaux du pneumo-gastrique, et se distinguent en deux ordres : les uns, nommés *laryngés*, proviennent du plexus guttural, pénètrent le larynx par le côté, et vont se ramifier tant dans les muscles que dans la membrane du larynx et du pharynx ; les autres, appelés *récurrents*, remontent derrière la trachée, s'enfoncent dans la partie postérieure du larynx, et gagnent, selon M. Magendie, les muscles constricteurs de la même ouverture (1).

Le principal usage du larynx est de livrer un passage libre à l'air, qui sert à la respiration. Par ses mouvements variés, cet organe dérobe la glotte aux diverses substances que l'animal avale, et il fait éprouver à l'air expiré plusieurs collisions, qui produisent la voix et contribuent à ses modifications.

Considéré dans les *didactyles,* le larynx offre

(1) Nous nous sommes assuré que les récurrents envoient des filets aux muscles dilatateurs aussi bien qu'aux constricteurs.

plus de hauteur et plus de grosseur; l'ouverture de la glotte, plus simple, n'a point de ventricules latéraux; le sinus sous-épiglottique, peu profond, ne se trouve pas divisé, comme dans le cheval, par un repli membraneux. Le cartilage thyroïde, plus grand, ne présente pas d'échancrure à sa partie antérieure, et en porte une légère à son bord supérieur; l'épiglotte, plus large, se termine par une pointe arrondie; les arythénoïdes sont maintenus plus rapprochés l'un de l'autre.

Dans le *porc*, le larynx présente une conformation extérieure analogue à celle des ruminants; les *lèvres*, qui forment des replis saillants et à bords tranchants, ne laissent entre elles qu'une ouverture très-étroite. Situées plus profondément que dans les monodactyles, ces cordes vocales ont une direction très-oblique, de manière que leur extrémité antérieure se trouve fort éloignée de la base de l'épiglotte, tandis que la postérieure, plus élevée, tient aux cartilages arythénoïdes; la cavité de l'angle postérieur se prolonge, en forme d'aiguière, entre les deux cartilages arythénoïdes, qui sont très-petits. Le sinus sous-épiglottique, vaste et plus profond que dans le cheval, n'a pas de cloison transversale. L'épiglotte, cartilage très-développé, constitue un grand pavillon, incliné sur la glotte et qui embrasse les arythénoïdes; fixé au cartilage thyroïde par un ligament lâche, ce fibro-cartilage est beaucoup plus mobile que dans les monodactyles; en s'abaissant sur les arythénoïdes, il donne plus d'étendue au sinus sous-épiglottique.

Le larynx du *chien* est plus flexible, mais il présente moins de hauteur que celui du porc. Les cordes vocales, bien tranchantes et bien prononcées, sont au nombre de quatre, dont deux supérieures et deux inférieures; de même que dans les monodactyles, ces rubans sont horizontaux, ou ils approchent plus ou moins de cette direction, si différente dans le *porc*. Les ventricules latéraux forment des cavités profondes, et sont revêtus d'une membrane fort extensible.

Le larynx du *chat* est encore plus flexible que celui du *chien*, et la glotte est aussi plus diverticulée; les cartilages présentent quelques différences dans leur forme, mais ces considérations sont trop peu importantes pour qu'il soit nécessaire d'en faire mention.

§ III. *De la trachée-artère.*

La trachée est le conduit intermédiaire entre le larynx et les bronches; c'est un long et grand canal ferme, dur, flexible, qui a pour base une série de cerceaux fibro-cartilagineux, interrompus par derrière et attachés les uns à la suite des autres par des fibres ligamenteuses : ce conduit s'étend le long de la face inférieure de l'encolure, se continue par son extrémité antérieure avec le larynx, et se termine dans le thorax, au niveau de la base du cœur, en formant deux grosses divisions, d'où résultent les *bronches*.

Dans la région de l'encolure, la trachée se trouve

entourée de muscles, de vaisseaux, de nerfs et de l'œsophage : en bas du larynx, elle est en quelque sorte superficielle; mais en descendant vers le thorax, elle devient successivement plus profonde, plus dérobée. Sa face antérieure, âpre et cylindroïde, adhère supérieurement aux thyroïdes, et se trouve être couverte par les muscles sterno-hyoïdien, sterno-thyroïdien, sous-scapulo-hyoïdien et sterno-maxillaires. Sa face postérieure, flexible et déprimée, présente une quantité considérable d'un tissu cellulaire, très-extensible, qui sert à maintenir rapprochées les extrémités des cerceaux cartilagineux, et soutient, derrière la trachée, l'œsophage, les artères céphaliques, et les deux cordons nerveux qui accompagnent ces vaisseaux.

En pénétrant dans le thorax, la trachée touche le corps des vertèbres, passe contre la côte droite et laisse l'œsophage à sa gauche ; après avoir franchi cette entrée, elle s'éloigne progressivement du corps des vertèbres dorsales, et se dirige, entre les lames du médiastin, jusqu'à la base du cœur, où elle fournit les bronches.

La trachée n'a pas un calibre exactement uniforme; supérieurement et proche du larynx, elle offre un rétrécissement plus sensible dans certains sujets que dans d'autres, et qui peut parfois devenir cause de gêne de la respiration.

La structure organique du conduit dont il s'agit comprend trois ordres de parties : 1° la succession des cerceaux qui forment la base de la trachée ; 2° une couche musculeuse, qui diminue son calibre ; 3° enfin une membrane muqueuse qui revêt ses parois intérieures.

Les cerceaux fibro-cartilagineux, au nombre de cinquante à cinquante-deux, sont aplatis de dehors en dedans et ouverts par derrière : on peut reconnaître, dans chacun de ces segments circulaires, une partie moyenne antérieure et deux extrémités postérieures ; la partie moyenne, épaisse, plus forte et plus étroite dans le milieu qu'à ses côtés, est fixée par ses bords avec les fibro-cartilages antérieur et postérieur au moyen d'un ligament fibreux ; ce ligament intermédiaire, court et fort, est composé de fibres blanches très-obliques et croisées en manière d'x.

Les deux extrémités de chaque cerceau constituent des plaques minces, qui chevauchent sur les plaques voisines, et sont maintenues rapprochées par un tissu lamineux, dense et très-flexible. Il n'est pas rare de rencontrer deux cerceaux réunis soit en totalité ou seulement dans une partie de leur étendue ; plusieurs ont leurs extrémités bifurquées, et parfois réunies avec celles des segments voisins. Le premier cerceau, très-large, se laisse embrasser par le cartilage thyroïde, avec lequel il est attaché par un grand ligament jaune et élastique ; le dernier, celui qui forme en quelque sorte l'origine des bronches, représente une cuirasse et a beaucoup plus de largeur que les autres.

Indépendamment des cinquante à cinquante-deux segments fixés, comme il vient d'être dit, les uns à la suite des autres, la portion thoracique de la trachée porte, à sa face postérieure, trois à cinq plaques cartilagineuses posées en long, l'une à la suite de l'autre, sur les extrémités des cartilages circulaires : ces plaques, différentes entre elles par leur grandeur et par leur forme, affermissent les parois du conduit aérien et empêchent qu'il ne devienne coudé.

La couche musculeuse *trachéale* réside sous les extrémités des cartilages circulaires : c'est une large bande longitudinale blanchâtre, composée de faisceaux transversaux et de quelques fibres longitudinales ; elle s'attache, par ses bords latéraux, à la face interne des cerceaux, vers le point où ceux-ci diminuent d'épaisseur : l'une de ses faces adhère à la partie postérieure de la membrane trachéale et lui est unie par un tissu cellulaire court ; l'autre face est attachée contre les extrémités des segments cartilagineux au moyen d'un tissu cellulaire extensible. Cette couche, bien évidemment musculeuse, peut rétrécir le calibre de la trachée en rapprochant les extrémités de segments.

La membrane muqueuse *trachéale* revêt l'intérieur du conduit aérifère ; elle fait continuité avec celle de la glotte, dont elle diffère par sa couleur plus blanche, par ses rides longitudinales et par sa sensibilité bien moins élevée. Sa surface adhérente est appliquée postérieurement contre la couche musculeuse, et antérieurement elle se trouve en rapport avec la face interne des cerceaux cartilagineux, ainsi qu'avec les ligaments intermédiaires. Sa surface interne, ou libre, est pourvue de pores exhalants et inhalants ; elle sécrète un fluide assez épais et peu abondant, appelé *mucus trachéal*.

Les artères de la trachée sont des ramifications fournies par les céphaliques et les thyroïdiennes; les veines qui s'élèvent de la surface de ce conduit se rendent dans les jugulaires. Les nerfs sont des filets provenant du pneumo-gastrique.

§ IV. *Des bronches.*

Elles résultent de la bifurcation de la trachée, en sont une dépendance, une continuité, et se distinguent en droite et en gauche. Chacune de ces divisions trachéales, dont la droite est un peu plus considérable que l'autre, se ramifie de toutes parts dans la substance du poumon, et finit par fournir des ramuscules ténus, terminés en cul-de-sac, et qui, suivant quelques anatomistes, constituent de véritables vésicules. Ces dernières ramifications du canal aérifère sont distribuées, unies et agglomérées en lobules plongés eux-mêmes dans un tissu cellulaire extensible, très-abondant, qui soutient tous les vaisseaux et permet leur expansion.

Les divisions bronchiques ont une organisation semblable à celle de la trachée, et offrent trois couches, l'une fibro-cartilagineuse, et les autres membraneuses. La première se compose d'une succession de segments, allongés, courbés sur eux-mêmes et fixés, en travers du canal, les uns à la suite ou par-dessus les autres. Totalement différents des cerceaux de la trachée, les segments bronchiques constituent de petits fibro-cartilages très-irréguliers, d'autant plus minces et plus petits qu'ils se trouvent plus éloignés de l'origine de la bronche, aux dernières divisions de laquelle ils disparaissent tout à fait. Ces petits segments sont soutenus et fixés 1° par un tissu cellulaire extensible ; 2° par une membrane charnue semblable à celle de la trachée, mais plus mince, laquelle concourt au rétrécissement et au raccourcissement des bronches, sans nuire en rien à leur dilatation et à leur allongement.

La couche interne est une continuité de la membrane muqueuse de la trachée ; elle n'en diffère ni par sa texture, ni par ses propriétés, ni essentiellement par ses usages.

Les canaux que nous venons de décrire sont accompagnés de vaisseaux peu considérables, qui leur sont propres, et que l'on appelle *bronchiques*. L'artère émane le plus communément de l'aorte postérieure, rampe sur les ramifications bronchiques, et paraît fournir les matériaux nécessaires à la nutrition des poumons. La veine suit le trajet de l'artère et se dégorge dans l'oreillette droite du cœur ; parfois elle se termine dans la veine sous-lombo-thoracique ou azygos.

§ V. *Des poumons.*

Les poumons sont deux viscères spongieux, celluleux, expansibles, volumineux, renfermés dans la cavité thoracique, séparés l'un de l'autre par le médiastin , et destinés à l'acte essentiel de la respiration.

Chaque poumon se trouve attaché, du côté du médiastin et derrière la base du cœur, par la masse résultant de l'union des bronches avec les vaisseaux pulmonaires, et autour de laquelle masse se replie la plèvre médiastine, pour fournir la capsule pulmonaire. Fixé par ce seul point et libre dans le reste de son étendue, ce viscère remplit exactement la cavité du sac pleural, de manière que sa surface extérieure est toujours en contact avec les parois internes du thorax.

Les deux organes pulmonaires, dont le volume est toujours en rapport avec la capacité de la cavité où ils sont contenus, ont une même conformation, une même structure, les mêmes propriétés et les mêmes usages ; ils composent un viscère unique, divisé en deux grands lobes.

Chacun d'eux représente une masse oblongue, pyramidale et trifasciée ; mais le poumon droit, un peu plus volumineux, présente, du côté du médiastin, deux lobules, tandis que le poumon gauche n'en porte qu'un seul.

Nous reconnaîtrons à chaque poumon deux extrémités, l'une postérieure et l'autre antérieure ; trois faces, dont une costale, la deuxième diaphragmatique et la troisième médiastine ; trois bords, distingués en supérieur, inférieur et postérieur.

Extrémités. La postérieure, qui constitue la base du poumon, offre une coupe très-oblique et exactement moulée sur la face antérieure du diaphragme. L'extrémité ou partie antérieure forme un prolongement, sorte d'appendice échancré vers la base du cœur et terminé par une pointe arrondie.

Les faces, douces et perspirables, ont une disposition qui les met en rapport avec les parois thoraciques, auxquelles elles correspondent et contre lesquelles elles s'appliquent. Ainsi la convexité de la face costale s'accommode à la concavité formée par les côtes et les vertèbres dorsales; la même concordance a lieu pour les faces diaphragmatique et médiastine. Dans le poumon droit, cette dernière face présente, en arrière de la bronche, deux lobules, dont le plus gros occupe la cavité formée par le repli qui soutient la veine cave postérieure.

Bords. Le supérieur, arrondi d'un côté à l'autre, remplit la cavité longitudinale, produite par le corps des vertèbres dorsales; le bord inférieur, mince, tranchant, est pourvu d'une grande échancrure qui embrasse la base du cœur; le bord postérieur, semblable au précédent, forme la circonférence de la base du poumon.

STRUCTURE. L'organisation des poumons est très-complexe; elle résulte principalement des divisions successives que forment les bronches et les vaisseaux pulmonaires, et dont les extrémités ou ramuscules constituent une multitude de lobules plongés dans un tissu lamineux extensible et très-abondant. Cette substance lobulaire, contenue en masse dans une capsule membraneuse, a des propriétés remarquables et qu'il importe de bien connaître : molle, légère, expansible et généralement peu sensible, elle suit les mouvements du thorax, se dilate et se resserre comme lui. Malgré sa mollesse et sa grande flexibilité, elle offre cependant une certaine résistance et se déchire assez difficilement.

Tant qu'ils sont dans leur état d'intégrité, les poumons jouissent d'une élasticité telle, qu'ils s'affaissent presque subitement et uniformément, dès que l'on ouvre le thorax et que l'air agit sur leur surface extérieure. Plongés dans l'eau, ils ne se précipitent jamais au fond, et ils surnagent; tandis que le contraire a lieu dans le fœtus, dont le tissu pulmonaire ne renferme pas d'air.

Toujours considérés dans l'état sain et chez l'adulte, les poumons ont une teinte d'un rouge pur, mais un peu pâle; et cette teinte, également répandue, se trouve être généralement plus foncée dans les jeunes sujets, et moins dans les vieux animaux. Après la mort, ces viscères sont plus ou moins rouges ou plus ou moins noirs, suivant la nature et la quantité des fluides contenus dans leur intérieur. Toutes les fois que l'animal périt par effusion de sang, la substance pulmonaire, alors très-légère, présente une couleur pâle, tirant d'autant plus sur le blanc qu'il a conservé moins de sang. Par son séjour et son accumulation, ce dernier fluide rend cette substance plus compacte, plus pesante, lui donne une couleur d'abord rouge, ensuite rouge-noire et complétement noire. Aussi le poumon, du côté sur lequel l'animal meurt et le cadavre reste couché, ne tarde-t-il pas à être gorgé de sang et à devenir noir et friable.

Après avoir indiqué les principales propriétés physiques de la substance pulmonaire, il importe de considérer particulièrement son tissu composant, dont nous n'avons donné qu'un simple aperçu. Les poumons offrent, dans leur structure organique, une capsule membraneuse, des vaisseaux sanguins et lymphatiques, des canaux aérifères, des lobules spongieux, enfin un tissu lamineux particulier.

La capsule pulmonaire est une production de la membrane séreuse qui porte le nom de plèvre. Douce, unie et perspirable à sa face externe, cette tunique adhère par sa face interne à la substance pulmonaire, au moyen d'un tissu lamineux assez serré, qui n'est lui-même qu'une continuité du tissu interlobulaire. Ce mode d'union explique pourquoi l'inflammation des poumons se transmet si souvent aux plèvres, et *vice versâ*.

Le système vasculaire du viscère se distingue en vaisseaux de nutrition et en vaisseaux préposés à la circulation pulmonaire ou petite circulation.

1° *Vaisseaux de nutrition.* L'artère bronchique, qui, en raison de son petit calibre, ne paraît propre qu'à fournir les matériaux de nutrition, émane de la courbure de l'aorte postérieure et suit les divisions bronchiques, autour desquelles elle rampe, jusqu'aux lobules les plus déliés.

Les veines bronchiques naissent par des radicules anastomotiques avec des radicules de l'artère précédente même de la veine pulmonaire, forment par leurs embranchements successifs un gros canal bien plus considérable que l'artère bronchique, et ce canal se dégorge tantôt dans l'oreillette droite, d'autres fois dans l'azygos ou veine sous-lombo-thoracique.

2° *Vaisseaux préposés à la circulation pulmonaire*. Ces vaisseaux, remarquables par leur grosseur et par une élasticité particulière, font passer par les poumons toute la masse sanguine, qui aborde dans l'oreillette droite du cœur et qui est un mélange de différents fluides hétérogènes. Ainsi l'artère pulmonaire, qui prend son origine au ventricule droit, transporte le sang aux poumons; tandis que la veine qui émane de l'intérieur du tissu pulmonaire rapporte le sang au cœur et le dépose dans l'oreillette gauche, où elle se termine. Peu après son origine et au niveau de la bifurcation de la trachée, l'artère pulmonaire se partage en deux troncs, qui vont se disperser dans les poumons et dont le droit est un peu plus gros que le gauche. Chacun de ces troncs artériels fournit des divisions successives et des ramifications déliées, qui dispersent le fluide dans toutes les parties des poumons.

Les veines pulmonaires, qui correspondent aux artères précédentes, naissent des radicules artérielles, se réunissent de proche en proche, et se rendent par quatre à cinq branches dans l'oreillette gauche. Ces veines charrient le sang, qui a subi l'hématose, et le déposent au cœur gauche, chargé de le distribuer dans toute l'économie.

En résumé, les artères pulmonaires représentent, dans leur ensemble, un cône arbusculeux dont la base ou partie élargie occupe toute l'étendue du tissu pulmonaire, et dont la partie rétrécie ou le sommet tient au ventricule droit. En sens inverse les veines représentent un autre cône ayant son sommet vers le tissu pulmonaire et sa base tenant à l'oreillette gauche du cœur. Cette disposition peut favoriser physiquement la circulation veineuse dans le cœur gauche, et ralentir dans les mêmes rapports la circulation dans le cœur droit.

Comme il a été dit précédemment, les capillaires de l'artère pulmonaire, en abordant à chaque lobule, accompagnent les canaux aériens auxquels ils se tiennent accolés. Les radicules des veines pulmonaires naissent à angles droits des capillaires artériels et suivent une direction opposée à celle des artères; ces radicules se ramifient à la circonférence des lobules, se réunissent de proche en proche, et, grossissant toujours de plus en plus, elles finissent par former les branches veineuses qui se déchargent dans l'oreillette gauche. Il résulte de cet enlacement vasculaire que les canaux aérifères, subdivisés à l'infini et terminés par des tubes ténus, labyrinthiques, sont entourés de toute part par des capillaires sanguins très-anastomotiques; et ces capillaires sanguins, présidant à l'hématose, forment des réseaux, des filets à mailles très-rapprochées, qui enveloppent les tubes aériens, de telle sorte que ces derniers se trouvent plongés dans un tissu cellulo-vasculaire inextricable. On sait seulement que ces tubes aérifères ne communiquent pas les uns avec les autres, qu'ils sont disposés en groupes, qui constituent les lobules pulmonaires.

D'après tout ce qui vient d'être dit, il est certain que les fluides divers apportés aux poumons soit par les artères pulmonaires, soit par les bronches, sont distribués dans tout le tissu des viscères, et qu'ils y sont étalés, exposés à l'action organique, qui opère l'acte de l'hématose.

3° *Vaisseaux lymphatiques.* Les uns sont superficiels et les autres profonds; les premiers prennent leur origine tant dans l'épaisseur de la plèvre que dans le tissu cellulaire sous-séreux; ils rampent au-dessous de la capsule pulmonaire, forment diverses inflexions, offrent en différents points des rétrécissements ou des renflements, s'anastomosent avec les lymphatiques superficiels, et se dirigent progressivement vers la base des bronches. Les lymphatiques profonds naissent par des radicules ténues des réseaux formés par les tubes aériens et les capillaires sanguins, serpentent dans le tissu interlobulaire, contractent de fréquentes anastomoses tant entre eux qu'avec les lymphatiques superficiels et se plongent, comme les superficiels, dans les ganglions bronchiques.

Les nerfs pulmonaires proviennent du plexus bronchique, et sont des filets fournis par le pneumo-gastrique.

Quant aux canaux aériens, ils ont été décrits à l'article *des bronches,* auquel nous renvoyons.

Usages. Les poumons sont les agents essentiels de la respiration : toujours en activité, ils exécutent deux mouvements alternatifs, dont un, d'expansion ou de dilatation, permet l'entrée de l'air dans les voies aérifères et constitue l'inspiration ; l'autre, de resserrement, produit l'expulsion d'une partie de l'air admis dans les poumons et compose l'expiration.

Différences. Les poumons offrent la même organisation et les mêmes usages dans tous les quadrupèdes comparés aux monodactyles ; ces organes ne diffèrent que par leur volume, toujours proportionné et relatif à la grandeur du thorax, par leur forme particulière et par leurs divisions plus ou moins nombreuses.

Chez les *ruminants*, le poumon droit est partagé en cinq lobes, dont le plus petit est interne et situé en arrière du cœur ; le poumon gauche ne présente que deux lobes, séparés par une scissure transversale et profonde.

Le tissu cellulaire sous-séreux des ruminants est plus abondant et plus lâche que dans le cheval. En pénétrant dans l'épaisseur des poumons, ce tissu prend un grand développement, devient interlobulaire, et isole largement les lobules qu'il entoure. Il établit ainsi des rapports proportionels d'une part avec la séreuse qui tapisse l'organe, d'autre part avec les lobules pulmonaires ; disposition remarquable, qui explique pourquoi certaines altérations se propagent promptement, soit du tissu pulmonaire aux plèvres, soit de celles-ci au tissu des viscères. Les ganglions bronchiques sont beaucoup plus gros que dans les solipèdes, et leur tissu n'a pas une teinte ardoisée aussi marquée.

Le poumon droit du *porc* est divisé en trois lobes

inégaux, dont le plus petit et interne est lui-même partagé en plusieurs lobules ; le poumon gauche du même animal n'a que deux lobes, séparés par une scissure transversale beaucoup moins profonde que dans le bœuf.

Dans le *chien*, les lobes pulmonaires, qui sont au nombre de cinq du côté droit et de deux seulement du côté gauche, se trouvent complétement divisés par des scissures qui s'enfoncent jusqu'à l'origine des bronches. Chez ces animaux, la substance pulmonaire, très-lobulée, offre une certaine densité ; son tissu cellulaire est rare et court, tant entre les lobules que sous la capsule séreuse.

Dans les *oiseaux*, chaque poumon constitue une masse spongieuse, appliquée et fixée à la surface interne des côtes, qui sont généralement plus mobiles que dans les quadrudépes. Ces viscères sont en quelque sorte criblés à leur surface, et communiquent, par diverses ouvertures, avec plusieurs vésicules membraneuses. Parmi ces poches aérifères, deux s'étendent en arrière, l'une à droite et l'autre à gauche, le long des os du bassin ; d'autres se prolongent en avant, sous l'origine des ailes et jusqu'à l'entrée de la cavité thoracique. Dans les oies et canards sauvages, ces réservoirs présentent des conduits parfaitement distincts, qui communiquent dans les os dépourvus de moelle. Ces conduits s'oblitèrent, ou du moins se resserrent considérablement dans les oiseaux élevés à l'état de domesticité.

§ VI. *Du thymus.*

On désigne sous ce titre un corps mollasse situé entre les deux lames du médiastin antérieur, un organe dont la couleur rougeâtre tire sur le blanc, dont la texture lobulée approche de celle des glandes pancréatique et salivaires, et dont les usages sont complétement inconnus. Ce corps glandiforme, oblong, et désigné dans les boucheries sous la dénomination de *fagoue* et de *ris,* ne s'observe que dans le fœtus et les très-jeunes sujets, où il semble se prolonger sous la trachée jusqu'aux thyroïdes. Sa substance se compose d'une multitude de granulations disposées en lobules, qui sont plus ou moins gros, enveloppés et soutenus par un tissu lamineux facile à déchirer ; elle reçoit beaucoup de vaisseaux et renferme dans son intérieur une liqueur lactiforme qui, suivant les observations les plus exactes, se trouve dispersée et contenue dans des vésicules particulières.

Le thymus, qui se développe vers la dernière moitié de la gestation, devient un viscère important dans le fœtus ; il semble, selon l'opinion de Lobsten, être destiné à suppléer le placenta, et à fournir une matière laiteuse, qui devient un puissant stimulant de l'action du cœur (1). Après la naissance, il diminue de volume, se déprime insensiblement, et finit par s'atrophier, parce qu'il se

(1) *Essai sur la nutrition du fœtus,* Strasbourg, 1808, p. 130.

trouve remplacé par le canal thoracique, qui verse le fluide nécessaire à la stimulation du cœur. Les artères du thymus sont des divisions de la sus-sternale et de la dorso-occipitale; les veines se dégorgent dans les branches circonvoisines, qui se rendent dans la veine cave antérieure.

§ VII. *Des thyroïdes.*

Les thyroïdes constituent deux corps glandiformes, ovoïdes, rougeâtres, fermes, fixés en bas du larynx, sur les parties latérales et antérieures de l'extrémité supérieure de la trachée, l'un à droite et l'autre à gauche : ces parties, dont on ignore complétement l'usage, ont la forme d'une châtaigne allongée, plus grosse et plus rouge dans les jeunes animaux que dans les vieux. Les thyroïdes sont réunies l'une à l'autre au moyen d'un prolongement, sorte d'appendice plus ou moins développé, qui correspond à l'isthme de la thyroïde de l'homme.

De même que le thymus, les thyroïdes se forment de bonne heure et sont plus grosses dans le fœtus. Leur substance, dont la texture intime n'est pas plus connue que les usages, n'a pas de capsules particulières ; elle est seulement enveloppée d'un tissu cellulaire abondant, qui maintient ces corps en place et ne renferme jamais de graisse.

Les thyroïdes reçoivent une artère assez considérable, qui provient de la céphalique, proche de sa division en trois branches terminales. Les veines suivent la direction des artères et se dégorgent dans la jugulaire. Les nerfs viennent du plexus guttural et sont des filets du pneumogastrique.

Phénomènes produits par les organes respiratoires.

Par leurs actions successives et combinées, les organes respiratoires déterminent une foule d'actes différents, dont les principaux constituent l'histoire de la respiration. Cette fonction importante, pendant laquelle l'air entre et sort alternativement des poumons, fait éprouver au sang plusieurs changements essentiels et indispensables à la conservation de la vie : elle commence à la naissance et s'entretient jusqu'à la mort; elle se lie, s'associe d'une manière intime avec la circulation, et se compose de deux principaux mouvements : l'un, de dilatation, permet l'entrée de l'air dans les poumons, c'est l'*inspiration ;* l'autre, de resserrement, chasse le fluide au dehors, et forme l'*expiration.* Ces deux mouvements alternatifs s'excitent mutuellement, et éprouvent des changements continuels, tant en santé qu'en maladie.

L'inspiration est le premier mouvement qui signale le développement de la respiration, dont l'exercice cesse par une expiration. Cette première inspiration que fait l'animal en sortant de l'utérus est, de toutes les inspirations qui se succèdent, la plus grande, la plus élevée, celle qui admet une plus grande quantité d'air dans les poumons. De même, l'expiration qui a lieu à l'instant de la mort, par laquelle la vie s'éteint, est portée au plus haut degré et produit le plus grand resserrement.

Pendant l'inspiration, la cavité thoracique s'agrandit, et les poumons prennent un certain développement : la dilatation du thorax, qui peut avoir lieu en tous sens ou seulement dans certaines dimensions, reconnaît deux causes principales : 1° la contraction du diaphragme, qui s'aplatit, se porte en arrière et presse les viscères abdominaux ; 2° l'action des autres muscles inspirateurs, qui produit l'élévation, l'écartement des côtes, ainsi que le mouvement de totalité du thorax d'arrière en avant. Cette dilatation de la poitrine est toujours simultanée et en rapport avec l'action des poumons, dont l'expansion, plus ou moins grande, permet l'abord d'une quantité proportionnée d'air atmosphérique. L'inspiration, acte entièrement actif, toujours plus ou moins long et traîné, offre trois degrés bien marqués : 1° l'inspiration *ordinaire*, douce et paisible, qui peut se faire par l'abaissement seul du diaphragme, mais à laquelle participe une élévation presque insensible des côtes ; 2° l'inspiration *grande*, dans laquelle il y a dilatation marquée de tout le thorax ; 3° enfin l'inspiration *forcée*, dans laquelle les dimensions du thorax sont augmentées dans tous les sens, autant que le permet l'organisation de cette cavité.

L'expiration, qui succède à la dilatation du thorax, n'est parfois que l'effet tant du relâchement des muscles inspirateurs que du rétablissement des côtes dans leur état naturel. Le plus souvent, son exécution est favorisée et plus ou moins fortement secondée par les muscles des parois inférieures de l'abdomen ; en se contractant, ces organes refoulent du côté de la cavité thorachique les viscères abdominaux , ils pressent le diaphragme relâché , et coopèrent ainsi à l'expulsion de l'air renfermé dans les poumons. L'air, en s'engouffrant et en sortant des vésicules bronchiques pendant l'inspiration et l'expiration , produit un frémissement sourd qui constitue le *murmure respiratoire naturel.* Ce bruit particulier, que M. le professeur Delafond a décrit dans son Traité de pathologie générale, est important à connaître. Sa perception, au moyen de l'oreille appliquée contre les parois du thorax , fournit de précieux renseignements pour le diagnostic des maladies de l'intérieur de la poitrine.

Les deux mouvements alternatifs dont se compose la respiration ne se succèdent pas toujours dans le même ordre et avec la même rapidité ; souvent ils laissent entre eux un intervalle sensible et plus ou moins court; les irrégularités qu'ils éprouvent sont presque continuelles et excitées par une foule de causes variées, dont quelques-unes ne dépendent que de légères impressions. Dans l'état même le plus tranquille de santé , l'animal fait, après cinq à sept respirations douces et à peu près égales, une inspiration plus forte , plus élevée et surtout plus prolongée. Cette variation dans l'exercice de la respiration mérite toute l'attention du vétérinaire , tant pour le choix des animaux que pour la connaissance de leurs maladies; elle se manifeste par les mouvements des flancs, par la dilatation et le resserrement des naseaux, par la nature et l'état du fluide respiré.

Les courses précipitées et fatigantes, surtout dans les temps chauds, accélèrent d'une manière remarquable les mouvements de la respiration, et finissent, à la longue, par faire *haleter* les animaux qui peuvent respirer par la bouche. Le *chien* est, de tous les quadrupèdes domestiques, celui qui halète le plus fréquemment et qui perd le plus de salive par cette voie.

Examinons maintenant comment a lieu le développement de cette fonction à l'instant de la naissance, et pourquoi, une fois mise en jeu, elle devient indispensable à la conservation de la vie. En sortant de l'utérus, le jeune sujet se trouve tout à coup plongé dans un milieu très-différent de celui qu'il vient de quitter; à cet instant même, il se passe chez lui deux opérations, l'une vitale, l'autre mécanique, et ces actions simultanées établissent le premier mouvement de la respiration.

En effet, la nouvelle atmosphère, éminemment irritante, produit sur la surface du corps des nouveau-nés une impression douloureuse plus ou moins vive, qui se propage aux organes intérieurs, et excite une contraction générale très-énergique; en même temps l'air, élastique, pesant, et qui tend toujours à s'introduire dans les cavités intérieures, pénètre dans les fosses nasales, dans les sinus, dans la trachée, et parvient jusqu'aux poumons, pour peu que ces diverses parties se prêtent à son passage. Ce fluide atmosphérique, agissant autant par son contact immédiat que par son propre poids, réveille subitement l'action des organes inspirateurs plus spécialement irrités que les autres ; il pénétre en même temps dans l'intérieur des poumons, où sa présence établit un nouvel ordre de choses, et la première inspiration se fait par une secousse générale. Admis dans les poumons, l'air dilate les extrémités membraneuses des bronches ; il allonge les vaisseaux et détermine l'abord subit d'une grande quantité de sang ; il établit ainsi un engorgement considérable, qui fait naître le besoin impérieux d'expulser les nouveaux fluides qui oppriment ces viscères : aussi la première inspiration est-elle constamment suivie d'une expiration brusque, très-forte et accompagnée d'un *ébrouement* ; mais cette première expiration ne débarrasse qu'incomplétement les poumons, dans l'intérieur desquels il reste toujours une grande quantité d'air et de sang. L'impression douloureuse, se renouvelant, excite de nouveaux mouvements qui, à force de se répéter, finissent par se faire naturellement et sans peine ; de manière que la respiration, qui, dans les premiers temps, est toujours pénible, devient par suite aussi facile et aussi nécessaire que la circulation, avec laquelle elle s'unit si intimement, que ces deux fonctions s'excitent mutuellement et qu'elles ne peuvent plus subsister l'une sans l'autre.

Une fois établis, les mouvements alternatifs d'inspiration et d'expiration entretiennent la respiration

en exercice, mais ils ne la constituent pas essentiellement; cette fonction vitale consiste plus particulièrement, 1° dans l'élaboration de l'air respiré, 2° dans
son assimilation ou mélange avec le sang, 3° dans
la dépuration de ce dernier fluide, 4° enfin dans le
développement de la chaleur animale. Avant d'examiner chacune de ces importantes opérations, il
convient de rappeler les principales propriétés du
fluide qui sert à la respiration des animaux : ce fluide
est l'air qui environne la terre, dans lequel tous
les corps sont plongés, et qui forme une atmosphère dont la hauteur approximative est de 15 à
16 lieues.

L'air atmosphérique, fluide invisible et très-com-
posé, éprouve différents états, qui font varier ses
qualités et le rendent plus ou moins propre ou préjudiciable à la respiration; il peut être chaud ou
froid, sec ou humide, pur ou mélangé d'émanations
étrangères, en repos ou tourmenté par les plus
violentes agitations. Ses propriétés caractéristiques,
que nous ne ferons qu'indiquer, sont la fluidité, l'é-
lasticité, la compressibilité et la pesanteur.

L'air, que l'on a regardé longtemps comme un
élément, est, dans sa plus grande pureté, composé
de 0,20 à 21 de gaz oxygène, de 0,77 à 78 de gaz
azote et d'environ 0,01 de gaz acide carbonique.
Ces principes constituants, mélangés et combinés
avec le calorique, forment le fluide propre à l'entretien de la vie des animaux, mais ne peuvent pas
être respirés séparément.

L'air, avant d'arriver dans les poumons, parcourt

des cavités vaporeuses, où il éprouve des changemens remarquables et importants : il s'engage d'abord dans les naseaux, cavités très-anfractueuses et toujours enduites d'un mucus épais qui lubrifie leurs parois; dans ce trajet, il dépose sur la membrane nasale les molécules odorantes dont il était chargé, et il détermine la perception des odeurs. Les narines agissent sur l'air presque de la même manière que la bouche sur les aliments; elles élèvent sa température, en lui fournissant des vapeurs animales; elles le purifient en le dépouillant des molécules étrangères qu'il tient en suspension et dont se charge le mucus nasal; elles lui impriment ainsi les premiers caractères d'animalisation, et le disposent à des élaborations ultérieures.

Des fosses nasales, l'air passe dans l'arrière-bouche, dans le larynx, dans la trachée, dans les bronches, où il se raréfie de plus en plus et continue à se charger des fluides perspirés; parvenu dans les cellules aériennes, il les distend, active la circulation pulmonaire et donne lieu à des phénomènes particuliers. Par sa dilatation toujours croissante, l'air ne peut séjourner que fort peu de temps dans l'intérieur des poumons; autrement, il détermine une pesanteur et une gène qui augmentent rapidement, et amènent bientôt la suffocation et la mort. L'expulsion du fluide élaboré devient donc un acte tout aussi nécessaire que l'admission d'une portion d'air pur dans l'organe pulmonaire.

Les anciens philosophes pensaient que la respiration avait pour but de fournir un principe subtil, qui servait à rafraîchir le sang. Dès que la grande circulation fut connue, on envisagea la respiration sous un autre point de vue, et l'on ne vit dans l'exercice de cette fonction qu'un simple mécanisme, utile à l'entretien du cours du sang. Les physiciens vinrent ensuite; ils attribuèrent à l'acte de la respiration le double office d'échauffer et de rafraîchir en même temps. Selon eux, les molécules du sang, obligées de passer du système artériel pulmonaire dans le système veineux du même nom, devaient éprouver un frottement susceptible de développer et d'entretenir la chaleur; tandis que l'air apporté du dehors fournissait une matière propre à rafraîchir le sang. Enfin les chimistes ont assimilé la respiration à une véritable combustion, pendant laquelle l'oxygène de l'air inspiré se combine avec le sang à travers les cellules aériennes, et abandonne le calorique qui le maintenait à l'état de gaz : dans ce même temps, une proportion de ce même air, s'unissant au carbone et à l'hydrogène du sang veineux, forme avec eux de l'eau et de l'acide carbonique. Dans toutes ces explications, l'action organique des parties est oubliée, et semble n'avoir aucune part à la production des phénomènes.

Guidés par un esprit de méthode invariable, les physiologistes de nos jours sont loin de considérer les poumons comme de simples récipients chimiques; ils pensent, au contraire, que ces viscères agissent d'une manière spéciale sur l'air, qu'ils le digèrent et le combinent avec le sang par une force qui leur est propre : cette digestion, dit Richerand (1), est plus importante que celle des aliments ; elle ne peut être interrompue sans danger pour l'existence ; elle opère, entretient des changements qui se font remarquer tant dans l'air, qui sert à la respiration, que dans le sang étalé dans les poumons par les vaisseaux pulmonaires.

1° L'air pur de l'atmosphère, avant d'être respiré, ne précipite pas l'eau de chaux, ne rougit pas les couleurs bleues végétales ; il entretient la vie et la combustion. L'air expiré, et qui a été élaboré par les poumons, est chaud et humide ; il précipite l'eau de chaux, rougit la teinture du tournesol, et ne peut servir qu'imparfaitement à la combustion et à de nouvelles respirations. Les principes constituants de cet air expiré ne sont plus dans les proportions précédemment établies : la quantité d'azote y est bien la même, mais celle de l'oxygène se trouve plus ou moins réduite, et celle de l'acide carbonique est augmentée.

2° En passant des ramifications veineuses dans les artérielles du système pulmonaire, le sang acquiert une couleur vive et écarlate ; il devient plus chaud, plus odorant, plus moléculeux et plus coagulable ; il se dépouille d'une partie de son sérum, qui est exhalé dans les cavités intérieures, et ensuite rejeté au dehors.

Si les changements que nous venons d'indiquer

(1) *Nouveaux éléments de physiologie*, Paris, 1819, tome Ier, page 414.

dépendaient des affinités chimiques, s'ils étaient le résultat d'une véritable combustion, la température des poumons devrait être plus élevée que celle des autres organes, tandis qu'elle n'est pas sensiblement différente. La combustion, d'ailleurs, est un acte de destruction ; la respiration, au contraire, est un acte conservateur.

La théorie de la combustion est ingénieuse et simple, on doit même ajouter qu'elle séduit par la clarté avec laquelle elle rend compte des principaux faits de la respiration ; mais le prestige s'évanouit dès que l'on cherche à établir cette théorie sur les lois connues de l'organisation animale. L'absorption d'une partie quelconque de l'air dispersé dans les cellules aériennes nous a toujours paru non-seulement probable, mais en quelque sorte naturelle, conforme aux lois de l'organisation. Les physiologistes n'admettent pas aujourd'hui cette opération, ils repoussent même l'absorption de l'oxygène. La surface interne des bronches doit cependant être un lieu d'absorption ; l'expérience journalière confirme qu'il en est ainsi. On sait que la respiration d'un air humide rend le besoin de boire presque nul et qu'il augmente la sécrétion urinaire. L'air respiré, étant chargé de l'arome de l'essence de térébenthine, imprime à l'urine une odeur de violette. Les gaz qui produisent l'asphyxie ont souvent été reconnus en nature dans le sang : n'est-ce pas par la voie de la respiration que certains virus s'introduisent dans l'économie et propagent des maladies ?

En admettant une absorption pulmonaire, nous

ne considérons sûrement pas cette opération comme cause unique de l'hématose ; elle peut y concourir, mais elle ne suffit pas pour la produire. L'acte de l'hématose, impénétrable en son essence, comme tant d'autres actions nutritives, sera encore long-temps hors de la perception par nos sens. Ce qui est constant, toutefois, c'est que l'action nerveuse des poumons et la composition de l'air dans certains rapports de ses éléments constitutifs sont indispensables à la transformation du sang veineux en sang artériel. Tout en produisant cette transformation, les poumons ont encore la propriété de transporter au dehors une quantité considérable de vapeurs exhalées dans l'intérieur des canaux bronchiques, et cette excrétion, qui a lieu à chaque expiration, entretient nécessairement une dépuration utile. Concluons 1° que le but direct de la respiration est l'hématose ; 2° que cet acte, essentiellement vital, imprime au sang des qualités qui le rendent propre à la réparation des pertes ; 3° enfin que l'hématose renouvelle les forces, prépare les éléments de la nutrition et devient essentiellement conservatrice de la vie.

Dans les oiseaux, plusieurs viscères se laissent ou pénétrer ou entourer d'air, qui s'introduit, de l'extérieur à l'intérieur, presque entièrement par les voies propres à la respiration, de manière que cette fonction contribue à étendre le corps de ces animaux, à le gonfler comme un ballon et à lui donner la légèreté nécessaire à l'exercice du vol.

Tous les animaux peuvent, en expirant, chasser

l'air avec une certaine force, lui faire éprouver, au passage de la glotte, diverses collisions, et déterminer par là certains bruits ou des sons appréciables. Cette action, purement volontaire, et que Chaussier désigne par le terme de *phonation*, constitue la voix, véritable sens d'expression, sens qui donne aux animaux le moyen de se guider dans leurs relations familières, principalement sous le rapport de la reproduction. La voix leur sert non-seulement à annoncer la passion intérieure qui les domine, et à rapprocher les sexes dans le temps du rut; mais elle est encore employée comme un moyen de conservation des espèces. Presque tous les quadrupèdes domestiques vivant en troupe, et surtout dans des lieux isolés, ont un cri particulier de ralliement. Ainsi les chevaux sauvages témoignent, par un hennissement particulier, la connaissance d'un danger à ce signal donné, ils se réunissent, afin de résister plus sûrement à l'ennemi. Il en est de même parmi les bêtes à grosses cornes que l'on rassemble dans les grandes montagnes, pour les faire subsister pendant la belle saison. La bête à laine, attirée soit par la vue d'une grasse pâture, soit par la voix du berger, fait entendre un bêlement auquel répondent tous les autres individus de la troupe.

Étroitement liée à la respiration, la phonation éprouve des modifications nombreuses et relatives au volume d'air expiré, à la force avec laquelle ce fluide est chassé, à la disposition et à l'organisation des parties qu'il frappe, enfin à la nature des passions, dont elle devient le signe extérieur. Une voix forte et bruyante suppose toujours une masse d'air expulsée des poumons.

Pour produire le phénomène de la phonation, l'animal fait d'abord une inspiration plus ou moins grande, suivant le degré qu'il veut donner à sa voix ; l'expiration énergique qui succède pousse la quantité d'air nécessaire à l'acte : cet air pressé s'engouffre dans les sinus et ventricules de la glotte ; il ébranle et fait frémir les divers rubans et cordes de la même ouverture, pendant que lui-même subit diverses réflexions et produit des collisions. La voix, ainsi formée dans le larynx, prend du développement à travers les sinus de la tête et les narines ; les mouvements de la langue et des mâchoires contribuent aussi à son perfectionnement.

Quelques physiologistes reconnaissent chez l'homme deux sortes de voix, le *vagitus* ou la *voix native*, et la *voix naturelle* ou *sociale*. Nos animaux domestiques conservent toujours le ton de leur voix native, qui se développe d'elle-même, subit à diverses époques certaines modifications correspondantes à l'accroissement, change de nature et prend le caractère qu'elle doit conserver toute la vie. Faible et généralement aiguë dans les très-jeunes sujets, elle devient insensiblement sonore, et acquiert, au temps de la puberté, une force et une gravité très-remarquables. La castration, pratiquée de bonne heure, empêche ce grand développement ; toutefois elle affaiblit considérablement la phonation, et la rend plus ou moins rare, suivant le tempérament des animaux.

Chaque genre de quadrupèdes domestiques a une phonation qui le distingue d'une manière frappante; car ces différentes sortes de phonations ont reçu des noms particuliers. Ainsi, le cheval *hennit*, l'âne *brait*, le bœuf *beugle*, la bête à laine et la chèvre *bêlent*, le porc *grogne* et *crie*, le chien *jappe*, *grogne* et *hurle*, le chat *miaule*, *gronde* et *ronfle*. Comme le timbre de la voix dépend essentiellement des cordes vocales, dont l'étendue, la souplesse et la force varient même dans tous les individus d'une même espèce, il suit de là que chaque animal fait entendre un son de voix qui lui est propre.

Le hennissement est une voix forte et bruyante qui se compose d'une succession de tons aigus, aigres, intenses et rendus comme par secousses. Les chevaux hongres et les juments hennissent moins fréquemment que les chevaux entiers; ils ont aussi la voix moins pleine et moins forte. Buffon reconnaît cinq sortes de hennissements, qu'il distingue, suivant les passions qu'ils expriment, en hennissements d'allégresse, de désirs suscités par l'amour ou par l'attachement, hennissements de colère, de crainte, enfin de douleurs (1).

Le cheval, nouvellement séparé des autres individus de son espèce, avec lesquels il vivait d'habitude, témoigne son impatience par de fréquents hennissements, qui sont forts et élevés. De même, la jument appelle, par des hennissements continuels, son jeune poulain dont elle se trouve privée.

______

(1) Buffon, édition de 1753, t. VII, seconde partie, p. 364.

Le braiment, propre à l'âne, est un grand cri rauque, très-désagréable, discordant par dissonances alternatives de l'aigu au grave et du grave à l'aigu : ce quadrupède ne crie ordinairement que lorsqu'il est pressé d'amour ou d'appétit. L'ânesse a la voix plus claire et plus perçante, et l'âne hongre ne brait qu'à basse voix.

Le beuglement, que l'on nomme aussi *mugissement, meuglement,* constitue un cri prolongé, très-bruyant, qui commence par un ton grave et va communément en s'élevant. Suivant la manière dont il est accentué, il exprime ou l'impatience, ou la fureur, ou l'amour. Le mugissement peut être ou fort et élevé, ou rauque et bas. Ce dernier mugissement, qui annonce plus particulièrement la fureur, est une voix grave, prolongée et soutenue sur le même ton.

La bête à laine varie peu sa voix, et la fait rarement entendre : elle ne bêle communément que pour appeler son agneau, ou pour se rapprocher de la troupe qui fuit, et dont elle se trouve séparée. Près de la femelle en chaleur, le bélier exprime son ardeur en poussant des sortes de gémissements, que la brebis fait aussi entendre lorsqu'elle caresse son agneau.

Le porc rend et fait connaître par le grognement toutes ses sensations intérieures un peu fortes, pour chacune desquelles il pousse un cri particulier. Il grogne dans le cas d'inquiétude, d'impatience, de désirs ardents. Lorsqu'il essuie de mauvais traitements, il fait entendre des cris aigus et très-désagréables. Toutes les fois qu'il éprouve une surprise un peu forte, il donne un cri particulier d'alarme. Par certains grognements d'inquiétude, il annonce l'approche des orages et le besoin d'un abri.

Le chien jappe ou aboie, lorsqu'il est dans l'inquiétude et dans la crainte, lorsqu'il se met en défense, lorsqu'il attaque ou qu'il poursuit. Il menace en grondant, et il caresse en poussant des gémissements réitérés de plaisir. Certaines inquiétudes excitent en lui le hurlement, cri sinistre, et qui annonce parfois le développement de maladies fâcheuses, telles que la rage. Lorsqu'il est blessé ou frappé, il pousse un cri aigu et désagréable. Les chiens de garde, assez silencieux le jour, aboient la nuit et ne se reposent qu'à l'approche du jour. Par ses différents aboiements, le chien couchant annonce l'*attaque* de la bête qu'il découvre ; le *relevé* ou la *reprise* du pied qu'il avait perdue ; enfin l'*approche* de la proie qui fuit devant lui.

En général, le chien gronde, hérisse ses poils et recule lorsqu'il se sent près d'un animal qui lui inspire une certaine terreur. Le chien couchant donne ces signes toutes les fois qu'il approche d'un fourré qui recèle une bête méchante qu'il redoute, et qu'il ne peut attaquer sans danger.

Suivant la manière dont le chat miaule, il témoigne ou l'impatience, ou l'affection, ou l'amour ; il ronfle, ou, plus communément, il *file*, pour exprimer certains plaisirs qu'on lui fait éprouver, principalement lorsqu'on lui passe la main sur le dos. Il opère un grondement tout particulier pour exprimer sa colère ou sa détermination à défendre sa proie.

Dans les miaulements des chats, dit M. Desmarets, on distingue parfaitement les appels des femelles; les cris de douleur que leur arrachent les approches des mâles; les sons bas et doucereux qu'elles font entendre à leurs petits pour s'en faire suivre; les sifflements étouffés et les grondements plus ou moins prolongés que poussent les matous auprès des chattes en chaleur (1).

ORDRE IV.

ORGANES DE LA CIRCULATION.

Destiné à la progression générale des liqueurs, l'appareil circulatoire comprend le cœur avec ses annexes, les artères, les veines et les lymphatiques. Ces organes diffèrent entre eux par leur texture, par leur conformation et leurs propriétés; ils sont arrangés, disposés de telle manière que le cœur est le viscère central d'où partent les artères, où se terminent les veines, et vers lequel convergent les lymphatiques.

§ Ier. *Du cœur et de ses enveloppes.*

Du péricarde.

Le péricarde est un sac membraneux ouvert à ses deux extrémités, tapissé, à l'extérieur et à l'inté-

(1) *Dictionnaire d'Histoire naturelle*, art. *Mammifères*.

rieur par une séreuse close de toute part, renfermant le cœur et les gros vaisseaux qui arrivent à ce viscère et qui en partent. Ce sac fibreux est maintenu perpendiculairement entre les deux lames du médiastin ; mais sa partie inférieure se trouve un peu inclinée à gauche et en arrière : sa forme est allongée, et sa grandeur toujours proportionnée au volume du viscère qu'il contient.

Ses faces externes et latérales sont revêtues par l'adossement des plèvres droite et gauche qui se replient pour former le médiastin, tandis que ses faces antérieure et postérieure sont contenues dans l'intervalle formé par les deux médiastins.

Sa partie supérieure s'amincit, s'applique et s'implante sur les tuniques des gros vaisseaux, artères et veines du cœur. Sa partie inférieure vient s'attacher, par plusieurs cordes ligamenteuses, à la partie postérieure gauche du sternum, ainsi qu'au diaphragme.

Organisation. Le péricarde est formé par des fibres tendineuses blanches disposées longitudinalement et transversalement. Cette poche fibreuse offre, à la face interne, une lame séreuse qui est une production de la tunique propre du cœur, dont la description suit.

La *membrane péricardine*, très-fine, transparente et séreuse constitue un sac clos de toute part, dont la surface interne se trouve en contact avec elle-même et dont la disposition est à peu près celle d'un bonnet de nuit, dans lequel serait contenu le cœur.

Cette membrane préposée à la sécrétion d'un fluide, qui concourt à l'entretien de la chaleur du cœur et à faciliter le mouvement de ce viscère, offre deux portions distinctes, quoique continues; l'une externe ou pariétale forme la lame interne du péricarde, auquel elle est unie par un tissu cellulaire serré; l'autre interne se replie en se dédoublant en haut et en bas pour tapisser la face externe du cœur, à laquelle elle adhère par un tissu cellulaire très-fin.

La face interne de la membrane péricardine, lisse, unie et perspirable, se trouve, comme toutes les séreuses, partout en contact avec elle-même.

Les artères du péricarde sont très-déliées et proviennent de la sus-sternale, des thymiques, des bronchiques, des médiastines, des cardiaques, etc. Ses veines suivent la direction des artères et se dégorgent en plus grande partie dans la sous-lombo-thorachique.

L'office du péricarde peut être envisagé sous un double rapport; cette poche, tendue et fixée par ses extrémités, contient le cœur dans de justes et constantes limites; elle l'empêche de dévier trop d'un côté ou d'autre, d'aller heurter contre les parois du thorax ou de gêner l'action des poumons. Sa surface interne laisse suinter une humeur douce et vaporeuse, qui concourt à l'entretien de la chaleur ainsi que de la souplesse du viscère. Cette liqueur séreuse, ordinairement citrine et peu abondante, se condense après la mort, et se trouve toujours accumulée dans des proportions variables. Lorsqu'elle existe en grande quantité, elle constitue l'humeur de l'hydropisie.

Du cœur (*cor*).

Le cœur, organe central de la circulation, est un viscère musculeux, quadriloculaire, renfermé dans le péricarde; viscère conoïde, dont la base supérieure correspond au niveau du corps de la sixième vertèbre dorsale, et dont la pointe, arrondie et libre, est contournée en arrière et à gauche. Il porte intérieurement quatre grandes cavités, deux *ventricules* et deux *oreillettes*; les premières, inférieures et adossées l'une à l'autre, sont oblongues et situées dans la masse la plus considérable de l'organe. Les oreillettes, cavités irrégulières, également adossées l'une à l'autre, sont comme ajoutées en appendice à la base de la masse ventriculaire, de laquelle elles se trouvent séparées par une scissure transversale, *coronaire*, profonde et occupée par des vaisseaux et des nerfs noyés dans un tissu adipeux abondant.

a. La masse ventriculaire, pyramidale et déprimée par deux faces, semble contournée sur elle-même de haut en bas et de droite à gauche, et cette disposition spiroïde se fait remarquer surtout vers la pointe du cœur, dirigée en arrière, à gauche, et correspondante à l'articulation des deux cartilages costaux avec le sternum (1). Ses *faces*, distinguées en antérieure ou droite, et en postérieure

(1) La pointe du cœur semble être d'autant plus mousse que les animaux ont la poitrine plus déprimée sur la face sternale.

ou gauche, présentent, chacune vers leur milieu, une scissure longitudinale, spiroïde, dans laquelle rampent les vaisseaux et les nerfs cardiaques. Ces deux scissures, dont la droite ou antérieure est un peu plus contournée, divisent la masse ventriculaire en deux; elles se réunissent en avant et un peu au-dessus de la pointe du cœur. Sa *base* supérieure, arrondie et limitée par la scissure coronaire, supporte les oreillettes ainsi que les deux gros troncs artériels, l'*aortique* et le *pulmonaire*, et elle fait continuité avec ces diverses parties, qui sont autant de dépendances du cœur, et ont chacune une fonction particulière à remplir.

b. Les deux oreillettes occupent tout le côté droit, ainsi que la partie postérieure de la base du cœur, et sont placées l'une au devant de l'autre : la plus antérieure ou droite est allongée d'avant en arrière, et fournit à chacune de ses extrémités un prolongement, sorte d'appendice dont les bords offrent quelques dentelures irrégulières. L'oreillette gauche et postérieure constitue une masse arrondie et peu étendue.

Les *cavités ventriculaires*, pyramidales et à surfaces très-irrégulières sont séparées l'une de l'autre par une cloison musculeuse très-épaisse, le *septum médian*; elles se distinguent en ventricule droit ou antérieur ou pulmonaire, et en ventricule gauche ou postérieur ou aortique. Chaque ventricule, disposé généralement comme la masse dans l'intérieur de laquelle il est situé, s'abouche par sa base avec une oreillette et avec l'un des troncs artériels ; ainsi la communication du droit se fait avec l'oreillette du même côté et avec l'artère pulmonaire ; celle du ventricule gauche a lieu avec l'oreillette gauche et l'aorte. Cette disposition très-remarquable prouve évidemment que le cœur est double, et qu'il se compose de cavités droites qui servent à la circulation du sang veineux, tandis que les cavités gauches sont destinées à la circulation du sang artériel.

1°. *L'oreillette droite*, cavité irrégulière et analogue à la conformation extérieure de ses parois, constitue le sinus des veines caves, offre en haut et dans le milieu l'orifice de la veine cave antérieure, dirigé de haut en bas vers l'ouverture auriculo-ventriculaire. En arrière et en bas, se trouve l'orifice de l'autre veine cave, qui est garni d'une grande crête semi-lunaire, que l'on appelle *la valvule d'Eustache* ; on y voit encore l'orifice de la veine cardiaque, et parfois celui de la veine bronchique.

Dans les recoins de cette oreillette, on observe des cavités irrégulières et séparées par des colonnes charnues. La surface de la cloison inter-auriculaire présente un point blanc, vraie cicatrice résultant de l'oblitération d'une grande ouverture ovalaire qui existe dans le fœtus et aboutit dans l'oreillette gauche.

En bas et vis-à-vis l'embouchure de la veine cave antérieure, l'oreillette communique dans le ventricule par une grande ouverture ronde et garnie d'un cercle blanc que l'on désigne sous le nom de *zone tendineuse*. Cette ouverture offre aussi des valvu-

les qui se prolongent dans la cavité ventriculaire
et qui seront décrites ci-après.

2° Le *ventricule droit*, situé au devant et à droite
du ventricule aortique, constitue une grande cavité
pyramidale, un peu contournée sur elle-même,
moins longue, mais plus dilatée que la cavité ventriculaire gauche : on y reconnaît deux parois qui se
réunissent à angle aigu et se distinguent en antérieure ou externe, et en postérieure ou interne ; la
première, peu épaisse, est très-concave, tandis que
l'interne ou postérieure forme une grosse saillie cylindroïde, qui appartient au septum médian. La
surface intérieure de ces parois, assez lisse vers la
base du ventricule, donne naissance à un grand
nombre de colonnes, différentes entre elles par leur
grosseur, leur longueur et leur direction. Ces colonnes, très-multipliées tout le long de la réunion
des deux parois, sont de trois ordres : les unes,
courtes, forment des sortes de crêtes charnues dont
l'épaisseur et la hauteur varient, et ces crêtes sont
fixées à la substance ventriculaire, tant par leurs
extrémités que par un de leurs bords; d'autres colonnes, généralement courtes, sont détachées dans
le milieu de leur longueur, et ne tiennent aux
parois ventriculaires que par leurs extrémités; quelques autres, enfin, composent des brides longitudinales, libres, d'une apparence tendineuse, mais
élastiques comme la substance musculaire. Ce dernier ordre ne comprend ordinairement qu'une seule
colonne, dont l'extrémité correspondante au septum
offre constamment de deux à sept divisions. Dans

beaucoup de sujets, on rencontre une deuxième colonne tendineuse, toujours plus grêle, moins longue, sans divisions, et dont la position et l'étendue sont communément variables.

La base du ventricule droit, évasé et infundibuliforme, laisse voir deux ouvertures séparées l'une de l'autre par une grosse colonne ou protubérance, à bord arrondi; l'une de ces ouvertures communique dans l'oreillette, et l'autre aboutit dans l'artère pulmonaire. L'ouverture auriculo-ventriculaire, plus grande et postérieure, offre une grande valvule *tricuspide* ou *triglochine*, qui se prolonge dans le ventricule, tandis qu'elle se trouve fixe du côté de l'oreillette. Cette valvule, qui s'oppose au reflux du sang dans la cavité de l'oreillette, est composée de fibres tendineuses, soutenues et enveloppées par la tunique séreuse qui tapisse la surface interne du ventricule et de l'oreillette; elle présente deux parties, 1° un anneau circulaire, 2° trois longues dents ou franges, dont la plus petite correspond au septum ventriculaire. L'anneau forme la base de la valvule et se réunit à la zone tendineuse de la substance ventriculaire; en se prolongeant, il fournit les franges ou dents, qui se terminent en pointe et se dirigent en bas dans le ventricule, aux parois duquel elles sont fixées par des brides ou cordes tendineuses de diverses longueurs.

L'orifice de l'artère pulmonaire, moins considérable que l'ouverture auriculo-ventriculaire, est garni de trois replis membraneux qu'on nomme *valvules sigmoïdes* ou *semi-lunaires*. Ces valvules, libres du côté de l'artère et fixées par tout leur bord inférieur convexe, sont continues l'une à l'autre par leurs extrémités latérales, et forment, du côté du tronc artériel, trois poches, qui ressemblent parfaitement à des nids de pigeon.

3° L'*oreillette gauche* ou sinus des veines pulmonaires, moins anfractueuse et moins grande que l'oreillette droite, n'offre de colonnes charnues que vers son appendice : on y aperçoit d'abord les orifices des quatre ou cinq veines pulmonaires dépourvues de valvules ; secondement, la cicatrice ou trace de l'ouverture de la cloison inter-auriculaire dans le fœtus ; et inférieurement l'ouverture qui conduit dans le ventricule.

4° Le *ventricule gauche*, placé en arrière du droit, forme une cavité conoïde, dont les parois ont une grande épaisseur, et dont la surface intérieure, tapissée par une membrane fine, offre diverses inégalités, ainsi que les trois ordres de colonnes observées dans l'autre ventricule. La cavité ventriculaire gauche se prolonge inférieurement jusque dans la pointe du cœur, où elle présente des parois très-minces et de nombreuses colonnes charnues croisées en nattes.

Les deux ouvertures de la base, au lieu d'être séparées, comme dans le ventricule droit, par une grande éminence, laissent entre elles un enfoncement. L'ouverture auriculo-ventriculaire, elliptique et postérieure, est bordée d'une zone tendineuse, d'où émanent quatre productions membraneuses, disposées comme celles du ventricule droit, et appelées *valvules mitrales*, dont deux grandes et deux petites. Parmi les deux premières, opposées l'une à l'autre, la plus considérable correspond à l'orifice aortique.

A droite et en devant de l'ouverture précédente, on remarque l'orifice de l'aorte, qui est garni de trois valvules *sigmoïdes* ou *semi-lunaires* disposées comme celles de l'artère pulmonaire. C'est au-dessus du bord libre de ces valvules que se trouvent les orifices des deux artères cardiaques.

STRUCTURE ORGANIQUE. Le cœur est principalement formé par une masse charnue, composée elle-même de fibres déliées, disposées en faisceaux et unies par un tissu lamineux abondant, fin, court et assez serré : sa surface extérieure est pourvue d'une tunique mince, perspirable, qui provient de la lame interne du péricarde; ses cavités intérieures, ainsi que ses valvules, sont aussi tapissées d'une membrane fine, qui exhale l'humeur propre à lubrifier ces parties. Cette dernière membrane, commune au ventricule et à l'oreillette du même côté, se continue avec celle qui tapisse les parois des vaisseaux; elle revêt d'abord toute la surface de l'oreillette, et s'enfonce dans ses diverses anfractuosités; en descendant, elle se replie sur les valvules auriculo-ventriculaires, et concourt à les fermer; elle tapisse de la même manière le ventricule, et se prolonge sur les valvules ventriculo-artérielles, qu'elle forme en majeure partie. Son adhérence avec ces parties se fait au moyen d'un tissu cellulaire court et fin.

La substance composante du cœur, plus rouge et plus épaisse dans les ventricules que dans les oreillettes, offre à sa base un tendon circulaire, auquel se trouvent fixés les oreillettes, les troncs aortique et pulmonaire, enfin les cercles des valvules tant artérielles que veineuses. Cette disposition très-remarquable prouve que la masse ventriculaire constitue une partie distincte, simplement unie aux oreillettes et aux artères, qui sont elles-mêmes des organes particuliers.

Les fibres charnues de la masse ventriculaire sont toutes spiroïdes et plus ou moins contournées; elles forment des faisceaux longitudinaux, qui partent de la couche blanche ou tendon coronaire, descendent vers la pointe du cœur, où ils forment des tourbillons, s'enfoncent et deviennent intérieurs; après quoi les faisceaux remontent, suivent une direction moins oblique, et gagnent le tendon coronaire, de manière que chaque faisceau peut être considéré comme formant une anse spiroïde et attachée par ses deux extrémités à la couche tendineuse. Les fibres les plus contournées se trouvent dans le milieu de l'épaisseur des parois ventriculaires, et les moins obliques se remarquent du côté de leur surface intérieure. Il faut encore remarquer que la couche musculaire de chaque ventricule se compose de faisceaux qui lui sont propres et qui, en formant le septum médian, s'interposent entre ceux de l'autre couche sans se confondre. La couche charnue des deux oreillettes, plus épaisse et plus unie dans la droite que dans la gauche, offre des faisceaux qui affectent plusieurs directions et s'enlacent sous différents angles.

Ainsi le cœur se compose principalement de deux masses charnues, parfaitement distinctes et simplement unies ensemble : l'une, plus considérable et plus forte, forme les ventricules, et l'autre appartient aux oreillettes. Cette disposition très-remarquable indique pourquoi ces masses peuvent se mouvoir indépendamment l'une de l'autre.

Les artères du cœur, au nombre de deux, naissent de l'aorte, au-dessus des valvules sigmoïdes, se contournent dans la scissure coronaire, où elles s'anastomosent, et elles fournissent 1° les branches qui suivent les scissures spiroïdes et donnent des rameaux à la substance ventriculaire; 2° plusieurs divisions courtes, dont les unes pénètrent la base des ventricules, et les autres gagnent les oreillettes. Les veines cardiaques accompagnent les artères, et aboutissent à une branche principale, appelée *veine coronaire*, qui se dégorge dans l'oreillette droite.

Les nerfs, assez nombreux, émanent des plexus cardiaques, et sont conséquemment fournis par le trisplanchnique et par le pneumo-gastrique. Les lymphatiques, très-multipliés, gagnent les ganglions bronchiques et autres ganglions environnants.

Usages. Le cœur, viscère central et principal agent de l'impulsion qu'éprouvent les liqueurs circulatoires, reçoit tout le sang apporté par les veines et le fait passer dans les artères; il opère, entretient cette transmission sanguine des veines dans les artères par ses mouvements alternatifs de systole ou de contraction, et de diastole ou de dilatation. La systole, action énergique du tissu musculeux de l'organe, produit le resserrement des cavités cardiaques, et devient cause essentielle de l'impulsion des liqueurs dans les systèmes artériels : la diastole, état de relâchement qui succède à la systole, permet aux cavités de reprendre leur capacité naturelle, de recevoir une nouvelle ondée de sang, dont elles se débarrassent derechef par une nouvelle systole, et ainsi de suite.

Ces mouvements de contraction et de dilatation se font constamment suivant un certain ordre, dans les quatre cavités du cœur. La systole des oreillettes est simultanée, et s'exécute pendant la diastole des deux ventricules, qui se resserrent et se relâchent en même temps. En se contractant, les cavités auriculaires poussent le sang dans les ventricules relâchés, et en font refluer une partie dans les veines. La systole des ventricules, se développant immédiatement après celle des oreillettes, projette le fluide dans les artères, et le force à parcourir les divisions de ces vaisseaux. Ainsi les oreillettes se remplissent dans le temps que les ventricules se vident, et ceux-ci n'admettent de nouveau fluide que pendant le resserrement des oreillettes. Le cours progressif qu'éprouve le sang dans le cœur dépend bien de la succession des mouvements alternatifs dont il vient d'être parlé, mais il est soutenu et favorisé par les valvules, qui font office de soupapes. En effet, le sang, pressé par la contraction des ventricules, soulève les valvules auriculo-ventriculaires, qui, en s'appliquant l'une contre l'autre, lui ferment le passage vers l'oreillette. Les valvules artérielles soutiennent de la même manière le fluide projeté dans les troncs artériels et l'empêchent de refluer dans les ventricules.

Différences. Dans les *didactyles*, la surface extérieure de la masse ventriculaire présente trois scissures : l'une antérieure, l'autre gauche, et la troisième droite, qui est la plus contournée et la plus profonde. La cavité du ventricule droit du bœuf offre une longue colonne charnue, transversale, qui s'attache d'un côté à l'autre et se porte obliquement de haut en bas ; vers la pointe du cœur, on voit une autre colonne tendineuse, grêle et bifurquée à l'une de ses extrémités. Chaque orifice auriculo-ventriculaire droit porte dans l'épaisseur de sa substance un segment demi-circulaire cartilagineux ou osseux, auquel les fibres du cœur viennent s'attacher. Dans le mouton, on remarque aussi ces deux colonnes, dont la charnue est située plus en haut et plus prés de l'ouverture pulmonaire.

Dans le *chien*, la pointe du cœur paraît comme déprimée ou refoulée, et les fibres semblent aussi plus contournées. Les cordes des valvules ventriculaires s'attachent à de gros tubercules, variables tant par leur forme que par leur grosseur. Le ventricule droit renferme une longue colonne tendineuse, ayant une de ses extrémités divisée en trois branches.

§ II. *Des artères.*

L'ensemble des artères compose deux systèmes de vaisseaux, dont un, provenant du ventricule gauche du cœur par un seul gros tronc nommé *aortique*, se propage du centre à toute la circonférence, et est appelé système artériel général, ou, mieux, système aortique; le second, beaucoup moins étendu et dénommé *pulmonaire*, émane du ventricule droit du cœur aussi par un seul tronc, et va directement aux poumons, où il se ramifie et se termine. Chacun de ces systèmes représente une espèce d'arbre très-ramifié, dont le tronc commun tient au cœur, et dont les divisions aboutissent à la périphérie du corps.

Comme il a déjà été dit, les artères conservent toujours le même calibre, et ne décroissent que par les divisions et sous-divisions qu'elles fournissent; elles forment des courbures, des anses, des arcades, diverses inflexions, deviennent quelquefois rétrogrades, et contractent entre elles de véritables anastomoses. Ces anastomoses, rares dans les grosses artères, sont très-fréquentes dans les petites ramifications, où elles forment parfois des réseaux inextricables (1).

A. Système artériel pulmonaire.

Ce système, uniquement destiné pour les pou-

(1) Pour de plus complets détails, voyez t. Ier, p. 59 et suiv.

mons , provient du ventricule droit du cœur par un gros tronc, qui va se ramifier dans ces viscères, y étale le sang qu'il puise au cœur , et qu'il fait passer dans l'oreillette gauche par le moyen des veines pulmonaires.

Après sa naissance, ce tronc unique et primitif s'élève et se courbe en arrière. Parvenu à l'origine des bronches , il se bifurque , se partage en deux troncs secondaires , inégaux, dont un , plus gros , est destiné pour le poumon droit, et l'autre pour le poumon gauche ; chacune de ces bifurcations pénètre la substance pulmonaire, y forme des divisions et subdivisions successives, et se termine par des ramifications capillaires , d'où émanent les séreux exhalants, ainsi que les anastomoses avec les radicules des veines pulmonaires.

Vers le milieu de sa courbure, le tronc primitif se trouve fixé à la crosse de l'aorte postérieure par un gros ligament cylindrique, court, et qui forme, dans le fœtus , un conduit important, à la faveur duquel l'artère pulmonaire transmet dans l'aorte postérieure la majeure partie du sang qu'elle contient.

B. Système aortique , ou, plus généralement, l'aorte.

Ce tronc , considérable et primitif, forme, par ses divisions innombrables, un système vasculaire général, qui distribue le sang dans toutes les parties du corps, et offre aux organes les matériaux de leurs sécrétions et de leur nutrition. L'aorte primitive naît de la base du ventricule gauche du cœur, d'où elle s'élève perpendiculairement , en s'approchant du corps des vertèbres dorsales et en croisant la direction de l'artère pulmonaire. Ce tronc, de 5 à 6 centimètres de hauteur, et dont le sommet correspond à la cinquième vertèbre du dos , se termine en fournissant deux troncs secondaires, très-différents par leur calibre et leur longueur : l'un , plus petit et très-court, se dirige en avant , et constitue l'*aorte antérieure ;* l'autre , considérable et très-long , se courbe en arrière et forme l'*aorte postérieure.*

Vers son origine, le tronc primitif donne les deux artères cardiaques et coronaires , l'une droite et l'autre gauche. Ces artères naissent immédiatement au-dessus des valvules sigmoïdes , rampent dans la scissure coronaire , s'y anastomosent et laissent échapper plusieurs divisions : 1° divers rameaux, dont les uns pénètrent la base de la masse ventriculaire, et les autres gagnent la substance des oreillettes ; 2° les artères qui descendent dans les scissures spiroïdes et vont s'anastomoser près de la pointe du cœur.

De l'aorte antérieure.

Cette première bifurcation , fournie par le tronc aortique , et dont la longueur ordinaire n'est guère que de 5 centimètres , donne des artères à la tête , à l'encolure , aux membres antérieurs, à la partie antérieure et inférieure du thorax , ainsi qu'aux parois inférieures de l'abdomen : elle se dirige d'abord en avant, sous la trachée , entre les lames du médiastin, et se termine par deux divisions : l'une, droite et beaucoup plus grosse, est le tronc *brachio-*

céphalique, et la gauche constitue le tronc *brachial gauche*.

Du tronc brachio-céphalique (artère axillaire droite).

Plus long et plus considérable que le tronc *brachial gauche*, parce qu'il fournit les artères de la tête, il s'avance jusqu'au bord antérieur de la première côte droite, où il se courbe au bord inférieur du muscle costo-trachélien, et gagne le membre droit : après avoir franchi le muscle et avant d'atteindre le bras, il forme deux autres inflexions successives et se termine par l'artère brachiale. De ce tronc brachio-céphalique naissent huit divisions principales, qui forment les artères suivantes : la *dorso-cervicale*, la *trachélo-occipitale*, le *tronc céphalique*, la *sus-sternale*, la *sterno-musculaire*, la *pré-scapulaire*, enfin l'*humérale*.

Nous décrirons d'abord le tronc céphalique, division la plus remarquable du tronc axillaire droit, et nous ferons connaître les autres artères à l'article du tronc *brachial gauche*.

Du tronc céphalique, plus communément carotidien.

Ce tronc, de 5 à 6 centimètres de long et principalement destiné pour la tête, se trouve en rapport avec la veine cave antérieure, le tronc des deux jugulaires, le plexus trachéal antérieur, et de plus avec une masse de ganglions lymphatiques. Après un court trajet, il se bifurque et donne les deux artères carotides, l'une droite, l'autre gauche.

Chaque carotide se dévie d'abord sur le côté de

la trachée, gagne insensiblement sa face postérieure et monte jusqu'au niveau du larynx, où elle se termine par trois divisions, qui sont les artères *faciale, occipitale* et *cérébrale antérieure.*

Les rapports des carotides le long de l'encolure méritent d'être bien étudiés, parce que ces vaisseaux sont exposés à être lésés dans plusieurs circonstances. Ces rapports étant les mêmes pour l'artère droite que pour la gauche, il ne sera question que d'une seule. Depuis sa sortie du thorax jusqu'à ses divisions terminales, chaque carotide est noyée dans un tissu cellulaire abondant, et elle est accompagnée par trois filets nerveux, qui sont le trisplanchnique, le pneumo-gastrique et le trachéal récurrent ou laryngé inférieur. Ces cordons sont accolés à l'artère par un tissu cellulaire assez serré, et l'on doit préalablement les en séparer lorsque l'on cherche à lier l'artère. Dans le tiers inférieur de l'encolure, chaque carotide est en rapport avec la jugulaire et lui est accolée par beaucoup de tissu cellulaire. Le muscle sous-scapulo-hyoïdien forme, dans le tiers moyen de la même région, une cloison charnue qui sépare ces vaisseaux l'un de l'autre ; vers le larynx, la veine et l'artère, rapprochées l'une de l'autre, occupent le bord inférieur du même muscle. Nous ferons remarquer, en dernier lieu, que la carotide gauche se trouve, dans les deux tiers inférieurs de sa longueur, en rapport avec l'œsophage, conduit auquel elle ne tient que par un tissu cellulaire lâche.

Depuis sa naissance jusqu'à la hauteur du larynx,

la carotide fournit 1° divers rameaux musculaires qui se plongent et se perdent dans les muscles; 2° des branches qui s'en échappent à angle droit, se dirigent à la face antérieure de la trachée pour se perdre soit dans les muscles, soit dans l'épaisseur de la trachée, soit en s'anastomosant avec deux divisions semblables du côté opposé. Ces deux dernières artères sont souvent coupées lors de l'incision pratiquée pour l'opération de la trachéotomie; 3° enfin l'artère *thyroïdienne*, vaisseau assez considérable, destiné pour la thyroïde, et duquel émane un rameau laryngien.

De l'artère faciale (*la carotide externe*).

Cette artère, la plus considérable des trois branches terminales de la carotide, fournit des divisions nombreuses, qui se distribuent aux parties superficielles et profondes de la tête; elle se courbe d'abord de bas en haut, se dirige obliquement d'arrière en avant, sous la parotide et sous le muscle stylo-maxillaire; elle passe en travers sur la poche gutturale et sur la grande branche hyoïdienne, et monte ainsi jusque contre le condyle maxillaire, derrière lequel elle s'enfonce et devient *gutturomaxillaire*. Au lieu de tenir une direction droite, elle forme trois principales courbures, dont une vers le milieu de sa longueur, et les autres à ses extrémités; en bas du condyle, elle se trouve superficielle, recouverte seulement par la peau, par une couche aponévrotique très-mince, par le bord antérieur de la parotide, et par les cordons nerveux, qui se contournent pour se ramifier sur le muscle zygomato-maxillaire.

Dans son trajet, elle fournit diverses ramifications inégales, et dont le nombre varie ; les principales de ces divisions sont les artères *glosso-faciale, parotidiennes, maxillo-musculaire, auriculaire postérieure, temporale* et *gutturo-maxillaire.*

1o La *glosso-faciale* (la maxillaire interne), artère longue et rameuse, se dirige en avant sous le côté de la langue ; parvenue au niveau du point où le bord postérieur du maxillaire cesse d'être convexe, elle se courbe de dedans en dehors et de bas en haut, passe dans la scissure maxillaire avec le canal salivaire supérieur, gagne la face et se ramifie sur le chanfrein : on peut y distinguer une portion glossienne, et l'autre sous-cutanée faciale.

Dans la cavité glossienne, elle fournit successivement : 1° la *pharyngienne supérieure,* d'où émane souvent un rameau laryngien ; 2° la *staphyline,* artère peu considérable et destinée pour la substance du voile du palais ; 3° plusieurs divisions *musculaires* et *parotidiennes,* artères toujours variables, tant par leur calibre que par leur nombre ; 4° la *sous-linguale* (artère ranine), vaisseau flexueux, qui se glisse en avant, se prolonge entre les muscles jusqu'à la pointe de la langue, et laisse échapper une multitude de rameaux musculaires ; 5° la *linguale,* moins profonde, moins longue que la précédente, et essentiellement destinée pour la glande sous-linguale, ainsi que pour la membrane papillaire de la langue.

II.   12

En passant dans la cavité glossienne, l'artère glosso-faciale se trouve en rapport du côté interne avec la veine du même nom et avec les ganglions lymphatiques de l'auge. Lorsque ces ganglions sont gros, durs et rapprochés de la table de l'os, l'artère leur devient plus ou moins adhérente. Cette disposition ne doit pas être perdue de vue, toutes les fois que l'on effectue l'ablation de ces ganglions.

En s'élevant de la cavité glossienne, l'artère glosso-faciale devient superficielle, monte le long du bord antérieur du muscle zygomato-maxillaire, et se termine sur le chanfrein par plusieurs ramifications sous-cutanées.

2° Les artères *parotidiennes*, dont le nombre et le diamètre varient, sont des vaisseaux courts et destinés pour la substance de la glande parotide.

3° La *maxillo-musculaire* (maxillaire externe), artère assez considérable, située sous la parotide, côtoie la partie convexe du bord postérieur de l'os maxillaire ; à six ou sept centimètres de l'articulation maxillo-temporale, elle s'élève de dedans en dehors, et se termine par des ramifications qui se plongent dans les muscles zygomato – maxillaire , sphéno-maxillaire, ainsi que dans la parotide. Ses divisions les plus grosses se distribuent dans le muscle zygomato-maxillaire.

4° L'*auriculaire postérieure*, peu considérable, gagne la partie postérieure de l'oreille, se plonge dans les muscles propres à la conque, et se termine par des divisions musculaires et adipeuses ; elle laisse échapper un ou deux rameaux *parotidiens*, un rameau qui pénètre dans l'intérieur de la conque, et elle donne parfois l'artère *tympanique*, qui aboutit dans la cavité de ce nom.

5° La *temporale*, artère très-courte, située en arrière et en bas du condyle maxillaire, donne deux divisions principales : *a*, l'artère *auriculaire anté-rieure*, principalement destinée pour les muscles antérieurs de l'oreille, et qui fournit 1° un fort rameau au muscle temporo-maxillaire ; 2° un rameau *auriculaire-interne*, qui va dans l'intérieur de la conque ; 3° un dernier rameau *sous-cutané*, qui descend et s'anastomose avec les divisions de l'ar-tère surcilière : *b*, la *sous-zygomatique*, vaisseau superficiel, mais assez considérable, suit la direc-tion de l'épine zygomatique jusqu'à une petite dis-tance de l'angle temporal de l'œil, où elle se termine par des rameaux musculaires : cette artère, unie à la veine qui est supérieure et au nerf sous-zygoma-tique qui est inférieur, laisse échapper plusieurs di-visions ; celles-ci plongent et se terminent dans le muscle zygomato-maxillaire.

6° La *gutturo-maxillaire* forme la continuité de l'artère faciale ; elle s'enfonce et se contourne à la face interne du condyle maxillaire, d'où elle se di-rige en avant sous le crâne, passe dans le trou sous-sphénoïdal, et descend jusqu'auprès du trou nasal. Parmi ses divisions nombreuses, on distingue plus particulièrement les artères *temporales pro-fondes, staphylines, maxillo-dentaires, surcilière, oculaire, sus-maxillo-dentaire, alvéolaire, nasale* et *palato-labiale*.

a. Les artères *temporales profondes,* dont le nombre et le calibre sont variables, comprennent 1° deux à trois rameaux *musculaires* pour les muscles sphéno-maxillaire et temporo-maxillaire ; 2° des ramifications ténues, *adipeuses ;* 3° enfin une division *tympanique,* artère qui provient le plus souvent de l'auriculaire postérieure.

b. Les *staphylines* sont deux à trois petits rameaux qui se plongent dans la base du voile du palais.

c. La *maxillo-dentaire,* artère grêle et longue, passe dans le conduit maxillaire avec le nerf du même nom, fournit les ramuscules *dentaires postérieurs* ainsi que les *médullaires* de l'os maxillaire.

d. La *surcilière,* ainsi nommée, parce qu'elle passe par le trou surcilier, règne le long des parois internes de l'orbite, et se termine par des ramifications *sous-cutanées frontales.* Souvent cette artère donne l'artère *adipo-temporale,* qui se divise dans la graisse de la fosse temporale et se termine dans la substance du muscle temporo-maxillaire ; parfois cette dernière artère émane directement de la gutturo-maxillaire.

e. L'*oculaire,* artère très-rameuse et anastomotique, envoie des divisions particulières aux muscles de l'œil, à la glande lacrymale, aux paupières et au coussinet graisseux de l'œil ; elle donne ensuite un gros rameau, qui pénètre dans le crâne, s'anastomose avec l'artère lobaire antérieure : la branche terminale forme une anse, se courbe en dedans, enfile le trou orbitaire et va gagner les cellules ethmoïdales.

f. La *sus-maxillo-dentaire* descend dans le conduit sus-maxillaire jusqu'au côté de l'orifice nasal, où elle se termine par des ramifications ténues. Avant de s'enfoncer dans le conduit sus-maxillaire, elle laisse échapper un rameau *lacrymal*, qui se dirige vers le réservoir du même nom et fournit plusieurs artérioles, dont la plus remarquable suit le canal lacrymal; dans l'intérieur du conduit, elle envoie les radicules *dentaires* et *médullaires sus-maxillaires.*

g. L'*alvéolaire* s'élève de dedans en dehors, et se plonge dans la base de la joue.

h. La nasale, artère courte et très-rameuse, enfile le trou nasal, se bifurque dans la narine, et se disperse dans le tissu de la membrane pituitaire.

j. La *palato-labiale,* la plus considérable des quatre divisions terminales de la gutturo-maxillaire, descend dans le conduit palatin, rampe dans la scissure du même nom, et gagne, à la faveur du trou inflexe incisif, la substance de la lèvre supérieure, où elle se termine. Avant de se glisser dans le conduit palatin, elle donne quelques ramuscules adipeux; le long de la voûte osseuse du palais, elle laisse échapper divers rameaux courts, inflexes et anastomotiques; à sa sortie du trou incisif, elle forme, avec la palato-labiale opposée, une anastomose, d'où émanent les divisions radiées, qui se perdent dans la lèvre supérieure.

De l'artère occipitale.

La branche occipitale, de moyenne grosseur, mais la plus petite des trois divisions terminales de la céphalique, s'élève obliquement de bas en haut et d'arrière en avant, monte vers l'atloïde, traverse l'apophyse trachélienne de cette vertèbre, et va se ramifier derrière la tête.

Parvenue contre l'apophyse précédente, l'occipitale donne trois principales artères : 1° un rameau *méningien*, artère grêle, qui laisse échapper des ramuscules musculaires, pénètre dans le crâne par l'hiatus occipito-temporal, et se disperse sur les méninges ; 2° l'artère *mastoïdienne*, qui passe par le trou de ce nom, envoie deux ou trois rameaux au muscle temporo-maxillaire, et diverses ramifications déliées au diploé de l'occipital et du pariétal ; 3° l'artère rétrograde *atloïdo-musculaire*, qui se courbe en arrière et en haut, passe par le trou mitoyen de l'apophyse trachélienne de l'atloïde, laisse échapper diverses ramifications musculaires, et se termine par une anastomose très-remarquable avec l'extrémité de l'artère *trachélo-occipitale*.

Après avoir franchi le trou mitoyen de l'apophyse trachélienne de l'atloïde, l'artère occipitale fournit un rameau *occipito-musculaire*, essentiellement destiné pour les muscles fixés derrière l'occipital ; puis elle s'enfonce, à la faveur du trou supérieur de la même éminence, dans le canal vertébral de l'atloïde, et devient artère *cérébrale postérieure*. Cette dernière, flexueuse et très-anastomotique, se glisse sous le bulbe du prolongement rachidien, et s'avance jusqu'au niveau du mésencéphale, où elle se réunit à la cérébrale antérieure. Vers son origine, la cérébrale postérieure s'anastomose le plus souvent avec l'artère opposée; et, en se dirigeant en avant, elle donne successivement, 1° une artère *rachidienne rétrograde;* 2° les artères *latérales* et *choroïdiennes* du cervelet; 3° enfin les rameaux anastomotiques avec la cérébrale antérieure.

De l'artère cérébrale antérieure (carotide interne).

L'artère *cérébrale antérieure*, ou *carotide interne*, dont la grosseur est toujours proportionnée au volume du cerveau, constitue une branche profonde, anastomotique, très-rameuse, et principalement destinée pour le cerveau; en se séparant de l'artère faciale, elle monte, se dirige obliquement d'arrière en avant jusque sous le crâne, où elle pénètre à la faveur du trou antérieur de l'hiatus occipito-temporal. Dans son trajet, elle est accompagnée par la branche interne de la jugulaire, ainsi que par deux cordons nerveux pneumo-gastrique et tri-splanchnique; elle traverse le plexus nerveux guttural, s'unit au ganglion de ce plexus, forme diverses inflexions presque toujours variables, et elle gagne la base du crâne, le plus souvent sans laisser échapper de ramification. Parvenue dans le sinus caverneux de la méninge, elle décrit deux inflexions courtes et successives : la première courbure a lieu d'arrière en avant; et la deuxième, qui se fait en dedans, forme l'anastomose remarquable avec l'artère cérébrale opposée.

Dans l'intérieur du crâne, elle donne deux ou trois rameaux *méningiens*, puis elle fournit les artères *mésencéphalique, lobaire postérieure, lobaires latérales* et *lobaire antérieure.*

1° L'artère *mésencéphalique*, communément *basilaire*, se dirige en arrière sous le mésencéphale, et s'anastomose avec l'artère cérébrale postérieure, précédemment décrite; elle donne naissance, en dehors, aux *choroïdiennes* et *cérébelleuses* du cervelet, artères très-rameuses et très-anastomotiques.

2° L'artère *lobaire postérieure* se ramifie sur la partie postérieure de l'hémisphère cérébral, et fournit l'artère *choroïdienne* du cerveau.

3° Les artères *lobaires latérales* comprennent deux ou trois rameaux, qui se répandent et se divisent sur la partie moyenne de l'hémisphère du même viscère.

4° La *lobaire antérieure*, artère plus considérable que les précédentes et spécialement destinée pour la partie antérieure du cerveau, fournit successivement divers rameaux *lobaires*, la *mésolobaire* et *l'ethmoïdale.*

a. Les rameaux *lobaires* se répandent sur la partie antérieure du lobe cérébral, et s'anastomosent avec des ramifications des lobaires latérales.

b. La *mésolobaire* rampe dans le fond de la scissure interlobaire, et fournit divers rameaux collatéraux.

c. L'*ethmoïdale* est un gros rameau qui se dirige en avant de la couche ethmoïdale, et se propage dans les cellules de l'os ethmoïde.

Du tronc brachial gauche (artère axillaire gauche).

Le *tronc brachial gauche* se comporte de la même manière que le brachio-céphalique, et va se terminer au bras; il fournit au côté gauche de l'entrée du thorax à peu près les mêmes divisions que celles qui se trouvent du côté droit : peu après sa séparation d'avec le tronc brachial droit, il donne presque en même temps les artères *dorso-musculaire*, *cervico-musculaire*, *trachélo-occipitale* et *sus-sternale*.

A partir du bord antérieur de la première côte jusqu'au bras, il envoie les artères *sterno-musculaire*, *trachélo-musculaire*, *pré-scapulaire*, après quoi il se termine en formant l'artère *humérale*.

a. La *dorso-musculaire* (la dorsale), première division du tronc brachial gauche, se dirige transversalement de dedans en dehors, sort du thorax par le second intervalle intercostal, en passant plus près de la côte antérieure que de la postérieure, et elle va se ramifier dans la substance des muscles fixés sur les parties latérales du garrot. Vers sa naissance, elle donne un rameau *médiastin supérieur*, et fournit plus loin les deuxième, troisième, quatrième et cinquième intercostales. Chacune des artères *intercostales* suit la direction du bord postérieur de la côte, et se prolonge jusqu'à son extrémité inférieure : dans la partie supérieure de l'intervalle intercostal, le vaisseau rampe dans la scissure qui se trouve au côté interne du même bord postérieur de l'os ; vers le milieu ou à peu près de l'intervalle, il s'écarte insensiblement de la côte antérieure, et se continue ainsi jusqu'en bas. Cette artère intercostale, accompagnée de la veine et du nerf des mêmes noms, laisse échapper divers rameaux pleurétiques, musculaires, et fournit inférieurement des ramifications déliées, qui s'anastomosent avec des rameaux provenant de l'artère sous-sternale.

b. L'artère *cervico-musculaire* (cervicale supérieure), principalement destinée pour les muscles de la face cervicale de l'encolure, provient, du côté droit, d'une branche qui lui est commune avec l'artère précédente, et que l'on appelle la *dorso-cervicale.* Elle franchit le thorax par le premier espace intercostal, gagne la face interne du muscle dorsooccipital, et rampe sur le milieu de cette face jusqu'au niveau de l'axoïde. Avant de sortir du thorax, elle laisse échapper divers rameaux ténus et *adipeux,* ainsi que la première *intercostale* : après avoir franchi la cavité thoracique, elle donne successivement diverses ramifications musculaires, et se perd par des divisions de même nature.

c. L'artère *trachélo-occipitale* (vertébrale), branche principale, longue et très-rameuse, se dirige obliquement d'arrière en avant, monte, à la faveur des trous trachéliens de l'encolure, jusque sur le côté de l'atloïde, où elle se termine en s'anastomosant avec la branche atloïdo-musculaire de l'artère occipitale. Dans son trajet, elle laisse échapper en dehors une succession de gros rameaux courts, qui se dispersent dans les muscles environnants; en dedans, elle envoie une suite d'artères, qui pénètrent dans le canal du rachis par les trous inter-vertébraux, et vont former les ramifications propres au prolongement rachidien. Parvenue contre l'atloïde, elle passe par le trou postérieur de l'apophyse trachélienne de cette vertèbre, et s'anastomose avec l'artère occipitale.

d. L'artère *sus-sternale* (thoracique interne) est une longue et grosse branche remarquable en ce qu'elle produit les principales anastomoses de l'aorte antérieure avec l'aorte postérieure : elle naît du tronc brachial, proche de la première côte, à la face interne de laquelle elle descend jusqu'auprès du sternum, où elle se courbe en arrière; après quoi elle rampe sur la face interne de l'articulation de cet os avec les cartilages costaux; parvenue à la base du prolongement abdominal du sternum, elle se divise en deux branches, dont une *asternale* et l'autre *abdominale antérieure.* Le long de la première côte, elle envoie diverses artérioles *musculaires* et *médiastines antérieures* sur le sternum; elle fournit en dehors de gros rameaux, qui se plongent dans les muscles sterno-costaux ; en dedans et en haut, elle laisse échapper plusieurs ramuscules, qui constituent les artères médiastines et thymiques inférieures.

1° L'artère *asternale*, l'une des branches terminales de la sus-sternale, rampe à la face interne du cercle cartilagineux des côtes, et monte jusqu'à l'extrémité supérieure de ce cercle ; elle laisse échapper une succession de rameaux divers qui se divisent dans les muscles, et dont quelques-uns s'anastomosent avec les dernières artères intercostales ; vers le flanc, elle donne naissance à plusieurs ramifications qui se dispersent dans les muscles et s'anastomosent avec la circonflexe de l'iléum.

2° L'artère *abdominale antérieure*, plus grosse que la branche asternale, gagne la face supérieure du muscle sterno-pubien, sur laquelle elle rampe, se porte en arrière, et se perd par des divisions successives et collatérales ; vers son extrémité postérieure, elle fournit diverses ramifications anastomotiques avec de pareilles divisions de l'artère abdominale postérieure.

e. L'artère *sterno-musculaire* (thoracique externe), peu considérable et uniquement destinée pour les muscles, provient parfois de la sus-sternale, et va se perdre dans les muscles fixés sur le côté de la partie antérieure du sternum.

f. L'artère *trachélo-musculaire* (cervicale inférieure), plus grosse et plus longue que la précédente, se prolonge en avant de l'entrée du thorax au milieu des muscles, et fournit trois sortes de ramifications. Les unes se distribuent dans les muscles environnants; les autres, adipeuses, se divisent dans le tissu lamineux; les dernières entourent et pénétrent les ganglions lymphatiques circonvoisins.

g. L'artère *pré-scapulaire* (scapulaire) monte le long de la face interne du bord antérieur de l'épaule, et laisse échapper, tant en dedans qu'en dehors, divers rameaux *musculaires*.

h. L'artère *humérale*, grosse branche terminale du tronc brachial, gagne d'abord l'humérus, descend ensuite sur sa face interne, en tenant une direction oblique, et se termine par une bifurcation au côté interne du pli du bras avec l'avant-bras. Vers son origine, elle donne naissance aux artères *thoracique* externe correspondant à la veine de l'éperon, *scapulo-humérale, sous-scapulaire* et *sus-scapulaire;* sur la longueur de l'humérus, elle fournit divers rameaux musculaires, qui se distribuent dans les muscles; un rameau médullaire, qui pénètre dans l'intérieur de l'os et se distribue sur la membrane médullaire; un rameau *pré-cubital*, qui monte sous le muscle coraco-cubital et s'anastomose avec la musculaire antérieure du bras; un rameau *épicondylien,* qui descend et se ramifie au pourtour de l'épicondyle. L'artère humérale se termine inférieurement par une bifurcation, de laquelle dérivent les deux artères *cubitales antérieure* et *postérieure.*

La *cubitale antérieure* se contourne sur la face antérieure du cubitus, par-dessous les muscles :

elle descend, toujours dérobée par les muscles, jusqu'au genou, où elle se termine ; elle laisse échapper de nombreuses ramifications, dont les plus remarquables sont, 1° les rameaux *musculaires* qui se plongent et se terminent dans les muscles cubitaux antérieurs ; 2° des divisions supérieures, situées à la face interne de l'articulation huméro-cubitale ; plusieurs de ces dernières artères montent au pourtour de l'épitroklée ; l'une d'elles, plus longue et récurrente, s'anastomose avec les musculaires du bras ; 3° un rameau *circonflexe*, qui se contourne sur le côté externe de l'extrémité supérieure du cubitus, s'anastomose avec un rameau de la cubitale postérieure et concourt ainsi à former l'*arcade cubitale* ; 4° les ramifications qui se font remarquer sur la face antérieure du genou ; un ou deux de ces derniers rameaux descendent et se propagent jusqu'à l'arcade sésamoïdienne.

L'artère *cubitale postérieure*, branche beaucoup plus grosse que la cubitale antérieure, règne au bord interne de la face postérieure du cubitus, par-dessous les muscles ; inférieurement elle passe dans l'arcade carpienne, et forme en bas les artères *latérales* du canon.

Les principales divisions de la cubitale postérieure sont, 1° divers rameaux *articulaires poplités* ; 2° plusieurs artères *musculaires* ; 3° le rameau *circonflexe*, destiné à la formation de l'arcade cubitale et à l'anastomose, avec un pareil rameau de la cubitale antérieure ; 4° la médullaire du cubitus, artère assez grosse et qui, avant de pénétrer dans l'intérieur de l'os, envoie des ramifications au pli du genou.

Les artères latérales du canon, provenant de la bifurcation de la cubitale postérieure, sont au nombre de deux; elles descendent au côté interne du canon, et se distinguent en profonde et en superficielle. La première, grêle et située au côté interne de l'os principal du canon, descend jusqu'auprès des sésamoïdes, où elle se réunit avec l'autre latérale. Dans son trajet, elle donne divers rameaux *musculaires* et *pré-métacarpiens*; les premiers se ramifient autour des tendons qui occupent la face postérieure du canon, tandis que les autres se contournent sur la face antérieure du métacarpien et s'y terminent.

L'artère *latérale superficielle*, plus grosse que la précédente, descend entre les tendons et le canon; arrivée au niveau du bouton du péroné, elle s'accole postérieurement à la branche unique du nerf latéral et antérieurement à la veine. Après avoir dépassé l'extrémité inférieure du péroné interne, elle se courbe en dedans, s'enfonce sous les tendons, et s'anastomose avec la latérale profonde; sur la longueur du canon, elle laisse échapper divers rameaux pour les tendons et autres parties environnantes; elle fournit aussi l'artère médullaire du métacarpien; en se contournant inférieurement, elle se divise en deux branches : l'une, plus petite, forme l'anastomose avec l'artère latérale profonde; l'autre branche, plus grosse, passe sur les côtés des grands sésamoïdes, et devient artère *latérale interne* du paturon.

L'anastomose, formée par les deux latérales, constitue une arcade remarquable et appelée sésamoïdienne; de cette anse émanent, 1° l'artère latérale externe du paturon; 2° deux rameaux circonflexes et anastomotiques, qui embrassent la partie inférieure du métacarpien et composent l'arcade du même nom; 3° enfin deux ou trois ramifications profondes, qui remontent du côté du pli du genou, par-dessous le tendon suspenseur du boulet.

Au niveau de l'articulation du boulet, chaque artère latérale droite et gauche s'engage entre la branche antérieure et la branche postérieure du nerf plantaire latéral, et descend ainsi accolée à ces deux nerfs, jusqu'à la hauteur du cartilage latéral du pied; alors elle se dévie en dedans, devient profonde, s'insinue dans les trous de l'os du pied et se perd dans l'intérieur de cet os en se divisant à l'infini.

Dans son trajet, depuis le boulet jusqu'au dernier phalangien.

Les artères *latérales* du boulet, peu différentes entre elles, descendent sur les côtés du boulet et de la couronne, et fournissent inférieurement les *plantaires* du pied. Au côté des grands sésamoïdes, l'artère latérale, tant interne qu'externe, est superficielle, unie au gros nerf et à la veine du même nom; au fur et à mesure qu'elle approche du sabot, elle devient plus profonde; elle donne divers ra-

meaux, dont les uns, antérieurs, se contournent
sur la face antérieure des os du paturon et de la
couronne, forment des arcades et s'anastomosent
avec ceux du côté opposé. Les rameaux postérieurs,
moins nombreux, s'insinuent sous les tendons fléchisseurs, et contractent diverses anastomoses avec
les artères opposées. Au niveau de l'articulation
du paturon avec la couronne, elle envoie un gros
rameau au coussinet plantaire ; descendue sur le
côté du petit sésamoïde, elle se bifurque et se
termine en formant les artères plantaire et pré-
plantaire (1).

Différences principales qu'offrent les divisions de l'aorte antérieure dans les didactyles.

Dans cet article, nous ne ferons qu'indiquer les
différences les plus remarquables et les plus importantes à connaître. Ainsi l'on observe que, toute
proportion égale d'ailleurs, les ramifications de
l'aorte antérieure du *bœuf* sont généralement moins
grosses que dans les monodactyles, tandis que le
contraire a lieu pour les veines.

Le tronc *brachio-céphalique,* plus rameux que
dans le cheval, se contourne au bord inférieur du
muscle costo-trachélien, et donne ses divisions
dans l'ordre suivant : la *céphalique gauche,* la
dorso-cervicale, la *céphalique droite,* la *sus-ster-*

(1) Voyez, pour de plus grands détails, le *Traité du pied,* déjà
cité.

nale, la *trachélo-musculaire*, la *sterno-musculaire*, la *pré-scapulaire*, enfin l'artère *brachiale*.

Les artères *céphaliques* n'ont point de tronc commun, elles émanent toutes deux du tronc précédent, se terminent en formant la *glosso-faciale*, la *faciale* et l'*occipitale*.

La *faciale*, en montant vers l'articulation maxillo-temporale, fournit l'artère *sous-zygomatique*, beaucoup plus écartée de l'épine zygomatique que dans le cheval. Derrière le condyle maxillaire, la *faciale* se termine par une bifurcation, d'où émanent la *temporale* et la *gutturo-maxillaire*.

La *temporale*, beaucoup plus considérable et plus longue que dans les monodactyles, donne la *tympanique*; ensuite l'*auriculaire antérieure*, artère assez grosse, sur laquelle on peut tâter le pouls, et qui envoie des ramifications aux muscles temporo-maxillaire et auriculaires antérieurs.

La *gutturo-maxillaire*, parvenue sous le sphénoïde, fournit la *cérébrale antérieure*, petite artère qui pénètre dans le crâne par l'hiatus occipito-temporal. Elle donne aussi deux artères oculaires, dont la première, plus grosse que l'autre, étant aussi plus considérable que dans les monodactyles, laisse échapper une division qui remonte dans le crâne par le trou sous-sphénoïdal, et va s'anastomoser avec la cérébrale antérieure. La seconde artère *oculaire* provient de la gutturo-maxillaire en bas de l'orbite, et se ramifie dans les muscles de l'œil.

La *surcilière*, fournie par l'oculaire, est une artère considérable qui, à sa sortie du trou surcilier, forme deux branches, dont la supérieure monte vers la racine de la corne, tandis que l'autre descend du côté du chanfrein.

L'artère *occipitale*, beaucoup plus petite que celle du cheval, pénètre dans le crâne par l'un des trous condyliens, et donne, avant d'y entrer, deux rameaux, dont le premier, le plus petit, se divise dans les muscles situés à la face trachélienne de l'atloïde; l'autre division se contourne derrière l'occipital, et se ramifie dans les muscles de cette partie. Arrivée dans le crâne, cette artère occipitale se réunit avec celle du côté opposé, et constitue les artères *cérébrales postérieures*, qui fournissent les mêmes divisions, les mêmes anastomoses que dans les monodactyles.

L'artère *dorso-cervicale*, vaisseau considérable, passe en avant de la première côte, et forme la *trachélo-occipitale*. Cette dernière pénètre dans le canal rachidien entre la deuxième et la troisième vertèbre du cou, monte à côté de la moelle épinière, jusqu'au grand trou de l'occipital, où elle se réunit avec l'artère occipitale. Dans le canal rachidien, cette artère laisse échapper de gros rameaux qui sortent par les trous placés sur les côtés des deux premières vertèbres, se ramifient dans les muscles, et s'anastomosent avec le rameau supérieur de l'artère occipitale.

De l'aorte postérieure.

L'aorte postérieure, tronc beaucoup plus considérable et plus étendu que celui de l'aorte antérieure, fournit des artères au thorax, à tous les viscères abdominaux, aux membres postérieurs, aux parois de l'abdomen et du bassin. A son origine, ce tronc artériel se courbe en arrière et en haut, gagne le côté gauche du corps des vertèbres du dos, et pénètre dans l'abdomen par une ouverture particulière du diaphragme; il s'étend, comme dans le thorax, sous le côté gauche du corps des vertèbres des lombes, jusqu'à l'entrée de la cavité pelvienne, où il se termine par quatre grosses branches, qui deviennent les troncs primitifs des artères destinées pour le bassin et pour les membres postérieurs. On distingue à l'aorte postérieure deux portions remarquables par leur trajet et par leurs divisions; l'une antérieure ou *thoracique,* l'autre postérieure ou *abdominale.*

De la portion thoracique de l'aorte postérieure et de ses branches.

Cette première portion, dont la courbure antérieure, peu soutenue, forme la *crosse* de l'aorte et facilite les mouvements du cœur, fournit plusieurs petites artères : les unes, paires, émanent de ses parties latérales, tandis que les impaires proviennent de sa surface inférieure.

a. L'*œsophagienne,* artère grêle, impaire, et destinée pour la partie postérieure de l'œsophage, naît de la face inférieure de la courbure de l'aorte, et se dirige en arrière, entre les deux lames du médiastin; après un court trajet, elle se partage en deux rameaux, l'un supérieur et l'autre inférieur; et ces rameaux, qui suivent la direction de l'œsophage, vont se terminer autour de l'orifice cardiaque, par des ramifications anastomotiques avec l'artère gastrique. Dans leur trajet, les artères œsophagiennes laissent échapper divers ramuscules, dont les uns pénètrent l'œsophage, et les autres deviennent *médiastins supérieurs*.

b. La *bronchique*, autre petite artère impaire, provient de la crosse de l'aorte, à côté de l'œsophagienne, et émane parfois de cette dernière; elle s'avance, en serpentant, vers la bronche gauche, et se divise bientôt en bronchique droite et en bronchique gauche. Chacune de ces artères pénètre et se ramifie dans la substance pulmonaire, en rampant sur les divisions des bronches.

c. Les *intercostales postérieures*, artères plus grosses que les précédentes, et au nombre de quatorze à quinze de chaque côté, naissent des parties latérales de l'aorte maintenue sous le côté gauche des vertèbres dorsales.

Chacune de ces artères intercostales se dirige de dedans en dehors et de haut en bas, rampe dans la scissure de la partie supérieure de la côte, et se prolonge jusqu'à l'extrémité inférieure de l'espace intercostal. A son origine, elle fournit un ou deux ramuscules au tissu de l'aorte; au niveau du trou intervertébral, elle envoie une branche qui pénètre dans le canal rachidien; le long de la côte, elle donne diverses ramifications musculaires, et elle se termine inférieurement par des ramuscules anastomotiques.

En passant à travers les piliers du diaphragme, le tronc aortique postérieur laisse échapper les deux artères *sus-diaphragmatiques*, l'une droite et l'autre gauche : ces artères, dont la naissance a lieu dans des points variables, ont parfois trois rameaux d'origine, et émanent d'autres fois de l'aorte par une seule branche commune; elles se plongent et se perdent dans la substance charnue des piliers du diaphragme.

De la portion abdominale de l'aorte postérieure.

Beaucoup plus rameuse que la portion thoracique, l'aorte abdominale fournit une succession de divisions très-différentes, dont les principales émanent de sa surface inférieure, et parmi lesquelles on compte les artères *cœliaque, grande mésentérique, surrénales, adipeuses, rénales, grandes testiculaires, petite mésentérique* et *lombaires.*

Artère cœliaque.

La *cœliaque*, petit tronc impair, très-court, et qui envoie des ramifications à l'estomac, au foie, à la rate, au pancréas et à l'épiploon, naît de la face inférieure de l'aorte à son entrée dans l'abdomen, et forme trois divisions principales : la *splénique*, la *gastrique* et l'*hépatique*.

a. La *splénique*, branche moyenne des trois divisions cœliaques, descend du côté gauche, rampe dans la scissure de la rate, au delà de laquelle elle

se prolonge, et devient alors *épiploïque gauche.*
Vers son origine, elle donne un ou deux rameaux
pancréatiques ; dans la longueur de la scissure de
la rate, elle laisse échapper une succession de rameaux de différentes grosseurs; les uns, *spléniques*
et très-courts, se prolongent dans le parenchyme
de la rate; les autres, *spléno-gastriques,* et d'autant
plus longs qu'ils sont plus inférieurs, gagnent la
grande courbure de l'estomac et se ramifient sur
ses faces. L'artère *épiploïque gauche,* qui n'est
qu'une continuation de la branche splénique, se
porte du côté droit de la grande courbure du ventricule, s'anastomose avec l'artère épiploïque droite,
et donne les rameaux *épiplo-gastriques gauches,*
qui se comportent de la même manière que les
artères spléno-gastriques (artères courtes).

b. L'*artère gastrique,* la plus petite des trois
divisions du tronc cœliaque, se glisse entre les deux
lames de l'épiploon vers la petite courbure du ventricule; mais à une certaine distance du viscère,
elle se partage en deux branches, l'une pour la face
antérieure, et l'autre pour la face postérieure. Ces
branches fournissent les ramifications anastomotiques, dont les plus nombreuses pénètrent les parois
de l'estomac; les autres entourent l'orifice cardiaque, et d'autres se répandent autour du pylore.

c. L'*artère hépatique,* plus grosse que les deux
précédentes, se dirige obliquement de gauche à
droite et d'arrière en avant, passe tout près du pancréas, et va se perdre dans la scissure inférieure
du foie. Cette artère très-rameuse fournit, 1° divers

rameaux *pancréatiques*, qui se plongent dans le parenchyme du pancréas ; 2° une branche intestinale, qui se courbe en arrière entre les deux lames du mésentère, et va s'anastomoser avec des rameaux de l'artère grande mésentérique ; 3° l'artère pylorique, qui entoure le pylore, et donne très-souvent l'*épiploïque droite;* cette dernière, qui naît quelquefois de la branche splénique, suit la direction de la grande courbure de l'estomac, est maintenue entre les feuillets de l'épiploon, et elle s'anastomose avec la terminaison de l'artère splénique. Dans son trajet, elle laisse échapper des rameaux déliés qui vont à l'estomac, et se distinguent par la dénomination d'artères *épiplo-gastriques droites.*

Artère grande mésentérique.

La *grande mésentérique*, autre tronc impair et très-court, fort rameux et parfois variqueux, provient de la face inférieure de l'aorte, à une petite distance et en arrière de la cœliaque ; elle naît, tantôt en avant, tantôt au niveau même des artères surrénales, et fournit des ramifications au tube intestinal.

Ce tronc de la mésentérique antérieure envoie quelques rameaux plus ou moins déliés au pancréas, ainsi qu'aux plexus et ganglions nerveux environnants, et il forme tout à coup les divisions intestinales, que l'on peut partager en deux ordres: les unes, antérieures, généralement plus grosses, mais différentes entre elles par leur longueur et par leur calibre, comprennent 1° une branche moyenne qui se dirige entre les deux lames du mésentère, et va gagner la portion gastrique de l'intestin grêle ; cette artère fournit deux divisions principales, l'une se courbe en arrière et va former la première anse de l'intestin grêle ; l'autre se dirige du côté du pylore de l'estomac, et va s'anastomoser avec la branche intestinale de l'artère hépatique ; 2° deux à trois grosses branches *cæcales*, courtes et destinées pour la base du cæcum ; 3° deux longues branches *coliques* qui suivent les circonvolutions de la portion repliée du colon, et forment diverses anastomoses très-remarquables ; 4° deux à quatre grosses divisions aussi *coliques*, et destinées pour la portion du colon fixée derrière l'estomac ; 5° enfin une longue branche *colique*, qui se courbe en arrière entre les lames du mésentère de la portion flottante du colon, et fournit des ramifications anastomotiques avec la branche antérieure de l'artère petite mésentérique.

Le deuxième ordre des divisions mésentériques se compose d'une multitude de branches à peu près uniformes, mais plus ou moins longues ; toutes ces ramifications gagnent l'intestin grêle, et se comportent toutes de la même manière (1).

Artères surrénales.

Ces artères, que l'on appelle aussi *capsulaires*,

(1) Pour de plus amples détails sur ces artères intestinales, voyez ce qui a été dit à l'article de l'*Intestin*, p. 44.

se distinguent en droite et en gauche; chacune d'elles émane des parties latérales de l'aorte, à côté et en arrière de l'origine de la grande mésentérique, et gagne la capsule surrénale par plusieurs branches, qui se répandent sur les deux faces de ce corps glandiforme, le pénètrent successivement et se ramifient dans son épaisseur. Le nombre et la naissance de ces petites artères sont très-variables; très-souvent les artères mésentériques antérieures et rénales fournissent des rameaux surrénaux.

Artères adipeuses.

On comprend sous ce titre divers rameaux menus, qui s'élèvent de différents points de l'aorte, des rénales, du tronc de la grande mésentérique, et se perdent dans le tissu graisseux environnant.

Artères rénales (émulgentes).

Très-grosses et courtes, les artères rénales se distinguent en *droite* et en *gauche:* cette dernière, un peu moins longue que la droite, à cause de la position des reins et du tronc aortique, naît plus postérieurement. Chacune de ces artères se porte transversalement de dedans en dehors, et s'enfonce dans la scissure rénale, en formant de grosses divisions qui pénètrent dans la substance de l'organe. Comme il a été dit précédemment, l'artère rénale fournit très-souvent des rameaux adipeux et surrénaux.

Artères grandes testiculaires (spermatiques premières).

Ces artères, au nombre de deux, dont une droite et l'autre gauche, sont des vaisseaux longs, grêles,

flexueux, qui naissent après les rénales et descendent
jusqu'aux testicules; elles sont quelquefois produites
par la petite mésentérique, sortent de l'abdomen
par l'anneau testiculaire, et concourent à former le
cordon du même nom.

Dans la femelle, ces artères, dites *utérines*, parviennent à l'ovaire, et se comportent à peu près
comme dans le mâle.

Artère petite mésentérique ou mésentérique postérieure.

Cette artère forme un tronc unique, impair, plus
long, mais moins considérable que celui de la grande
mésentérique; ce tronc émane du milieu de la face
inférieure de l'aorte, fournit des branches à la portion flottante du colon, ainsi qu'à la partie antérieure
du rectum. Ses divisions, de moyenne grosseur et
peu différentes en calibre les unes des autres, sont
moins nombreuses que celles de l'aorte antérieure, et
elles se comportent à peu près comme les artères de
l'intestin grêle; la branche la plus antérieure s'anastomose avec la grande mésentérique; tandis que la
branche la plus postérieure gagne le cæcum, se ramifie sur sa surface, et contracte des anastomoses
avec des ramifications de l'artère sous-sacrée.

Artères lombaires.

Les artères *lombaires*, au nombre de cinq à six
de chaque côté, naissent des parties latérales de
l'aorte, se ramifient dans les muscles des lombes et
du flanc, et fournissent divers rameaux anastomotiques, tant avec les dernières intercostales qu'avec

la circonflexe de l'ilium. Au niveau du trou inter-vertébral, chaque artère lombaire envoie une branche qui gagne l'intérieur du canal rachidien; dans le reste de son trajet, elle laisse échapper divers rameaux musculaires.

Du tronc pelvien (1) (artère iliaque interne).

Ce tronc pair, très-rameux et provenant de la dernière bifurcation de l'aorte, se dirige en arrière dans la cavité pelvienne, en se déviant insensiblement sur le côté, et il donne des artères aux parois du bassin, ainsi qu'aux organes qu'il renferme. Ses principales divisions, très-variables par leur point de départ, par leur grosseur et même par leur direction, sont les artères *bulbeuse, sous-sacrée, sous-pelvienne* et *fessières.*

Artère bulbeuse (honteuse interne).

Longue et peu considérable, la bulbeuse est la première division du tronc pelvien; elle se dirige sur le côté du bassin jusque vers son fond, et se plonge dans le bulbe de l'urètre. Elle donne les artères suivantes : 1° *l'ombilicale,* artère oblitérée dans l'adulte, où elle fait fonction de ligament propre à la vessie (dans le fœtus, cette artère, très-longue, se continue jusqu'au placenta, et concourt à former le cordon ombilical); 2° divers rameaux *vésicaux,* qui embrassent la vessie et pénètrent ses parois; 3° l'ar-

____

(1) Tant pour l'ordre des descriptions que pour la facilité de l'étude, il est convenable de faire connaître les divisions du tronc pelvien avant celles du tronc crural.

tère *prostatique*, qui donne des rameaux aux vésicules séminales, et se termine dans les prostates
(dans la femelle, cette artère, nommée *vaginale*,
envoie des ramifications aux membranes et au bulbe
du vagin); 4° divers rameaux qui entourent la partie
postérieure du rectum, se ramifient dans les parois
de l'anus et autour du périnée.

Artère sous-sacrée.

Cette artère, longue et rameuse, règne au côté de
la face inférieure du sacrum, et se continue de la
même manière sous les os coccygiens: elle fournit
les artères *rachidiennes* du sacrum, *fémoro-poplitée*
et *coccygiennes*.

a. Les rameaux *rachidiens*, au nombre de cinq
à six, pénètrent dans le canal rachidien du sacrum à
la faveur des trous sous-sacrés.

b. L'artère *fémoro-poplitée* provient parfois du
tronc pelvien, et comprend le plus ordinairement
deux grosses branches, qui traversent le ligament
sacro-ischiatique, descendent et se ramifient dans
les muscles de la face postérieure de la cuisse : elle
présente trois sortes de ramifications ; les unes,
courtes et nombreuses, se dispersent dans les muscles environnants; d'autres branches *périnéales* vont
se ramifier sous la peau du périnée et autour de
l'anus; d'autres divisions profondes rampent contre
le fémur, et s'anastomosent autour du trokanter avec
des divisions récurrentes de l'artère grande musculaire de la cuisse.

c. La *coccygienne*, artère destinée pour la queue,

fait en quelque sorte la continuité de la sous-sacrée; elle se partage, peu après sa naissance, en deux branches, l'une *coccygienne supérieure* et l'autre *coccygienne inférieure*. La première se porte sur le côté de la face supérieure de la queue, se prolonge jusqu'au bout, et fournit successivement des rameaux musculaires. La coccygienne inférieure, un peu plus grosse, envoie vers sa naissance un ou deux rameaux, qui se divisent et se terminent autour de l'anus; le long de la face inférieure de la queue, elle se comporte comme la coccygienne supérieure.

Artère sous-pelvienne (obturatrice).

Cette artère considérable s'échappe de la cavité pelvienne par le trou sous-pubien, et se ramifie sous le bassin. Avant sa sortie de cette cavité, elle fournit l'*iliaco-musculaire*, artère considérable, qui naît souvent de la crurale, se plonge dans les muscles iliaques, et se propage dans les muscles fémoraux antérieurs. Hors du bassin, la sous-pelvienne donne : *a*, des rameaux musculaires qui pénètrent les petits muscles implantés à la circonférence de l'ouverture sous-pubienne; *b*, une grosse branche aux muscles situés au côté interne de la face poplitée de la cuisse; *c*, l'artère *ischio-pénienne* (caverneuse), d'où émanent 1° deux rameaux qui se plongent dans les racines du pénis; 2° une ou deux branches grêles qui rampent le long du bord supérieur du pénis; 3° un petit rameau qui accompagne le nerf du pénis; 4° enfin divers ramuscules cutanés.

Artères fessières.

Elles se composent de deux ou trois grosses branches musculaires, courtes, qui se contournent contre le bord de l'ilium, se ramifient dans les muscles de la croupe et de la fesse.

Du tronc crural (artère iliaque externe).

Fourni par la première bifurcation de l'aorte, le tronc crural se dirige obliquement en dehors et descend jusqu'à l'arcade inguinale, où il change de nom pour prendre celui d'*artère fémorale*. Dans son trajet, il laisse échapper divers ramuscules déliés et variables, qui gagnent le péritoine et le tissu adipeux environnant; en outre, il donne trois artères principales : la *circonflexe* de l'ilium, la *petite testiculaire* et la *sus-pubienne*.

Artère circonflexe de l'ilium (petite iliaque).

Cette artère, assez considérable et rameuse, provient du tronc crural; à une petite distance de son origine, elle se dirige en dehors vers le flanc, et se partage en deux branches : l'une de ces branches gagne l'angle de la hanche, autour duquel elle se ramifie; l'autre branche, plus longue , se porte en avant dans l'épaisseur des parois abdominales, forme plusieurs ramifications, dont les antérieures et supérieures contractent des anastomoses avec les artères lombaires et les dernières intercostales.

Artère petite testiculaire (spermatique seconde).

Longue et très-grêle, la *petite testiculaire* prend

naissance à la base du tronc crural, d'où elle descend et gagne le cordon testiculaire ; cette artère émane quelquefois de l'aorte, ou de la circonflexe de l'ilium ; elle sort de l'abdomen par l'ouverture testiculaire, et se ramifie dans le cordon du même nom.

Artère sus-pubienne (abdominale).

Courte et rameuse, l'artère *sus-pubienne* se dirige d'arrière en avant, et donne les divisions suivantes : *a*, l'*abdominale postérieure,* branche assez considérable, qui se dirige en avant, rampe sur le muscle sterno-pubien ; à une petite distance de la ligne médiane de l'abdomen, elle fournit successivement divers rameaux musculaires, dont les antérieurs s'anastomosent avec des ramifications déliées de l'artère abdominale antérieure : *b*, l'*inguinale,* branche grêle, et qui se ramifie dans le tissu lamineux et dans les ganglions lymphatiques de l'aine : *c*, la *scrotale* (honteuse externe), artère rameuse, dont la naissance est très-variable, et qui envoie 1° des rameaux au scrotum et aux enveloppes des testicules ; 2° une ou deux petites branches à la tête du pénis ; 3° enfin divers ramuscules cutanés et anastomotiques avec les divisions de l'artère ischio-pénienne (1).

Artère fémorale.

Elle est une continuité de l'artère crurale, commence à l'aine, s'enfonce et s'approche insensible-

---

(1) Pour de plus amples détails sur les divisions de l'artère sus-pubienne, on peut consulter le *Traité des hernies inguinales,* ouvrage précité.

ment du fémur ; elle descend obliquement à la face interne de cet os jusqu'au pli de l'articulation tibio-fémorale, où elle se termine par les deux artères *tibiales*. Dans sa longueur, elle donne successivement diverses branches qui se plongent, se ramifient dans les muscles environnants, et forment une multitude d'anastomoses, tant entre elles qu'avec les divisions du tronc pelvien. Parmi ces ramifications nombreuses et musculaires, on distingue plus particulièrement : *a*, la *grande musculaire* de la cuisse, artère considérable et très-rameuse, qui se disperse dans la masse musculaire de la face interne de la cuisse, et descend jusqu'au milieu de la longueur du fémur, où elle se termine : cette grande musculaire fournit de nombreuses branches, dont les principales sont les artères *trokantinienne* et *trokantérienne;* quelques-unes de ses divisions s'anastomosent avec des ramifications des artères sous-pelvienne et ischio-pénienne; *b*, les *petites musculaires* de la cuisse, qui gagnent les muscles fémoraux antérieurs, et se ramifient dans leur substance; *c*, les artères *poplitées* du pli de la jambe, qui comprennent quatre à cinq rameaux destinés au pli de l'articulation de la jambe avec la cuisse; un ou deux de ces rameaux poplités deviennent récurrents, et remontent pour s'anastomoser avec la branche poplitée de l'artère ischio-fémorale.

Artères tibiales.

Elles résultent de la bifurcation qui termine l'artère fémorale, et se distinguent en *tibiale anté-rieure* et en *tibiale postérieure.*

La *tibiale postérieure* descend sous les muscles de la face postérieure de la jambe, et va se termi-ner au jarret par diverses ramifications déliées. Cette artère, peu considérable, laisse échapper di-vers rameaux musculaires, et donne, en outre, 1° la *médullaire* du tibia, qui pénètre dans le canal inté-rieur de cet os, à la faveur de son trou nourricier postérieur; 2° la *péronière*, qui suit le péroné de la jambe et fournit divers rameaux aux muscles cir-convoisins. Parmi les divisions de cette même tibiale postérieure, on remarque deux branches princi-pales, dont la plus petite se contourne sur la face externe du jarret, s'y ramifie et s'anastomose avec des divisions de l'artère tibiale antérieure; la bran-che interne, plus considérable, se glisse sous les tendons postérieurs et internes du jarret, se con-tinue en bas contre le péroné interne du canon, et fournit divers rameaux *musculaires* et *cutanés.*

La *tibiale antérieure*, beaucoup plus grosse que l'artère tibiale postérieure, se contourne d'arrière en avant, et se glisse entre le péroné et le tibia. Parvenue sur la face antérieure de la jambe, elle descend par-dessous les muscles, tient une direc-tion un peu oblique, passe sur le côté externe du jarret, au bas duquel elle s'enfonce entre le pé-roné et l'os principal du canon, et devient artère latérale de cette dernière région.

Le long de la jambe, elle fournit divers rameaux *musculaires*, dont plusieurs remontent, se rami-

fient autour de la rotule, et s'anastomosent avec
des ramifications *articulaires poplitées* de la fémorale : au jarret, elle laisse échapper divers rameaux
articulaires et *cutanés*, puis elle donne une branche qui devient artère latérale du canon.

L'*artère latérale* du canon postérieur fait la
continuité de la tibiale antérieure, gagne la face
postérieure du canon, se dirige obliquement du
côté externe, suit le péroné externe et règne le long
de l'union de cet os avec le métatarsien principal.
Parvenue à la partie inférieure du canon, elle passe
par-dessous l'extrémité du péroné, pour ensuite
gagner la face postérieure du boulet, où elle donne
l'arcade sésamoïdienne. Sur les parties latérales du
boulet, du paturon, jusqu'au pied, les artères latérales se comportent comme aux membres antérieurs.

Différences des divisions de l'aorte postérieure
dans les didactyles.

Les artères fournies par l'aorte postérieure du
bœuf diffèrent de celles du cheval, tant par leurs
points de naissance que par leur calibre, leur direction et leur mode de distribution; et ces variations
se remarquent le plus souvent aux artères testiculaires, sus-pubienne, inguinales, etc., ainsi qu'à
celles de la cavité pelvienne. Comme ces différences
exigeraient des détails longs, minutieux et généralement peu utiles, nous les négligerons. Les ramifications de l'artère cœliaque, si différentes de

celles du cheval, nous ont paru être les seules importantes à connaître; plus considérable et plus longue que le tronc de la mésentérique antérieure, la *cœliaque* des didactyles fournit ses trois branches dans l'ordre suivant : l'*hépatique*, la *splénique* et la *gastrique*.

L'*hépatique*, branche considérable, va directement au foie, et se plonge dans sa scissure inférieure; elle donne les artères *pancréatiques*, les *épiploïques* de la portion hépato-gastrique de l'épiploon; elle envoie des rameaux à la vésicule biliaire, et se plonge dans la substance du foie.

La *splénique*, la plus petite des trois divisions cœliaques, se partage en deux branches, dont une gagne la base de la rate et se ramifie dans son parenchyme; l'autre branche, plus grosse et bien plus longue, s'étend le long de la scissure supérieure du rumen, s'enfonce entre les deux lobes postérieurs du même ventricule, et gagne ainsi la surface inférieure. Dans le trajet qu'elle parcourt, cette dernière branche envoie 1° des rameaux qui pénètrent les parois du viscère, 2° d'autres ramifications opposées qui s'étendent entre les lames de l'épiploon et deviennent *épiploïques*. Plusieurs de ces divisions forment des anastomoses déliées avec des ramifications de la branche suivante.

La *gastrique*, la plus grosse des trois divisions cœliaques, est souvent composée de deux branches; elle gagne la face postérieure du feuillet, suit la direction de la grande courbure de ce viscère, et se prolonge jusqu'à la caillette. A son origine, elle donne une grosse branche, qui se dirige vers l'insertion de l'œsophage et se ramifie sur l'extrémité antérieure du sac gauche du rumen; une deuxième branche de cette même artère gastrique passe au-dessus de la petite courbure du réseau, se contourne à la face inférieure du rumen, et devient artère épiploïque inférieure; dans son trajet, elle fournit 1° des rameaux au réseau, 2° d'autres divisions aux parois inférieures du rumen, 3° enfin diverses ramifications *épiploïques* et *anastomotiques* avec l'artère splénique. Le long du feuillet, la même branche gastrique laisse échapper divers rameaux pour les parois de ce troisième ventricule; à l'opposé de ceux-ci, elle envoie des divisions à la partie antérieure du rumen. Vers la basse de la caillette, elle se termine par des ramifications, dont les unes pénètrent les parois de ce réservoir, d'autres deviennent épiploïques et forment plusieurs anastomoses déliées.

§ III. *Des veines.*

Les veines, préposées à rapporter au cœur le sang, suivent les artères dans leur trajet, et les accompagnent presque partout. Plus multipliées que ces derniers vaisseaux, elles forment, dans plusieurs parties du corps, deux ordres essentiellement distincts : les unes, plus ou moins profondes, sont compagnes d'artères, auxquelles elles restent unies par un tissu cellulaire plus ou moins abondant; les autres vont isolément, rampent communément à la périphérie des organes, et sont superficielles. Cette disposition, fort importante, s'observe dans les mamelles, et surtout dans les muscles. C'est pour cette raison que la peau, posée presque partout sur des masses musculaires qui exécutent de grands et de fréquents mouvements, offre un si grand nombre de veines sous – cutanées et non compagnes d'artères.

Les veines naissent de toutes les parties du corps par des radicules capillaires dont les unes sont une continuité des capillaires artérielles (1), tandis que d'autres émanent des différentes surfaces tant intérieures qu'extérieures par des bouches libres et béantes. Les premières radicules prennent le sang qui n'a pu servir aux sécrétions, et les autres puisent une partie des fluides avec lesquels leurs orifices se trouvent en contact. A partir de ces origines, les veines, quand elles commencent à être visibles, se présentent sous l'aspect de canaux très-ténus, qui constituent un réseau très-délié. Elles se dirigent vers le cœur, en formant successivement des rameaux, des branches, des troncs, qui grossissent et diminuent de nombre à mesure qu'ils approchent de ce viscère. Dans leur trajet, ces vaisseaux suivent une direction tantôt droite et tantôt flexueuse, et ils contractent entre eux beaucoup d'anastomoses, d'autant plus fréquentes que les veines sont plus petites et plus éloignées du cœur. Ces anastomoses s'étendent des veines superficielles aux veines

______

(1) Voyez tome Ier, page 70.

profondes, des veines de la partie antérieure du corps à celles de la partie postérieure, de celles de l'intérieur d'une cavité à celles de la périphérie de cette cavité.

Les veines éprouvent un mouvement continuel de dilatation et de resserrement; ce mouvement, qui n'est apparent que dans les troncs et dans les grosses branches, est occasionné et entretenu par la contraction de l'oreillette droite du cœur, qui comprime le sang, et en opère un reflux plus ou moins fort.

Dans les veines jugulaires des grands quadrupèdes, tels que le cheval, le mulet et le bœuf, il se passe deux mouvements opposés, qui se manifestent dans des circonstances différentes : l'un, produit par une ondée de sang qui descend vers le thorax, se fait remarquer à la suite de quelques inspirations profondes, fortes et prolongées; le mouvement contraire, celui dans lequel d'autres ondées de sang vont vers la tête, se développe par l'effet des douleurs longues et violentes que ressentent les animaux retenus par des liens ou blessés par des instruments. Ce reflux sanguin annonce une interruption dans l'ordre de la circulation, et il s'exécute malgré les valvules dont sont pourvues les jugulaires.

On peut rapporter toutes les veines du corps à trois genres, distincts par leur disposition particulière, par leurs propriétés, même par la nature du fluide qui les parcourt. Le premier genre comprend les *veines pulmonaires*, le second embrasse la *veine porte*, le troisième se compose des *veines caves*.

A. Système des veines pulmonaires.

Ce système, peu étendu et borné au thorax, embrasse l'ensemble des veines qui correspondent aux artères pulmonaires, rapportent le sang élaboré dans les poumons, et le transmettent dans l'oreillette gauche du cœur. Ces vaisseaux, élastiques et dépourvus de valvules, émanent des capillaires artériels, répandus autour des vésicules bronchiques, et se terminent dans l'oreillette gauche par quatre à cinq branches de grosseur inégale ; ils suivent, accompagnent les artères, augmentent de calibre par les réunions successives qu'ils contractent entre eux de proche en proche.

B. Système de la veine porte.

Particulier aux viscères digestifs, le système de la *veine porte* se compose des ramifications nombreuses qui proviennent de la rate, du tube intestinal, de l'estomac et du pancréas ; toutes ces divisions se réunissent en un tronc commun, qui se plonge, se ramifie et se termine dans la substance du foie. Les cavités de ces veines abdominales n'ont pas de valvules ; elles sont parcourues par un sang très-noir, épais, peu coagulable, et qui circule lentement.

L'ensemble du système de la veine porte représente un arbre, auquel on distingue des branches, un tronc et des racines.

1° Les *branches*, ramifications par lesquelles la veine porte prend naissance, sont au nombre de trois principales : la *splénique*, la *petite* et la *grande mésentérique*.

La veine *splénique*, vaisseau flexueux et situé dans toute la longueur de la scissure de la rate, monte transversalement de gauche à droite, et gagne le tronc de la veine porte au niveau de l'artère grande mésentérique ; elle correspond aux divisions de l'artère cœliaque, et reçoit conséquemment les veines *épiploïques gauches*, *spléniques*, *gastriques*, et quelques *pancréatiques*.

La veine *petite mésentérique*, la moins grosse des trois branches, se dirige obliquement de bas en haut et d'arrière en avant, jusqu'à la base de la veine splénique, où elle se termine ; parfois elle se dégorge dans la splénique même, et concourt à la grossir. Dans son trajet, elle reçoit successivement toutes les ramifications veineuses, correspondantes aux divisions de l'artère mésentérique postérieure.

La veine *grande mésentérique* ou *mésaraïque*, plus considérable et plus rameuse que la splénique, est formée par les ramifications qui suivent et accompagnent les divisions du tronc de l'artère grande mésentérique. Outre ses racines, provenant de l'intestin grêle, du cæcum et de la portion repliée du colon, elle reçoit encore la veine *gastro-splénique droite*, et plusieurs rameaux *pancréatiques*.

2° Le *tronc* de la veine porte, portion comprise entre les branches et les racines, est situé obliquement sous les piliers du diaphragme ; il commence contre l'artère grande mésentérique, d'où il se prolonge d'arrière en avant jusque dans la scissure du foie. Son origine dérive de la réunion des branches; sa partie moyenne, engagée dans le grand anneau du pancréas, est fixée par-dessous et en travers de la veine cave postérieure; son extrémité antérieure ou hépatique forme un coude, dont la cavité intérieure constitue un sinus remarquable. Ce sinus fournit trois branches principales, d'où émanent toutes les ramifications sous-hépatiques.

3° Les *racines* de la veine porte se divisent dans la substance du foie, à la manière des artères ; elles décroissent progressivement, en donnant des ramifications toujours plus petites, et elles se terminent par des ramuscules anastomotiques avec les radicules des veines *sus-hépatiques*. Les premières sont entourées d'une capsule fibreuse (1) qui les fortifie, et elles semblent fournir les matériaux de la bile sécrétée dans le foie.

C. Système des veines caves.

Ce système, bien plus étendu que les deux précédents, comprend une multitude de branches veineuses, qui, en convergeant vers le cœur, forment deux principaux troncs appelés les *veines caves*, et distingués en antérieur et en postérieur. Ces veines correspondent aux deux grandes divisions du tronc primitif de l'aorte ; ils sont dépourvus de valvules, et diffèrent entre eux par leur longueur, leur direc-

(1) La *capsule de Glisson*.

tion, leur mode de division et leur insertion dans l'oreillette droite du cœur.

A ce système des veines caves on doit rapporter les veines *cardiaques* et *bronchiques,* qui se dégorgent parfois dans l'oreillette droite.

a. De la veine cave antérieure.

Cette veine, courte, mais très-grosse, est située du côté droit, par-dessus l'aorte antérieure, à laquelle elle correspond ; elle s'étend depuis le milieu de la première côte, entre les deux lames du médiastin, et se termine dans l'oreillette droite, vis-à-vis l'ouverture de ce réservoir dans le ventricule droit.

Dans son trajet, le tronc de la veine cave antérieure grossit par la succession des branches, qu'il reçoit généralement dans l'ordre qui suit : les deux *troncs brachiaux,* les deux *céphaliques* ou *jugulaires,* les deux veines *trachélo-occipitales,* les deux *dorso-cervicales,* les *sous-dorsales,* enfin les *thymiques.*

Des troncs veineux brachiaux.

Les troncs brachiaux, l'un droit et l'autre gauche, forment le sommet de la veine cave antérieure, suivent le trajet des artères brachiales, et font les mêmes inflexions.

Chacun de ces troncs veineux reçoit diverses ramifications, dont le nombre varie et dont l'ensemble compose deux séries de veines ; les unes, plus longues et plus nombreuses, proviennent des membres, tandis que les autres émanent des parois du thorax.

Veines des membres antérieurs.

Parmi ces veines très-multipliées, les unes, profondes, suivent les artères dans leur trajet, et les autres rampent sous la peau. Les premières, plus grosses et plus nombreuses, contractent, tant entre elles qu'avec les superficielles, diverses anastomoses plus ou moins remarquables ; elles prennent naissance dans l'intérieur du sabot, par des ramuscules déliés, qui fournissent les veines plantaires. Pour saisir plus facilement l'ensemble de toutes ces veines profondes, il importe de les examiner suivant l'ordre de la circulation, d'abord au pied, successivement et en remontant, au canon, à l'avant-bras et au bras.

1° Veines du pied.

Ces veines, dont les racines proviennent du tissu réticulaire, acquièrent parfois un développement considérable, et se distinguent en inférieures et en antérieures. Les inférieures ou plantaires, au nombre de deux, l'une droite et l'autre gauche, accompagnent les artères de même nom. Les antérieures superficielles composent une arcade réticulaire, très-anastomotique, qui ceint et entoure tout le bord supérieur du tissu feuilleté du pied.

2° Veines de la couronne.

Ces veines pourraient se diviser, comme les précédentes, en postérieures ou *latérales*, et en antérieures *pré-plantaires*. Les premières, étant une continuité des plantaires, marchent unies aux artères, et se distinguent en interne et en externe ; les secondes constituent une petite arcade qui embrasse la face antérieure de l'os de la couronne et se dégorge de chaque côté dans les branches latérales.

3º Veines du canon.

Les principales veines de cette région règnent à sa face postérieure, suivent le trajet des artères latérales, et portent la même dénomination : ainsi les deux veines *latérales* du canon, fournies par celles de la couronne, commencent au boulet, et montent, avec les artères latérales, jusqu'au pli du genou, où elles se réunissent pour gagner l'avant-bras. A leur origine, elles reçoivent diverses branches, composent un réseau anastomotique et superficiel qui enveloppe le boulet. Au-dessus des sésamoïdes, elles contractent ensemble une anastomose très-remarquable, et d'où s'échappe une branche qui forme la cutanée du canon. Ces veines latérales, dont l'interne est plus petite et plus profonde, reçoivent, en montant vers le genou, diverses ramifications, dont les unes accompagnent les divisions artérielles ; d'autres grosses, circonflexes, flexueuses, et situées à l'extrémité supérieure du canon, ne correspondent point à des artères, et proviennent des parties environnantes.

4º Veines de l'avant-bras.

Les veines profondes de l'avant-bras portent les

mêmes dénominations que les artères qu'elles suivent; ces veines, presque toujours au nombre de deux pour une artère, se distinguent en veine *cubitale antérieure* et veine *cubitale postérieure.*

a. La première, ou la cubitale antérieure, plus grosse que la postérieure et étant constamment composée de deux branches, provient des veines latérales du canon, et monte jusqu'au bras, où elle fournit la veine humérale. Dans la longueur de l'avant-bras, elle devient le confluent de toutes les ramifications qui accompagnent les artères; elle contracte une, et le plus souvent deux anastomoses remarquables avec les veines superficielles; elle s'anastomose aussi par quelques rameaux avec la veine suivante.

b. La veine cubitale postérieure, peu considérable, naît des muscles cubitaux antérieurs par divers ramuscules, présente les mêmes divisions que l'artère qu'elle accompagne; mais elle ne reçoit nulle ramification sous-cutanée. Cette veine cubitale se termine à la face interne de l'articulation scapulo-humérale, où elle se réunit avec la veine cubitale antérieure.

5° Veines du bras.

Ces veines, communes au bras et à l'épaule, sont l'*humérale,* la *sous-scapulaire* et la *sus-scapulaire;* elles se dégorgent proche l'une de l'autre, et composent, par leur réunion successive, le tronc brachial.

a. La veine *humérale,* vaisseau court et étant

une continuité des veines cubitales, forme le principe du tronc brachial, et se compose de diverses ramifications parmi lesquelles on distingue, 1° les veines collatérales de l'articulation scapulo-humérale; 2° plusieurs divisions musculaires, dont le nombre n'est pas constant; 3° toutes les branches qui suivent les artères; 4° enfin une grosse branche anastomotique, fournie par la veine cutanée antérieure de l'avant-bras.

b. La veine *scapulaire,* peu considérable, gagne le tronc brachial un peu après la veine humérale, à laquelle elle se réunit quelquefois; elle reçoit les diverses branches veineuses qui suivent les divisions des artères : les unes proviennent des muscles sous-scapulaires, et les autres sortent des muscles du bras.

c. La veine *sus-scapulaire* se compose des ramifications qui s'élèvent des muscles sus-scapulaires; elle se réunit quelquefois à la veine précédente, et va se terminer le plus souvent dans le tronc brachial.

Veines superficielles du membre antérieur.

Situées plus ou moins immédiatement sous la peau, les *veines superficielles* occupent plus particulièrement la face interne de l'avant-bras, sont au nombre de trois principales, et se distinguent, d'après leur position respective, en *antérieure, médiane* et *postérieure.*

a. La sous-cutanée antérieure (veine des ars ou veine céphalique), longue et considérable, prend naissance dans les parties profondes et superficielles du pied ; ses racines extérieures produisent un réseau anastomotique fort remarquable, qui s'applique sur la surface externe du cartilage latéral et prend du développement avec l'âge par l'effet des marches. Au-dessus du cartilage, la veine dont il s'agit forme une grosse branche, qui monte de chaque côté de l'os de la couronne en croisant obliquement et en dessus la direction de l'artère latérale du paturon et de la branche du nerf plantaire. Parvenue à la hauteur du boulet, la veine devient antérieure au nerf et laisse l'artère un peu plus postérieurement. Au-dessus du boulet et au niveau du bouton du péroné, elle s'accole avec le nerf latéral de cette région, en le laissant postérieurement pour s'élever ensuite, abandonner le nerf et gagner la face postérieure du genou. Sur toute la face interne de l'avant-bras, elle rampe entre la peau et l'os, se propage sur le bras et va enfin se dégorger dans la jugulaire.

En remontant au côté interne du bord antérieur du bras, elle rampe sur le muscle sterno-huméral ; parvenue proche de l'angle scapulo-huméral, elle se courbe en dedans et s'enfonce pour atteindre la veine jugulaire.

Depuis son origine jusqu'à sa terminaison, la veine cutanée antérieure grossit progressivement par les ramifications successives, cutanées et musculaires, auxquelles elle sert de conduit de décharge. Elle contracte diverses anastomoses avec les veines profondes et avec les deux autres sous-cutanées du membre. Parmi ses branches nombreuses, très-différentes entre elles. on distingue 1° le long du canon plusieurs divisions *cutanées* et *pré-plantaires;* 2° au genou, les veines *articulaires antérieures* et *articulaires postérieures ;* 3° à la partie inférieure de l'avant-bras, un gros rameau, remarquable et anastomotique avec la veine *sous-cutanée médiane ;* 4° sur toute la longueur de cette même région, diverses autres ramifications *musculaires* et *cuta-nées,* dont une branche plus considérable provient de la face antérieure du genou. Parvenue au pli de l'articulation huméro-cubitale, elle laisse échapper une grosse branche, qui pénétre à travers les muscles et va se dégorger dans la veine humérale; cette anastomose, très-développée, empêche de pouvoir faire gonfler, par la compression, la portion humérale sur laquelle on pratique communément la phlébotomie. Dans son trajet au bord antérieur et interne du bras, la cutanée dont il s'agit ne reçoit que des ramuscules peu importants, et elle est généralement peu prononcée, quoiqu'elle rampe immédiatement sous la peau.

b. La veine *sous-cutanée médiane,* peu considérable et bien moins superficielle que la précédente, s'étend sur le milieu de la face interne de l'avant-bras ; elle naît des veines latérales du canon, par des rameaux circonflexes qui s'élèvent du pli du genou; elle se dirige de bas en haut, et va se réunir à la veine cubitale postérieure.

Un peu au-dessus du genou, elle fournit un gros rameau anastomotique avec la veine sous-cutanée postérieure; toutes les branches qui concourent à la former proviennent des muscles et ont des calibres très-différents.

c. La veine *sous-cutanée postérieure* règne au bord postérieur de la face interne de l'avant-bras, et devient superficielle au fur et à mesure qu'elle s'approche du bras.

Parvenue à la hauteur du coude, elle s'enfonce et va se terminer, soit dans la veine humérale, soit dans le tronc brachial. Cette veine naît des muscles cubitaux postérieurs par des ramuscules profonds, s'anastomose avec la sous-cutanée précédente, et reçoit diverses ramifications musculaires, ainsi que les veines latérales du coude.

Veines qui proviennent des parois du thorax et se terminent dans le tronc brachial.

Ces veines, dont la terminaison varie, sont la *cutanée thoracique*, la *cervico-scapulaire*, la *sterno-musculaire* et la *sus-sternale*.

a. La *cutanée thoracique* (veine de l'éperon), longue et superficielle, est située à la partie inférieure du thorax, en arrière du bras; elle provient de la face inférieure de l'abdomen, se dirige d'arrière en avant, se plonge sous le membre, et se dégorge dans le tronc brachial à côté de la veine humérale. Elle naît des parois de l'abdomen par deux branches, dont une, interne, plus longue, s'anastomose avec les veines des mamelles ou du fourreau; dans sa marche, elle reçoit différentes veines collatérales, dont deux, plus considérables, viennent de la partie du thorax sur laquelle est fixé le membre.

b. La *cervico-scapulaire* (veine scapulaire), dont les ramifications suivent les divisions artérielles, se termine à côté de la veine précédente, et comprend le plus souvent deux à trois veines, qui se dégorgent, l'une à côté de l'autre, dans le tronc brachial.

c. La *sterno-musculaire* (veine thoracique externe) correspond à l'artère du même nom, et se compose de ramifications musculaires, dont le nombre est toujours variable; elle se jette le plus communément dans le tronc brachial, parfois elle se réunit à la jugulaire.

d. La *sus-sternale* (veine thoracique interne) résulte de la réunion successive des ramifications diverses qui accompagnent les divisions de l'artère sus-sternale; elle se jette le plus ordinairement dans le tronc brachial, et quelquefois sa terminaison a lieu dans la veine cave elle-même.

Préposée à rapporter le sang des parois inférieures de l'abdomen et du thorax, la veine sus-sternale reçoit une branche cutanée abdominale, très-développée dans la vache laitière. Au moyen de ses anastomoses multipliées avec les veines superficielles et profondes, elle établit une communication très-remarquable entre les veines caves antérieure et postérieure.

Veines jugulaires.

Les jugulaires sont au nombre de deux, l'une droite et l'autre gauche; elles correspondent aux artères carotides et remplacent les veines jugulaires internes, qui existent chez les autres espèces de quadrupèdes domestiques. Ces deux grosses veines, auxquelles on pratique ordinairement la saignée avec la flamme, sont fort importantes à connaître. Formée par les ramifications qui rapportent le sang de la tête, chaque jugulaire s'étend depuis le niveau du larynx, le long du canal de l'encolure, et va se terminer dans la veine cave antérieure, à côté du tronc brachial. Parfois ces deux veines se réunissent, forment un tronc commun, très-court, et qui se dégorge dans le tronc brachial gauche.

La jugulaire prend son origine au niveau du larynx, et résulte de la réunion de la faciale et de la glosso-faciale; un peu au-dessous elle reçoit les veines thyroïdiennes, en bas de ce dernier embranchement elle s'accole par sa face interne au muscle sous-scapulo-hyoïdien, qui la sépare complétement de l'artère carotide. Arrivée au tiers inférieur de l'encolure, elle quitte ce muscle, et marche au milieu d'un tissu cellulaire abondant qui la lie à l'artère carotide. Vers l'entrée de la poitrine elle s'engage sous la trachée, se continue en arrière et converge pour se terminer comme il a déjà été dit. Du côté de la peau, la jugulaire n'est recouverte que par des faisceaux légers du muscle sous-cutané de l'encolure. Elle reçoit dans son trajet quelques ramifications cutanées et trachéales; proche de sa terminaison, elle donne accès à la cutanée du bras, ainsi qu'à deux ou trois rameaux musculaires.

Veine faciale.

Cette veine, plus considérable que la glosso-faciale, bien moins profonde et beaucoup plus grosse que l'artère qu'elle accompagne, est une continuité de la gutturo-maxillaire, s'étend depuis le condyle maxillaire, à travers la parotide, jusqu'en bas de l'atloïde, où elle forme le principe de la jugulaire.

Parmi les ramifications nombreuses qu'elle reçoit, on distingue les veines suivantes : la *gutturo-maxillaire*, la *temporale*, les *auriculaires*, les *parotidiennes*, la *maxillo-musculaire* et l'*occipitale*.

a. La *gutturo-maxillaire*, grosse veine, très-rameuse, suit les divisions de l'artère du même nom, et provient de la réunion successive des veines *palato-labiale*, *nasale*, *alvéolaire*, *sus-maxillo-dentaire*, *oculaire*, *surcilière*, *temporales profondes*, *maxillo-dentaire*, *cérébrale supérieure*. Ces veines, à l'exception de la dernière, sont compagnes d'artères, portent les mêmes dénominations que ces dernières, offrent les mêmes divisions essentielles, mais elles sont généralement plus multipliées.

La veine *cérébrale supérieure*, vaisseau considérable, provient des sinus supérieurs du cerveau, commence vers la protubérance pariétale, passe dans le conduit pariéto-temporal, et gagne la *gutturo-maxillaire*, derrière l'articulation maxillo-temporale. Le long du conduit précédent, elle reçoit diverses ramifications fournies par le muscle temporo-maxillaire.

b. La *temporale*, veine courte et peu rameuse, est formée par l'embranchement de la *sous-zygomatique* et d'une division de l'*auriculaire antérieure*.

c. Les *auriculaires*, dont le nombre est toujours variable, se distinguent en antérieures et en postérieures, en superficielles et en profondes, et elles ont divers points de terminaison.

d. Les *parotidiennes* comprennent non-seulement les ramifications diverses qui s'élèvent de la parotide pour se dégorger dans la faciale, mais encore quelques divisions fournies par la glande sous-maxillaire.

e. Les *maxillo-musculaires* provenant des muscles zygomato-maxillaire et sphéno-maxillaire s'élèvent du bord postérieur de l'os maxillaire, reçoivent quelques rameaux parotidiens, et se dégorgent dans la faciale.

f. L'*occipitale* comprend les divisions qui répondent et suivent celles de l'artère de ce nom ; elle reçoit 1° les veines *cérébrales postérieures*, ramifications nombreuses, dont les unes viennent des sinus sous-occipitaux, d'autres du plexus choroïde du cervelet, et plusieurs autres du prolongement rachidien ; 2° une branche remarquable, qui suit en bas du crâne l'artère cérébrale antérieure et forme la veine de ce nom ; 3° diverses ramifications musculaires ; 4° enfin les veines méningiennes latérales. La veine occipitale contracte des anastomoses avec les veines cérébrales supérieures, avec la trachélo-occipitale et avec la cervico-musculaire.

Veine glosso-faciale (maxillaire interne).

Cette veine, moins considérable et moins rameuse que la faciale, prend naissance sur le chanfrein par des ramifications cutanées et musculaires, se contourne dans la cavité glossienne, accompagne l'artère glosso-faciale, et se réunit avec la veine faciale vers la partie inférieure de la parotide. Dans son trajet, elle reçoit une multitude de ramifications *cutanées* et *musculaires*, parmi lesquelles on distingue plus particulièrement les veines *linguale*, *sous-linguale, staphyline, pharyngiennes* et *laryngiennes supérieures*.

Veines trachélo-occipitales (vertébrales).

Elles sont au nombre de deux, correspondent aux artères trachélo-occipitales, se distinguent en droite et en gauche, prennent racine vers la première vertèbre de l'encolure et se jettent dans la veine-cave antérieure, proche de la première côte. Chaque veine trachélo - occipitale se compose des mêmes divisions que l'artère trachélo-occipitale, et reçoit conséquemment une multitude de ramifications *rachidiennes* et *musculaires*. Les veines rachidiennes forment sous la moelle épinière un plexus longitudinal et anastomotique, tant avec les veines cérébrales postérieures qu'avec les rachidiennes opposées.

Veines dorso-cervicales.

Ces veines, au nombre de deux, entièrement musculaires, situées l'une à droite et l'autre à gauche, aboutissent à la veine cave antérieure, à côté et à la suite des deux précédentes. Chacune de ces veines résulte de la réunion de la *cervico-musculaire* avec la *dorso-musculaire*, reçoit les premières *intercostales*, rapporte le sang des muscles de l'encolure, du dos et des premières côtes.

Veines sous-dorsales.

Ces veines, situées à la face inférieure de la région dorsale, sont au nombre de quatre, deux droites et deux gauches, et se distinguent de chaque côté en antérieure et en postérieure.

1° La *sous-dorsale droite* et *postérieure*, plus communément sous-lombo-thoracique (veine azygos), la plus longue et la plus considérable des quatre sous-dorsales, est couchée contre le canal thoracique, qui la sépare de l'aorte postérieure; elle tire son origine de la région sous-lombaire par des ramuscules déliés, suit la direction du canal thoracique jusqu'auprès de la base du cœur, où elle se courbe en bas pour gagner la veine cave antérieure; parfois elle se dégorge directement dans l'oreillette droite, à côté de l'embouchure de la veine cave antérieure : dans son trajet, elle reçoit diverses ramifications *musculaires*, *sous-lombaires* et *sous-dorsales*, les veines *intercostales postérieures*, dont douze à treize droites et huit à neuf gauches; en décrivant sa courbure, elle se réunit à la veine *œso-phagienne* et à la veine *bronchique;* assez souvent ces deux dernières ne forment qu'une branche commune, qui se jette dans l'azygos.

2° La *sous-dorsale droite* et *antérieure*, veine courte et fixée contre l'articulation des premières côtes avec les vertèbres dorsales, se dirige d'avant en arrière, et se termine le plus ordinairement dans la veine cave antérieure; elle reçoit les quatre branches intercostales droites, à partir de la première, et se dégorge parfois dans la veine cervico-musculaire.

3° La *sous-dorsale gauche* et *postérieure* correspond à la veine sous-lombo-thoracique, mais elle est bien moins grosse et moins longue; elle est formée par la réunion successive de cinq à six branches intercostales, et se termine de diverses manières; le plus souvent elle se dégorge dans la veine cave antérieure, parfois dans la dorso-cervicale; il n'est pas rare de lui remarquer deux branches terminales, dont une se jette dans l'azygos, et l'autre dans la veine cave antérieure.

4° La *sous-dorsale gauche* et *antérieure* présente la même disposition que la veine sous-dorsale droite, à laquelle elle correspond; elle est seulement un peu moins grosse.

Différences du système de la veine cave antérieure (1).

Dans le *bœuf,* les branches dont la réunion suc-

____

(1) De même que pour les artères, nous n'indiquerons que les

cessive compose la veine cave antérieure sont généralement plus développées, même plus nombreuses que dans les monodactyles.

La *jugulaire* est en quelque sorte double; elle comprend deux branches : l'une, externe, beaucoup plus considérable et correspondant parfaitement à la jugulaire des monodactyles, est une continuité de la veine faciale; la branche ou *jugulaire interne*, moins grosse que la première, suit et accompagne l'artère céphalique, et ne se réunit à la jugulaire externe que vers l'entrée de la cavité thoracique. Elle provient de la veine occipitale, en est une continuité, et elle reçoit les veines *thyroïdiennes* et *laryngiennes*.

La *cutanée thoracique* est moins prononcée et moins grosse que dans les monodactyles, en raison du calibre plus considérable de la cutanée abdominale.

Dans les membres antérieurs des didactyles, on ne remarque qu'une seule veine sous-cutanée, correspondant à la cutanée antérieure des monodactyles. De même que cette dernière, cette veine superficielle rampe sous la peau, et provient de l'arcade sésamoïdienne formée par les veines profondes. Parvenue à la partie inférieure de l'avant-bras, elle se dirige en avant, et monte jusqu'auprès de l'angle scapulo-huméral, où elle se courbe en dedans, pour aller se terminer dans la veine jugulaire externe.

différences les plus importantes, et nous nous bornerons aux animaux didactyles.

Sur la partie inférieure et antérieure de l'avant-bras, la cutanée dont il s'agit reçoit une branche principale qui provient de la face antérieure des onglons, monte sur le canon, le genou, et répond à une semblable veine cutanée du membre postérieur.

b. De la veine cave postérieure.

Cette veine, beaucoup plus longue que la veine cave antérieure, correspond, dans l'ordre de la circulation, à l'aorte postérieure; elle rapporte le sang des membres postérieurs, des parois du bassin et de l'abdomen, s'étend depuis l'entrée de la cavité pelvienne, au côté droit de l'aorte et contre le corps des vertèbres lombaires, passe dans la grande scissure du foie, traverse le diaphragme, d'où elle se dirige vers le cœur et atteint la partie postérieure de l'oreillette droite.

Elle tire son origine à l'entrée du bassin, par deux troncs appelés *pelvi-cruraux*, et distingués en droit et en gauche; dans son trajet jusqu'au delà du diaphragme, elle reçoit successivement les veines *sous-lombaires, testiculaires, rénales, surrénales, sus-hépatiques* et *diaphragmatiques*.

a. Les *sous-lombaires* comprennent six petites branches, disposées régulièrement de chaque côté de la veine cave, et unies aux artères sous-lombaires, qu'elles accompagnent. Chaque veine sous-lombaire provient des muscles fixés à la face inférieure des lombes, reçoit un rameau rachidien, et se jette dans le côté de la veine cave.

b. Les *testiculaires* (utérines dans la femelle) sont au nombre de deux de chaque côté, et se distinguent, comme les artères du même nom, en grande et en petite testiculaire. Ces veines présentent les mêmes divisions que les artères qu'elles accompagnent, et qu'elles surpassent en grosseur : assez souvent elles se ramifient, forment une seule branche qui gagne la veine cave.

c. Les *rénales*, dont une droite et l'autre gauche qui est un peu plus longue, suivent les artères des reins, et se terminent sur les côtes de la face inférieure de la veine cave.

d. Les *surrénales* émanent, tant à droite qu'à gauche, de la substance des capsules surrénales, et se terminent en avant des veines rénales. Parfois, chaque capsule ne fournit qu'une seule veine, et le plus souvent deux à trois branches.

e. Les *sus-hépatiques* comprennent toutes les branches qui sortent de la substance du foie pour se jeter dans la veine cave. Ces veines, dépourvues de valvules, fixent la veine cave dans la grande scissure du foie et y déposent le sang qu'elles rapportent.

f. Les *diaphragmatiques*, au nombre de six grosses branches, dont deux principales de chaque côté, proviennent de la circonférence du diaphragme, convergent vers son centre, et se dégorgent l'un à côté de l'autre, dans la portion de la veine cave qui traverse le muscle.

Du tronc pelvi-crural.

Chaque tronc, disposé régulièrement soit à droite, soit à gauche de l'entrée du bassin, résulte de la réunion de deux autres troncs moins considérables, dont un crural et l'autre pelvien. Dans son court trajet, il reçoit les veines suivantes : 1° une veine musculaire, de moyenne grosseur, et dont les ramifications proviennent dés muscles sous-lombaires et iliaco-trokantinien ; 2° la *circonflexe de l'ilium*, composée souvent de deux branches, et dont les divisions correspondent à l'artère du même nom ; 3° enfin une petite veine impaire, qui vient de la surface inférieure du sacrum, et qui se remarque plus particulièrement dans l'âne et le mulet.

Du tronc crural.

Ce tronc, très-rameux, accompagne l'artère du même nom et se partage, comme elle, en deux portions, l'une *fémorale* et l'autre *iliaque*.

Portion fémorale du tronc crural.

Elle commence au pli de l'articulation tibio-fémorale, suit le trajet de l'artère, et reçoit des ramifications, compagnes de celles de l'artère ; elle prend naissance au sabot, et de la même manière que la veine brachiale ; en remontant le long du membre, elle offre deux ordres de divisions, les unes profondes et les autres superficielles.

Considérées au pied, au paturon et au canon, toutes ces ramifications veineuses présentent absolument la même disposition que dans le membre antérieur; il doit conséquemment suffire ici d'examiner les veines de la jambe et de la cuisse.

1° Veines profondes de la jambe.

Ces veines suivent la direction des artères, leur sont unies, et se distinguent, comme elles, en *antérieure* et en *postérieure*.

a. La *tibiale antérieure* comprenant presque partout deux branches pour une seule artère, elle est une continuité de la grande latérale du canon, se contourne sur le côté externe de l'extrémité supérieure du canon, par-dessus les tendons, et monte avec l'artère jusqu'à la partie supérieure de la jambe; parvenue à cette dernière hauteur, elle se contourne, passe dans l'anneau situé entre le tibia et son péroné, et va se réunir à la veine tibiale postérieure. Parmi les rameaux musculaires qu'elle reçoit, on doit remarquer vers l'anneau deux principales branches, dont une descend de la rotule, et l'autre provient des muscles.

b. La *tibiale postérieure* naît de la petite latérale du canon, reste accolée à l'artère du même nom, et se réunit supérieurement avec la veine précédente; parmi ses branches, on compte 1° diverses divisions *musculaires*, dont le nombre est toujours variable; 2° la veine médullaire du tibia; 3° la veine péronière, dont les ramifications accompagnent celles de l'artère du même nom.

2° Veines profondes de la cuisse.

Ces veines, très-multipliées et d'un calibre différent, se jettent toutes dans la portion fémorale
qui suit l'artère du même nom.

Parmi ces ramifications veineuses, on distingue
1° les *articulaires poplitées;* 2° divers rameaux
articulaires et *musculaires,* qui proviennent du
pourtour de la rotule ; 3° les petites *musculaires* de
la cuisse, veines généralement anastomotiques et
plus ou moins nombreuses ; 4° les *trokantériennes*
et *trokantiniennes* émanant du pourtour des éminences, dont elles tirent leur dénomination ; 5° la
médullaire du fémur; 6° la cutanée de la jambe ;
7° la *grande musculaire* de la cuisse. Cette dernière, la plus considérable, reçoit des branches
fournies par les mamelles et les organes génitaux ,
qui sont fixés sous le bassin.

Des veines superficielles du membre postérieur.

Elles offrent la même disposition générale que
dans le membre de devant, occupent plus particulièrement la face interne de la jambe, et sont au
nombre de trois principales, l'une *antérieure*, l'autre *médiane*, et la troisième *postérieure*.

a. La *sous-cutanée antérieure* (la veine saphène),
la plus longue, la plus considérable et en même
temps la plus apparente, provient, comme la veine
céphalique, de l'arcade sésamoïdienne , règne le
long de la face interne du canon, et passe au côté

interne du pli du jarret, où elle est parfois variqueuse. En montant le long de la jambe, elle se dirige un peu obliquement d'avant en arrière, s'étend sur le milieu du plat de la cuisse, jusque contre l'ars, où elle se plonge entre les muscles, et va se terminer dans la portion fémorale du tronc crural.

Située immédiatement sous la peau, cette veine reçoit diverses ramifications cutanées et musculaires, dont le nombre et le diamètre varient considérablement. Le long du canon, elle sert de décharge à divers rameaux provenant de la peau et de la périphérie des tendons; au pli du jarret, on distingue plusieurs ramuscules articulaires, ainsi qu'un gros rameau très-remarquable et anastomotique avec la veine tibiale antérieure : ce rameau, très-court et circonflexe, est situé par-dessous les tendons, et établit une communication particulière avec les veines profondes. Le long de la jambe, la même veine reçoit deux ou trois ramifications *cutanées* et plusieurs *musculaires*. En s'enfonçant dans l'ars, elle se réunit à plusieurs grosses branches, dont une provient de la surface interne des mamelles et du clitoris (du scrotum et du pénis dans le mâle); une ou deux autres branches sont fournies par les veines des muscles environnants.

b. La *sous-cutanée médiane*, beaucoup plus petite que la précédente, se remarque au côté interne des tendons calcaniens, monte jusqu'à la partie supérieure de la jambe, et se réunit à la veine précédente. Ses racines primitives proviennent de la partie postérieure du jarret, et ses ramifications, peu développées, sont *cutanées* et *musculaires.*

c. La *sous-cutanée postérieure,* veine considérable dans le chien, mais peu développée dans les monodactyles, règne à la face postérieure et interne de la jambe, et se jette supérieurement dans la veine fémorale; elle prend naissance sur la surface externe du jarret, se contourne sur les tendons calcaniens, monte au côté interne de la jambe, et reçoit divers rameaux musculaires et cutanés.

Portion iliaque du tronc crural.

Cette veine, fixée à l'entrée de la cavité pelvienne, contre l'artère crurale, à laquelle elle correspond, forme la continuité de la veine fémorale, et donne accès aux veines suivantes.

a. L'*inguinale,* assez considérable, et dont les racines émanent du pourtour de l'aine et de ses ganglions, atteint la veine précédente à son entrée dans l'abdomen : elle s'embranche 1° avec une grosse veine musculaire, provenant de la face antérieure de la cuisse; 2° avec la cutanée abdominale, veine importante et très-remarquable, surtout dans le bœuf et plus encore dans la vache laitière.

Cette veine *cutanée abdominale* rampe sous la peau des parois inférieures de l'abdomen, commence au cercle cartilagineux des côtes, se dirige d'avant en arrière, et s'approche insensiblement de la ligne médiane de ces mêmes parois ; parvenue vers l'aine, elle s'enfonce entre les cuisses et va gagner la veine inguinale. Parfois elle se réunit avec la veine sus-pubienne, et donne quelquefois une branche à la sous-pelvienne. Du côté du cercle cartilagineux, elle présente deux branches, l'une externe et supérieure, l'autre interne et inférieure : la première naît par divers rameaux cutanés, dont quelques-uns s'anastomosent avec la sous-cutanée du thorax ; l'autre branche s'enfonce sous le cercle cartilagineux, et va se réunir à une principale division de la veine sus-sternale. Considérée entre les cuisses, la cutanée abdominale rampe sur le côté des mamelles ou du scrotum et se dégorge, partie dans l'inguinale et partie dans la sous-pelvienne. Dans le reste de sa longueur, elle reçoit divers rameaux musculaires et cutanés.

Par ses différentes réunions, la veine cutanée abdominale établit des communications libres entre les veines caves antérieure et postérieure.

b. La *sus-pubienne*, bien moins grosse que l'inguinale, correspond à l'artère du même nom, offre les mêmes divisions essentielles, et se dégorge à côté de la veine précédente.

c. Les *iliaco-musculaires* comprennent deux ou trois grosses branches, qui sont fournies par les muscles fixés à l'entrée de la cavité pelvienne et se terminent l'une à la suite de l'autre.

d. La *sous-pelvienne*, veine considérable, suit l'artère du même nom, et prend naissance dans les muscles attachés sous le bassin (1).

____

(1) Comme ces trois dernières veines sont très-profondes et peu

Du tronc pelvien.

Ce tronc, court et fixé sur le côté de la cavité pelvienne, est formé par les veines qui proviennent soit des muscles poplités de la cuisse, soit de la peau, ainsi que des organes urinaires et génitaux contenus dans le bassin. Ces diverses ramifications composent deux branches principales, qui forment le sommet du tronc et constituent les veines *sous-sacrée* et *ischiatique*.

Veine sous-sacrée.

Elle accompagne l'artère sous-sacrée, prend naissance dans la queue, se dirige d'arrière en avant au côté de la face inférieure du sacrum, aboutit au tronc pelvien, et se réunit quelquefois avec la veine ischiale. Les principales ramifications qui se rendent dans la veine sous-sacrée sont, 1° les veines *coccygiennes*, qui comprennent deux à trois petites branches compagnes d'artères; 2° une veine *fémoro-poplitée*, compagne de l'artère du même nom; 3° deux ou trois rameaux *périnéaux*, émanant du pourtour de l'anus; 4° cinq à six rameaux rachidiens, qui sortent par les troncs sous-sacrés; 5° enfin quelques ramuscules adipeux, qui sont peu importants, et dont le nombre varie toujours.

Veine ischiatique.

Beaucoup plus considérable que la précédente et

importantes sous le rapport de la chirurgie, nous nous bornons à les indiquer.

fixée contre le ligament sacro-ischiatique, elle reçoit une multitude de ramifications, dont les unes viennent des viscères situés dans le bassin, tandis que les autres, plus grosses, montent et proviennent des muscles sous-pelviens.

Dans le premier ordre, on doit ranger les veines *périnéales*, la *bulbeuse* (vulvale dans la femelle), les *vésico-prostatiques* (vaginales dans la femelle), les *vésicales*. Toutes ces veines suivent les artères dont elles empruntent les dénominations, et forment, par leurs réunions successives, deux ou trois branches, qui aboutissent dans la veine ischiatique.

La deuxième série comprend cinq à six branches *musculaires*, qui proviennent des muscles poplités et croupiens, et que l'on appelle les veines *fessières*.

Différences des veines dépendantes de la veine cave postérieure.

Considéré dans les didactyles, le système de la veine cave postérieure offre, de même que celui de la veine cave antérieure, des différences nombreuses, plus particulièrement subordonnées à la disposition des veines superficielles du membre postérieur et des parois abdominales.

1° Chaque membre postérieur comprend, comme dans les monodactyles, trois principales veines superficielles, longues et de calibre à peu près égal.

a. La première, correspondant à la *sous-cutanée*

antérieure du cheval, règne sur le côté externe de la face antérieure du canon : cette veine est formée par deux branches, dont une prend naissance à la face pré-phalangienne des onglons; l'autre naît du boulet, provient du pourtour des grands sésamoïdes, et se contourne sur le côté externe, pour se réunir à la première branche. Après cette réunion, la sous-cutanée monte sur le côté externe du canon et du pli du jarret; parvenue à la partie inférieure de la jambe, elle se partage en deux branches, dont la plus petite gagne la veine profonde tibiale antérieure, tandis que la plus grosse de ces deux branches se contourne en arrière, et va se réunir à la veine sous-cutanée postérieure.

b. La deuxième veine superficielle, ou la *sous-cutanée médiane*, tire son origine de deux principaux rameaux, dont l'un est fourni par la veine sous-cutanée postérieure, et l'autre provient de la face interne du jarret : elle rampe sur les muscles tibiaux postérieurs, se continue jusqu'au milieu de la cuisse, où elle se contourne en dedans, et va se jeter dans la veine fémorale.

c. La dernière veine superficielle, la *sous-cutanée postérieure*, naît, par une branche particulière, de l'arcade que forment les veines plantaires à la face postérieure du canon et proche du jarret : elle passe sur le côté externe de la base du calcanéum, se continue dans l'enfoncement placé entre les tendons calcaniens et le tibia. Parvenue à la partie inférieure de la jambe, elle se contourne sur le bord postérieur des tendons calcaniens, monte entre les muscles ischio-tibiaux et va se terminer dans la grande musculaire de la cuisse.

Il est important de remarquer que, dans le *chien*, les veines superficielles du membre postérieur offrent la même disposition essentielle que dans les didactyles ; mais la sous-cutanée postérieure est la plus considérable.

2° Chez les ruminants, les veines superficielles des parois inférieures de l'abdomen sont plus grosses que dans les monodactyles. La *sous-cutanée abdominale,* veine considérable, surtout dans les vaches laitières, est remarquable par la branche anastomotique qu'elle fournit avec la veine sus-sternale. Cette branche, très-grosse, passe par une ouverture particulière, se dirige obliquement d'arrière en avant, gagne le côté du prolongement abdominal du sternum, où elle atteint la veine sus-sternale.

Avant de terminer les différences sur les veines qui composent le système de la veine cave postérieure des didactyles, nous ferons remarquer que, dans ces animaux, cette veine cave postérieure a des communications nombreuses, très-grandes avec la veine cave antérieure. Ces communications ou anastomoses, plus développées, plus considérables que dans les monodactyles, offrent au sang des routes libres et multipliées pour aborder au cœur, et ces différentes routes veineuses peuvent présenter des considérations utiles dans la pratique.

§ IV. *Des lymphatiques.*

Les lymphatiques naissent des surfaces et des diverses cavités du corps par des radicules ou suçoirs inhalants : dans leur trajet, ils se réunissent de proche en proche, forment divers faisceaux et plexus, traversent différents ganglions, et se terminent par deux canaux, qui se dégorgent dans les grosses veines proche du cœur. Ces vaisseaux, dont la circulation se fait lentement, rapportent de la circonférence les sucs chyleux, pompent une partie des fluides répandus ou perspirés sur les surfaces où ils prennent naissance, et ils transmetten ces humeurs dans les veines.

A. Du canal thoracique.

Ce tronc lymphatique, le plus gros, le plus étendu, le plus remarquable, et dans lequel se rend la majeure partie des lymphatiques du corps, se trouve couché dans la cavité thoracique, au côté droit des vertèbres du dos, entre l'aorte et la veine sous-lombo-thoracique ; il reçoit les lymphatiques des membres postérieurs, du bassin, des parois et des viscères de l'abdomen, des parois et des organes thoraciques, de la tête, de l'encolure, du garrot, et du membre antérieur gauche.

Il prend naissance dans la région sous-lombaire, provient d'une dilatation ou sinus de forme et de grandeur très-variables, situé autour de la grande mésentérique, et appelé le *réservoir sous-lombaire;*

il se dirige d'arrière en avant, pénètre dans la cavité thoracique par l'ouverture aortique du diaphragme, s'étend le long du corps des vertèbres dorsales jusqu'au niveau de la base du cœur, où il se courbe en bas pour se porter du côté gauche et gagner l'entrée de la cavité thoracique. En s'éloignant des vertèbres du dos, il passe sur la trachée et l'œsophage; parvenu du côté gauche, il se continue en avant jusqu'au sommet de la veine cave antérieure, et se termine contre le milieu du bord antérieur de la première côte gauche, dans la base du tronc veineux brachial gauche : assez souvent il se dégorge dans le tronc brachial droit, quelquefois même dans le sommet de la veine cave antérieure. A sa terminaison dans la veine brachiale, il forme une dilatation ou sinus, dont l'embouchure dans la veine présente une grande valvule, disposée de manière à empêcher le reflux du sang dans le canal (1); il offre aussi une petite enveloppe ligamenteuse qui le bride et le tient fixé à la veine, dans laquelle il se dégorge.

Ce canal a un calibre peu uniforme; il est étroit dans quelques parties, et variqueux dans d'autres points : assez souvent il fournit, dans une partie de son étendue, une et même plusieurs branches plus ou moins grosses, qui restent séparées, ou bien se réunissent après un certain trajet.

(1) Malgré cette valvule, le sang reflue souvent dans le canal ; c'est ce que l'on observe dans tous les animaux qui périssent de mort violente, ou qui font de grands efforts et éprouvent de vives agitations en mourant.

B. Du réservoir sous-lombaire.

Ce réservoir, que l'on appelle aussi la *citerne lombaire*, sert de confluent général aux lymphatiques des membres et de l'abdomen, et donne naissance au canal thoracique. Il est maintenu entre l'aorte et la veine cave postérieure, résulte de la réunion de cinq à six grosses branches lymphatiques, dont deux ou trois proviennent de l'entrée de la cavité pelvienne, deux ou trois autres s'élèvent du mésentère ; une seule vient des environs du foie et de l'estomac.

Ramifications lymphatiques qui se dégorgent dans la portion abdominale du canal thoracique.

1° Vaisseaux lymphatiques des membres postérieurs.

Les vaisseaux de ces parties se distinguent en superficiels et en profonds. Les premiers proviennent particulièrement de la peau et du tissu lamineux sous-cutané. Ils forment divers rameaux qui suivent le trajet des veines superficielles ; les plus remarquables de ces rameaux lymphatiques accompagnent la veine sous-cutanée antérieure, ont entre eux de nombreuses communications, et forment un réseau très-anastomotique. Tous ces vaisseaux lymphatiques se jettent dans les ganglions inguinaux sous-cutanés, qui sont situés à la partie supérieure et antérieure de la cuisse.

Les lymphatiques profonds prennent naissance au

sabot, montent avec les veines latérales, se continuent entre les muscles, en suivant les veines profondes, forment autant de divisions principales qu'il
y a de veines, et gagnent les ganglions inguinaux.

Tous les lymphatiques du membre postérieur
abordent à ces derniers ganglions, composent ensuite un plexus, d'où partent plusieurs gros rameaux qui traversent les ganglions iliaques, fixés
au pourtour des vaisseaux iliaques, et ils se dégorgent dans la branche pelvienne du réservoir lymphatique.

2° Vaisseaux lymphatiques du bassin.

Les lymphatiques du bassin se rendent partie
dans les ganglions inguinaux, et l'autre partie dans
les ganglions pelviens. Les superficiels du pourtour
du pubis et du dessous du bassin vont joindre les
lymphatiques du membre; ceux du périnée et de
l'anus se rendent dans la cavité pelvienne; les mêmes lymphatiques de la croupe et de la queue joi-
gnent les précédents, se jettent comme eux dans les
ganglions de l'intérieur du bassin. Tous les lymphatiques profonds suivent les veines, gagnent les
ganglions de la cavité du bassin, s'unissent aux premiers vaisseaux, et vont se dégorger dans la branche pelvienne, où la lymphe se mêle avec celle qui
a traversé les ganglions inguinaux.

Les lymphatiques des organes urinaires et génitaux, contenus dans la cavité pelvienne, traversent
aussi les ganglions situés dans cette cavité et s'u-
nissent à ceux des parois du bassin.

Ceux du scrotum se plongent dans les ganglions inguinaux, qui reçoivent aussi les lymphatiques du fourreau et du pénis. Les ramifications qui proviennent du testicule et du cordon spermatique suivent les veines et gagnent un ou deux des ganglions sous-lombaires situés à l'entrée de la cavité pelvienne. Les lymphatiques des mamelles, que l'on distingue aussi en superficiels et en profonds, se rendent dans les ganglions inguinaux, et s'anastomosent avec les superficiels des parois inférieures de l'abdomen ; mais, avant d'atteindre ces derniers ganglions, ils traversent d'abord ceux des mamelles.

3° Vaisseaux lymphatiques des parois de l'abdomen.

Ces vaisseaux, généralement peu développés, se rendent en plus grande partie dans les ganglions inguinaux. Les superficiels des parois inférieures suivent la veine cutanée, s'anastomosent avec les lymphatiques du scrotum ou des mamelles, et traversent les ganglions placés dans l'aine : quelques-uns de ces vaisseaux superficiels se dirigent en avant avec la veine cutanée thoracique, s'unissent avec les lymphatiques sous-cutanés du thorax, et vont joindre les ganglions des ars. Les profonds de cette même partie suivent la veine sus-pubienne et vont dans les ganglions inguinaux, ou bien ils accompagnent la veine sus-sternale, et se rendent dans les ganglions qui sont à l'entrée de la cavité thoracique.

Les lymphatiques superficiels ou sous-cutanés des lombes s'unissent avec ceux de la croupe, ou avec ceux des flancs : les profonds, qui émanent du péritoine, des muscles et du canal rachidien, se rendent dans l'un des ganglions sous-lombaires, et vont se jeter dans la branche pelvienne.

Parmi les lymphatiques de la surface abdominale du diaphragme, ceux qui s'élèvent du péritoine et du tissu musculeux atteignent presque tous la branche hépatique; quelques autres suivent les veines diaphragmatiques, et s'embranchent avec ceux de la face thoracique de cette cloison musculeuse.

4° Vaisseaux lymphatiques du mésentère.

Les branches mésentériques, ordinairement au nombre de deux à trois, dont la plus considérable est toujours unie à l'artère grande mésentérique, reçoivent tous les lymphatiques qui sortent des ganglions mésentériques et proviennent de l'intestin et du mésentère.

Très-multipliés, les lymphatiques mésentériques forment des réseaux vasculaires soutenus entre les deux lames du mésentère; plusieurs émanent de la surface perspirable du mésentère et du tube intestinal; d'autres s'élèvent de la cavité de l'intestin, où ils prennent le chyle. Tous ces vaisseaux convergent vers le réservoir lymphatique et rampent autour des veines mésentériques; quelques-uns vont isolément, et sont plus ou moins écartés des vaisseaux sanguins; parvenus vers la base du mésentère, ils traversent un ou deux, et quelquefois trois des ganglions mésentériques, puis se rendent dans les branches sous-lombaires ; plusieurs de ces vaisseaux franchissent les ganglions et gagnent plus ou moins directement le réservoir. Les lymphatiques du cæcum et de la portion cæco-gastrique du colon aboutissent aux ganglions situés de distance en distance sur la longueur de ces intestins.

5° Vaisseaux lymphatiques du foie, de l'estomac, de la rate et de l'épiploon.

La branche ou le tronc hépatique comprend les lymphatiques qui émanent du foie, de l'estomac, de la rate, de l'épiploon : cette ramification du réservoir sous-lombaire présente assez souvent deux divisions, reçoit, outre les lymphatiques des parties ci-dessus, beaucoup de rameaux fournis par les piliers du diaphragme.

a. Les lymphatiques du foie, très-nombreux, se distinguent en superficiels et en profonds. Les premiers tirent leur origine plus particulièrement de la face perspirable du foie, rampent sous la tunique du viscère, et y forment un plexus à mailles très-serrées. Ceux de la face antérieure produisent par leurs embranchements un ou deux gros rameaux, qui traversent le diaphragme, pénétrent dans la cavité thoracique, s'unissent avec les lymphatiques du centre aponévrotique du diaphragme et vont gagner la partie antérieure du canal thoracique ; tandis que les lymphatiques de la face postérieure se rendent dans les ganglions situés au pourtour de la grande scissure du foie et s'anastomosent avec les profonds.

Les hépatiques profonds naissent du parenchyme du foie, rampent autour des divisions de l'artère hépatique et de la veine sous-hépatique; ils s'élèvent de l'intérieur de l'organe par la grande scissure, gagnent les ganglions précédents, d'où ils se rendent, avec les superficiels, dans la branche hépatique.

b. Les lymphatiques de l'estomac, dont les uns, superficiels, naissent de la surface externe du ventricule, et les autres profonds viennent de sa cavité, suivent les veines, et se distinguent en supérieurs et en inférieurs. Les premiers suivent la direction de la petite courbure, traversent les ganglions situés dans cette région et vont se réunir aux vaisseaux du foie; les seconds s'élèvent par la grande courbure, se rendent dans les ganglions situés le long de la scissure de la rate, s'anastomosent avec les lymphatiques de l'épiploon et de la rate, et vont grossir la branche hépatique.

c. Quant aux lymphatiques de la rate, les superficiels proviennent, comme ceux du foie, de la périphérie de l'organe et forment des mailles serrées; les profonds émanent de l'intérieur, et contractent avec les premiers de nombreuses anastomoses. Le long de la scissure de la rate, ces vaisseaux se réunissent, forment de gros rameaux qui suivent le trajet des veines spléniques, et s'anastomosent avec les lymphatiques de la grande courbure de l'estomac; les uns et les autres vont aboutir vers la grande scissure du foie et se jettent dans la branche hépatique.

d. Les lymphatiques de l'épiploon suivent les divisions veineuses, vont se réunir avec ceux de la grande courbure de l'estomac, ou bien avec les superficiels de l'extrémité de la portion gastro-cæcale du colon ; ceux du pourtour du pylore s'anastomosent avec les pancréatiques et se portent avec eux dans la branche hépatique.

e. Les lymphatiques du pancréas suivent aussi le trajet des veines de cet organe, et s'anastomosent ou avec les hépatiques ou avec les spléniques ; quelques-uns se dégorgent directement dans la branche commune.

D'après les recherches anatomiques de M. le docteur Lippi, professeur à Florence, les lymphatiques qui convergent vers la région sous-lombaire ne se rendent pas tous au canal thoracique ; plusieurs de ces vaisseaux aboutissent directement au bassinet des reins, d'autres s'ouvrent dans les veines splénique et mésaraïque, et quelques autres se terminent dans des branches de la veine cave postérieure. Ces communications importantes et sur lesquelles les anatomistes paraissent être d'accord prouvent que les sucs chyleux et lymphatiques ne sont pas entièrement transmis dans le canal thoracique, mais qu'une partie va directement dans les veines et dans le bassinet des reins.

Ramifications qui aboutissent dans la portion thoracique du grand tronc commun.

Cette dernière partie du canal thoracique reçoit

tous les lymphatiques qui sortent des ganglions sous-dorsaux, bronchiques et cardiaques ; elle donne aussi accès aux lymphatiques qui émanent des ganglions de l'ars gauche, ou qui proviennent des ganglions sous-linguaux et gutturaux. Dans cette série nombreuse, on doit comprendre les lymphatiques des parois du thorax, des organes thoraciques de la tête, de l'encolure et du membre antérieur gauche.

1° Vaisseaux lymphatiques des parois du thorax.

Les superficiels du thorax s'élèvent ou de la peau, ou bien des muscles sous-cutanés ; ils forment plusieurs gros rameaux qui suivent la veine sous-cutanée thoracique, se réunissent avec les lymphatiques superficiels antérieurs des parois abdominales et vont se rendre dans les ganglions des ars.

Les lymphatiques profonds des parois du thorax affectent plusieurs directions et se jettent dans différents ganglions. Les sus-sternaux, qui s'anastomosent avec des ramifications abdominales, suivent la veine sus-sternale, et gagnent un ou deux ganglions situés à l'entrée de la cavité thoracique. Les intercostaux, qui naissent de la plèvre et des muscles intercostaux, accompagnent les veines intercostales, traversent les ganglions sous-dorsaux, et ils abordent, par plusieurs rameaux, dans le canal thoracique. Les lymphatiques de la partie charnue du diaphragme se réunissent, les uns avec les intercostaux postérieurs, les autres avec les sus-sternaux ; ceux des piliers de cette cloison musculaire convergent vers les ganglions sous-dorsaux, où ils s'anastomosent avec les inter-costaux ; ceux du centre aponévrotique s'unissent, comme il a été dit, avec les sus-hépatiques, se dirigent en avant entre les lames du médiastin jusqu'auprès du cœur, et ils se jettent dans les ganglions cardiaques.

2º Vaisseaux lymphatiques des viscères thoraciques.

Les lymphatiques des divers organes contenus dans la cavité thoracique traversent un ou plusieurs des ganglions bronchiques ou cardiaques, forment ensuite différentes branches, qui se dégorgent dans le canal thoracique. Les pulmonaires, très-multipliés, sont distingués en superficiels et en profonds : les premiers naissent de la surface des poumons, rampent sous la tunique qui enveloppe ces viscères, et ils aboutissent à un ou à plusieurs des ganglions bronchiques. Les profonds, qui proviennent des cellules pulmonaires et des aréoles du tissu parenchymateux, suivent les divisions des veines pulmonaires, gagnent la base des bronches, se réunissent avec les superficiels, et traversent un ou deux ganglions bronchiques.

Les cardiaques tirent leur origine, soit des surfaces tant extérieure qu'intérieure du cœur, soit du tissu musculeux de cet organe ; ils montent vers la courbure de l'aorte et se terminent dans les ganglions cardiaques.

Les lymphatiques de la partie supérieure du médiastin et de l'œsophage se réunissent soit avec les intercostaux, soit avec les bronchiques ; ceux de la partie antérieure de cette même cloison, ainsi que du thymus, de la trachée et de l'œsophage, s'embranchent ou avec les sus-sternaux, ou bien avec les cardiaques et les intercostaux antérieurs.

3° Vaisseaux lymphatiques de la tête.

Les lymphatiques de la tête forment deux plans, l'un superficiel et l'autre profond. Les superficiels suivent les divisions des veines sous-cutanées, se rendent partie dans les ganglions sous-linguaux, partie dans les ganglions gutturaux. Les profonds, qui proviennent des narines, des sinus, de la bouche, du palais, etc., vont aussi se plonger dans les ganglions sous-linguaux et gutturaux, où ils s'anastomosent avec les superficiels. De ces deux groupes de ganglions, auxquels aboutissent les lymphatiques de la tête, partent plusieurs gros rameaux, dont deux ou trois descendent sur la face antérieure de la trachée ; d'autres suivent les veines sous-cutanées et profondes s'unissent avec ceux de l'encolure, et gagnent ainsi l'entrée de la cavité thoracique. Tous ces vaisseaux se terminent, en plus grande partie, dans le canal thoracique ; quelques-uns du côté droit se dégorgent dans le canal brachial droit.

4° Vaisseaux lymphatiques du membre antérieur gauche.

Les lymphatiques du membre antérieur gauche offrent la même disposition que ceux des membres postérieurs, et se distinguent en superficiels et en profonds. Les premiers, qui constituent des ramifications diverses, suivent les veines superficielles ; les plus considérables forment un plexus qui accompagne la veine cutanée du membre. Les profonds proviennent du sabot, des muscles et des os ; ils suivent les divisions des veines profondes, montent avec elles, et se plongent dans les ganglions de l'ars, où ils se réunissent avec les premiers, et d'où ils se jettent dans le canal thoracique.

Du tronc lymphatique droit.

Ce canal lymphatique, très-court, est situé obliquement à l'entrée du thorax, sur l'apophyse trachélienne de la dernière vertèbre du cou ; il s'étend de haut en bas et de dehors en dedans, se termine le plus souvent dans la veine brachiale droite ; parfois il se réunit au canal thoracique, d'autres fois il se dégorge tout à côté de ce dernier conduit.

Ce petit tronc est formé par la réunion des lymphatiques qui sortent des ganglions de l'ars droit ; il reçoit aussi quelques lymphatiques droits des poumons, de l'encolure et de la trachée.

Actions générales des organes circulatoires.

L'appareil organique, dont la description précède, sert à la production d'une foule d'actes variés, qui président à l'entretien de la circulation, de l'absorption, des sécrétions et de la nutrition.

La circulation, fonction vitale dont le but est

d'entretenir les liqueurs dans un mouvement continuel, de les élaborer et de les rendre propres à la réparation des pertes, s'exécute par le concours des actions harmoniques du cœur, des artères, des veines et des lymphatiques : elle se développe dès l'animation du germe et persiste jusqu'à la mort; après la naissance, elle se lie, s'associe avec la respiration d'une manière tellement intime, que ces deux fonctions ne peuvent plus exister l'une sans l'autre, et qu'il est difficile de les considérer isolément.

D'après Guillaume Harvey, l'immortel auteur de la découverte du mécanisme de cette importante fonction, la plupart des auteurs ont reconnu deux circulations, l'une grande ou corporelle, l'autre petite ou pulmonaire. Cette distinction, plutôt propre à faire connaître le mode de progression des liqueurs qu'à donner des idées sur les usages directs des vaisseaux, et sur les altérations qu'éprouvent les fluides soumis à l'action des organes circulatoires, n'est plus admise aujourd'hui que par un petit nombre d'anatomistes : la plupart reconnaissent, à l'exemple de Bichat, trois sortes de circulations, celle du sang rouge, celle du sang noir, enfin les circulations capillaires, qui sont intermédiaires aux deux premières. Pour faciliter le développement des différents actes dont se compose la fonction en général, et faire ressortir ce qu'a d'utile chacune des divisions d'Harvey et de Bichat, il convient d'examiner le cours des liqueurs, successivement dans le cœur et dans les différents vaisseaux.

Cours du sang dans le cœur.

La circulation qui a lieu dans le cœur et dont l'office principal consiste à faire passer le sang des veines dans les artères est opérée, entretenue par la contraction et le relâchement combinés des diverses cavités qu'offre l'intérieur de ce viscère. Avant d'exposer l'ordre des phénomènes qui s'y passent, il importe de rappeler que le cœur a été considéré comme étant un organe double, dont les deux parties, adossées l'une contre l'autre et séparées par une cloison assez épaisse, remplissent chacune leur office, comme si elles étaient isolées (1). Ainsi l'oreillette droite et le ventricule ne reçoivent jamais que du sang noir, tandis que les deux cavités gauches sont destinées à la circulation du sang rouge.

Les veines, comme nous l'avons déjà fait connaître, servent à rapporter de la circonférence au centre le sang qui n'a pu servir aux sécrétions ; elles charrient aussi la plus grande partie des fluides absorbés à toutes les surfaces et dans les différentes cavités du corps. Ce sang, dont la couleur rouge a disparu pour faire place à une teinte noirâtre plus ou moins foncée suivant les vaisseaux, est versé dans l'oreillette droite par le moyen des veines

(1) Cette idée de considérer le cœur comme formé de deux parties tout à fait différentes par leurs usages est très-fondée, puisque dans beaucoup d'animaux il n'y a que deux cavités, un ventricule et une oreillette.

caves, cardiaque , sous-dorsales , etc., auxquelles viennent aboutir toutes les veines du corps : l'oreillette droite le projette dans le ventricule du même côté. Le fluide est ensuite transmis dans l'artère pulmonaire, qui le distribue dans les poumons, où il subit différentes élaborations, et où il est transformé de sang noir en sang rouge par l'addition de certains principes et par la soustraction de quelques autres. Ce fluide , tout à fait différent alors de ce qu'il était à son arrivée dans les poumons, passe dans les veines pulmonaires ; celles-ci le déchargent dans l'oreillette gauche , d'où il est transporté dans le ventricule gauche. Enfin cette dernière cavité, à parois beaucoup plus épaisses que toutes les autres, pousse énergiquement la colonne sanguine dans l'aorte, qui disperse le liquide dans toutes les parties du corps.

Telle est la manière dont se fait la circulation du sang rouge et du sang noir. Le cours du sang rouge commence aux radicules des veines pulmonaires et se termine aux capillaires des divisions aortiques ; la deuxième circulation commence aux radicules des veines caves , et se termine à l'extrémité des capillaires de l'artère pulmonaire, là où prend naissance la circulation du sang rouge. Considérons maintenant la manière dont se fait cette transmission du sang des oreillettes dans les ventricules, et de ceux-ci dans les artères ; en un mot, comment s'exécutent les mouvements du cœur.

Le sang, déposé d'abord par les veines caves dans l'oreillette droite du cœur, dilate les parois de ce

réservoir, les stimule plus ou moins suivant sa nature et sa quantité, et en sollicite la contraction.
Cette dilatation, puissamment excitée par la présence du fluide, est en partie spontanée, toujours
précédente à l'abord du fluide, et elle subsiste
même quelque temps après la mort. Étant distendue et irritée, l'oreillette se resserre, agit énergiquement sur la masse sanguine et la force à s'é-
chapper par où elle éprouve moins de résistance.
La plus grande partie de cette masse parvient dans
le ventricule droit; une très-petite portion reflue
dans les veines caves, à cause de l'abord continuel
de nouveaux fluides, et une certaine quantité reste
dans l'oreillette, qui ne se vide jamais complète-
ment. Arrivé dans le ventricule droit, dont la dilatation est due aux mêmes circonstances, le sang
détermine sur ses parois le même effet que sur celles
de l'oreillette; le fluide, pressé énergiquement dans
cette nouvelle cavité, s'engouffre sous les valvules
auriculo-ventriculaires, les soulève, les applique
les unes contre les autres, et s'échappe en presque
totalité par l'artère pulmonaire : une très-faible
portion reflue dans l'oreillette, il en reste également
une certaine quantité dans la cavité ventriculaire.
A l'instant où le ventricule cesse de se contracter,
le sang tend à rentrer dans son intérieur, il doit
même en retomber une petite partie ; mais les valvules artérielles, abaissées par l'effort même de la
colonne sanguine, s'opposent à son retour dans le
cœur; elles forcent le fluide à prendre son cours
vers les poumons, d'où il est ramené au cœur par les

veines pulmonaires , et il circule de nouveau dans les cavités gauches de la même manière qu'il a parcouru les cavités droites.

On voit, d'après ce qui précède, que le sang qui parvient de toutes les parties du corps, par le moyen des veines caves, à l'oreillette droite, et des veines pulmonaires à l'oreillette gauche , excite et entretient continuellement les mouvements du cœur ; mais l'action des oreillettes et des ventricules ne s'exécute pas dans un ordre successif et tel que nous l'avons présenté. Les deux ventricules se contractent ensemble, et leur resserrement a lieu pendant le relâchement des deux oreillettes , dont les mouvements sont isochrones de l'une à l'autre comme ceux des ventricules. Il s'ensuit que le sang est poussé en même temps dans l'aorte et dans l'artère pulmonaire, que les veines caves et les veines pulmonaires se dégorgent au même instant , qu'enfin c'est également par un mouvement simultané que chaque oreillette se vide du sang qu'elle contient.

Pour pouvoir exécuter ses différents mouvements, le cœur éprouve un déplacement continuel, une vraie locomotion, qui a lieu alternativement de haut en bas et de bas en haut. Lorsque les oreillettes se contractent, le cœur s'allonge ; il se raccourcit, au contraire, lors de la contraction des ventricules, qui se resserrent de la pointe vers la base du viscère. Ce fait , longtemps débattu par l'Académie des sciences et par un grand nombre d'anatomistes, a été mis hors de doute par un raisonnement fort simple : il est constant que l'allongement du cœur

déterminc l'application des valvules auriculo-ventriculaires contre les parois des ventricules ; il est
par là même évident que, si ces mêmes ventricules
s'allongeaient en se contractant, rien ne s'opposerait
au reflux du sang dans les oreillettes. Lors de la
contraction des ventricules, la colonne de sang venant frapper contre la crosse de l'aorte, et le cœur
lui-même heurtant contre la colonne vertébrale,
qui est inflexible, ce viscère est obligé de faire une
espèce de bascule ; il est porté en bas et à gauche,
et il frappe contre les parois du thorax, entre la
sixième et la septième côte, au-dessus du sternum
et en arrière du coude. Ces battements présentent
des variations nombreuses dans les différents états
de la vie, et ils peuvent servir au diagnostic et au
pronostic de certaines maladies.

Nous avons dit que le cœur était regardé par les
anatomistes comme l'organe dont l'action, plus tôt
développée que celle de tous les autres, s'éteignait
aussi plus tard, du moins dans les morts naturelles :
cette observation s'applique plus particulièrement
encore à l'oreillette droite. Il est très-difficile, pour
ne pas dire impossible, de rendre raison de cette té-
nacité de vie, non plus que de la cause des mouvements de ce viscère, cause que Haller attribue à
l'irritabilité dont est douée la membrane interne ;
tandis que Legallois place le principe de ces mouvements dans la moelle épinière, sans pouvoir cependant expliquer pourquoi le cœur, étant détaché du
corps, se contracte et se dilate encore un certain
nombre de fois. Les différences que présentent les

calculs de ceux qui ont cherché à évaluer la force du cœur prouvent assez qu'elle est inappréciable, et nous dispensent d'entrer dans de plus longs détails sur cet objet.

Cours du sang dans les artères.

Pour bien concevoir la manière dont la circulation a lieu dans les artères, il importe de se représenter ces vaisseaux comme étant des tuyaux constamment pleins, dont le tronc commun n'a point une valeur égale en diamètre à la somme totale des diamètres de ses nombreuses ramifications, qui forment çà et là des courbures, des anastomoses destinées à ralentir ou à faciliter le cours du sang. Chaque courbure exigeant, en effet, pour être redressée, une certaine dépense de force, doit indubitablement contribuer au ralentissement de la circulation. C'est pour cette raison que les artères sont très-flexueuses au cerveau, dont la substance molle et pulpeuse n'aurait pu supporter un choc violent ; une semblable disposition existe aux artères brachiales, dans lesquelles le cours du sang se fait suivant le sens de la pesanteur. Quant aux anastomoses, elles sont d'autant plus fréquentes que les artères sont plus petites et plus éloignées du cœur, et toujours en raison directe des obstacles qu'éprouve le sang dans son cours ; elles ont pour usage de faciliter la circulation en même temps qu'elles la ralentissent ; aussi sont-elles multipliées partout où l'influence des parties voisines sur le sang se fait moins sentir, comme au cerveau, au pied, etc. : en revanche, on en trouve fort peu dans les interstices des muscles.

A chaque contraction des ventricules, le sang, poussé par une nouvelle ondée de fluide, dilate les artères, les déplace légèrement, et communique, dans le même instant, à tout ce système l'action qui lui a été imprimée (1). Dès que la contraction ventriculaire cesse, l'artère distendue revient sur elle-même par sa propriété élastique; elle exerce une pression plus ou moins forte sur le fluide qu'elle contient, et elle soutient ainsi la progression du sang vers les extrémités de l'arbre artériel. Les parois des vaisseaux dans lesquels les ventricules poussent le fluide ne se dilatent pas spontanément comme les cavités du cœur; elles sont purement passives dans cet acte, elles ne font que céder à l'action de la colonne sanguine dont le volume est tout à coup augmenté : dès que la force de dilatation cesse, ces parois reviennent sur elles-mêmes, et leur contractilité de tissu s'exerce avec d'autant plus d'énergie que la distension a été plus forte.

Les contractions des ventricules et l'élasticité des parois des artères sont donc les agents de la circulation dans ces vaisseaux. Lorsque le ventricule se resserre, l'artère se dilate, et l'on sent alors une pulsation d'autant plus forte que l'on touche à une

(1) Bichat compare cet effet à celui qu'éprouve une personne qui a l'oreille appuyée sur l'extrémité d'une poutre dont on a frappé l'autre extrémité.

artère plus près du cœur : cela est facile à concevoir. Nous avons fait remarquer que le diamètre de toutes les ramifications est plus considérable que celui du tronc : par conséquent, plus une artère sera éloignée du cœur, moins elle se remplira de sang, elle sera moins dilatée ; par la même raison, elle réagira moins fortement sur la colonne sanguine ; la circulation sera plus lente, et le sang, au lieu de jaillir, coulera en nappe. On concevra sans peine combien ce ralentissement doit être considérable, si l'on réfléchit au nombre prodigieux de courbures, d'anastomoses que présentent les artères dans leur trajet, à l'augmentation des surfaces de frottements, enfin et surtout à l'éloignement du cœur.

Il est inutile de revenir sur ce que nous avons dit touchant la tunique des artères ; elle est évidemment fibreuse et ne jouit nullement de la contractilité organique sensible ; elle est simplement élastique, et possède cette propriété à un degré d'autant plus élevé que le vaisseau a un plus gros calibre.

Comme les artères sont toujours pleines pendant la vie, l'ondée qu'y poussent les contractions ventriculaires, rencontrant les colonnes antécédentes, qui ne sont pas animées d'une aussi forte impulsion qu'elle-même, est obligée de refluer ; elle dilate les parois artérielles ; et c'est là, suivant plusieurs physiologistes, la cause du phénomène connu sous le nom de *pouls*. Cette dilatation, qui existe bien évidemment, serait cependant insuffisante pour produire le pouls ; Lamure, Bichat, et la plupart des

physiologistes de nos jours, pensent que ce phénomène est dû à un déplacement du vaisseau, véritable
locomotion apparente, surtout aux courbures, et
dans les artères qui sont entourées d'un tissu cellulaire, lâche et abondant.

Variable tant en santé qu'en maladie, le pouls est
d'autant plus fréquent que l'animal est plus jeune,
plus petit, plus irritable, qu'il se trouve dans une
température plus élevée et dans un état d'agitation;
il est aussi plus accéléré pendant le cours de la gestation et dans le temps du rut. Les affections diverses auxquelles les animaux sont exposés le rendent irrégulier ou intermittent, accéléré ou lent,
fort ou faible, dur ou mou, suivant le mode de lésion et selon le degré de la maladie.

Considéré dans un état parfait de santé, le pouls
des différents animaux domestiques offre des variations très-grandes sous le rapport de la fréquence
de ses battements.

D'après les observations de Hales et de Bourgelat,
on compte dans un très-jeune poulain soixante-cinq
pulsations par minute : on n'en trouve plus que
cinquante-cinq dans un poulain de trois ans; quarante-huit dans le cheval limousin de cinq ans;
quarante-deux dans le cheval dont le développement
est complet et qui se trouve dans un état de tran-
quillité; trente-quatre à trente-six dans des juments
faites; enfin trente dans le cheval déjà vieux. Quant
à la fréquence du pouls du bœuf et de la vache, les
pulsations sont à peu près en même nombre que
dans le cheval. Les mêmes auteurs ont déterminé le

nombre des pulsations dans le mouton à soixante par minute et celles du chien à quatre-vingt-dix-sept (1).

Des observations faites sur les quadrupèdes domestiques nous ont donné les résultats suivants : trente-huit à trente-neuf pulsations par minute dans un poulain de selle, âgé de quatre ans, et qui était élevé au sec ; trente et une à trente-deux dans deux chevaux espagnols de moyenne taille, de selle, l'un d'eux marquant neuf ans et l'autre dix ; trente-trois à trente-quatre dans une jument limousine, de selle, de huit à neuf ans ; trente et une à trente-deux dans une autre jument de même taille, mais ayant deux ans de moins que la précédente ; trente-huit à trente-neuf dans une petite jument de selle, pleine de cinq à six mois et âgée de sept à huit ans.

Exploré à l'artère glosso-faciale, le pouls a battu cinquante-cinq à cinquante-six fois par chaque minute dans un âne de quatre ans et de petite stature ; quarante-six à quarante-huit fois dans un second, de six ans et de haute taille ; quarante-huit à cinquante fois dans un troisième, bien moins grand et âgé de sept ans.

Les pulsations de l'artère ont été de quarante-cinq à quarante-six dans un taureau de quinze à dix-huit mois, de cinquante-quatre à cinquante-cinq dans une génisse du même âge, de quarante à quarante-deux dans une vache de quatre ans, et de trente-quatre à trente-cinq dans une autre vache de huit à neuf ans.

(1) Voyez la note qui commence à la page 117 des notes de Bourgelat, faisant suite au mémoire de Barberet ; in-8, Paris, 1786.

La bête à laine a le pouls plus accéléré : dans l'espace de chaque minute, nous avons compté soixante-dix à quatre-vingts pulsations dans une brebis roussillonne, troisième métis, trois ans ; soixante-sept à soixante-huit dans une vieille brebis d'environ quatorze ans; soixante-douze dans un mouton de trois ans, qui n'avait été châtré que depuis un mois; soixante-huit dans un superbe bélier espagnol, de quatre ans et demi ; soixante-neuf à soixante-dix dans un autre bélier moins fort et n'ayant que trois ans.

Pour le battement du pouls du chien, nous avons calculé quatre-vingt-dix-sept pulsations par minute dans une chienne de chasse, de trois ans et en bon état ; quatre-vingt-dix dans un chien mâtin, de deux à trois ans et de grande stature.

Ces diverses observations prouvent que, pour déterminer la fréquence des pulsations artérielles dans chaque quadrupède domestique, il est indispensable de prendre un état moyen entre les pulsations d'un assez grand nombre d'individus de la même espèce : cela est évident, puisque le pouls, quoique considéré dans l'animal formé et en parfaite santé, éprouve toujours des variations, suivant que le sujet est plus ou moins vieux, plus ou moins grand, plus ou moins irritable. Ainsi le pouls du cheval adulte donnera par minute de trente-deux à trente-huit pulsations; celui de l'âne, de quarante-huit à quarante-cinq; celui du bœuf et de la vache, de trente-cinq à quarante-deux ; celui du mouton, de soixante-dix à soixante-dix-neuf; enfin le pouls du chien sera de quatre-vingt-dix à cent pulsations (1).

Dans le cheval, l'âne et le mulet, on tâte ordinairement le pouls à l'artère glosso-faciale, en portant le doigt sur le contour qu'elle décrit au bord inférieur de l'os maxillaire, pour se ramifier sur le chanfrein, ou bien aux artères *coccygiennes*, dont le battement se fait sentir à la face inférieure de la base de la queue ; on peut aussi l'explorer, mais bien plus difficilement, aux artères *carotides*, *sous-zygomatiques et latérales* des pieds, ainsi qu'à une division de la cubitale postérieure, au-dessus du genou, près de la châtaigne.

Dans le bœuf, on sent le pouls aux mêmes endroits que dans le cheval ; on peut aussi le tâter à l'artère *auriculaire antérieure*, en avant de la base de l'oreille.

Dans le mouton, le pouls se tâte sur l'artère *fémorale* à la face interne de la cuisse, proche de l'aine ; on peut aussi le sentir, et même avec facilité, aux artères *carotides*.

On peut explorer le pouls du chien au côté interne de la callosité du carpe, et postérieurement on le sent à l'artère *fémorale* (2).

(1) Dans la chienne, on compte toujours quelques pulsations de plus que dans le chien.

(2) Nous n'avons pas jugé convenable de faire connaître les battements du pouls du *porc*, tant à cause des difficultés que l'on éprouve à l'examiner et à en obtenir des calculs exacts qu'en raison du peu d'importance que l'on y attache dans les maladies.

Circulations capillaires.

Les artères, à mesure qu'elles s'éloignent du cœur, se divisent à l'infini, forment des ramifications toujours décroissantes, et, quand elles sont parvenues à une certaine ténuité, elles prennent le nom de vaisseaux capillaires. Ceux-ci, déliés et difficiles à apercevoir, communiquent les uns avec les autres par une multitude d'anastomoses, forment un réseau continu, qui donne naissance aux vaisseaux nutritifs et sécréteurs, et dans lequel se passent plusieurs phénomènes remarquables. L'ensemble des vaisseaux capillaires compose deux systèmes particuliers, qui se balancent réciproquement et font subir aux fluides divers changements. L'un de ces systèmes, le général, formé par les ramifications provenant de l'aorte, est l'agent de la transformation du sang rouge en sang noir ; l'autre système, borné aux poumons, entretient la circulation pulmonaire et redonne au sang ses qualités primitives, dont il s'était dépouillé en traversant le système capillaire général.

La structure des vaisseaux capillaires n'est pas encore bien connue ; on pense cependant, et tout concourt à le prouver, qu'ils ne sont formés que d'une seule membrane. On sait par expérience que ce système est susceptible d'être irrité par la présence d'un fluide quelconque ; qu'il jouit d'une contractilité insensible, énergique et variable suivant les parties ; qu'il est le siége des phénomènes de l'inflammation et du développement de la chaleur animale ; qu'enfin il préside à l'entretien de l'exhalation, des différentes sécrétions et de la nutrition. Ces simples indications suffisent pour faire entrevoir les nombreuses et importantes applications que l'on peut tirer de l'étude des vaisseaux capillaires, pour la connaissance des maladies.

Le fluide distribué dans les vaisseaux capillaires marche uniformément et par un mouvement progressif vers les radicules diverses qui émanent de ces ramifications artérielles. Sa circulation, variable dans les différents organes et suivant une foule de circonstances, s'exécute en vertu de l'action contractile des parois vasculaires, et elle est entièrement indépendante des contractions du cœur. Ainsi les forces toniques président seules à cette circulation, et suffisent, par leur mouvement vibratoire, pour faire couler les filets très-ténus de liquide que ces vaisseaux renferment. Les preuves viennent en foule à l'appui de cette vérité, mise dans le plus grand jour par le célèbre Bichat.

Quoique les contractions du cœur ne soient pas le mobile du sang dans le système capillaire, elles peuvent néanmoins contribuer à rendre son cours plus libre ou plus embarrassé, plus lent ou plus accéléré. En effet, le sang étant le stimulus de l'impulsion organique, l'excitation des ramifications capillaires sera en raison de la vitesse avec laquelle le fluide sera poussé dans ces vaisseaux et de la quantité qui y abordera.

Cours du sang dans les veines.

Le sang, transmis des extrémités artérielles dans les radicules des veines, revient progressivement au cœur, y est rapporté par un mouvement successif, qui se continue depuis les racines jusqu'à la terminaison du système veineux. Les parois de ces vaisseaux, étant dépourvues de contractilité sensible et ne jouissant même que d'une faible élasticité, favorisent peu la circulation veineuse, et ne l'aident même en aucune manière dans certaines veines. D'un autre côté, la colonne sanguine se trouve tout à fait soustraite à l'influence de la contraction des ventricules du cœur, puisque cette influence ne se fait même plus sentir dans les ramifications capillaires, où les veines prennent naissance. Il faut donc rechercher ailleurs les causes qui président au cours du sang dans ces vaisseaux.

Bien différente de la circulation artérielle dont l'agent d'impulsion est unique et qui ne reconnaît qu'une seule cause essentielle, la progression du sang dans les veines dépend de plusieurs circonstances qui agissent différemment, et dont la plupart n'exercent qu'une influence indirecte. L'action tonique des vaisseaux capillaires est, sans contredit, la principale cause de cette circulation : en se contractant, ces radicules impriment au fluide qu'elles contiennent un mouvement qui le fait pénétrer dans les veines, et elles deviennent ainsi son premier mobile, son premier agent d'impulsion. La faculté absorbante des veines semblerait devoir être une cause non moins efficace que la première, pour donner au sang veineux son mouvement de progression vers le centre général de la circulation. Broussais pense que la veine porte ne se distribue dans le foie, à la manière des artères, que pour puiser dans les capillaires une nouvelle force d'impulsion.

A ces causes essentielles du cours du sang veineux, nous devons en ajouter plusieurs autres dont l'effet est plus ou moins marqué suivant les vaisseaux: dans cette série nous pouvons placer 1° les pressions exercées par les muscles et les organes environnants; 2° l'épaisseur des parois veineuses, épaisseur moindre dans les veines profondes que dans les veines sous-cutanées (1); 3° les valvules veineuses, qui ont cette double utilité de prévenir la marche rétrograde du sang et de partager ce fluide en colonnes d'autant plus ébranlables qu'elles sont plus petites. Ajoutons à cela le battement des artères qui entourent les veines, la multiplicité des anastomoses de ces derniers vaisseaux, et surtout leur disposition générale; disposition telle que le diamètre des ramifications veineuses est plus grand que celui des troncs, que, par conséquent, le sang passe d'un endroit plus large dans un endroit plus étroit, que les vaisseaux sont plus pleins, que les surfaces et les frottements sont diminués, et nous

---

(1) Quoique les veines sous-cutanées aient des parois plus épaisses, leur circulation est cependant plus lente; elles sont aussi plus sujettes aux varices, par cela même qu'elles ne reçoivent des parties environnantes qu'une très-faible pression.

aurons les principales causes dont l'ensemble détermine la circulation du sang veineux.

Le fluide contenu dans les veines n'est donc mû,
comme on le voit, que par des causes impulsives
peu énergiques, et il ne doit circuler qu'avec difficulté; de plus, ces diverses causes n'étant pas toujours réunies ni portées au même degré dans toutes
les parties, la circulation veineuse ne se fait pas
avec une égale activité dans les différents organes
situés à la même distance du cœur. En effet, on
remarque que le cours du sang est lent, parfois
même rétrograde, surtout dans les veines dépourvues de valvules; qu'il est, au contraire, très-développé dans les veines musculaires et dans toutes
celles qui se trouvent soumises à l'influence d'un
plus grand nombre des diverses causes dont nous
avons parlé. De même que les circulations artérielle
et capillaires, qui sont moins développées dans les
vieux animaux que dans les jeunes, celle des veines
éprouve un ralentissement qui augmente à mesure
que le sujet vieillit. On sait que le système veineux
l'emporte constamment sur l'artériel dans la vieillesse, tandis que le contraire a lieu dans le jeune
âge.

Cours de la lymphe.

La progression de la lymphe a lieu dans le même
ordre que celle du sang veineux, et se fait de la circonférence vers le centre de la circulation. Des
premières radicules lymphatiques où elle s'introduit d'abord, cette humeur passe dans des vaisseaux

moins fins et qui leur sont continus ; elle s'avance lentement vers les deux troncs centraux, qui sont les aboutissants de tout le système, et se dégorgent dans les veines axillaires. Dans ce long trajet, elle traverse les nombreux ganglions disséminés sur son passage, et elle se mêle avec le chyle, fluide produit par la digestion et dont l'absorption n'a lieu que par intervalles.

Parmi les causes qui produisent et soutiennent ce mouvement progressif par lequel la lymphe est rapportée de toutes les parties du corps dans les grosses veines des environs du cœur, les unes agissent d'une manière spéciale, tandis que les autres n'ont qu'une influence accessoire sur le cours de la liqueur et ne sont que des moyens auxiliaires. Dans la première ligne, on peut placer l'action absorbante, ainsi que la tonicité, qui s'exerce plus efficacement dans les petits vaisseaux. La première de ces deux actions se continuant sans cesse et faisant toujours aborder une nouvelle lymphe dans les capillaires du système, doit nécessairement pousser en avant la lymphe primitive, et la faire parvenir, de proche en proche, jusque dans le canal thoracique et dans le système veineux. L'impulsion donnée par la force d'absorption se trouve puissamment secondée par la contraction des parois vasculaires, qui, en se resserrant, pressent le fluide et le poussent continuellement vers le confluent général de la lymphe.

Les causes auxiliaires de la circulation de la lymphe sont à peu près les mêmes que celles du cours

du sang veineux. Nous devons cependant faire remarquer que toutes ces puissances auxiliaires, généralement faibles, exercent une influence plus directe et plus remarquable sur la lymphe que sur le
sang. Cette observation doit s'appliquer également
aux causes de retard ; celles-ci ralentissent plus
aisément le cours de la lymphe que celui des autres
fluides.

De même que le sang veineux, la lymphe circule lentement, et éprouve dans son cours diverses
modifications, dont les principales sont occasion-
nées par l'afflux du chyle. Cette humeur, dont l'absorption est parfois considérable, ne peut s'engager
dans le système lymphatique sans de grands changements; elle pousse la lymphe, produit le dégorgement du canal thoracique, et dilate les vaisseaux
dans lesquels elle passe. Quant à la manière dont
se fait la progression de la lymphe, on s'en assure
en ouvrant soit le canal thoracique, soit le gros
conduit qui accompagne la trachée-artère, ou bien
en mettant simplement à découvert le dernier vaisseau. Dans le premier cas, on voit que la lymphe
sort lentement et sans jet; dans le second, on reconnaît que le fluide renfermé dans le vaisseau
circule avec une grande lenteur. Mais le cours de
la lymphe est-il uniforme partout ? Est-il plus accéléré dans certaines régions que dans d'autres?
Augmente-t-il graduellement, à mesure que le
fluide se rapproche des troncs centraux ? C'est ce
que l'on ignore encore, et ce sur quoi nous ne
hasarderons aucune conjecture.

ORDRE V.

ORGANES DE LA SENSIBILITÉ.

Ce cinquième appareil se compose de parties dont l'arrangement et la disposition générale offrent beaucoup de rapports avec les organes de la circulation ; il comprend l'encéphale, les nerfs et les organes des sens. La masse encéphalique, que l'on considère généralement comme centre de la sensibilité, se trouve renfermée dans *le crâne*, et se continue dans *le canal rachidien*. Ces deux cavités, qu'il convient d'examiner d'abord, sont tapissées par des membranes qui leur sont en quelque sorte communes avec l'encéphale.

1° Le crâne, la plus petite des trois cavités splanchniques, est formé par le concours de plusieurs os aplatis (1), et réside à la partie supérieure et postérieure de la tête ; il contient le cerveau, le cervelet, le mésocéphale et le bulbe du prolongement rachidien, qui le remplissent exactement et s'y trouvent à l'abri des chocs extérieurs, ainsi que des variations atmosphériques. Considéré dans l'animal adulte, le crâne ne semble composé que d'une seule pièce ; toutes les sutures ont alors disparu, et les os

(1) Voyez, pour la description de ces os, t. Ier, p. 157 et suiv.

ont acquis une grande dureté : à cette époque, les éminences extérieures sont bien dessinées , et la protubérance occipitale est saillante.

Cette cavité ellipsoïde, dont le développement , la forme et la grandeur dépendent des parties mêmes qu'elle renferme, est divisée par une crête transversale en deux principales fosses : la plus grande, inférieure et destinée pour le cerveau, occupe la région frontale , tandis que la supérieure ou occipitale est la plus petite et se continue en arrière avec le canal vertébral.

a. La crête transversale , *pariéto-temporale* , est une longue lame qui circonscrit presque toute la fosse frontale , et fournit des points multipliés d'implantation à la cloison transverse de la dure-mère ; son bord libre, inégal et tranchant, est garni de pointes irrégulières. Cette apophyse présente deux parties distinctes : l'une , dite *protubérance pariétale* , beaucoup plus saillante , trifasciée et située dans le milieu, donne naissance à la crête médiane du couvercle de la cavité du cerveau , et laisse voir à ses côtés un grand trou, qui aboutit dans le conduit temporal ; ce conduit de conjugaison s'ouvre en arrière, et tout près de l'apophyse épicondylienne du temporal, et livre passage à des veines. Les branches latérales de la même apophyse transversale, dont une droite et l'autre gauche, descendent obliquement d'arrière en avant, se contournent à la face postérieure ou inférieure du crâne , et se terminent au côté du grand trou sus-sphénoïdal. La portion tubéreuse du temporal fournit la production la plus élevée de chacune de ces branches , qui diminuent insensiblement jusqu'au trou précédent.

b. La fosse frontale, exactement moulée sur le cerveau, qu'elle renferme, offre deux parois ou régions principales : l'une, antérieure ou supérieure, communément la *voûte*, le *couvercle du crâne*, est formée par le frontal et le pariétal, présente deux cavités symétriques, séparées par une petite crête longitudinale, qui commence à la protubérance pariétale et s'étend jusqu'à la crête ethmoïdale. La crête médiane, saillante à ses extrémités, ne présente, dans son milieu, qu'une arête superficielle, et elle donne attache à la cloison longitudinale de la méninge. Chaque cavité latérale, oblongue, parsemée d'anfractuosités et portant quelques petites scissures, offre, à chacune de ses extrémités, un enfoncement ou fosse correspondant aux extrémités du lobe cérébral.

La paroi postérieure ou inférieure de la fosse frontale forme en quelque sorte la base de la cavité; cette paroi, peu étendue, inégalement concave, porte différents trous, plusieurs éminences et des cavités particulières. En procédant de bas en haut et d'avant en arrière, on y voit 1° la crête ethmoïdale, aux côtés de laquelle sont les deux fosses ethmoïdales, occupées par le bulbe de la couche olfactive; 2° la fossette optique, terminée latéralement par les trous oculaires ou optiques; 3° la fossette sus-sphénoïdale , limitée de chaque côté par le conduit du même nom; 4° une petite fossette située en suite de la précédente et occupée par l'inflexion anastomotique des carotides internes (1).

c. La fosse occipitale, située en haut et en arrière de la grande fosse frontale, loge le cervelet, le mésocéphale et le bulbe de la moelle épinière. Sa paroi supérieure, très-épaisse, constitue la voûte de la cavité, et s'applique exactement sur la surface extérieure du cervelet. Cette partie voûtée est garnie d'anfractuosités nombreuses, qui sont moins grandes, moins dessinées que celles du couvercle de la fosse frontale.

La face ou paroi inférieure de la fosse occipitale présente deux principales fossettes ; la première, la plus petite et inférieure, se trouve à la suite de celle qui est occupée par l'anastomose des carotides internes ; elle a peu d'étendue, et elle supporte la protubérance annulaire du mésocéphale. Aux côtés de cette fossette, on voit les ouvertures sous-occipitales fermées par un fort ligament percé de différents trous pour le passage des vaisseaux et des nerfs : en haut et en dehors de chaque ouverture sous-occipitale, on aperçoit le trou *auditif interne*, occupé par deux nerfs accolés ensemble. La seconde fossette de cette même paroi inférieure forme un grand canal oblong, dans lequel est reçu le bulbe du prolongement rachidien.

Le grand trou occipital, par lequel le crâne fait continuité avec le canal vertébral, est plus large d'un côté à l'autre que de haut en bas, et présente

_____

(1) Ces diverses parties ont été décrites dans la *Squelettologie*, nous nous bornons ici à les indiquer.

deux échancrures, dont la supérieure est beaucoup plus grande que l'inférieure.

2° Le canal rachidien ou vertébral, destiné à loger la moelle épinière, s'étend dans toute la longueur du rachis, se continue depuis le grand trou de l'occipital jusque dans les premiers os coccygiens. Sa face supérieure, concave ou demi-circulaire, est formée par la partie annulaire des vertèbres et par les ligaments qui unissent ces productions annulaires : la face inférieure, à peu près plane, est formée par le corps des vertèbres, par les ligaments vertébraux supérieurs et par les fibro-cartilages intervertébraux. Quant au diamètre du canal rachidien, il varie dans le même rapport que le volume de la moelle, ou suivant la mobilité du rachis (1). Il importe de remarquer que la grandeur du canal excède toujours le volume de la moelle, de telle sorte qu'il existe dans toute la longueur du conduit un tissu adipeux, qui se trouve entre l'enveloppe extérieure de cette moelle et les parois de la cavité qui la renferme.

ARTICLE PREMIER.

DE L'ENCÉPHALE OU DU CERVEAU EN GÉNÉRAL.

L'encéphale occupe la cavité du crâne et se prolonge dans le canal rachidien. C'est un organe de peu de consistance, d'une apparence pulpeuse, qui

---

(1) Pour plus de détails, voyez tome Ier, p. 142 et suiv.

est protégé par plusieurs membranes, et formé 1° de parties paires placées sur ses côtés, 2° de parties impaires qui se trouvent placées le long de la ligne médiane. On le divise en *cerveau proprement dit*, en *cervelet*, en *mésocéphale* et en *moelle épinière*. L'encéphale se développe de bonne heure ; il atteint promptement le degré d'accroissement auquel il doit parvenir ; et, dans les jeunes animaux, il est toujours proportionnellement plus considérable que dans les adultes, où la substance est plus ferme. Dans les quadrupèdes domestiques, son volume semble être en raison inverse de celui du corps de l'individu, et il offre dans les principaux animaux les rapports suivants :

Dans le *bœuf*, l'encéphale représente, en poids, de la huit-centième à la huit-cent-soixantième partie du poids du corps, tandis que l'encéphale du cheval équivaut à la quatre-cent-cinquantième partie. L'encéphale de l'âne est évalué à la deux-cent-cinquantième partie de la masse totale, et cette proportion est presque la même dans la bête à laine. Dans le porc, le poids de l'encéphale forme environ la quatre-centième à la cinq-centième partie du poids total ; l'encéphale est moitié plus lourd dans le chien ; enfin le système cérébral du chat est proportionnellement plus développé que celui des autres animaux, et sa pesanteur est égale à la centième ou la cent-cinquantième partie de celle du corps.

La substance composante de l'encéphale est une sorte de matière pulpeuse toute particulière. Cette pulpe, très-vasculaire, varie de couleur, de consistance, d'ordre et d'arrangement, suivant les parties où on l'examine : elle a une odeur fade et spermacée; elle est tenace, insoluble dans l'eau froide et dans les huiles, soluble en partie dans l'alcool bouillant; coupée par tranches très-minces et exposée à l'air chaud, elle se dessèche, jaunit et devient cassante; elle se durcit et prend une teinte grisâtre dans l'eau bouillante. Cette substance cérébrale se présente sous deux principaux aspects; elle est grise ou blanche : on peut y ajouter une substance noirâtre et une autre jaunâtre, dont les proportions sont si faibles, qu'on a coutume de confondre ces matières avec la pulpe grise.

1° La *pulpe grise,* plus communément la *substance grise, corticale* ou *cendrée,* est molle, friable et d'un gris tirant légèrement sur le rose; elle forme tantôt une enveloppe extérieure, puis accompagne les circonvolutions de l'organe et s'introduit jusqu'au fond des anfractuosités, comme cela a lieu au pourtour du cerveau et du cervelet; tantôt elle se trouve enveloppée par la substance blanche (dans la moelle épinière, aux cornes d'Ammon et aux éminences olivaires); tantôt enfin elle se combine, se mélange plus ou moins intimement avec cette substance, comme on le voit dans la protubérance annulaire, etc. Quelques anatomistes pensent qu'elle sécrète la substance blanche, mais l'observation démontre que cette dernière se développe la première.

2° La substance blanche, évidemment fibreuse sur beaucoup de points (dans la moelle épinière, la protubérance annulaire, les pédoncules du cerveau, plus ferme et en beaucoup plus grande proportion que la matière grise, occupe parfois le centre des masses (dans le cerveau, le cervelet), d'autres fois leur pourtour (dans la moelle épinière) ; elle présente peu de vaisseaux comparativement à la substance corticale, se ramollit moins vite qu'elle, contient moins d'humidité, et paraît formée de globules plus volumineux, bien que disposés de la même manière. Outre ces deux substances principales, on trouve dans les pédoncules du cerveau une substance *noirâtre* assez consistante, qu'on a quelquefois prise à tort pour une altération morbide ; la glande pinéale ou tubercule sus-sphénoïdal offre aussi une substance *rougeâtre*, qui reparaît sur quelques points de l'encéphale, et se mêle intimement aux substances blanche et grise.

Ces diverses substances, surtout la blanche et la grise, se combinent, s'arrangent d'une manière régulière, en vertu de lois qui nous échappent ; elles forment un tout très-compliqué, où l'on remarque des bandelettes, des lames, des éminences, des cloisons, des enfoncements, et dont l'ordre d'étude est fort embarrassant pour l'anatomiste.

La masse encéphalique est enveloppée de plusieurs membranes, que l'on appelle méninges, et que nous allons décrire en premier lieu.

§ Iᵉʳ. *Des méninges.*

La plupart des anatomistes distinguent trois méninges ou membranes propres de l'encéphale, la *dure-mère*, l'*arachnoïde* et la *pie-mère* : le professeur Chaussier n'en reconnaît que deux, la *grande méninge* et la *petite méninge*, et il rapporte à la dernière l'arachnoïde et la pie-mère, qui ne sont, selon lui, que des feuillets d'une seule et même membrane.

1° De la dure-mère ou grande méninge.

La dure-mère est la plus extérieure des enveloppes de l'organe encéphalique; elle revêt immédiatement les parois osseuses du crâne, forme divers replis, offre plusieurs trous pour donner passage aux nerfs et aux vaisseaux, et elle se continue dans le canal vertébral pour concourir à la formation de la gaine rachidienne qui entoure et protége la moelle. Blanchâtre, fibreuse et épaisse, cette membrane présente une texture serrée et résistante; elle est peu vasculaire et très-peu sensible.

Sa face externe, inégale et floconneuse, adhère au crâne par une multitude de filaments et de petits vaisseaux qui pénètrent dans les porosités, et se rompent, se déchirent lorsque l'on ouvre la cavité crânienne. Ces sortes d'adhérences sont plus intimes le long des crêtes et des sutures que vers la partie moyenne des os ; elles sont aussi plus multipliées dans les jeunes sujets.

Sa face interne est étroitement unie, par un tissu cellulaire serré, avec la membrane séreuse arachnoïde, qui lui donne un poli luisant.

Les replis observés à la face interne de la dure-mère, et qui résultent de l'écartement des deux lames de cette membrane, diffèrent entre eux par leur forme, leur grandeur et leurs usages particuliers. Ces replis, continus de l'un à l'autre, sont au nombre de trois principaux.

a. Le *repli longitudinal* ou *septum médian* (la *faux*, la *cloison falciforme*) s'étend depuis la crête ethmoïdale, en s'élargissant jusqu'à la protubérance pariétale, et s'enfonce dans la scissure interlobaire. Sa pointe, mince et aiguë, est fixée à la crête ethmoïdale ; tandis que sa base ou extrémité supérieure tient à la protubérance pariétale et se continue de chaque côté avec la cloison transverse. Son bord externe, qui constitue le dos du septum falciforme, est convexe, épais et implanté le long de la crête longitudinale des parois antérieures du crâne ; son bord interne, mince, libre et concave, correspond au mésolobe, dont il suit le contour.

b. Le *repli* ou *septum transverse* produit une cloison qui suit la direction de la crête transversale, s'attache à cette même crête et sépare le cerveau d'avec le cervelet. Ce septum se termine inférieurement sur les côtés du sphénoïde, où il forme différents petits replis.

c. Le *repli sus-sphénoïdal,* bien moins considérable que les deux précédents, termine en quelque sorte le repli transverse et réunit ses branches l'une à l'autre ; il entoure l'appendice sus-sphénoïdal du cerveau, et lui fournit une loge qui le tient isolé.

Ces différents replis soutiennent entre leurs lames

de réflexion divers canaux veineux appelés sinus, et dans lesquels s'ouvrent toutes les veines qui s'élèvent de la substance encéphalique. Ces conduits sont nombreux ; nous ne décrirons ici que les plus importants.

1° Le *sinus longitudinal* ou *médian*, situé dans l'épaisseur de la cloison falciforme, réside plus particulièrement le long du dos de cette cloison ; il s'étend depuis la crête ethmoïdale jusqu'à la protubérance pariétale, où il se divise en deux branches qui se continuent avec les sinus latéraux que porte la cloison transverse. Ce sinus du septum falciforme s'agrandit de bas en haut jusqu'à sa bifurcation ; il présente intérieurement des brides transversales qui affermissent ses parois. On trouve presque toujours dans la cavité de ce réservoir veineux, et surtout à ses environs, divers petits grains blanchâtres ou jaunâtres, irrégulièrement espacés, ce sont les *glandes de Pacchioni*.

2° Les *deux sinus latéraux*, situés l'un à droite et l'autre à gauche, dans la cloison transverse, se prolongent depuis la protubérance pariétale jusqu'au pourtour de l'hiatus occipito-temporal, où ils communiquent avec les sinus sus-sphénoïdaux et sous-occipitaux. Ces sinus, de forme pyramidale, portent des brides intérieures ; le gauche reçoit communément un canal qui vient du côté droit de la protubérance pariétale, et que l'on nomme sinus des veines choroïdiennes.

3° Les *sinus sus-sphénoïdaux* ou *caverneux* entourent l'appendice sus-sphénoïdal, communiquent avec les sous-occipitaux, et sont traversés par les artères cérébrales antérieures ; leurs brides intérieures forment un tissu réticulaire semblable au tissu érectile du bulbe de l'urètre.

4° Les *sinus sous-occipitaux* comprennent deux canaux longitudinaux, situés sur l'apophyse sous-occipitale, et s'étendant en arrière jusqu'au grand trou de l'occipital; ces derniers sinus servent de confluent aux veines choroïdiennes et latérales du cervelet, et donnent naissance aux veines cérébrales postérieures.

La *gaîne rachidienne* qui forme la continuité de la dure-mère se présente sous l'aspect d'un long tuyau membraneux, qui sort du crâne par le grand trou de l'occipital, contient la moelle épinière et s'étend jusque dans le sacrum. Ce tuyau méningien, plus étroit que le canal vertébral, adhère fortement à la circonférence du trou occipital et du canal de l'atloïde; mais il n'est fixé au reste du conduit ver-tébral que par les petites gaines qu'il donne aux nerfs; vers les lombes, il devient infundibuliforme et se termine par une pointe allongée. Depuis l'axoïde jusqu'à sa terminaison, il se trouve séparé des parois du canal vertébral par un tissu cellulaire lâche, rougeâtre, contenant une plus ou moins grande quantité de graisse et de sérosité; ce qui varie suivant les animaux, selon les tempéraments, l'état de maladie ou de santé.

La dure-mère compose les parois extérieures de la gaîne, et leur donne la résistance dont elles sont susceptibles. Cette première couche, remarquable par son épaisseur et par sa densité, est tapissée, à sa surface interne, par l'arachnoïde. On y voit les trous dans lesquels s'enfoncent le ligament dentelé et les nerfs rachidiens. Le ligament précédent est une bandelette blanchâtre, mince et résistante, qui s'étend depuis le grand trou de l'occipital jusqu'à l'extrémité postérieure de la moelle, passe de chaque côté entre les racines supérieures et les racines inférieures des nerfs rachidiens. Ce ligament présente une succession de denticules, dont les pointes, plus ou moins allongées, s'attachent à la gaîne formée par la dure-mère.

Dans le canal vertébral aussi bien que dans le crâne, la dure-mère est revêtue, à sa face interne, par le feuillet pariétal de l'arachnoïde au moyen d'un tissu cellulaire assez serré.

2° De l'arachnoïde.

L'arachnoïde, que nous avons décrite dans nos premières éditions sous le nom de méningine, est une toile séreuse, très-fine, formant un sac clos de toute part, et existant entre la dure-mère et la pie-mère.

L'arachnoïde s'épanouit sur le cerveau et dans le canal rachidien ; elle se fait aussi remarquer dans l'intérieur du cerveau où elle tapisse les ventricules ; et elle offre à considérer deux parties distinctes, l'une cérébro-spinale et l'autre ventriculaire.

A. *Arachnoïde cérébro-spinale ou extérieure.* Il est nécessaire de reconnaître à cette membrane deux feuillets, l'un pariétal et l'autre viscéral. 1° Le feuillet pariétal ou externe est adossé à la face interne de la dure-mère, et lui est uni par un tissu cellulaire très-fin et très-serré, qui rend difficile la séparation de ces deux membranes. Le même feuillet arachnoïdien tapisse la paroi externe des sinus de la dure-mère; mais, vers les divers trous du crâne qui livrent passage aux vaisseaux et aux nerfs, il se replie sur lui-même; tandis que la dure-mère se continue, comme il a déjà été expliqué, sur la substance des nerfs jusqu'à leur sortie complète du crâne. Au niveau du grand trou occipital, le feuillet dont il s'agit présente une gaine qui entoure la moelle épinière, après quoi il se propage dans le canal vertébral pour constituer l'arachnoïde rachidienne. Son union avec la dure-mère dans toute la longueur du canal vertébral est moins intime et bien plus facile à détruire qu'au crâne.

2° Le feuillet viscéral ou interne offre des rapports et des différences notables qu'il est important de bien spécifier. Considéré à la face supérieure du cerveau, ce feuillet arachnoïdien s'épanouit sur toutes les circonvolutions cérébrales, en franchissant de l'une à l'autre. Facile à séparer de la pie-mère entre chaque circonvolution, il adhère, au contraire, très-intimement au sommet de ces circonvolutions; et cette adhérence est telle, à la partie supérieure du cerveau, qu'il est difficile de l'en séparer, sans enlever en même temps une légère couche de substance cérébrale. Il est à remarquer qu'au rebord de la cavité médiane qui loge la faux de la dure-mère, le feuillet viscéral contracte parfois des adhérences disséminées avec le feuillet pariétal. A la base du cerveau, il tapisse, en se dédoublant et en laissant un intervalle triangulaire entre chaque repli, 1° les cordons

nerveux qui vont aux trous du crâne par où ils s'é-
chappent; 2° les artères cérébrales antérieures et postérieures, ainsi que leurs nombreuses anastomoses
longitudinales et transversales; 3° enfin la glande pituitaire. On le voit ensuite s'introduire dans la scissure interlobulaire et donner un repli remarquable
sur la pie-mère, qui va former le plexus choroïde du
cerveau. Postérieurement il s'engage entre le cerveau
et le cervelet, se répand sur les tubercules quadrijumeaux, remonte après sur le cervelet d'où il descend postérieurement, et va entourer la portion céphalique de la moelle épinière. Une remarque qui
ne doit pas échapper, c'est que le feuillet viscéral se
trouve être, dans toute la surface inférieure du cerveau, en rapport avec la partie très-vasculaire de la
pie-mère.

Étudié dans le canal rachidien, le feuillet viscéral
de la séreuse arachnoïde entoure la moelle épinière et
enveloppe les filets nerveux, qui sortent de cette
dernière pour former le ligament denticulé. Sa face
interne est en rapport avec les lamelles de la pie-
mère, qui contiennent le liquide sous-arachnoïdien,
que nous ferons connaître plus loin. A l'extrémité
postérieure du prolongement rachidien, le même
feuillet se replie sur les gros cordons nerveux qui
terminent la moelle épinière, et il forme en cet
endroit un cul-de-sac.

La face interne de l'arachnoïde tant crânienne que
vertébrale est lisse, unie, vaporeuse et partout en
contact avec elle-même, et elle est humectée par une
petite quantité de liquide séreux, *arachnoïdien*.

B. *Arachnoïde intérieure* ou *ventriculaire*. Cette membrane, extrêmement fine, et qui échappe souvent aux recherches anatomiques, s'étale dans l'intérieur des ventricules de la masse encéphalique crânienne, et constitue une cavité séreuse, close de toute part ; laquelle cavité parait, comme l'a démontré M. Renault dans ses belles recherches sur le liquide céphalo-rachidien (1), n'avoir nulle communication soit avec la gaine rachidienne, soit avec les lamelles de la pie-mère, qui renferme le liquide sous-arachnoïdien. Cette membrane est-elle une continuité de la séreuse qui revêt le cerveau ? C'est une question sur laquelle les anatomistes ne sont pas encore d'accord, et que nous ne chercherons pas à résoudre.

Après avoir tapissé le plafond des deux grands ventricules du cerveau, l'arachnoïde intérieure se replie antérieurement dans les ventricules olfactifs et en bas sur les corps striés. Postérieurement elle se déploie sur le trigone cérébral et sur la portion flottante du plexus choroïde du cerveau. Passant ensuite dans l'ouverture commune antérieure, elle vient tapisser le ventricule des couches optiques, descend après dans la tige sus-sphénoïdale et s'y étale en s'élargissant. De là elle s'engage dans le canal intermédiaire, s'étend dans le ventricule du cervelet, en commençant à former en haut et en avant la valvule de Vieussens, postérieurement le com-

(1) Mémoire sur le liquide céphalo-rachidien. recueil de médecine vétérinaire, 1829 et 1830.

plément du ventricule, et se terminant par un cul-de-sac au niveau du *calamus scriptorius*.

La face interne de l'arachnoïde laisse exhaler une humeur vaporeuse, qui, condensée après la mort, constitue le liquide ventriculaire. La super-exhalation de ce fluide, sa condensation et son accumulation dans les ventricules donnent naissance à l'hydropisie cérébrale.

3° De la pie-mère (lame interne de la méningine).

La pie-mère, troisième membrane de l'appareil encéphalique, est sous-jacente à l'arachnoïde : elle se présente sous la forme d'une trame cellulaire, formée par des lames très-fines et transparentes, dans lesquelles se ramifient les vaisseaux réticulaires du cerveau, qu'elle soutient en quelque sorte. Quoique la pie-mère se continue de la surface du cerveau sur la moelle épinière, et qu'elle ne puisse être considérée que comme une seule et même membrane, nous distinguerons cependant une pie-mère crânienne et une pie-mère rachidienne.

La première production ou la pie-mère crânienne réside sous l'arachnoïde, à laquelle elle adhère d'une manière intime au sommet des circonvolutions cérébrales. Après avoir tapissé les circonvolutions, les éminences et les scissures diverses du cerveau, elle s'enfonce dans toutes les anfractuosités des circonvolutions, et fournit, selon quelques anatomistes, le névrilème des nerfs. En quittant la scissure de Sylvius, elle s'engage entre les protubérances cylindroïdes et les couches oculaires, et forme les lames qui soutiennent les ramifications vasculaires du plexus choroïde du cerveau. A la base du cerveau et à sa face inférieure, elle entoure, soutient les différents réseaux vasculaires situés dans ces régions. Considérée à la surface du cervelet, la pie-mère s'y comporte comme au cerveau. Après s'être déployée sur toutes les circonvolutions cérébelleuses jusqu'au fond de leurs anfractuosités, elle concourt à former le cordon grenu et vasculaire qui constitue le plexus choroïde du cervelet.

La pie-mère soutient, comme il a déjà été dit, des ramifications déliées et anastomotiques, qui pénètrent la substance cérébrale ; elle renferme encore entre ses lames fines et celluleuses un liquide séreux qui constitue, d'après M. le professeur Renault, le liquide *céphalique sous-arachnoïdien*. Le même professeur a démontré que ce liquide communique bien avec le sous-arachnoïdien du rachis, mais nullement avec celui des cavités ventriculaires.

La *pie-mère rachidienne*, deuxième portion de la pie-mère proprement dite, entoure immédiatement la moelle épinière et lui sert de tunique propre. Cette production membraneuse, composée de lamelles séreuses, soutient les capillaires sanguins du prolongement rachidien et renferme le liquide sous-arachnoïdien. Signalé dans le cheval en 1815 par M. Barthélemy aîné, alors professeur à l'école d'Alfort ; indiqué en 1825 dans l'homme et les animaux, par M. Magendie, et bien étudié dans le cheval en 1829, par M. Renault, ce fluide constitue une des humeurs naturelles du corps et réside dans les lames de la pie-mère.

Ainsi que l'a démontré M. Magendie, le liquide sous-arachnoïdien chez l'homme communique avec le fluide des ventricules cérébraux au moyen d'une ouverture située au bas du ventricule du cervelet vis-à-vis le *calamus scriptorius*. Cette communication ne peut pas avoir lieu dans le cheval, attendu que le ventricule du cervelet se trouve fermé par une cloison complète, précédemment indiquée. Tout en faisant connaître cette occlusion, M. Renault a cependant admis la communication du fluide séreux déposé entre les lames de la pie-mère cérébrale avec le liquide sous-arachnoïdien.

§ II. *Du cerveau.*

Le cerveau est la portion la plus considérable de la masse encéphalique; il occupe la grande cavité du crâne, qu'il remplit exactement; il se trouve situé en avant du cervelet, communique postérieurement avec le mésocéphale, et représente un ovoïde allongé, dont la grosse extrémité est supérieure.

Aspect extérieur. La face supérieure et antérieure du cerveau s'accommode et se moule à la concavité de la partie antérieure et latérale du crâne; on y observe la scissure longitudinale qui partage l'organe en deux moitiés ou lobes égaux, l'un à droite et l'autre à gauche, et dans laquelle s'enfonce la cloison falciforme de la dure-mère.

Cette scissure interlobaire, d'autant plus profonde que l'organe est lui-même plus volumineux, laisse voir dans son fond le mésolobe, partie blanche et fibreuse, qui sert à réunir les deux hémisphères, et dont nous parlerons plus loin.

On distingue à chaque lobe deux faces et deux extrémités : la *face interne,* plate et perpendiculaire, regarde le lobe opposé, duquel elle est séparée par la cloison longitudinale de la méninge ; la *face externe,* convexe et beaucoup plus étendue que l'interne, offre une multitude de circonvolutions séparées par des anfractuosités irrégulières qui la rendent ondulée. Vers le milieu de sa partie latérale et inférieure, elle laisse voir une grosse éminence *mastoïde,* véritable lobule, dont la base est séparée de l'hémisphère par une scissure transversale bien marquée, et qui est logé dans une fosse formée par le sphénoïde. L'extrémité supérieure de chaque lobe présente une grosse protubérance, contournée de haut en bas, de dessus en dessous, et appuyée contre la cloison transverse de la méninge ; l'extrémité inférieure ou antérieure produit un lobule oblong et contenu dans une fosse du frontal.

La *face inférieure* du cerveau repose sur la base du crâne, dont elle représente la forme ; elle offre divers objets que nous indiquerons suivant l'ordre de leur situation respective, en procédant d'avant en arrière. Le long du plan médian, on remarque 1° l'extrémité inférieure de la grande scissure interlobaire, qui sépare les prolongements ou lobules antérieurs d'avec les hémisphères ; 2° la *commis-*

sure des deux cordons qui proviennent des couches oculaires et des tubercules quadrijumeaux; 3° en arrière de cette réunion, la *tige sus-sphénoïdale*, prolongement rougeâtre, qui descend obliquement du cerveau et se termine à un gros tubercule grisâtre, arrondi, mais un peu déprimé de dessous en dessus; ce tubercule, l'*appendice sus-sphénoïdal* ou la *glande pituitaire*, est logé dans la fossette sus-sphénoïdale. La tige molle et creuse termine le quatrième ventricule; sa concavité, qui est une continuité de l'*infundibulum*, se prolonge en bas jusque dans l'appendice, où elle se termine par un cul-de-sac. La glande pituitaire est évidemment formée de deux substances différentes : l'une, jaunâtre ou rougeâtre, est antérieure et la plus considérable; elle enveloppe, contient l'autre substance. Celle-ci, située postérieurement, constitue un noyau, parfois circonscrit, d'une couche de pulpe blanchâtre; elle a une couleur plus claire que la portion antérieure, offre une consistance molle et fournit ordinairement une mucosité blanchâtre (1).

4° Derrière la tige sus-sphénoïdale, on voit un petit tubercule appelé *pisiforme*, qui est blanc en dehors et grisâtre en dedans; cette éminence, impaire et d'un volume bien moins considérable que l'appendice sus-sphénoïdal, sert de centre de réunion aux piliers antérieurs du trigone cérébral.

(1) Pour dilater le conduit de la tige sans rien ébranler ni déchirer, il faut détacher le cerveau, le renverser de dessus en dessous, et souffler dans l'un des ventricules ethmoïdaux avec un chalumeau ou un tube quelconque.

5° En arrière du tubercule précédent se remarque une *scissure longitudinale*, qui se dirige entre les pédoncules du cerveau jusque contre la protubérance annulaire du mésocéphale.

Les parties disposées régulièrement à droite et à gauche de la surface inférieure du cerveau sont les couches ethmoïdales, la grande scissure interlobulaire, les cordons oculaires et les pédoncules du cerveau.

a. Chaque couche ethmoïdale ou couche olfactive forme une production allongée et pyramidale, qui est fixée sous le lobule antérieur de l'hémisphère, et se termine par une protubérance oblongue, grise, logée dans la fosse ethmoïdale. On peut y distinguer deux parties : l'*une postérieure*, d'une forme pyramidale et inégalement déprimée, semble naître de la scissure interlobulaire, et présente dans son milieu une protubérance plus ou moins saillante et irrégulièrement arrondie; cette éminence, qui correspond à l'extrémité inférieure du corps strié, est grisâtre et embrassée par deux branches, dont l'externe, plus longue, est formée d'une lame médullaire, tandis que l'interne, grisâtre, offre des stries blanches et semble venir de l'origine de la scissure interlobaire. La *partie inférieure* et *antérieure* termine la couche et constitue une *éminence bulbeuse*, dont la cavité intérieure forme le ventricule ethmoïdal : celui-ci se continue en arrière, au moyen d'un canal étroit, par lequel il communique avec le ventricule latéral. La couche dont il s'agit est composée de substance blanche et de pulpe grise

diversement arrangées. La première de ces substances semble prendre racine dans le corps strié ;
elle forme, à la surface extérieure de la portion pyramidale, diverses bandelettes entremêlées de pulpe
grisâtre, qui, dans la partie bulbeuse, constitue
une couche corticale d'un gris foncé. La même
substance médullaire fournit une longue lame intérieure, qui forme les parois tant du canal intermédiaire que du ventricule olfactif.

b. La grande *scissure interlobulaire* ou *scissure
de Sylvius* est un sillon transversal, profond, qui
se porte en dehors sous l'origine de la couche précédente, derrière le cordon oculaire, et qui, en se
contournant de bas en haut, se partage en deux
branches principales : l'une, externe, monte en arrière sur le côté de l'hémisphère, et forme divers
petits sillons, dont un règne en travers sur la base
du lobule mastoïde ou latéral ; l'autre passe à la face
interne du même lobule, se glisse sous le corps
calleux ou mésolobe, et forme la voie par laquelle
le plexus choroïde parvient dans les grands ventricules.

c. Les *deux cordons oculaires* embrassent la
base des pédoncules, tiennent une direction oblique
d'arrière en avant et de haut en bas ; ils diminuent
de largeur et s'arrondissent à mesure qu'ils s'approchent de leur commissure ; leur substance, entièrement blanche et fibreuse, prend aussi plus de
consistance dans les mêmes rapports.

d. Les *pédoncules* ou *cuisses de la moelle allongée* sont deux gros faisceaux oblongs, blancs et

fibreux, qui semblent naître de la protubérance transverse du mésocéphale, où ils établissent les limites inférieures du cerveau marquées par une petite scissure transversale ; ces faisceaux se portent d'arrière en avant, s'écartent progressivement l'un de l'autre, et s'épanouissent pour former les corps striés. A l'extérieur, les pédoncules sont formés de fibres médullaires longitudinales ; dans l'intérieur, ces fibres sont séparées par de la pulpe grise. Toutes se portent dans les couches optiques, et elles jouent un grand rôle dans le développement de diverses parties de l'organe cérébral.

Intérieur du cerveau. En écartant légèrement les deux lobes, on aperçoit dans le fond de la scissure longitudinale une portion de la surface supérieure du *mésolobe* ou *corps calleux ;* cette partie, qui s'offre aux yeux sous la forme d'une longue lame de substance blanche, fibreuse, est le principal point d'union entre les deux hémisphères. Le mésolobe, mis à découvert et convenablement développé, présente une lame médullaire fort étendue et disposée en voûte, sur laquelle portent les hémisphères, et qui constitue le plafond ou la paroi supérieure des deux grands ventricules latéraux. Sa face supérieure laisse voir, 1° sur le milieu, une ligne saillante, que l'on appelle le raphé, et sur les côtés de laquelle s'observent deux filets longitudinaux ; 2° latéralement, à droite et à gauche, on observe sa forme voûtée, que quelques anatomistes ont appelée le *centre ovale.*

Le *bourrelet,* ou bord antérieur du mésolobe, se

réfléchit d'avant en arrière, de haut en bas, et se termine par une sorte de strie blanche, qui va se perdre dans le tissu fibreux des pédoncules du cerveau.

Le *bourrelet* postérieur et supérieur se réfléchit d'arrière en avant, de dessus en dessous, se bifurque inférieurement, et donne une lame mince, qui s'épanouit dans les ventricules latéraux.

La face inférieure, concave, forme la voûte ou le plafond des ventricules, se continue dans son milieu avec le septum médian de ces cavités, et latéralement avec le trigone cérébral.

La grande commissure cérébrale, dont il est question, est formée de fibrilles, qui, suivant le professeur Chaussier, viennent de toutes les parties du cerveau, et qui, d'après MM. Gall et Spurzheim, émanent principalement des circonvolutions des deux lobes. Ce noyau médullaire se continue avec la substance des hémisphères, a des connexions avec les pédoncules du cerveau et avec les différents reliefs contenus dans les ventricules.

En faisant une division longitudinale sur chacune des deux portions voûtées du mésolobe, on parvient dans deux grandes cavités, ce sont les *grands ventricules latéraux*. Ces cavités, allongées, courbées en différents sens et rapprochées l'une de l'autre vers leur milieu, ont une étendue considérable, et contiennent toujours une certaine quantité d'une humeur séreuse.

Pour bien saisir la disposition des ventricules et examiner les différents objets qu'ils renferment, il importe de distinguer à chacune de ces cavités : *a*, une portion moyenne et supérieure, la plus large, mais la moins longue, laquelle est située immédiatement sous le mésolobe, et se trouve séparée du ventricule opposé par une cloison médullaire; *b*, une partie antérieure, qui se contourne en bas et en dehors, et se continue au moyen d'un long canal étroit, qui va aboutir dans le ventricule ethmoïdal; *c*, un prolongement supérieur, qui forme un long conduit cylindroïde. Ce conduit, courbé en arc suivant sa longueur, se contourne d'abord de haut en bas et en s'écartant du ventricule opposé; il descend à la face inférieure de l'hémisphère, forme le basfond du ventricule, et se termine, dans le lobule mastoïde ou moyen, par un cul-de-sac que l'on a appelé la *cavité digitale*.

Chaque ventricule est divisé par une fente longitudinale, qui suit la direction de la cavité, et qui règne dans l'enfoncement situé entre le corps strié et la bandelette de la protubérance cylindroïde. Après avoir examiné la forme, l'étendue des ventricules, nous considérerons successivement le septum médian, le trigone cérébral, la protubérance cylindroïde, le plexus choroïde, le corps strié, la bandelette demi-circulaire, la couche oculaire.

Le *septum médian, septum lucidum*, est une cloison perpendiculaire, placée de champ dans la direction de la ligne médiane, et qui, de la face inférieure du mésolobe, se porte sur le trigone cérébral, établit une connexion entre ces deux parties et sépare les ventricules l'un de l'autre. Cette cloison ventriculaire est composée de deux lames médullaires fibreuses, très-minces, et qui laissent entre elles un écartement plus ou moins grand, appelé le ventricule du septum. Parfois ce ventricule ne forme qu'une fente allongée et fort peu développée; d'autres fois, il a une certaine capacité, et contient un fluide séreux assez abondant.

Le *trigone cérébral*, plus communément le *triangle médullaire*, ou la *voûte à trois piliers*, que l'on aperçoit dès qu'on a découvert les grands ventricules, est une partie impaire, blanche, et qui a la forme d'un triangle équilatéral, dont un des angles est en devant et les deux autres en arrière. Cette production cérébrale, remarquable par son étendue, sa forme et sa texture, est composée de substance molle, blanche et fibreuse.

Le pédoncule, ou pilier antérieur du trigone, composé de deux cordons, s'enfonce du côté de la face inférieure du cerveau en décrivant un arc, et se termine au tubercule pisiforme par les deux cordons, qui sont d'abord adossés l'un contre l'autre, mais qui s'écartent bien avant leur terminaison. En arrière de ce gros pédoncule est une ouverture ovalaire, à la faveur de laquelle les ventricules latéraux communiquent avec le ventricule moyen, et qui donne naissance à la fente longitudinale des grands ventricules. Les pédoncules ou piliers postérieurs du trigone, l'un droit, l'autre gauche, se terminent dans le bas-fond des ventricules, et fournissent, chacun de leur côté, deux prolongements fibreux : l'un, court et mince, se perd dans la lame blanche de la concavité inférieure du ventricule; l'autre, très-long, constitue la bandelette aplatie, dont est pourvu le bord concave de la protubérance cylindroïde, et que l'on appelle communément le *corps frangé* ou *bordé*.

La face supérieure du trigone, un peu convexe et contiguë au mésocéphale, donne attache dans son milieu au septum médian et lui sert de base; la face inférieure, concave, est appliquée sur les protubérances cylindroïdes; vers l'angle antérieur, cette dernière face présente plusieurs lignes droites et obliques, dont l'ensemble est désigné sous le nom de *lyre* ou *corps psalloïde*.

Les *protubérances cylindroïdes*, *les cornes d'Ammon*, *les hippocampes* sont deux grosses éminences oblongues et arquées qui occupent la partie postérieure et recourbée des ventricules latéraux. Chaque protubérance se termine antérieurement par deux, trois et quelquefois quatre tubercules, séparés par de légers sillons; son bord externe, convexe, arrondi et saillant, est circonscrit par un sillon très-marqué; tandis que son bord interne, concave, est surmonté par la bandelette, qui constitue le corps frangé et qui est unie, accompagnée par un cordonnet denticulé, grenu, rougeâtre; ce cordonnet fait partie du plexus choroïde, et a été désigné Vicq-d'Azir sous le nom de *portion godronnée* ou *bord interne et dentelé* de la corne d'Ammon. Chaque protubérance a pour base une circonvolution cérébrale, bifurquée postérieurement et formée d'une substance grise; antérieurement et du côté de la cavité ventriculaire, elle est recouverte par le trigone cérébral, qui n'est lui-même qu'un épanouissement du mésolobe.

Le *plexus choroïde*, expansion membrano-vasculaire, rougeâtre, se glisse sous les protubérances cylindroïdes, et pénétre dans les cavités ventriculaires à la faveur de leur fente inférieure. On peut y distinguer deux parties : l'une, fixe, forme une enveloppe qui recouvre les couches oculaires et sépare les protubérances précitées d'avec ces couches; l'autre, flottante, onduleuse et rouge, se montre dans les ventricules, et se prolonge jusqu'à l'angle antérieur du trigone, en suivant la direction des fentes ventriculaires, qu'elle recouvre dans une grande partie de leur étendue.

Le plexus choroïde offre communément dans plusieurs points de sa surface différents petits corps vasculaires, et devient parfois le siége de concrétions, de kystes séreux, dont le développement est toujours le résultat d'une altération particulière ; il est formé principalement par un lacis vasculaire, qui est soutenu, enveloppé par un prolongement de la pie-mère. Cette lame membraneuse, que l'on appelle la *toile choroïdienne*, revêt toute la surface des ventricules, et concourt à réunir les parties qui y sont contenues; dans son milieu et suivant la direction de la ligne médiane, le plexus choroïde offre un tissu plus serré et forme une espèce de cordon longitudinal.

Le corps *strié* ou *cannelé*, éminence oblongue, grisâtre, d'une forme conique, occupe la partie supérieure moyenne et externe de chaque grand ventricule ; à partir de sa base antérieure et interne, il monte en décroissant, se dévie en dehors et se termine en pointe. Cette protubérance, que MM. Gall et Spurzheim considèrent comme un ganglion, est formée par un mélange de substance blanche et grise, disposée par stries longitudinales et alternatives. En procédant avec un peu de soin à la dissection des corps striés, on observe que toutes les bandelettes blanches se continuent avec les faisceaux primitifs des pédoncules du cerveau et des couches ethmoïdales.

La *bandelette du corps strié* (*double centre semicirculaire de Vieussens*), fibreuse, dense et étroite, se prolonge le long du bord interne de la protubérance striée, en dehors de la couche du nerf oculaire ; elle a la forme d'un cordon aplati, un peu plus épais antérieurement qu'à sa partie supérieure, qui se contourne dans le bas-fond du ventricule et s'y perd en s'amincissant peu à peu.

Les *couches oculaires* ou *optiques* sont deux grosses protubérances blanchâtres, accolées l'une contre l'autre, situées en dedans et en arrière des corps striés et des bandelettes demi-circulaires ; leur face supérieure, inégalement convexe et enveloppée par le plexus choroïde, supporte en quelque sorte les protubérances cylindroïdes ; elle offre, 1° latéralement et sur chaque couche, un tubercule ou renflement ovoïde ; 2° dans son milieu et sur l'adossement des couches, un canal angulaire allongé, qui est bordé par deux filets médullaires, est recouvert par le cordon médian du plexus choroïde, et se termine à deux ouvertures, l'une antérieure et l'autre postérieure.

Ces deux éminences, qui concourent à la formation des nerfs optiques, sont disposées sur un plan très-oblique de dedans en dehors et de haut en bas; elles ont une structure analogue à celle des corps cannelés, et sont formées d'un grand nombre de stries médullaires déliées, séparées les unes des autres par de la pulpe grise. Parmi ces stries, les unes descendent dans les pédoncules, d'autres forment des faisceaux qui s'étendent en arrière dans le bulbe du prolongement rachidien, d'autres enfin vont concourir à la formation des nerfs optiques. Par leur adossement réciproque, les couches oculaires forment les parois latérales du troisième ventricule, et elles sont unies entre elles par une bandelette transversale, située vers leur partie moyenne et antérieure.

Les deux *ouvertures communes* précédemment indiquées limitent en avant et en arriére l'adossement des couches oculaires, ainsi que le canal angulaire et le troisième ventricule : l'une, *antérieure*, ovalaire et située sous le pilier antérieur du trigone cérébral, établit la communication des grands ventricules latéraux avec le troisième, et se trouve bordée en devant par un cordon cylindrique, la *commissure antérieure*. L'*ouverture postérieure*, ronde, est formée en arriére par un autre cordon blanc, qui constitue la *commissure postérieure*.

La commissure antérieure, gros cordon fibreux et courbé en manière d'arc, est située transversale-

ment derrière le pilier antérieur du trigone cérébral, s'épanouit par ses extrémités dans les corps
striés, se propage jusqu'au mésolobe et aux pédoncules du cerveau, et concourt à réunir les deux
lobes.

La commissure postérieure, plus courte, mais
plus grosse que la précédente, se perd dans les hémisphères, et forme l'une des limites du cerveau.

Le *troisième ventricule*, qui résulte de l'écartement que laissent entre elles les couches oculaires,
est une petite cavité oblongue, impaire, située dans
la direction de la ligne médiane et à l'opposé du
canal angulaire. Ce ventricule intermédiaire, dont
les parois latérales sont formées par l'adossement
des deux couches oculaires, est borné à ses extrémités par les ouvertures communes; antérieurement il se termine par un canal évasé en haut, ré-
tréci en bas; c'est l'*infundibulum* qui tient une
direction oblique, et s'enfonce dans la tige sus-sphénoïdale jusque dans la glande pituitaire, qu'il ne
pénètre que très-légèrement. Postérieurement et au
niveau de l'ouverture commune supérieure, il rencontre le canal intermédiaire, qui va communiquer
avec le ventricule du cervelet, en passant sous l'adossement des tubercules bigéminés et sous la valvule
du cervelet.

Le *conarium* ou la *glande pinéale*, dernier objet
à considérer, est un petit corps oblong, d'une forme
conique, d'une couleur grisâtre, d'une consistance
molle, et qui est fixé par deux pédicelles grèles, immédiatement au-dessus et en arrière de l'ouverture

commune postérieure. Cette partie, dont le volume varie, est logée dans un enfoncement particulier, où elle est maintenue au moyen du plexus choroïde, qui l'embrasse, la pénètre par une multitude de filaments et l'affermit dans sa situation. Elle est toujours inclinée de haut en bas et d'arrière en avant; sa base inférieure et antérieure présente dans son milieu une cavité très-superficielle; elle offre à ses côtés les stries médullaires qui constituent ses pédicelles et concourent à former la tige sus-sphénoïdale: ces deux filets, blancs, passent sur la commissure postérieure, et fournissent ensuite les bordures du canal angulaire.

La structure de la glande pinéale est inconnue; ce corps reçoit un grand nombre de vaisseaux et renferme ordinairement de petites concrétions graniformes, très-dures et variables, tant dans leur nombre que dans leur disposition.

§ III. *Du cervelet.*

Le cervelet, dont le volume n'équivaut qu'au sixième ou environ de celui du cerveau, constitue un organe sphéroïde, grisâtre, ondulé et logé dans la fosse occipitale. Situé en arrière de la protubérance pariétale, il remplit exactement cette cavité, en prend le contour et la forme, fournit latéralement deux prolongements ou pédoncules blancs, par lesquels il se termine au mésocéphale et au bulbe du prolongement rachidien.

Sa surface extérieure, irrégulièrement arrondie, est divisée par deux sillons longitudinaux, larges, mais peu profonds, en trois principaux lobes, un moyen et deux latéraux. 1° Le *lobe* moyen ou *médian* se prolonge entre les deux sillons précédents et se replie à la partie inférieure tant en avant qu'en arrière, de manière qu'il embrasse toute la masse du cervelet, constitue un cercle ouvert en dessous, et dont les deux extrémités arrondies se touchent et concourent à former les parois supérieures du quatrième ventricule. Cette protubérance circulaire, dont la surface est très-inégale, offre communément, vers le milieu de sa longueur et à la hauteur des lobes latéraux, une dépression qui semble la partager en deux segments ou arcs à peu près égaux, sur chacun desquels on distingue deux éminences dites *vermiformes*, l'une supérieure et l'autre inférieure, véritable appendice courbé sous le cervelet.

Le lobe moyen est composé d'une multitude de lobules; chacun de ces lobules est lui-même formé par une succession de lames grises, généralement transversales, concentriques, placées de champ les unes contre les autres, séparées par des sillons étroits, et maintenues rapprochées par le feuillet viscéral de l'arachnoïde. En écartant ces lames principales, on aperçoit d'autres lames plus petites et plus minces entièrement cachées dans les sillons, et ayant toutes une hauteur inégale.

2° Les *lobes latéraux*, l'un droit, l'autre gauche, sont deux protubérances inégalement arrondies, et composées de plusieurs lobules irréguliers, qui forment de petites circonvolutions semblables à celles de l'intestin.

Ces lobules, séparés par des anfractuosités, présentent une série de lames grises disposées de la même manière que celle du lobe circulaire, et qui sont de même tapissées par la pie-mère, tandis que le feuillet interne de l'arachnoïde les maintient les unes contre les autres.

Chaque lobe latéral est en quelque sorte attaché, fixé sur un gros cordon blanc; c'est le pédoncule du cervelet qui se continue en bas dans le mésocéphale et dans le bulbe du prolongement rachidien.

Enfin la surface extérieure des lobes latéraux, qui sont séparés des pédoncules par un sillon irrégulier, laisse voir postérieurement et inférieurement une partie du plexus choroïde du cervelet.

Organisation particulière. — Le cervelet est composé, comme le cerveau, de substance cendrée et de substance blanche; la pulpe grise, plus abondante, plus rouge et plus vasculaire que celle du cerveau, forme l'écorce extérieure, tandis que la substance blanche constitue le centre de l'organe. Ainsi disposées par couches superposées, ces deux substances produisent les lames concentriques de la surface extérieure; elles laissent voir intérieurement la grande lame médullaire, dont les prolongements ou ramifications constituent l'*arbre de vie*. Cette lame médullaire, fibreuse et plus blanche que la substance médullaire du cerveau, forme les parois supérieures du ventricule du cervelet, sert de centre de réunion aux prolongements arbusculeux et donne naissance aux pédoncules du cervelet.

Les *pédoncules*, plus communément les *bras du cervelet*, sont deux gros faisceaux fibreux, blancs, qui résultent de la réunion des fibres de la lame précédente, sont situés sous les lobes latéraux, et se distinguent en droit et en gauche. Chacun de ces faisceaux, convexe et arrondi sur le côté externe, aplati et légèrement excavé sur le côté interne, porte intérieurement un *noyau* ovoïde, jaunâtre et denticulé (corps dentelé, noyau central des pédoncules); chacun d'eux se partage en trois parties ou pédoncules distincts, dont le premier, le plus gros, le plus épais, se prolonge dans le mésocéphale, et forme la couche transversale et inférieure de la protubérance annulaire. Le second de ces pédoncules (pédoncule supérieur), beaucoup moins considérable que le premier, se dirige en avant sur la face supérieure du mésocéphale, concourt à former par son épanouissement la lame blanche, *valvule du cervelet*, ainsi que les tubercules bigéminés. Le troisième, postérieur et plus long (*racine du cervelet*), se porte au bulbe du prolongement rachidien, où il décrit une saillie arrondie.

Le *ventricule du cervelet* ou *quatrième ventricule*, cavité allongée qui fait suite au canal intermédiaire et se prolonge en arrière dans la direction du plan médian, est formé tout à la fois par le cervelet, par le mésocéphale et par le bulbe rachidien. Ses parois supérieures sont dues antérieurement à la valvule du cervelet, et postérieurement à la face inférieure du même organe ; cette dernière partie présente dans son milieu une cavité arrondie, d'une certaine profondeur, et cette cavité, pratiquée dans le centre médullaire, est bornée en avant et en arrière par les appendices vermiformes du lobe longitudinal. Les parois latérales du même ventricule sont bornées par les pédoncules du cervelet, dont les faisceaux forment, en s'écartant, une excavation; la paroi inférieure, divisée par un sillon longitudinal, commence au-dessous et en arrière des tubercules du mésocéphale, laisse voir des stries médullaires, qui concourent à la formation du nerf auditif; elle s'étend sur le bulbe rachidien, jusqu'au niveau du grand trou occipital, et se termine par un angle aigu, que l'on appelle la *fossette angulaire* ou le *calamus scriptorius*, dont l'extrémité a été comparée au *bec d'une plume*.

La *valvule du cervelet*, plus communément *valvule de Vieussens*, est une longue lame blanche, membraniforme, qui naît des tubercules du mésocéphale, passe sous l'appendice antérieur et inférieur du lobe moyen, et se termine à la voûte de la concavité supérieure du ventricule. Cette lame est composée de fibrilles et de lamines transversales, grisâtres, entrecoupées dans le milieu par un trait longitudinal et médian ; sous son origine, on remarque l'orifice postérieur du canal intermédiaire, qui passe sous les tubercules du mésocéphale, et communique avec le troisième ventricule.

Le *plexus choroïde*, dont l'organisation est la même que celle du plexus choroïde des grands ventricules du cerveau, constitue un prolongement vasculaire, très-rouge, grenu, et fixé en travers à la partie postérieure du quatrième ventricule, entre les lobes du cervelet et le bulbe rachidien. On y distingue trois portions : l'une, intermédiaire ou moyenne, entoure l'extrémité postérieure du ventricule, et concourt à former ses parois ; les deux autres, plus grosses, plus grenues, sont fixées, l'une à droite et l'autre à gauche, sur les côtés de la scissure qui sépare le cervelet d'avec le mésocéphale.

§ IV. *Du mésocéphale ou de la protubérance cérébrale.*

Situé entre le cerveau et le cervelet et en avant du bulbe rachidien, le mésocéphale forme la partie centrale et la moins considérable de la masse encéphalique ; il est circonscrit du côté du cerveau, inférieurement par un sillon circulaire, plus profond dans le milieu qu'à ses parties latérales ; en haut et vers les lobes du cerveau, par la commissure postérieure ; du côté du cervelet, ses limites sont tracées par la base des pédoncules ; en arrière et en bas, elles sont marquées par un étranglement demi-circulaire, qui est le point où commence le prolongement rachidien.

Sa *face inférieure*, posée sur la base du crâne, présente une grosse éminence, blanche, arrondie, transversale, déprimée dans son milieu par un sillon et appelée *protubérance annulaire*, communément le *pont de Varole*. Sa *face supérieure* laisse voir deux parties distinctes par leur figure et leur situation : l'une postérieure, légèrement excavée, concourt à former la paroi inférieure du quatrième ventricule ; l'autre, antérieure, présente quatre *tubercules bigéminés (tubercules quadrijumeaux)*, blancs à l'extérieur, gris à l'intérieur, oblongs, arrondis, rapprochés par paires l'un contre l'autre, et séparés par deux sillons, qui se coupent crucialement. Ces tubercules, dont le volume variable est toujours, selon Chaussier, en raison inverse de celui de la protubérance annulaire, sont situés immédiatement derrière la commissure postérieure du cerveau et sous le conarium ; on les distingue en deux supérieurs (*nates*), deux inférieurs (*testes*); ceux-ci sont généralement moins saillants et plus petits. Sous l'adossement de ces tubercules on découvre le canal intermédiaire, qui se prolonge du troisième au quatrième ventricule ; c'est aussi à leur partie postérieure que l'on remarque la valvule de Vieussens.

Organisation. — La substance du mésocéphale, presque entièrement blanche, est plus ferme, plus colorée que celle des autres parties de l'organe encéphalique. Sa structure très-complexe, difficile à débrouiller, présente une multitude de lames ou fibres blanches qui affectent différentes directions, se réunissent en quelques points, se rapprochent dans d'autres. Ces fibres, qui émanent principalement des pédoncules du cervelet, sont entremêlées, dans certains endroits, d'une substance pulpeuse, grise ou jaunâtre. La protubérance annulaire, dont la surface extérieure est divisée en deux éminences par un sillon large, mais peu profond, offre cinq couches ou plans successifs de faisceaux fibreux. Le premier, le plus inférieur et composé de fibres transversales, provient des pédoncules du cervelet et forme la couche corticale; le second plan longitudinal constitue deux bandes situées sur les côtés de la ligne médiane, et qui s'étendent des pyramides antérieures aux pédoncules du cerveau; le troisième, dont les fibres sont transversales et mêlées d'une certaine quantité de pulpe jaunâtre, provient des pédoncules du cervelet; le quatrième a la même direction que le second, et ses fibres vont des corps olivaires aux pédoncules du cerveau; le cinquième et dernier plan, dont les fibres sont obliques et fournies par les pédoncules du cervelet, forme principalement la paroi inférieure du quatrième ventricule.

Les tubercules du mésocéphale, dont l'intérieur est composé d'un grand mélange de substance blanche et de substance grisâtre, présentent aussi deux plans de fibres médullaires : le premier plan est formé par l'épanouissement du faisceau antérieur du pédoncule du cervelet, tandis que le second émane du bord externe et postérieur de la couche oculaire.

§ V. *De la moelle épinière.*

La *moelle épinière*, *moelle vertébrale*, *prolongement rachidien*, est un gros et très-long cordon cylindroïque, qui s'étend depuis la protubérance annulaire du mésocéphale, en passant par le grand trou de l'occipital, et se prolonge dans le canal rachidien, jusque vers le milieu de la longueur du sacrum; dans son trajet, ce faisceau fournit une grande quantité de nerfs qui s'échappent par les trous intervertébraux.

On y distingue trois portions, un corps ou partie moyenne et deux extrémités, dont une antérieure ou céphalique, et l'autre postérieure ou sacrée.

1° L'*extrémité antérieure* ou *céphalique* forme, depuis la protubérance annulaire jusqu'au grand trou de l'occipital, une portion renflée, déprimée de dessus en dessous, plus grosse et plus large du côté du mésocéphale, terminée postérieurement par un rétrécissement ou collet circulaire peu sensible; cette première portion est appelée le *bulbe rachidien*, auquel on reconnaît deux faces et deux côtés. La face inférieure, logée dans la scissure longitudinale du prolongement sous-occipital, est partagée dans son milieu par un sillon médian qui parcourt tout le prolongement rachidien; elle présente quatre éminences allongées, disposées symétriquement: deux, placées sur les côtés de la rainure médiane, semblent se diriger vers la protubérance annulaire, où elles sont plus larges; elles se dessinent sur toute la longueur du bulbe et se perdent insensiblement dans son tissu : ces éminences, peu saillantes, mais marquées par un tissu plus blanc et fibreux, sont appelées *médianes*, ou les *corps pyramidaux inférieurs*. En écartant les lèvres du sillon qui sépare les pyramides, on aperçoit une décussation ou entre-croisement considérable de fibres. La face supérieure de cette partie céphalique participe à la formation du ventricule du cervelet; elle offre dans son milieu le *calamus scriptorius*, et de chaque côté deux éminences oblongues, blanchâtres ; ce sont les *pyramides supérieures*, continues antérieurement avec les pédoncules du cervelet. Entre les pyramides supérieures et les pyramides inférieures, à droite et à gauche, se montrent deux éminences peu apparentes dans les animaux, qu'on nomme corps *olivaires* à cause de leur forme. Ces deux éminences, bornées en dedans par une légère dépression, sont blanchâtres, oblongues, recouvertes, à leur origine et proche du mésocéphale, par une bandelette transversale ; et elles portent intérieurement un noyau festonné, d'une couleur grisâtre.

2° Le *corps* du prolongement rachidien, déprimé de haut en bas, et partagé sur chacune de ses faces, par un sillon médian, en deux cordons symétriques, ne remplit pas exactement le canal vertébral et offre plusieurs renflements remarquables. Le premier des renflements, qui se voit à la suite du bulbe, diminue jusqu'à la troisième vertèbre cervicale ; le second, le plus considérable, s'étend depuis la cinquième vertèbre de l'encolure jusqu'à la première vertèbre dorsale ; le dernier, fusiforme, se trouve vers la partie postérieure des lombes , et fournit la pointe allongée et pyramidale qui constitue l'extrémité sacrée du prolongement.

La moelle épinière, dont la face inférieure repose sur le corps des vertèbres, laisse voir une multitude de replis ou sillons transversaux, qui favorisent son allongement et son raccourcissement ; elle est soutenue, fixée dans le canal rachidien, principalement par l'arrangement et la disposition particulière des enveloppes qui ont été décrites.

3° *L'extrémité lombaire* de la moelle épinière se termine par une pointe pyramidale qui s'étend en arrière au milieu d'une touffe de cordons nerveux mêlés et accompagnés de vaisseaux.

Organisation de la moelle épinière. Cette moelle se compose de deux cordons longitudinaux, qu'il est facile de séparer en déchirant la commissure formée par les faisceaux blanchâtres, et qui, en se portant de l'un à l'autre, les réunit inférieurement. Si, après avoir rompu l'accolement marqué par le sillon supérieur, l'on veut examiner chacun de ces cordons, on voit qu'ils résultent eux-mêmes de la superposition de trois autres cordons correspondant exactement de chaque côté à trois des six éminences observées sur la partie céphalique de la moelle. Ainsi les cordons supérieurs ne sont que la continuité des pyramides supérieures; les cordons moyens naissent des corps olivaires, et les inférieurs des pyramides inférieures. Ces trois cordons, principalement composés de substance blanche, forment, en se roulant de dessus en dessous, une espèce de volute qui renferme une substance grise, molle et facile à désunir. C'est la partie centrale et vasculaire de la moelle, enveloppée de tous côtés par la substance blanche, de laquelle il est facile de la séparer, en déroulant celle-ci, qui peut s'aplatir comme un ruban. Toutefois, cette pulpe grise est plus considérable aux deux renflements cervical et lombaire que partout ailleurs. Cette disposition fasciculée de la moelle vertébrale a donné lieu à de nombreuses et importantes recherches, tant dans l'homme que dans les animaux. Selon les anatomistes qui se sont plus particulièrement livrés à ces recherches, chacun des trois faisceaux constituant les cordons latéraux de la moelle donne naissance à des nerfs, affectés à des fonctions spéciales. Ainsi les cordons provenant des pyramides supérieures donneraient naissance aux nerfs de la sensibilité; les cordons moyens émanant des corps olivaires seraient le point d'origine des nerfs présidant à la respiration, à la circulation, etc., et autres fonctions organiques; enfin les cordons inférieurs fournis par les éminences pyramidales inférieures formeraient les nerfs du mouvement.

Toutefois la moelle épinière est chargée de transmettre au cerveau les impressions qu'elle reçoit; elle fournit aux muscles une grande partie de leurs nerfs et leur communique l'impulsion qui détermine les mouvements volontaires; enfin la moelle vertébrale exerce une influence remarquable sur les principales fonctions de la vie organique.

Mode de développement. Les différentes parties que nous venons de passer en revue et dont l'ensemble constitue l'encéphale ne s'organisent pas toutes à la fois, ou du moins toutes ne sont pas visibles en même temps. L'examen anatomique des fœtus et des jeunes sujets a fait connaître l'époque à laquelle chacune des portions de l'organe encéphalique commence à être ébauchée.

La moelle épinière se montre la première sous

la forme d'un liquide transparent et assez semblable à du blanc d'œuf. Elle ne tarde pas à s'épaissir et à prendre la consistance d'une pulpe. Elle est creusée en arrière par un canal qui s'élève jusqu'au bulbe, et forme en s'épanouissant le quatrième ventricule.

On peut distinguer deux principales époques dans la formation des productions qui occupent la cavité du crâne.

1° Les molécules qui viennent se grouper autour du sommet de la moelle épinière se disposent, s'arrangent en lamelles déliées, dont deux représentent le cervelet, deux autres les tubercules bigéminés, et deux autres, plus allongées, sont les éléments des pédoncules du cerveau. On n'aperçoit pas encore de protubérance cérébrale. Une sorte d'épanouissement effectué au sommet du noyau rudimentaire des pédoncules du cerveau marque la place des couches optiques; de nouvelles molécules, déposées à côté de ces couches, deviennent les éléments des corps striés. Il n'y a point encore de lobes, et toutes les éminencees que nous venons d'indiquer se trouvent à découvert. Les lobes cérébraux ne tardent pas à pulluler sur les corps striés, ils s'élèvent et se recourbent de dehors en dedans sous la forme de petits appendices nombreux.

En second lieu, la moelle épinière acquiert des fibres ; les pyramides supérieures, les olives, les pyramides inférieures se dessinent légèrement. On voit les faisceaux pyramidaux inférieurs changer de côté ou s'entre-croiser, puis aller grossir les pédoncules cérébraux, tandis que les faisceaux pyramidaux supérieurs forment les pédoncules du cervelet et renforcent singulièrement cet organe ; en même temps les faisceaux olivaires renforcent les pédoncules du cerveau, ainsi que les tubercules bigéminés. La protubérance cérébrale apparaît ; les couches optiques, les corps striés acquièrent un grossissement considérable. Les lobes et lobules, le corps calleux, la commissure antérieure, les piliers antérieurs et postérieurs de la voûte, la corne d'Ammon, la bandelette demi-circulaire, enfin le septum médian se montrent les derniers. Partout la pulpe paraît blanche, et ce n'est que plus tard et lorsque déjà les circonvolutions cérébrales sont bien marquées, que l'on distingue bien la substance grise. La glande pinéale est apparente de bonne heure et dépend des tubercules bigéminés. La tige sus-sphénoïdale forme un système à part et présente un accroissement indépendant. Tout est donc successif dans le déroulement de l'encéphale, et, lorsque l'on dit que les masses les plus élevées sont une efflorescence de la moelle épinière, on veut faire entendre simplement que l'organisation procède d'arrière en avant. Ainsi, l'on dit que les lobes et toutes les parties centrales émanent des pédoncules cérébraux, pour indiquer que ces pédoncules existent les premiers et sont une base nécessaire, où les molécules se déposent graduellement pour devenir elles-mêmes le soutien de nouvelles couches moléculaires, jusqu'à ce que tout l'organe soit achevé.

Vaisseaux propres à l'encéphale. Ils sont très-multipliés et très-anastomotiques ; ils affectent une disposition particulière qu'il importe de faire connaître.

Toutes les artères de l'encéphale gagnent d'abord la face inférieure de l'organe, où elles forment une succession d'anastomoses, d'où résulte un vaisseau en quelque sorte unique, mais divisé en plusieurs endroits, et continu depuis la tige sus-sphénoïdale jusqu'au sacrum. Ces branches premières, longitudinales, dont la direction est tantôt droite, tantôt flexueuse, sont beaucoup plus grosses dans le crâne que sous le prolongement rachidien ; elles fournissent, à droite et à gauche, des ramifications qui embrassent l'organe et qui, par leurs divisions et subdivisions successives, composent un réseau très-anastomotique ; ce réseau artériel se répand sur toute la surface extérieure du cerveau, du cervelet, s'enfonce dans leurs anfractuosités, et fournit les ramuscules ténus qui pénètrent la masse encéphalique. Ces divisions artérielles reçoivent des filets du nerf trisplanchnique, qui les accompagnent, s'accolent sur leurs parois et se combinent probablement avec elles.

Les veines encéphaliques présentent aussi une disposition particulière et très-remarquable ; elles sont dépourvues de valvules, et forment des anastomoses très-nombreuses. Celles qui sont renfermées dans le crâne n'accompagnent pas les artères dans leur trajet ; elles composent un système sanguin, dont les radicules vont en se réunissant vers la surface supérieure du cerveau, et se dégorgent dans l'épaisseur de la méninge.

Fonctions. L'encéphale préside à la sensibilité, aux mouvements volontaires, aux actes de l'instinct, aux mouvemens de conservation. Dans les animaux adultes, le cerveau semble être le siége exclusif des sensations, des mouvements volontaires et de l'instinct. Dès que le cerveau est détruit, les animaux sont privés de tous les sens, paralysés de tous les membres et absolument stupides. La moelle épinière, dans les jeunes sujets, donne ordinairement des signes de sensibilité après la destruction des hémisphères; elle peut de même provoquer des mouvements volontaires.

L'hémisphère droit du cerveau excite, dans l'état normal, les mouvements, du côté gauche du corps; l'hémisphère gauche provoque ceux du côté droit.

Le cervelet paraît indispensable à la régularité des mouvements, puisque sa destruction occasionne le désordre le plus complet dans l'exécution de ces mouvements.

Enfin la moelle épinière préside aux phénomènes de la respiration et exerce une grande influence sur ceux du cœur. En outre, cette moelle est irritable, et dans certaines conditions elle peut, sans la participation de la volonté de l'animal, provoquer les convulsions les plus violentes.

ARTICLE II.

DES NERFS.

Les nerfs composent un système complexe très-étendu, qui donne des ramifications à toutes les parties, présente dans ses divisions plusieurs ganglions, divers plexus ; ce système, qui distribue partout le sentiment, comprend trois genres de nerfs, les *encéphaliques*, les *rachidiens* et les *composés*.

§ Ier. *Nerfs encéphaliques*.

Ces nerfs sont au nombre de douze de chaque côté, sortent par les trous de la base du crâne, et se distinguent par les noms numériques de première paire, deuxième paire, etc. ; on les désigne aussi par des dénominations tirées des parties principales où ils vont se ramifier.

Distincts par leur origine, leur trajet et leur distribution particulière, les nerfs encéphaliques naissent par plusieurs filets médullaires dépourvus de névrilème ; quelques-uns restent pulpeux dans toute leur étendue, mais la plupart rencontrent, avant leur sortie du crâne, les méninges, qui les enveloppent et les affermissent dans leur trajet. Ceux-ci forment, hors du crâne, des cordons blanchâtres, cylindroïdes, qui vont presque toujours en ligne directe, se divisent en branches, en rameaux, et en filets tellement déliés qu'ils deviennent imperceptibles. Ces filets de terminaison finissent, ou par s'anastomoser avec d'autres filets nerveux, ou par se perdre et se combiner dans le tissu des organes, sans qu'on sache précisément de quelle manière. Le nerf oculaire présente une disposition particulière : ce nerf, gros cordon cylindrique, dont le névrilème forme intérieurement une multitude de petits tuyaux unis ensemble, se termine, dans l'intérieur du globe, par une expansion pulpeuse appelée la *rétine*. Les nerfs ethmoïdal et labyrinthique semblent produire un pareil épanouissement.

Première paire, ou nerf ethmoïdal.

Le *nerf ethmoïdal* ou *olfactif* se compose d'une multitude de filaments pulpeux, qui partent de l'écorce gangliforme qu'offre le bulbe de la couche ethmoïdale ; ces filets passent par les trous de la lame criblée de l'ethmoïde, se répandent et s'épanouissent dans les volutes ethmoïdales.

Deuxième paire, ou nerf oculaire.

Remarquable par sa grandeur, par sa structure et par sa terminaison, ce nerf vient de la commissure oculaire, centre de réunion et d'entre-croisement de deux cordons qui descendent des couches optiques ; il s'échappe du crâne par le trou optique, passe entre les quatre portions du muscle droit postérieur, et se plonge dans l'intérieur de l'œil, où il forme d'une part la rétine, et où son névrilème semble s'identifier avec le tissu de la sclérotique.

Considéré depuis le trou optique jusqu'au bulbe de l'œil, il décrit deux inflexions plus ou moins marquées, ne fournit nulle division, et présente un névrilème remarquable tant par sa blancheur que par sa texture serrée : ce névrilème, plus fort, plus épais que celui des autres nerfs, fournit, à sa face interne, de petites lames qui forment divers tuyaux, dans lesquels est disséminée la substance pulpeuse du nerf.

Troisième paire, ou nerf oculo-musculaire commun.

Cette troisième paire s'élève de la face inférieure du pédoncule du cerveau par plusieurs filets menus et mous, qui s'unissent bientôt et forment un cordon aplati ; celui-ci se rétrécit, s'arrondit, se porte en avant sous le cerveau, sort du crâne par le trou sus-sphénoïdal, et se distribue à la majeure partie des muscles de l'œil. Dans la scissure sus-sphénoïdal, il se divise en deux branches : l'une, supérieure, envoie des rameaux aux muscles droit supérieur, droit postérieur et orbito-palpébral ; la deuxième branche, inférieure et plus grosse, fournit, 1° des divisions aux muscles droit interne et droit inférieur, aux portions interne et inférieure du muscle droit postérieur ; 2° un long rameau au muscle petit oblique ; 3° enfin des filets ténus au ganglion orbitaire.

Quatrième paire, ou nerf oculo-musculaire interne.

Cordon très-grêle, cylindrique, et uniquement destiné pour le muscle grand oblique de l'œil, le nerf de la quatrième paire se détache de l'encéphale, derrière les tubercules bigéminés et tout près de la valvule du cervelet ; il se porte de dedans en dehors, se contourne sous les pédoncules du cerveau, s'engage dans un canal particulier, passe dans un petit trou situé tout près et en dehors du conduit sus-sphénoïdal, et il se plonge entièrement dans la substance du muscle grand oblique, en formant des divisions.

Cinquième paire, ou nerf trifacial.

Ce nerf, très-étendu, très-rameux et destiné à porter la sensibilité dans toutes les parties où il se distribue, provient des pédoncules du cervelet par un gros cordon composé de l'assemblage d'une multitude de filets ou racines, qui se réunissent bientôt à un renflement gangliforme, d'où émanent trois branches distinctes.

A. La *branche orbito-frontale*, qui est la plus petite des trois divisions, se porte en avant sous le cerveau, et suit la direction du cordon de la troisième paire; parvenue dans le fond de l'orbite, elle fournit trois principaux rameaux; le *palpébro-frontal*, le *lacrymal* et le *palpébro-nasal*.

1° Le *nerf palpébro-frontal*, plus communément *sourcilier*, côtoie les parois internes de l'orbite, passe par le trou sourcilier, et se termine par divers filets dans les muscles et téguments du front. Avant sa sortie de l'orbite, il envoie un rameau à la paupière supérieure, divers filets menus aux follicules ciliaires; parmi ces ramifications terminales, qui ont lieu sur le front, on distingue un rameau, qui monte et gagne le plexus auriculaire antérieur.

2° Le *nerf lacrymal* présente deux principaux rameaux, dont un comprend divers filets déliés, qui vont à la glande lacrymale, à la paupière supérieure et à la conjonctive. Le second rameau, que l'on peut appeler *cutané temporal*, se porte de dedans en dehors contre le tissu graisseux de la fosse temporale, et monte vers le plexus auriculaire antérieur, où il fournit divers filets anastomotiques et cutanés.

3° Le *nerf palpébro-nasal*, plus gros que le lacrymal, se contourne dans le fond de l'orbite, entre les muscles droit interne et droit postérieur ; après avoir décrit une anse, il enfile le trou orbitaire, passe dans la scissure située en dehors de la lame de l'ethmoïde, et se glisse contre la méninge jusque dans la cavité nasale ; il envoie d'abord un ou deux filets au ganglion orbitaire, fournit ensuite deux rameaux, dont le plus grêle gagne le corps clignotant ; tandis que l'autre, plus gros et plus long, se dirige vers l'angle nasal de l'œil, où il se termine par des filets déliés.

Dans l'intérieur du nez, le nerf palpébro-nasal se divise en une multitude de ramifications, qui se dispersent dans les cellules ethmoïdales, dans les sinus frontaux, sur les cornets, sur la cloison nasale, et y forment diverses anastomoses.

B. La *branche sus-maxillaire* de la cinquième paire, beaucoup plus considérable que la branche orbito-frontale, se porte en avant sous le cerveau, passe dans le conduit sus-sphénoïdal, dans la scissure sous-orbitaire, enfile ensuite le conduit sus-maxillaire, et va se ramifier dans le tissu des ailes du nez et de la lèvre supérieure.. Vers son origine, cette branche conserve une texture gangliforme, qui disparaît dans le conduit sus-sphénoïdal ; un peu en bas de l'orbite, elle reçoit plusieurs rameaux courts et gros, qui viennent du ganglion sphéno-palatin.

Dès sa sortie du crâne, la branche sus-maxillaire commence à donner des ramifications, parmi lesquelles on distingue, 1° un gros rameau *orbito-nasal*, qui s'échappe du fond de l'orbite et se dirige vers l'angle nasal ; après avoir fourni divers filets ténus pour la paupière inférieure et pour le réservoir lacrymal, ce cordon sort de l'orbite, et se ramifie sous la peau de l'angle temporal, dans le tissu du muscle orbiculaire des paupières ; 2° divers filets courts et déliés, qui partent de la face inférieure de la branche sus-maxillaire, à l'opposé du nerf orbito-nasal, et se rendent dans le ganglion sphéno-palatin ; 3° plusieurs autres petits filets longs, qui descendent et s'insinuent dans l'os sus-maxillaire ; deux de ces filets, supérieurs, vont aux deux dernières dents molaires, tandis que les inférieurs se portent dans le tissu intérieur de la protubérance sus-maxillaire.

Vers l'extrémité de la scissure sous-orbitaire et proche du conduit sus-maxillaire, la branche dont nous nous occupons laisse échapper de sa face interne trois nerfs principaux, le nasal, le staphylin, le palatin, et ces nerfs reçoivent chacun un filet provenant du ganglion sphéno-palatin.

1° Le *nerf nasal*, le plus gros et le plus rameux, enfile le trou nasal, et parvient dans la narine, où il se partage en deux portions, composées chacune de plusieurs filets ; de ces deux parties l'une est destinée pour la paroi externe de la cavité nasale, et l'autre pour la paroi interne. Parmi les ramifications de cette dernière portion, on doit distinguer un cordon longitudinal, qui suit la direction du bord inférieur de la cloison nasale, et s'étend jusqu'à l'extrémité inférieure des ouvertures incisives. Ce rameau, parvenu auprès des ouvertures incisives, envoie un gros filet court à un ganglion oblong, logé dans une fossette particulière. Ce ganglion, appelé *naso-palatin*, reçoit un filet menu du nerf trisplanchnique, et un autre filet du nerf palatin ; il sert de point de réunion entre ces différents nerfs et établit une communication particulière de la membrane nasale avec celle du palais.

2° Le *nerf staphylin*, qui est le plus grêle, suit la direction de l'os ptérygoïdien, et se ramifie dans le tissu du voile du palais.

3° Le *nerf palatin* enfile le conduit de ce nom, s'accole avec l'artère palato-labiale, et se propage jusqu'auprès des dents incisives ; dans son trajet, il laisse échapper divers filets déliés pour la membrane du palais, et donne un filet court au ganglion naso-palatin.

Dans l'intérieur du conduit sus-maxillaire, la branche du même nom fournit les filets dentaires et médullaires des os sus-maxillaires. Hors du conduit, elle forme une multitude de ramifications, dont les unes gagnent les ailes des naseaux et envoient des rameaux récurrents dans l'intérieur du nez ; les autres divisions, plus nombreuses et radiées, se plongent dans la substance de la lèvre supérieure.

C. La *branche maxillaire*, la plus grosse des trois divisions du nerf trifacial, s'échappe par l'un des trous de l'hiatus occipito-temporal, se dirige en avant et en bas, à travers le muscle sphéno-maxillaire, et passe dans le conduit maxillaire, au delà duquel elle se plonge et se termine dans la lèvre inférieure par des divisions radiées. Parvenue contre l'articulation maxillo-temporale, elle fournit en même temps les nerfs sous-zygomatique, temporo-musculaires profonds, ptérygo - musculaire et bucco-labial. Avant d'atteindre le conduit osseux, elle donne un rameau mylo-hyoïdien et le nerf lingual; le long du même conduit, elle envoie les filets dentaires et médullaires de l'os maxillaire.

a. Le *nerf sous-zygomatique*, gros cordon plexiforme et sympathique, se contourne derrière le col du condyle maxillaire, suit la direction de l'épine zygomatique, se ramifie sur le muscle zygomato-maxillaire, et fournit divers filets cutanés au chanfrein. Ce nerf, dont les ramifications concourent à former le plexus sous - zygomatique, donne des filets musculaires et cutanés, ainsi que des rameaux anastomotiques avec des ramifications de la septième paire.

b. Les *nerfs temporo-musculaires profonds* sont deux à trois cordons qui se distribuent dans la masse charnue, fixée autour de l'articulation maxillo-temporale; le plus gros de ces cordons passe dans l'échancrure corono-condylienne et va se perdre sur la face externe de l'articulation précédente.

c. Le *ptérygo-musculaire*, nerf plus long que les précédents, mais moins gros que le cordon corono-condylien, se dirige en bas vers l'apophyse ptérygoïde et se perd dans les muscles fixés à cette éminence.

d. Le *bucco-labial*, long et gros nerf aplati, se dirige en avant, et se porte le long du bord inférieur du muscle alvéolo-labial jusqu'à la commissure des lèvres; dans son trajet, il fournit 1° divers filets menus au muscle sphéno-maxillaire; 2° une succession de filets courts, qui se plongent dans la substance de la poche alvéolaire ou des joues; 3° enfin une multitude de ramifications, qui se dispersent dans la substance de la commissure des lèvres.

e. Le *rameau mylo-hyoïdien*, peu considérable et le plus superficiel, se dirige en bas, gagne le dessous de la langue, et rampe sur toute la longueur de la face inférieure du muscle mylo-hyoïdien; dans son trajet, il forme une multitude de ramifications plexiformes, qui se plongent dans les muscles, et s'anastomosent avec un rameau du nerf hyo-glossien ou grand hypoglosse.

f. Le *nerf lingual*, cordon considérable et aplati, gagne le côté de la base de la langue, se dirige en avant par-dessous la glande sous-linguale, et se continue entre les muscles génio-glosse et kérato-glosse, jusqu'au bout de la langue. Ce nerf, avec lequel s'accole le rameau tympano-lingual, donne diverses ramifications, dont les unes se perdent dans les muscles, tandis que les autres atteignent la membrane de la langue et se distribuent dans son tissu.

g. Les *filets dentaires* et *médullaires*, nerfs très-fins et plus ou moins longs, se comportent de la même manière que les supérieurs, fournis par la branche sus-maxillaire.

Sixième paire, ou le nerf oculo-musculaire externe.

Ce nerf, peu considérable, tient le milieu, pour la grosseur, entre le cordon de la troisième paire et la branche orbito - frontale de la cinquième paire ; il s'élève, par plusieurs filets menus, de la scissure transversale qui sépare la protubérance annulaire d'avec le bulbe rachidien. Tous ces filets d'origine se réunissent bientôt en un cordon, qui s'accole avec les deux nerfs précédents, parvient avec eux dans le fond de l'orbite, où il se divise pour se terminer entièrement dans le muscle droit externe de l'œil, ainsi que dans la portion externe du droit postérieur.

Septième paire, ou le nerf facial.

Principalement destiné pour la face, ce nerf commence à côté et en arrière de l'origine de la cinquième paire, passe dans le conduit spiroïde du temporal, se contourne sur la face et se ramifie sur la surface externe du muscle zygomato-maxillaire. Dans l'intérieur du conduit spiroïde et au niveau de la cavité tympanique, il fournit deux filets remarquables, le tympano-lingual et le ptérygoïdien ; hors du conduit spiroïde, il forme un plexus gangliforme, et envoie deux filets fins, qui descendent vers la division de la carotide en trois branches : il donne les nerfs auriculaires, parotidiens, un rameau trachélien, et diverses ramifications sous-zygomatiques.

a. Le *nerf tympano-lingual* est un long filet qui passe dans l'échancrure du col du marteau, s'échappe de la cavité tympanique par un trou particulier et descend vers la langue pour s'unir avec le nerf lingual.

b. Le *rameau ptérygoïdien*, autre nerf très-menu, traverse le promontoire de la cavité tympanique, suit la direction du conduit guttural de la même cavité, et va se rendre au ganglion sphéno-palatin; en bas et contre l'os temporal, il traverse le ganglion sous-encéphalique du nerf trisplanchnique, et il en reçoit un ou deux filets, qui le fortifient; parvenu vers l'os ptérygoïdien, il enfile le conduit demi-circulaire pratiqué à la base de l'apophyse sous-sphénoïdale, et parvient, à la faveur de ce conduit osseux, jusqu'au ganglion sphéno-palatin.

c. Les nerfs auriculaires comprennent trois principaux rameaux, distingués en antérieur, postérieur et interne.

1° Le *rameau antérieur* se porte dans les muscles situés à la partie antérieure de l'oreille, et concourt, par ses divisions, à former le plexus auriculaire, qui se remarque un peu en avant et en bas du fibro-cartilage scutiforme; dans cet enlacement, il s'anastomose avec la branche orbito-frontale, et il fournit divers filets cutanés et musculaires.

2° Le *rameau postérieur*, moins considérable, gagne la partie postérieure de l'oreille, se termine, dans les muscles cervico-auriculaires, et fournit divers filets, qui se distribuent dans le tissu adipeux sur lequel repose la conque.

3° Le *rameau interne*, court et le moins gros, gagne l'intérieur de la conque et s'y divise.

d. Les *rameaux parotidiens*, dont le nombre varie de deux à trois, se perdent dans la partie supérieure de la parotide, et laissent échapper quelques filets cutanés.

e. Le *rameau trachélien*, remarquable par sa longueur et par ses divisions, se contourne en arrière et en dehors, traverse la glande parotide, descend le long du canal de l'encolure, en suivant la jugulaire, et se termine proche du sternum, dans l'épaisseur du muscle mastoïdo-huméral ; dans ce long trajet, il traverse les nerfs cutanés trachéliens, et reçoit quelques filets dont le nombre varie. En se perdant dans le muscle mastoïdo-huméral, il semble se contourner en haut et s'unir avec d'autres filets.

f. Les *ramifications sous-zygomatiques* présentent de grosses divisions aplaties, qui deviennent plus nombreuses, et s'écartent progressivement les unes des autres, en se portant en bas vers le bord inférieur et antérieur du muscle zygomato-maxillaire ; ces divisions forment, avec les ramifications moins considérables du cordon sous-zygomatique de la cinquième paire, un grand plexus, dont la disposition lui a fait donner la dénomination de *patte d'oie*. Dans ce plexus sous-zygomatique, le nerf facial fournit divers rameaux musculaires, qui se plongent dans la substance du muscle zygomato-maxillaire ; il donne aussi quelques filets cutanés et anastomotiques avec le trifacial ; plusieurs de ces rameaux se prolongent en bas, descendent sur le chanfrein, où ils se terminent par des filets cutanés

et musculaires ; la majeure partie de ces filets gagnent les muscles dilatateurs et constricteurs des
naseaux.

Huitième paire, ou le nerf labyrinthique.

Ce nerf, peu étendu, s'élève de l'encéphale, en
arrière et tout près de la septième paire, et gagne
presque immédiatement la fossette qui répond au
vestibule : c'est du fond de cette fossette que partent divers filaments pulpeux, qui parviennent, à
la faveur de très-petits trous, dans les diverses parties dont se compose le labyrinthe.

Neuvième paire, ou le nerf glosso-pharyngien.

Ce nerf, peu considérable, provient de l'encéphale par plusieurs filaments qui s'élèvent du bulbe
rachidien, un peu en bas et en arrière de l'origine
des trois précédentes paires ; ces racines s'approchent et s'unissent pour former un cordon, qui se
prolonge hors du crâne, à la faveur de l'un des
trous de l'hiatus occipito-temporal, descend sur le
côté du pharynx, d'où il se courbe en avant, et va
se perdre dans la substance de la langue. Ce nerf
envoie, 1° deux longs rameaux, qui se dirigent en
arrière et vont gagner l'origine des artères occipitale,
faciale et cérébrale antérieure ; 2° deux ou trois rameaux qui se distribuent dans la substance du pharynx ; 3° le rameau lingual, qui est une continuité
du cordon principal, suit le bord postérieur de la
grande branche hyoïdienne, se glisse sous la petite
branche, où il atteint la base de la langue et s'y
divise.

Dixième paire, ou le nerf pneumo-gastrique.

Ce nerf, dépourvu de toute sensibilité, paraît particulièrement destiné aux fonctions respiratoires, soit en portant la motilité aux muscles destinés à la respiration, soit en présidant à l'hématose, qui a lieu dans les poumons.

Très-étendu, sympathique et fort rameux, le pneumo-gastrique émane des parties latérales du bulbe rachidien, par plusieurs filets séparés, mais qui se rassemblent en un cordon, qui sort du crâne avec le nerf glosso-pharyngien. Après avoir franchi la boîte osseuse, le nerf pneumo-gastrique passe dans le milieu du plexus guttural, d'où il se dirige en arrière, s'étend le long de l'encolure derrière la trachée, pénètre dans la cavité thoracique, y fournit plusieurs divisions remarquables, et va se terminer dans l'abdomen vers la cœliaque ; presque immédiatement à sa sortie du crâne, il reçoit des filets provenant des nerfs glosso-pharyngien et trachélo-dorsal ; en cet endroit, il présente un cordon parfois un peu renflé et même grisâtre, dont les filets intérieurs se réunissent intimement et forment une sorte de plexus gangliforme.

Vers le plexus guttural, le nerf pneumo-gastrique envoie, 1° deux ou trois filets fins et courts au ganglion guttural ; 2° un ou deux rameaux *laryngés supérieurs*, auxquels s'unit un rameau du trachélo-dorsal, et qui vont se diviser dans les parois latérales du larynx ; 3° un rameau *pharyngé*, qui reçoit un filet du nerf trisplanchnique, donne un filet œsophagien, et va se diviser dans les parois du pharynx ; 4° deux rameaux à l'artère céphalique : l'un de ces cordons se porte directement à la division terminale de la carotide ; l'autre rameau, plus long, remonte le plus souvent du niveau du commencement de la trachée-artère, se courbe, décrit une anse, et revient se réunir au rameau précédent, pour concourir à former l'enlacement nerveux, qui embrasse et accompagne les divisions artérielles.

En traversant le plexus guttural, le tronc du pneumo-gastrique acquiert une certaine grosseur, qu'il conserve jusqu'aux bronches ; le long de l'encolure, il reste uni au nerf trisplanchnique par un tissu lamineux abondant, qui tient ces deux cordons unis en un seul et les accole avec l'artère céphalique. Arrivé dans la cavité thoracique, il se sépare du nerf trisplanchnique, se dévie sur le côté de la trachée, et se comporte différemment à droite et à gauche ; le tronc droit passe par-dessous et en travers des artères trachélo-occipitale et dorso-occipitale, tandis que le gauche se dirige sur le côté externe de l'aorte postérieure. Parvenu à l'origine des bronches, chacun des nerfs pneumo-gastriques forme un plexus particulier, et fournit deux principaux rameaux, l'un supérieur et l'autre inférieur ; ces rameaux s'accolent avec de pareilles divisions du nerf opposé, et forment ainsi deux cordons longitudinaux, maintenus entre les deux lames du médiastin, l'un en dessus et l'autre en dessous de l'œsophage, dont ils suivent la direction, et avec lequel ils pénètrent dans l'abdomen.

Peu après son entrée dans le thorax, chaque nerf pneumo-gastrique fournit divers rameaux au plexus trachéal ; il donne également deux ou trois filets au plexus cardiaque, après quoi il fournit le cordon trachéal récurrent, ainsi que les rameaux qui concourent à former le plexus bronchique. Outre ces divisions communes, on doit observer que le cordon pneumo-gastrique droit donne un gros rameau, qui se dirige vers la base du cœur et se ramifie dans la substance des oreillettes.

Le *plexus bronchique*, uniquement composé de ramifications provenant du tronc pneumo-gastrique, constitue un lacis, fixé contre la division des bronches, et duquel partent les filets qui pénétrent le parenchyme pulmonaire, ainsi que les rameaux qui forment les cordons œsophagiens.

Le *nerf trachéal récurrent*, ou *laryngé inférieur*, est un long rameau qui remonte le long de la trachée, jusqu'à la partie postérieure du larynx. Le cordon droit se recourbe du milieu du plexus cardiaque et se contourne derrière l'artère dorso-cervicale ; tandis que le gauche naît beaucoup plus en arrière, se sépare du tronc pneumo-gastrique vers le plexus bronchique, se contourne de dehors en dedans contre la crosse de l'aorte qu'il embrasse exactement (1). Chacun de ces nerfs récurrents

(1) En se contournant derrière les artères, les nerfs récurrents se trouvent plongés dans un amas de ganglions lymphatiques. Cette disposition, très-remarquable, ne pourrait-elle pas conduire à l'explication de certaines causes du cornage? Toutes les fois que ces ganglions sont engorgés ou dans un état d'induration, ils compriment nécessairement les nerfs qu'ils entourent.

rampe d'abord à la face inférieure de la trachée, et traverse les plexus fixés contre cette partie du canal aérien ; après avoir franchi la cavité du thorax , il gagne insensiblement le côté de la face postérieure de la trachée, contre laquelle il remonte et reste fixé par un tissu cellulaire abondant. Dans la poitrine, le nerf dont il est question laisse échapper des filets fins, qui concourent à la formation des plexus cardiaque et trachéal ; il envoie aussi un ou deux autres filets au ganglion cervical inférieur. Le long de l'encolure, il donne des divisions ténues à la trachée, ainsi qu'à l'œsophage, et il se termine dans le larynx, par une multitude de ramifications, qui se distribuent tant dans les muscles que dans la membrane de la glotte.

Les deux *cordons œsophagiens*, dont le supérieur est plus considérable que l'inférieur, se donnent réciproquement divers rameaux et fournissent des filets à l'œsophage ; en entrant dans l'abdomen, ils se ramifient autour de l'orifice cardiaque du ventricule, y forment un plexus compliqué et ganglionnaire ; après cet enlacement remarquable, ils présentent une multitude de ramifications, parmi lesquelles on doit distinguer, 1° les rameaux divers qui se répandent sur les deux faces de l'estomac ; 2° des divisions qui se dirigent vers le pylore et se portent au plexus hépatique ; 3° deux ou trois gros rameaux qui se rendent au plexus cœliaque, où ils s'enlacent et se réunissent avec des ramifications du nerf trisplanchnique.

Les ramifications des pneumo-gastriques se dis-

tribuent particulièrement dans la membrane charnue de ce viscère et excitent la contraction de cette
membrane; c'est du moins ce que semble prouver
la section des cordons œsophagiens.

Onzième paire, ou le nerf trachélo-dorsal.

Grand nerf récurrent du canal rachidien, le trachélo-dorsal se compose de plusieurs filets séparés,
qui proviennent des faisceaux inférieurs des nerfs
rachidiens. Le premier filet, dont la naissance n'a
pas toujours lieu au même point, et qui est le plus
ordinairement fourni par la cinquième paire trachélienne, grossit en remontant vers le crâne par
l'addition des nouveaux filets, dont l'union totale
en un seul cordon a lieu sur les parties latérales du
bulbe rachidien. Ainsi formé, le nerf trachélo-dorsal, ou *accessoire de Willis*, franchit le crâne par
le même trou qui livre passage au nerf pneumo-
gastrique. En se dégageant du trou, il est fortement
uni au cordon précédent, il adhère aussi au nerf
glosso-pharyngien; mais il s'en sépare bientôt et
devient libre : il descend alors vers le plexus guttural, se contourne à la face inférieure de l'atloïde,
se porte de dedans en dehors sur le côté de l'axoïde
et traverse le plexus sous-cutané trachélien; il devient ensuite surperficiel, se dirige obliquement en
arrière et en haut, et parvient à la partie supérieure
de l'épaule, où il se termine. Depuis l'axoïde jusqu'au bord antérieur de l'épaule, il suit la direction
du bord supérieur du muscle mastoïdo-huméral ;
parvenu contre l'épaule, il se porte en haut, jusque

sur le cartilage du scapulum, et se ramifie dans la substance du muscle dorso-acromien. Dans son trajet sur l'encolure, il reçoit plusieurs petits rameaux qui s'accolent avec lui et le fortifient.

A la face inférieure de l'atloïde, il fournit plusieurs divisions, au nombre desquelles on remarque, 1° un filet très-court, qui se détache du rameau principal à sa sortie du crâne et joint le cordon pneumo-gastrique; 2° plusieurs filets fins, dont le nombre varie toujours, qui se rendent au ganglion guttural; 3° un ou deux rameaux, qui vont se perdre dans la substance du muscle sterno-maxillaire et reçoivent un filet du nerf sous-atloïdien; 4° plusieurs filets qui se plongent dans les muscles de l'encolure; enfin les ramifications terminales, qui se dispersent dans le muscle dorso-acromien.

Douzième paire, ou le nerf hyo-glossien.

Ce nerf vient des parties latérales du bulbe rachidien; ses filets d'origine, au nombre de dix à onze, forment, par leur réunion, un gros cordon, qui passe à travers le trou condylien, se dirige en avant et en bas, et va se ramifier sous la langue. Pour gagner la cavité intermaxillaire, l'hyo-glossien se glisse entre la poche gutturale et le muscle stylo-maxillaire, passe sur la branche hyoïdienne, au delà de laquelle il gagne le dessous de la langue : ce nerf, d'autant moins profond qu'il est plus proche de la base de la langue, envoie, peu après sa sortie du crâne, un ou deux filets au ganglion guttural ; il donne presque en même temps un rameau fin, qui se renforce par un filet de la première paire trachélienne, et se distribue sous le larynx. La branche sous-linguale, qui est la véritable continuation du tronc, reçoit un filet provenant du ganglion guttural, s'insinue entre les muscles génio-hyoïdien et kérato-glosse, et suit en quelque sorte les divisions du nerf lingual. Ce nerf sous lingual fournit 1° divers rameaux à quelques-uns des muscles du pharynx et de l'hyoïde ; 2° un filet anastomotique avec le cordon mylo-hyoïdien du nerf maxillaire ; 3° enfin une multitude de ramifications qui pénètrent la substance de la langue et forment des anastomoses avec le nerf lingual provenant de la cinquième paire.

§ II. *Nerfs rachidiens.*

Les nerfs rachidiens naissent, par paires, des parties latérales du prolongement rachidien, sortent par les trous intervertébraux, et se distinguent en *trachéliens, dorsaux, lombaires, sacrés* et *coccygiens*.

Bien différents des nerfs encéphaliques, les nerfs rachidiens proviennent de la moelle épinière par deux faisceaux de filets bien distincts et disposés les uns à la suite des autres. Les radicules du faisceau supérieur émanent du cordon supérieur de la moelle et portent la sensibilité ; tandis que les filets du faisceau supérieur partent du cordon inférieur de la moelle et sont destinés à la motilité. Les racines du faisceau supérieur, toujours plus considérable que l'inférieur, forment, peu après leur union et au delà de la gaîne rachidienne, un ganglion grisâtre, assez dense, et duquel partent des rameaux courts, qui se réunissent aux filets du faisceau inférieur ; après cette réunion intime, chaque paire rachidienne se divise de nouveau et reste séparée en deux branches, l'une supérieure et l'autre inférieure, généralement plus volumineuse.

1º Des nerfs trachéliens.

Ces nerfs, ainsi nommés parce qu'ils passent par les trous trachéliens de la région du cou, sont au nombre de huit paires ; leurs *branches supérieures* se ramifient dans les muscles de la face cervicale de l'encolure, tandis que les *branches inférieures* concourent à former plusieurs nerfs composés.

La première paire trachélienne, ou *le nerf sous-occipital*, prend ses racines immédiatement après le bulbe rachidien, et sort par le trou supérieur et antérieur de l'atloïde. Sa *branche supérieure*, courte et plus grosse que l'inférieure, s'élève entre les muscles situés par-dessus la première vertèbre, et se divise en plusieurs rameaux, dont les deux du milieu sont les plus considérables, et l'un de ces derniers va se diviser dans l'origine des muscles cervico-auriculaires ; tous les autres rameaux se distribuent et se perdent dans les muscles environnants.

La *branche inférieure*, longue et grêle, gagne la face inférieure de l'apophyse transverse de l'atloïde,

à la faveur du trou moyen de cette éminence, et
fournit 1° divers rameaux courts aux muscles
atloïdo-mastoïdien et atloïdo-sous-occipital ; 2° deux
ou trois filets au ganglion guttural ; 3° un long filet,
qui va s'unir au nerf hyo-glossien et manque
quelquefois ; 4° un rameau au plexus cervical supérieur ; 5° un long rameau trachélien, qui fait la
continuité de la branche, se porte en arrière sur
les muscles sous-scapulo-hyoïdien et sterno-maxillaire, jusqu'auprès du prolongement trachélien du
sternum ; ce dernier rameau envoie divers filets à la
partie supérieure de la trachée et à la thyroïde,
et il fournit une succession de ramifications diverses
aux muscles situés à la face inférieure de la trachée.

La deuxième paire, ou *le nerf sous-atloïdien*,
passe par le trou trachélien de l'axoïde. Sa *branche
supérieure*, plus considérable, comprend plusieurs
gros rameaux musculaires, dont le plus long se dirige, en arrière, sur la face interne du muscle dorso-
occipital, va s'unir avec des divisions de la troisième
paire, forme avec elle le plexus cervical profond.

Sa *branche inférieure*, moins grosse, offre une
certaine longueur, et donne 1° un filet d'origine à
un cordon trachélien, qui suit l'artère trachélo-occipitale et va au ganglion cervical inférieur ; 2° un
gros rameau ascendant, qui forme l'*anse atloïdienne*,
monte vers la tête, en passant sur le côté externe du
rebord de l'apophyse transverse de l'atloïde, et va
se ramifier à la face postérieure de l'oreille ; 3° un
rameau atloïdien inférieur ; ce rameau se contourne
vers le plexus guttural, s'unit par un filet au cordon

du nerf trachélo-dorsal, et se continue avec un rameau du même cordon, qui se porte au muscle sterno-maxillaire; 4° un long rameau superficiel, qui se contourne sous le larynx, où il se termine par arcade; 5° deux gros rameaux au muscle trachélo-sous-occipital.

La troisième paire est remarquable par des cordons particuliers et par diverses anastomoses. Sa *branche supérieure* fournit 1° les rameaux, qui concourent à former le plexus cervical profond; 2° un filet profond, qui se porte vers l'origine de la branche supérieure de la quatrième paire et s'unit avec un second filet de cette même paire; 3° divers autres rameaux musculaires.

Sa *branche inférieure* envoie 1° le second filet d'origine pour le rameau trachélien, qui parvient dans le thorax et s'unit au nerf trisplanchnique; 2° un rameau ascendant au plexus sous-cutané trachélien; 3° un rameau qui va fortifier le cordon trachélien de la première paire, et rampe sur la longueur du muscle sterno-maxillaire; 4° un filet sous-cutané, qui se courbe en travers sous l'encolure et se divise en arcade.

La quatrième paire diffère peu de la troisième, et offre à peu près le même volume et les mêmes divisions. Sa *branche supérieure* donne d'abord le filet qui s'unit à celui de la branche précédente, et se porte avec lui vers la cinquième paire; tous ses autres rameaux se dispersent et se perdent dans les muscles.

Sa *branche inférieure* fournit plusieurs ramifications, parmi lesquelles on distingue 1° le filet, qui fortifie le rameau trachélien; 2° divers rameaux musculaires; 3° enfin plusieurs filets sous-cutanés, qui se portent en travers sous l'encolure et y forment des anses.

La cinquième paire ne diffère des deux précédentes que par deux divisions particulières de sa branche inférieure. Sa *branche supérieure* se ramifie presque entièrement dans les muscles; elle donne le troisième filet d'origine au rameau, qui lie cette branche avec les deux précédentes; ce rameau, au lieu de se continuer en arrière vers la branche supérieure de la sixième paire, se dévie en dehors et en haut, se porte vers l'origine du muscle dorso-occipital, dans la substance duquel il se termine.

La *branche inférieure* de cette cinquième paire envoie d'abord le filet descendant, qui suit et augmente le cordon trachélien; elle fournit quelquefois un filet d'origine pour le nerf diaphragmatique; parmi ses autres divisions, on doit remarquer un rameau qui se contourne et forme une anse anastomotique avec la sixième paire. Ses plus gros rameaux musculaires se plongent dans le muscle mastoïdo-huméral et donnent divers filets sous-cutanés.

La sixième paire, dont la branche supérieure se distribue dans les muscles de la région cervicale de l'encolure, envoie, par sa branche inférieure, 1° un filet au cordon accolé avec l'artère trachélo-occipitale; 2° plusieurs rameaux aux muscles trachélo-costal et sous-dorso-atloïdien; 3° un rameau d'origine pour le nerf diaphragmatique.

La septième paire, remarquable par son volume et par ses divisions, concourt à former le plexus brachial, ainsi que le nerf diaphragmatique. Sa *branche supérieure* se distribue dans les muscles environnants.

Sa *branche inférieure* fournit plusieurs gros cordons au plexus brachial, et donne, en outre, 1° un gros rameau, qui se disperse sur le muscle trachélo-sous-scapulaire; 2° un autre long rameau musculaire, qui se porte en arrière, et va se diviser dans la portion thoracique du muscle sous-dorso-atloïdien; 3° le dernier rameau d'origine pour le cordon trachélien, qui s'écarte de l'artère trachélo-occipitale et va se rendre dans le ganglion cervical inférieur.

La huitième paire, encore plus considérable que la septième, forme la plus grande partie du plexus brachial; en outre, elle fournit un gros rameau au nerf trisplanchique, ainsi qu'un rameau musculaire, qui rampe sur le muscle costo-sous-scapulaire et se perd successivement dans sa substance.

En résumant cette description des nerfs trachéliens, dont les branches supérieures ou cervicales se ramifient presque entièrement dans les muscles, on voit que les trois premières paires concourent, par leurs branches inférieures, à la formation du plexus sous-cutané trachélien ou cervical superficiel, tandis que les branches superficielles de la deuxième et de la troisième paire forment le plexus trachélien ou cervical profond. On observe, de plus,

que les branches supérieures des troisième, quatrième et cinquième paires communiquent ensemble au moyen d'un rameau musculaire qui leur est
commun ; que la cinquième paire se lie avec la
sixième par une anse anastomotique qui va d'une
branche inférieure à l'autre ; que les sixième et septième paires fournissent le nerf diaphragmatique ;
qu'enfin la septième et la huitième concourent à la
formation du plexus brachial. A ces considérations,
on doit ajouter que les six premières paires fournissent divers filets cutanés, dont les plus nombreux
proviennent des branches inférieures ; parmi ces filets, un grand nombre se porte en travers de la
face trachélienne, y forme diverses arcades, et
s'unit au cordon longitudinal de la septième
paire encéphalique, qui suit la direction de la jugulaire. Plusieurs de ces filets proviennent du plexus
sous-cutané trachélien. Ce plexus, superficiel et
traversé par le cordon trachélo-dorsal, est situé sur
les parties latérales de l'encolure, vis-à-vis l'axoïde ;
tandis que le plexus profond se trouve à la face interne du muscle dorso-occipital et au niveau de la
même vertèbre.

Une dernière disposition, d'autant plus remarquable qu'elle n'avait pas été complétement indiquée, c'est que toutes les branches inférieures des
sept dernières paires donnent des divisions au nerf
trisplanchnique ; six de ces branches aboutissent à
ce nerf par un cordon commun, qui prend ses premières racines à la deuxième paire, et grossit par
l'addition des rameaux fournis par les cinq paires

suivantes. Ce cordon longitudinal, grisâtre et peu consistant, présente plusieurs divisions, qui embrassent l'artère trachélo-occipitale; il donne aussi des filets, qui suivent les ramifications de cette artère, dont il ne se sépare, pour gagner le ganglion cervical inférieur, qu'après avoir reçu le rameau de la septième paire.

2º Des nerfs dorsaux.

Les nerfs dorsaux, au nombre de dix-huit de chaque côté, se distinguent uniquement par les noms numériques de première paire, deuxième, etc., en procédant d'avant en arrière. Ils présentent le même mode d'origine, de réunion et de division primitives que les nerfs trachéliens; mais ils sont moins volumineux, et tiennent, à leur naissance, une direction un peu oblique d'avant en arrière. Ils sortent par les trous intervertébraux de la région dorsale, et forment deux branches, l'une supérieure, et l'autre inférieure, plus considérable.

Les *branches supérieures* ou *dorsales* se portent immédiatement en haut, passent entre les apophyses transverses, se distribuent dans les muscles de la région dorsale, et fournissent les filets cutanés du dos et des lombes.

Les *branches inférieures* ou *intercostales* passent d'abord dans la scissure qui sépare la tête de la côte d'avec sa tubérosité; elles descendent et se prolongent dans toute la longueur des espaces intercostaux, en côtoyant le bord postérieur des côtes, et se terminent différemment, suivant les paires auxquelles elles appartiennent. A leur origine, elles envoient un rameau anastomotique au nerf tri-splanchnique; vers le milieu de la longueur de l'espace intercostal, elles donnent un ou deux gros rameaux *cutanés*, qui se dirigent obliquement à travers les muscles, parviennent sous la peau, s'y ramifient, et lui fournissent divers filets; dans leur trajet, elles laissent encore échapper divers filets musculaires, dont les plus ténus pénètrent les muscles intercostaux, entre lesquels est maintenu le cordon principal.

La *branche inférieure* de la première paire est presque entièrement employée à la formation du plexus brachial. Son rameau intercostal, très-menu, ne fournit nulle division cutanée, et ne descend même que jusqu'au milieu, ou à peu près, de la longueur de l'espace intercostal.

La *branche inférieure* de la deuxième paire envoie un gros cordon au plexus brachial. Son rameau intercostal, bien plus considérable que celui de la première paire, donne le premier nerf cutané-costal et s'étend jusqu'au sternum.

Les *branches inférieures* des troisième, quatrième, cinquième, sixième et septième paires se propagent au delà de l'extrémité inférieure des espaces intercostaux, et se prolongent dans la substance des muscles sterno-trochinien et sterno-pubien. Ces mêmes branches envoient des filets aux muscles sterno-costaux.

Les *branches intercostales* des onze dernières

paires franchissent le cercle cartilagineux des côtes
asternales, pour se continuer dans les parois inférieures de l'abdomen. Elles se portent en travers
de ces parois, sous le muscle lombo-abdominal,
jusqu'au muscle sterno-pubien, où elles forment
deux divisions : l'une se perd dans la substance des
muscles et l'autre fournit des filets cutanés. Ces
nerfs abdominaux donnent, dans leur trajet, de gros
rameaux *cutanés,* qui se comportent de la même
manière que les rameaux cutanés qui s'élèvent du
milieu des côtes.

La *branche inférieure* de la dix-huitième paire se
dirige entre les muscles du flanc, et fournit un gros
rameau, qui se contourne en arrière, et va se disperser dans la substance charnue du muscle ilio-
abdominal.

3° Des nerfs lombaires.

Ces nerfs, au nombre de six de chaque côté,
émanent de la partie postérieure de la moelle épinière et sortent par les trous intervertébraux de la
région lombaire.

Leurs *branches supérieures* ou *lombaires* se
distribuent dans les muscles de la face spinale des
lombes, et fournissent les nerfs cutanés de la
croupe ; leurs *branches inférieures* ou *sous-lombaires* envoient chacune un et le plus souvent deux
rameaux aux nerfs trisplanchniques, et se portent à
diverses parties ; elles se lient aussi par des rameaux anastomotiques qu'elles se donnent de l'une
à l'autre.

La *branche inférieure* de la première paire reçoit un rameau de la dernière paire dorsale, se contourne en arrière, passe sous l'apophyse transverse de la seconde vertèbre, et va se ramifier dans l'origine du muscle ilio-abdominal, ainsi que dans le muscle sterno-pubien près de son insertion au bassin. Cette branche donne, vers son origine, des rameaux anastomotiques, avec le nerf trisplanchnique et avec la branche inférieure de la deuxième paire; elle fournit aussi plusieurs divisions musculaires, qui se plongent dans la substance du muscle sous-lombo-trokantinien : en se glissant à travers les parois abdominales, elle laisse échapper divers filets cutanés et inguinaux.

La *branche inférieure* de la deuxième paire, moins considérable que la branche précédente, offre les mêmes divisions anastomotiques; elle donne, en outre, un gros rameau qui, joint à un petit rameau de la troisième paire, descend sous la peau de la face interne de la cuisse et se ramifie dans son tissu. Son rameau principal se dirige en dehors et va s'unir au rameau musculaire de la branche inférieure de la première paire.

La *branche inférieure* de la troisième paire envoie 1° un long rameau, qui se dirige en bas et en dehors vers l'anneau testiculaire, et rampe sur le muscle crémaster, qu'il accompagne jusqu'au testicule; 2° plusieurs autres rameaux musculaires, qui se dispersent dans le muscle sous-lombo-trokantinien; 3° un rameau qui va s'unir au cordon rotulien de la quatrième paire.

La *branche inférieure* de la quatrième paire fournit, outre les divisions communes à toutes les paires lombaires, 1° un gros rameau, qui va au plexus lombo-sacré ; 2° un long cordon rotulien, qui, fortifié par un rameau de la branche antécédente, se dirige en bas sous le muscle ilio-aponévrotique et se propage jusqu'à la rotule, où il se termine par des divisions cutanées et aponévrotiques.

La *branche inférieure* de la cinquième paire donne une grosse division pour le plexus lombaire, ainsi que des rameaux qui se plongent dans le muscle sous-lombo-trokantinien.

La *branche inférieure* de la sixième paire forme le principal cordon du plexus lombo-sacré.

4° Des nerfs sacrés.

On en compte cinq de chaque côté ; ils naissent très-près les uns des autres, et diminuent de volume de l'antérieur au postérieur ; leurs filets d'origine entourent la pointe pyramidale qui termine le prolongement rachidien et s'étend dans le canal du sacrum : ces filets forment, concurremment avec ceux des paires coccygiennes et des dernières paires lombaires, la touffe filamenteuse que les anciens anatomistes désignaient par le nom de *queue de cheval*.

Leurs *branches supérieures* ou *sus-sacrées* passent par les trous sus-sacrés, et se dispersent dans les muscles fixés sur la face spinale du sacrum.

Leurs *branches inférieures*, beaucoup plus considérables, se divisent sur le côté de la cavité pelvienne et fournissent divers nerfs. Celles des trois premières paires concourent à la formation du plexus sacré, et communiquent, de même que la branche de la quatrième paire, avec le cordon ganglionneux du nerf trisplanchnique.

Les *branches inférieures* des quatrième et cinquième paires, bien moins considérables que les précédentes, communiquent entre elles par un cordon et donnent divers rameaux, dont les uns gagnent la vessie et les organes génitaux; d'autres vont se ramifier autour du périnée, envoient des filets à l'anus et à la peau.

5° Des nerfs coccygiens.

Presque toujours au nombre de quatre de chaque côté, ils diffèrent de tous les autres nerfs rachidiens, tant par leur disposition que par leur distribution. Ils n'ont point de communication directe avec le nerf trisplanchnique; ils ne concourent à la formation d'aucun plexus; ils sont peu considérables, et sortent par les trous pratiqués sur les côtés des quatre premiers os coccygiens; ils se distribuent presque entièrement dans la queue et s'unissent ensemble par plusieurs rameaux.

Leurs *branches supérieures* forment un long rameau, qui s'étend en arrière jusqu'au bout de la queue, et donnent plusieurs divisions musculaires et cutanées.

Leurs *branches inférieures*, plus grosses, communiquent par des rameaux qui vont d'un nerf à l'autre ; elles forment aussi un cordon longitudinal qui prend naissance à la première paire, grossit par l'addition d'un rameau de chacune des trois autres paires, et se continue jusqu'au bout de la queue, en suivant la face inférieure de cette partie.

La *branche inférieure* de la première paire, plus considérable que les autres, qui décroissent de l'antérieure à la postérieure, reçoit un rameau de la dernière paire sacrée et donne un filet qui se dirige en bas vers le périnée.

§ III. *Nerfs composés.*

Dans ce troisième ordre, on doit comprendre tous les nerfs formés par le concours de différents rameaux, qui s'enlacent, s'entre-croisent de diverses manières, et composent des plexus plus ou moins considérables. Plusieurs de ces nerfs portent des ganglions de la périphérie desquels émanent des rameaux secondaires ; il en est de très-ganglionneux, et qui semblent devoir être, par cette disposition, moins directement soumis à l'influence de l'organe encéphalique. Quelques-uns n'offrent que des rameaux déliés, généralement peu nombreux ; d'autres forment des divisions nombreuses, plus ou moins grosses, et qui parcourent une grande étendue : tous sont disposés symétriquement de chaque côté du corps, et composent diverses paires, les unes superficielles et les autres profondes.

Pour éviter des répétitions et abréger, autant que possible, les descriptions, nous ne traiterons ici que des nerfs composés les plus remarquables, que de ceux qu'il importe essentiellement de connaitre, et desquels nous n'avons donné aucune indication particulière.

Des nerfs iriens.

Ces nerfs sont des filets fins et fournis par le ganglion orbitaire; ils suivent le cordon du nerf oculaire, pénètrent dans l'intérieur du bulbe de l'œil et se distribuent à l'iris. Le ganglion d'origine de ces nerfs, généralement peu considérable, parfois très-petit et peu remarquable, est situé dans le fond de l'orbite, contre le cordon oculaire, avec lequel il est uni au moyen d'un tissu lamineux abondant.

Des nerfs gutturo-sus-maxillaires.

On comprend sous ce titre divers filets grisâtres, qui émanent du ganglion sphéno-palatin et suivent les divisions que forme la branche sus-maxillaire de la cinquième paire, en bas de la scissure sous-orbitaire. Le ganglion qui fournit ces rameaux, desquels il a déjà été parlé, est aplati, plus ou moins large et de forme toujours variable; il se trouve couché sur le sphénoïde et le palatin, un peu en bas et en dehors de l'orbite, et par-dessous le gros cordon sus-maxillaire de la cinquième paire. Il donne, outre les rameaux qui accompagnent les nerfs staphylin, palatin, nasal et sus-maxillo-dentaire, quelques filets déliés au ganglion orbitaire.

Du nerf diaphragmatique.

Le nerf diaphragmatique, destiné spécialement au diaphragme, doit être considéré comme un nerf moteur de la respiration.

Il résulte de l'union de deux principaux rameaux fournis par les sixième et septième paires trachéliennes, et auxquels se joint souvent un filet de la cinquième paire ; ce cordon, ainsi formé, se dirige en arrière, entre les deux lames du médiastin, et parvient jusqu'au centre aponévrotique du diaphragme, où il se termine par des divisions multipliées.

Des nerfs cardiaques.

Destinés pour la substance du cœur, ces nerfs sortent du plexus cardiaque, formé lui-même par des rameaux du pneumo-gastrique et du trisplanchnique. Les rameaux qui se distribuent dans les oreillettes sont plus particulièrement fournis par le pneumo-gastrique ; tandis que ceux qui pénètrent les ventricules et entourent les troncs artériels sont des nerfs plus composés, et proviennent plus directement du trisplanchnique.

Des nerfs pulmonaires.

Les nerfs pulmonaires comprennent les filets divers qui sortent du plexus bronchique, suivent la direction de l'artère bronchique et se distribuent dans le parenchyme des poumons.

Des nerfs brachiaux.

Ces nerfs, remarquables par leur grosseur, leur nombre et leur distribution, partent du *plexus brachial*, situé transversalement entre l'entrée du thorax et le membre, et à la formation duquel concourent les branches inférieures des deux dernières paires trachéliennes et des deux premières dorsales; ils se distribuent dans les diverses parties du membre antérieur, et se propagent jusque dans l'intérieur du sabot.

Parmi ces cordons brachiaux on distingue les nerfs *sus-scapulaire*, *thoraco-musculaires*, *sous-scapulaires*, *huméral postérieur*, *cubito-cutané* et *cubito-plantaire*.

a. Le *sus-scapulaire*, gros cordon uniquement destiné pour les muscles fixés dans les fosses sus-scapulaires, se contourne sur le bord antérieur du scapulum, un peu au-dessus du col de cet os, passe sous le muscle sus-acromio-trochitérien et se termine dans les muscles qui remplissent les deux fosses acromiennes.

b. Les nerfs *thoraco-musculaires*, six à sept cordons de grosseur et de longueur inégales, se distribuent dans les muscles situés entre le thorax et le membre; trois ou quatre de ces nerfs se dirigent en bas, et vont se plonger dans les muscles qui prennent leur origine au sternum. Parmi les rameaux qui se portent en arrière, l'un se contourne au bord postérieur de la masse musculaire scapulo-olécrânienne, va se diviser dans le muscle sous-cutané thoracique et fournit divers filets cutanés ; l'autre cordon postérieur pénètre le muscle dorso-huméral et s'y termine.

c. Les *sous-scapulaires* comprennent deux principaux cordons : le plus petit se distribue entièrement dans la substance du muscle sous-scapulo-trochinien ; le rameau le plus considérable se contourne derrière l'articulation huméro-scapulaire, et se termine par un rameau sous-cutané, qui descend sur le côté du bras jusque sur l'avant-bras. Ce cordon sous-scapulaire donne des divisions aux muscles sous-scapulo-trochinien, sus-acromio-trochitérien et mastoïdo-huméral ; il fournit aussi des filets articulaires et cutanés.

d. L'*huméral postérieur*, cordon considérable, gagne la face postérieure de l'os du bras et forme deux principales divisions : l'une comprend plusieurs gros rameaux, qui se plongent dans la substance des muscles grand scapulo-olécrânien, huméro-olécrâniens externe et interne ; l'autre division est un long rameau qui se contourne sur le côté externe de l'articulation cubito-humérale, rampe sur la partie supérieure de l'avant-bras et va se terminer dans la substance charnue des muscles cubitaux postérieurs. Dans son trajet, ce cordon huméro-cubital fournit des rameaux aux muscles petit huméro-olécrânien, long scapulo-olécrânien et cubito-phalangien ; il donne également des rameaux adipeux et articulaires.

e. Le *cubito-cutané* ou *cubital postérieur*, autre gros et long cordon, se dirige en bas et en arrière, gagne la face interne du coude, descend ensuite à la face postérieure de l'avant-bras jusqu'auprès du pli du genou, où il donne une branche qui s'unit au nerf cubito-plantaire pour la formation du cordon plantaire externe. Ce nerf fournit divers rameaux musculaires et cutanés ; vers la partie inférieure de l'avant-bras, il s'unit à un rameau sous-cutané qui descend sur le genou et se propage sur la face externe du canon, en laissant échapper des divisions cutanées et celluleuses. Son rameau plantaire s'enfonce et s'accole avec la branche du nerf cubital interne par-dessous les tendons des muscles fléchisseurs du canon, et un peu au-dessous du pli du genou.

f. Le *cubito-plantaire* ou *cubital interne*, le plus considérable de tous les cordons du plexus brachial, se porte d'abord contre l'articulation cubito-humérale, d'où il s'étend au côté interne de la face postérieure du cubitus, passe dans le pli du genou et va former le cordon plantaire interne. Contre l'articulation cubito-humérale, il donne divers rameaux musculaires et articulaires : l'un de ces rameaux se contourne dans l'arcade cubitale, et va se distribuer dans les muscles cubitaux antérieurs ; le long du cubitus il laisse échapper une succession de divisions qui pénètrent la masse charnue fixée à la face postérieure de cet os ; vers la partie inférieure de l'avant-bras il donne la branche plantaire externe, qui s'unit avec le cordon du nerf cubito-cutané.

Les *nerfs plantaires* sont deux gros cordons qui

forment la continuité des nerfs cubitaux et descendent jusqu'au pied, où ils se terminent. A partir du pli du genou, ils se propagent à la face postérieure du canon, sur les côtés des tendons perforant et perforé, et règnent contre l'os du canon jusqu'au boulet. Ces deux branches nerveuses affectent la même situation au côté interne et au côté externe ; seulement le cordon interne, plus gros et entièrement formé par le nerf cubital interne, se trouve en rapport avec l'artère et la veine latérales du canon ; disposition importante à connaître pour procéder avec méthode à la *névrotomie plantaire*, opération que l'on exécute dans la vue de remédier à certaines boiteries. Au-dessus du boulet et au niveau du bouton du péroné, le nerf plantaire interne se trouve situé entre les tendons et le péroné ; là il est en rapport, en avant ou antérieurement, avec l'artère latérale superficielle, en dehors avec la peau et en dedans avec une couche peu épaisse de tissu cellulaire qui le sépare de la gaîne séreuse sésamoïdienne.

C'est à cet endroit que l'on pratique la névrotomie sur la branche antérieure et la branche postérieure tout à la fois. Du côté externe la branche latérale est accolée seulement au tendon, attendu que les vaisseaux résident au côté interne. Il est à remarquer qu'un peu au-dessus du bouton du péroné, le cordon interne reçoit une branche transversale qui établit ainsi une communication entre les deux nerfs latéraux.

Au niveau de l'articulation du boulet, chaque

nerf latéral se partage en deux branches, l'une antérieure et l'autre postérieure : la première donne peu après une bifurcation, dont la plus antérieure, très-menue, se dirige en avant et au-dessous du boulet pour se perdre dans les tendons et ligaments antérieurs. L'autre cordon s'engage au milieu de la région latérale du paturon entre la veine et l'artère, s'insinue sous la veine et passe sous une bride tendineuse oblique pour aller se ramifier et se perdre dans les tendons. La branche postérieure, résultant de la première division et étant plus grosse que l'antérieure, régne aux parties latérales du paturon et de la couronne, s'accole avec l'artére latérale, passe sous une bride tendineuse et se glisse jusqu'à l'os du pied. Vers le milieu du paturon, cette branche se trouve en rapport postérieurement avec l'expansion du tendon perforant, antérieurement avec l'artère, en dehors avec la peau et en dedans avec l'os. C'est à cet endroit que l'on découvre ce nerf pour en retrancher une certaine portion et effectuer la névrotomie. Parvenu sous le cartilage latéral de l'os du pied, le cordon dont il s'agit s'engage avec l'artère dans le trou de la face inférieure de l'os du pied, et se perd dans la substance spongieuse de cet os.

Des nerfs cruraux.

Les nerfs cruraux sont fournis par le plexus crural, à la formation duquel concourent les branches inférieures des quatre dernières paires lombaires et des trois premières paires sacrées. Ce plexus, fort étendu, commence vers la partie postérieure de la région sous-lombaire et se propage sur les côtés de la cavité pelvienne : on y distingue communément deux portions, l'une lombaire, l'autre sacrée. La première portion fournit les nerfs *iliaco-musculaires*, *fémoral antérieur* et *sous-pubio-fémoral;* de la deuxième portion partent les nerfs *ilio-musculaires*, petit *fémoro-poplité*, grand *fémoro-poplité*, et les *ischio-musculaires*.

a. Les *iliaco-musculaires* comprennent deux ou trois rameaux courts, qui se plongent et se perdent dans les muscles sous-lombo-trokantinien et iliaco-trokantinien.

b. Le *fémoral antérieur*, long et gros cordon principalement destiné pour les muscles qui s'insèrent à la rotule, passe sous le muscle sous-lombo-tibial, et se plonge entre le muscle ilio-rotulien et la portion interne du muscle tri-fémoro-rotulien. Au niveau de l'aine, il donne un long rameau sous-cutané, qui descend sur la portion interne du tri-fémoro-rotulien, gagne la face interne de la jambe, où il s'accole avec la veine saphène, et se propage, avec elle, jusqu'à la partie inférieure de la face interne du canon. Ce nerf sous-cutané fournit des divisions musculaires et une multitude de rameaux cutanés, qui se distribuent dans la peau du plat de la cuisse et de toute la surface antérieure et interne de la jambe; inférieurement, il se continue par des ramifications déliées, qui se répandent sur le boulet et le paturon. Dans son trajet entre les muscles fémoraux antérieurs, le cordon principal laisse échapper divers rameaux, qui pénètrent la substance de ces muscles.

c. Le *sous-pubio-fémoral*, rameau de moyenne grosseur, passe par l'ouverture sous-pubienne, et se distribue tant dans les muscles qui prennent leur origine à la circonférence de cette ouverture, que dans ceux qui s'attachent au pourtour de la symphyse pubienne.

d. Le *fémoro-poplité* est un long cordon qui traverse le ligament sacro-ischiatique, descend le long de la face postérieure du fémur, entre les muscles ischio-tibiaux, et se prolonge inférieurement entre les muscles ischio-tibial externe et bifémoro-calcanien; parvenu sur le péroné de la jambe, il se divise en deux branches : l'une, courte, se plonge sous les muscles fixés à l'extrémité supérieure de la face antérieure du tibia et se ramifie dans ces muscles; l'autre branche, moins grosse, constitue un long rameau sous-cutané, qui se contourne en bas, descend sur le côté externe de la face antérieure de la jambe et se propage sur le canon. Dans son trajet, ce rameau laisse échapper de nombreuses divisions cutanées, ainsi que des filets musculaires et articulaires du pli du jarret. Sur la longueur de la cuisse, le nerf petit fémoro-poplité donne divers rameaux musculaires et quelques filets, qui s'accolent avec les vaisseaux.

e. Le grand *fémoro-poplité*, le plus considérable des cordons fournis par le plexus crural, sort du bassin par l'un des trous du ligament sacro-ischiatique, descend derrière le fémur, suit la direction du petit fémoro-poplité. Vers le pli de la jambe, il s'engage entre les deux portions du muscle bifémoro-calcanien, et y forme deux branches, dont une, courte, s'enfonce entre les muscles fixés contre l'extrémité supérieure et postérieure du fémur et se distribue dans les muscles tibio-phalangien, fémoro-tibial oblique et péronéo-calcanien; la branche principale, ou le nerf *tibio-plantaire*, descend à la face postérieure de la jambe, par-dessous le muscle fémoro-phalangien, et donne inférieurement les deux cordons plantaires.

Dans la longueur de la jambe, le grand nerf fémoro-poplité fournit de gros rameaux à presque tous les muscles qui occupent la face postérieure de la cuisse; deux ou trois de ces rameaux se plongent dans l'origine du muscle ischio-tibial interne; un autre rameau, musculaire inférieur, pénètre la substance charnue du muscle bi-fémoro-calcanien. Le long de la jambe, le cordon tibio-plantaire donne des divisions au muscle fémoro-phalangien; vers les deux tiers inférieurs de la jambe, il se partage en deux cordons, qui descendent contre la face interne du calcanéum, et constituent les cordons plantaires. Ceux-ci tiennent la même direction, et présentent absolument les mêmes considérations que les nerfs plantaires du canon antérieur. On doit également remarquer que le cordon externe fournit, derrière le jarret, un rameau qui s'enfonce au côté interne de la tête du péroné externe du canon, et va se distribuer dans les muscles lombricaux supérieurs ainsi que dans la substance du muscle tarso-phalangien.

f. Les *ischio-musculaires*, plus communément les *fessiers*, au nombre de deux à trois rameaux, se distribuent dans les prolongements sacrés des muscles ischio-tibiaux interne et postérieur.

Du nerf trisplanchnique.

Le trisplanchnique (le *grand sympathique*, l'*intercostal commun*), grand nerf très-ganglionneux et disposé régulièrement, à droite et à gauche, sous les parties latérales du corps des vertèbres, s'étend depuis la base du crâne, le long de l'encolure, se prolonge dans le thorax, sous les côtés du corps des vertèbres dorsales, et se continue dans l'abdomen, jusqu'à l'extrémité postérieure du sacrum. Ce long cordon, grêle et menu en quelques endroits, plus gros en d'autres, diffère de tous les autres nerfs par son étendue, par sa composition, par la multiplicité des filets qu'il reçoit ou qu'il fournit, par la série des ganglions qu'il présente d'espace en espace; enfin par les propriétés particulières dont il jouit. Il constitue un système particulier, très-complexe, essentiellement destiné pour les artères et pour les viscères; système qui embrasse ces organes, les lie ensemble, établit entre eux des rapports intimes, rend l'exercice de leurs fonctions moins dépendant de l'encéphale et moins soumis à l'empire de la volonté.

Pour faciliter l'étude de ce nerf, on partage son étendue en trois portions, l'une trachélienne, l'autre thoracique, et la troisième abdominale.

A. La **portion trachélienne** s'étend depuis le crâne jusqu'à la partie antérieure du thorax ; elle porte des ganglions à ses deux extrémités et présente un long *cordon intermédiaire*, qui descend du plexus guttural, s'accole avec le nerf pneumo-gastrique, suit la direction de l'artère carotide, et se contourne vers l'entrée du thorax à la face inférieure de la trachée, où il rencontre le plexus trachéal.

1° Le *ganglion supérieur*, que l'on nomme *cervical* ou *guttural*, dont la forme et la grosseur varient, est oblong, parfois fusiforme, grisâtre, situé sous la base du crâne, en bas et en devant de l'atloïde, et au milieu du plexus guttural. De la périphérie de ce corps partent divers rameaux plus ou moins nombreux, et dont les principaux s'échappent des extrémités du ganglion. Deux de ces rameaux, supérieurs, grisâtres et d'une grosseur inégale, montent avec l'artère cérébrale antérieure jusque contre le crâne, où le rameau le plus considérable aboutit à un ganglion fixé sous l'occipital, contre l'origine du conduit guttural du tympan ; l'autre rameau suit l'artère cérébrale et se rend à un très-petit ganglion situé dans le sinus caverneux ; mais, avant de pénétrer dans le crâne, il donne un filet qui descend sous le sphénoïde, passe dans la gouttière du vomer et va se rendre au ganglion naso-palatin.

Le *ganglion sous-occipital*, plus ou moins gros, dont la substance offre des dépressions et des intervalles qui la rendent inégale et divisée, fournit 1° un ou deux filets, qui renforcent le rameau sous-sphénoïdal du nerf facial et se rendent avec lui au ganglion sphéno-palatin ; 2° divers autres filets, qui percent le ligament de l'hiatus occipito-temporal, ainsi que la méninge : deux ou trois de ces filets s'accolent contre l'origine du nerf de la cinquième paire ; d'autres se distribuent sur la méninge ; un ou deux, beaucoup plus longs, se dirigent en arrière et semblent destinés pour le prolongement rachidien.

Le *ganglion caverneux* envoie des filets à l'origine de la tige sus-sphénoïdale et aux divisions de l'artère cérébrale antérieure.

Les rameaux qui partent de l'extrémité inférieure du ganglion guttural sont également au nombre de deux : l'un se rend au plexus qui embrasse la division de l'artère céphalique en trois branches ; et l'autre, plus considérable et blanc, forme le cordon intermédiaire que nous avons précédemment indiqué.

Tous les autres rameaux fournis par le ganglion guttural sont des filets fins, plus ou moins longs et nombreux, qui vont joindre les nerfs pneumo-gastrique, glosso-pharyngien, trachélo-dorsal, ainsi que les branches inférieures des deux premières paires trachéliennes.

2° Les *ganglions cervicaux inférieurs*, presque toujours au nombre de deux (1) et continus de l'un à l'autre, sont brunâtres, semi-lunaires, et offrent moins de grosseur, mais plus de fermeté que le ganglion guttural. ils reçoivent 1° le cordon intermédiaire ; 2° le rameau trachélien, formé par les

(1) Parfois on ne trouve qu'un seul ganglion.

branches inférieures des deuxième, troisième, quatrième, cinquième, sixième et septième paires trachéliennes; 3° un rameau de la huitième paire trachélienne; 4° enfin un rameau de chacune des
deux premières paires dorsales. Le dernier de ces
ganglions cervicaux fournit postérieurement le cordon thoracique, dont il sera parlé plus loin. Les
autres rameaux, qui s'élèvent de la périphérie de
ces ganglions, se rendent aux plexus trachéal et
cardiaque. Le premier de ces plexus, situé à la face
inférieure de la trachée lors de son entrée dans le
thorax, et à la formation duquel concourent diverses ramifications des nerfs trisplanchnique, pneumo-
gastrique et trachéal-récurrent, présente plusieurs
rameaux anastomotiques, qui réunissent ces trois
principaux cordons, tant entre eux qu'avec ceux du
côté opposé; le même plexus envoie divers filets au
plexus cardiaque, d'où partent les ramifications,
qui pénètrent le cœur et qui ont été précédemment
indiquées.

B. La portion thoracique présente un cordon
longitudinal, aplati, qui se continue du dernier
ganglion cervical inférieur, s'étend en arrière sous
l'articulation des côtes avec les vertèbres dorsales,
traverse le diaphragme avec l'aorte postérieure et
se termine dans l'abdomen par deux branches.

Dans le thorax, le cordon dont il s'agit est fixé
contre l'articulation des côtes et recouvert par la
plèvre; il diminue de volume jusqu'à la cinquième
côte, d'où il va en grossissant jusqu'à sa division
dans l'abdomen; il présente, dans chaque intervalle

intercostal, un petit ganglion, auquel aboutissent deux filets de chacune des paires dorsales ; et dans son trajet, il donne, de distance en distance, divers filets fins, qui se distribuent dans les parois de l'aorte postérieure.

Les *ganglions thoraciques*, dont le nombre varie de seize à dix-sept, sont réunis les uns aux autres par des rameaux anastomotiques, et donnent chacun 1° un ou deux filets externes, qui s'unissent au nerf intercostal ; 2° un rameau qui renforce le cordon principal et concourt à la formation de l'un des nerfs splanchniques.

Les deux *branches terminales* de la portion thoracique se séparent l'une de l'autre, dès leur entrée dans l'abdomen ; la plus considérable, qui constitue le nerf *grand surrénal* ou *grand splanchnique*, et qui est composée de plusieurs rameaux, se courbe en bas, gagne l'origine de la céliaque et se perd dans le ganglion semi-lunaire. L'autre branche, ou le nerf *petit surrénal* ou *petit splanchnique*, envoie un rameau au ganglion semi-lunaire, et se continue en arrière jusqu'au plexus surrénal.

Le *ganglion semi-lunaire*, le plus considérable de tous les ganglions, est oblong, sigmoïde, couché sous les parties latérales de l'aorte, entre la céliaque et le tronc de la grande mésentérique ; il est entouré d'une multitude d'autres ganglions, variables par leur forme, leur grosseur et leur nombre. Tous ces ganglions, tant le primitif que les secondaires, sont continus, liés les uns aux autres et avec ceux du côté opposé par de courts filets, qui s'échappent des divers points de leur périphérie. Cet assemblage de ganglions et de rameaux entrelacés forme un large plexus qui embrasse la face inférieure de l'aorte, ainsi que l'origine des artères céliaque et grande mésentérique. Ce vaste réseau, que l'on nomme le *plexus solaire, médian, céliaque*, etc., et que l'on considère comme un centre nerveux, fournit divers plexus secondaires, qui accompagnent les artères céliaque, splénique, hépatique, grande et petite mésentérique, rénale, surrénales et testiculaires. Ces différents plexus secondaires offrent, dans leur trajet, de petits ganglions, dont l'existence est aussi variable que leur nombre et leur situation; ils fournissent les rameaux qui suivent les divisions des artères auxquelles ils appartiennent, et desquelles ils empruntent leurs dénominations.

Quelques-uns de ces plexus abdominaux présentent des particularités qu'il importe de remarquer : ainsi les plexus *céliaque* et *mésentérique* antérieur sont renforcés par des rameaux des nerfs pneumogastriques ; les deux *mésentériques*, les *rénaux* et les *testiculaires* reçoivent des filets fournis par les ganglions sous-lombaires ; le plexus *hépatique* laisse échapper, dans le fœtus, divers filets, qui s'accolent avec la veine ombilicale et la suivent jusque dans le placenta ; le plexus *rénal* est double et envoie des filets pour la formation du plexus surrénal.

c. La PORTION ABDOMINALE , bien moins étendue et moins complexe que les deux premières , comprend un rameau longitudinal, très-ganglionneux, couché sous les côtés des vertèbres lombaires et de la face inférieure du sacrum. Ce cordon abdominal commence par un filet fin, qui provient du dernier ganglion thoracique ; dans son trajet, il présente, de distance en distance, de petits ganglions, dont cinq lombaires et quatre sacrés.

Les *ganglions lombaires*, peu développés, se donnent des filets anastomotiques, et se comportent à peu près de la même manière que les thoraciques. Chaque ganglion lombaire reçoit deux filets des paires lombaires, et envoie 1° des filets externes, qui s'anastomosent avec les branches inférieures des paires lombaires ; 2° des rameaux internes, dont les plus ténus se rendent à divers plexus, tandis que les autres se contournent sous l'aorte, se réunissent avec de pareils rameaux du nerf opposé et forment des arcades qui embrassent l'aorte.

Les *ganglions sacrés*, plus gros que les précédents, offrent le même mode d'arrangement ; ils reçoivent divers filets des paires sacrées, envoient des rameaux au plexus crural et fournissent des filets internes, qui s'anastomosent avec de pareils filets du nerf opposé. Dans beaucoup de sujets, la portion sacrée du trisplanchnique paraît presque entièrement ganglionnaire ; mais le plus souvent ses ganglions sont séparés par des cordons blancs.

ARTICLE III.

ORGANES DES SENS.

Les organes sensoriaux sont disposés à la surface du corps de manière à recevoir de la part des corps extérieurs certaines impressions, qu'ils transmettent à un centre commun, qui est l'encéphale. Ils ont une tissure fibreuse et réticulaire, et sont par cela même susceptibles d'une vibratilité particulière, qui persiste quelque temps, rend l'action imprimée plus durable et plus spéciale.

On les divise, d'après leurs usages, en appareils de la *vision*, de l'*audition*, de l'*odoration*, de la *gustation* et du *toucher*. En traitant des appareils de la digestion et de la respiration, nous avons donné une première idée de l'odorat et du goût ; nous avons développé les usages variés et importants de ces deux sens dans les quadrupèdes domestiques, la manière dont ils se rectifient et se perfectionnent, les divers degrés de délicatesse qu'ils peuvent acquérir par plusieurs circonstances.

ORGANES DE LA VISION.

Les parties propres à l'exercice de cette fonction sensoriale sont disposées régulièrement dans l'intérieur ou au pourtour de chacune des orbites, se distinguent en essentielles et en accessoires. L'*œil*, organe immédiat de la vision, compose la première série et occupe la cavité orbitaire ; les parties accessoires sont les *paupières,* la *conjonctive,* les organes de la sécrétion et de l'excrétion des larmes, tels que la *glande lacrymale,* la *caroncule lacrymale,* les *points,* le *réservoir* et le *canal* de même nom.

§ I. *De l'œil.*

L'œil constitue une coque membraneuse, sphéroïde, dans l'intérieur de laquelle sont contenues des humeurs diaphanes, d'une densité inégale et se laissant facilement traverser par les rayons lumineux.

Cette coque, ou plus communément le *bulbe,* le *globe* de l'œil, est attaché dans l'orbite par sept muscles, qui servent à l'exécution de ses mouvements ; elle repose sur une masse graisseuse, véritable coussinet renfermé avec les muscles dans une gaine fibreuse, qui favorise les mouvements de la paupière nasale, ainsi que le déplacement d'une partie de ce coussinet.

Au lieu d'être sphérique, le bulbe de l'œil des herbivores est déprimé postérieurement, et plus bombé latéralement que partout ailleurs ; son diamètre antéro-postérieur a toujours environ 3 millimètres de moins que le diamètre transversal (1). La *face antérieure* du globe présente dans le milieu une saillie ou portion d'une petite sphère elliptique, transparente et appelée la *vitre de l'œil;* cette par-

---

(1) Dans les sujets adultes et de forte taille, le diamètre antéro-postérieur est de 42 millim., tandis que le transversal est de 45.

tie hémisphérique semble comme ajoutée, se continue en arrière avec le segment d'une autre sphère plus grande, qui concourt à former le *blanc de l'œil*.

Sa *face postérieure*, légèrement convexe et percée de petits trous qui livrent passage à des vaisseaux, donne attache à des muscles, ainsi qu'à du tissu adipeux ; elle laisse voir, supérieurement et du côté interne, l'insertion du nerf optique dans l'intérieur du globe.

A. Membranes de l'œil.

Ces membranes, si différentes par leur structure, par leur disposition et par leurs usages, sont la *sclérotique*, la *cornée*, la *choroïde*, l'*iris* et la *rétine*.

1° La *sclérotique*, membrane blanchâtre, fibreuse, d'une texture très-serrée, s'étend de l'insertion du nerf oculaire jusqu'à la circonférence de la cornée, et forme la majeure partie de l'enveloppe corticale du globe. Sa *surface extérieure* est en rapport avec du tissu cellulaire et adipeux, avec des vaisseaux, des nerfs, et avec tous les muscles de l'œil, auxquels elle donne implantation. Sa *surface interne*, concave, se trouve être en contact avec la choroïde, et unie faiblement à cette membrane par des filets nerveux, des ramifications vasculaires et un tissu cellulaire très-délié. Son ouverture antérieure, elliptique, et dont les bords sont taillés en biseau, aux dépens de la lèvre interne, s'unit, comme par enchâssement, avec la cornée.

Généralement moins épaisse au côté interne du

bulbe, la sclérotique semble être une continuité de l'enveloppe extérieure (névrilème) du nerf oculaire ; elle est formée de fibres tellement entre-croisées et si fortement unies , qu'il devient très-difficile de les séparer : quelques anatomistes pensent que cette membrane est composée de deux lames, et que l'interne est fournie par la méningine.

2° La *cornée transparente*, ainsi appelée en raison de sa texture et de sa transparence , occupe la partie antérieure du globe de l'œil ; c'est une membrane épaisse, lamelleuse , poreuse, dont la surface externe, convexe, est recouverte par la conjonctive, et dont la surface interne, concave , forme la paroi antérieure de la cavité qui recèle l'humeur aqueuse. Elle forme la saillie elliptique, qui est susceptible de prendre différents degrés de sphéricité , suivant que le regard se porte sur des objets proches ou éloignés. Sa *circonférence*, coupée en biseau sur la face externe, est recouverte par un pareil biseau de la sclérotique et lui adhère intimement.

Cette membrane, molle et éminemment poreuse, est formée de lames concentriques unies par un tissu lamineux abondant et très-fort; elle est continuellement humectée par les larmes et l'humeur aqueuse, qui, en la pénétrant , conservent sa souplesse et sa transparence : elle perd de sa diaphanéité par l'évaporation spontanée ou par la concrétion du fluide dont son tissu est abreuvé; elle devient opaque lorsqu'on la plonge dans l'eau bouillante, dans l'alcool, ou dans un acide.

3° La *choroïde*, membrane noire, essentiellement

vasculaire, facile à déchirer, et située entre la sclérotique et la rétine, se propage du contour du nerf oculaire jusqu'au cercle ciliaire, qui la réunit à la circonférence de l'iris ; elle tient à la sclérotique par le même cercle, par des nerfs, par des vaisseaux, et par un tissu lamineux fin et peu solide. Sa face interne, appliquée contre la rétine, forme la chambre noire, ainsi que le tapis ou *tapetum*, sur lequel viennent se peindre les objets que l'animal regarde. La surface qui constitue ce *tapetum* est placée dans le fond du bulbe de l'œil et vis-à-vis l'ouverture pupillaire ; elle réfléchit une couleur vive et azurée, mais dont le fond et le brillant varient suivant les âges et selon les différents états du sujet. Antérieurement, cette face interne de la choroïde est entièrement noire, se continue avec le procès irien, et absorbe les rayons divergents ou réfléchis de dessus le *tapetum*.

La choroïde paraît être composée d'une multitude de vaisseaux artériels et veineux, unis par un tissu lamineux, mou et pénétré d'un enduit noir. Les artères distribuées à la surface externe forment une couche première, unie à une lame intérieure, dans laquelle se rendent les veines ; mais cette structure lamineuse disparaît antérieurement vers le cercle irien, où la choroïde offre diverses stries radiées, qui semblent donner naissance au procès irien. L'enduit qui détermine les diverses couleurs de la membrane paraît être le résultat de sécrétions particulières, qui forment cette matière sédimenteuse dont est imprégné le tissu choroïdien.

4° Le *cercle* ou *ligament ciliaire*, que l'on appelle aussi la commissure de la choroïde, est une petite bande circulaire, blanchâtre, située un peu en arrière de la circonférence de la cornée, et destinée à réunir la choroïde avec la sclérotique et l'iris. Cet anneau fibro-cartilagineux, peu consistant, plus adhérent à la choroïde qu'à la sclérotique, et faiblement uni à l'iris, repose, par sa face postérieure, sur le procès irien, et se laisse traverser par des vaisseaux et par des nerfs.

5° L'*iris*, membrane circulaire et percée, dans son milieu, d'une ouverture appelée *pupille*, constitue une cloison placée verticalement derrière la cornée, au milieu de l'humeur aqueuse, et elle sépare la cavité de cette humeur en deux chambres, l'une antérieure et l'autre postérieure. Ces deux chambres, dont la postérieure est beaucoup plus petite, communiquent ensemble au moyen de l'ouverture pupillaire, et sont tapissées d'une membrane extrèmement déliée. Elliptique dans le même sens que la cornée, la pupille varie dans ses dimensions par l'effet de la contraction et de l'expansion alternatives de l'iris.

On distingue à l'iris deux faces et deux circonférences. La *face antérieure*, diversement colorée, présente deux principaux anneaux concentriques, dont l'intérieur, plus étroit, réfléchit une couleur plus foncée ; ces deux anneaux paraissent essentiellement formés par des fibres rayonnées, plus ou moins flexueuses et entre lesquelles sont placés des vaisseaux et des nerfs.

Sa *face postérieure*, enduite d'un vernis noir, épais et très-adhérent, correspond au cristallin et constitue l'*uvée;* elle laisse voir une multitude de plis rayonnés, dont la base tient à la grande circonférence de l'iris, et dont la pointe, tournée vers la pupille, se termine à un anneau saillant.

La grande circonférence de l'iris, étant comme enchâssée dans l'épaisseur du fibro-cartilage ciliaire, se trouve être en rapport avec la choroïde et le procès irien. Sa petite circonférence circonscrit l'ouverture pupillaire, et offre communément quelques tubercules noirs, sortes de prolongements frangés, repliés en dehors, et nommés *fungus*.

L'iris a un tissu propre, érectile et très-vasculaire; il est composé de deux lames intimement unies près de la pupille, mais qu'on peut isoler du côté de la grande circonférence.

La membrane irienne jouit d'une contractilité particulière, très-énergique, qui ne se manifeste que dans certaines circonstances et ne se soutient qu'un certain temps. Par l'effet de cette contraction fibrillaire, elle prend du développement, se gonfle, se redresse en avant, et acquiert une couleur plus animée.

La *pupille*, ou l'ouverture pratiquée dans le milieu de l'iris, est elliptique dans le même sens que la cornée lucide; elle se dilate et se resserre, suivant que l'iris se contracte ou se relâche. Toutes les fois que cette dernière membrane se redresse par l'effet d'une irritation sympathique provenant de la rétine, la pupille diminue de diamètre, mais elle ne se ferme jamais complétement. Lorsque l'iris revient sur lui-même et qu'il cesse d'être en tension, l'ouverture pupillaire s'agrandit, et elle reste dilatée jusqu'à une nouvelle excitation, produite par la lumière sur la rétine.

Dans le *chat*, animal nyctalopique, la pupille est elliptique de bas en haut, et beaucoup plus dilatable que dans les herbivores. Pendant l'obscurité, elle devient circulaire, très-grande, et laisse ainsi aborder dans l'œil une quantité considérable de rayons lumineux.

6° Le *procès irien* ou *corps ciliaire* se montre à la face postérieure de la grande circonférence de l'iris, sous la forme d'un anneau allongé et rayonné ; c'est une membrane molle, noire, dont la grande circonférence, onduleuse et dentelée, adhère au ligament ciliaire, et dont la petite circonférence forme un cercle denticulé qui circonscrit le cristallin.

La face postérieure du corps ciliaire présente une multitude de plis disposés en rayons, et tapissés par la *frange irienne* de la rétine.

7° La *rétine*, expansion pulpeuse, fournie par le nerf oculaire, se propage de l'insertion de ce nerf dans l'intérieur du bulbe, se glisse entre la choroïde et le corps vitré, jusqu'à la petite circonférence du procès irien. Parvenue au niveau de la commissure de la choroïde, elle s'amincit, et semble se terminer tout à coup ; mais, au lieu de se borner à ce point, elle se continue en devant par une production d'abord très-mince, qui prend insensiblement plus de consistance, tapisse le corps ciliaire et s'engage entre ses plis. Ce prolongement, très-re-marquable, et que Flandrin appelait la *frange ter-minale de la rétine*, établit la communication de cette membrane avec l'iris, qui fournit en quelque sorte le corps ciliaire ; il sert à rendre raison du res-serrement de la pupille, toutes les fois que la rétine éprouve une impression un peu vive.

Fibreuse et parsemée de vaisseaux, la rétine pa-raît être formée de deux lames tellement unies, qu'il est presque impossible de les isoler : elle perçoit les images représentées sur le *tapetum*, et jouit d'un mouvement de contractilité qui rend certaines im-pressions de contact plus ou moins durables.

B. Humeurs de l'œil.

Ces humeurs, au nombre de trois et différentes par leur densité, sont destinées à faire converger les rayons lumineux et à les rassembler sur le tapis de la choroïde, de manière à ce qu'ils représentent l'image de l'objet dont ils emportent la conscience.

1° L'*humeur aqueuse*, liqueur limpide et dia-phane, remplit les deux chambres, maintient la con-vexité de la cornée, et soutient la convergence im-primée aux rayons, qui tombent obliquement sur la vitre de l'œil. Ce fluide, dans lequel résident un peu de mucus, de gélatine et quelques sels, est fourni, sécrété par la membrane qui tapisse les chambres ; il se répare, se renouvelle avec la plus grande facilité lorsqu'une cause quelconque en a produit l'écoulement au dehors.

2° Le *corps vitré* ou *hyaloïde* se présente sous forme de gelée tremblante, occupe le fond de l'œil et se trouve situé en arrière du cristallin ; sa partie antérieure offre une dépression très-marquée, véritable *chaton* dans lequel est enchâssé le cristallin. La composition du corps vitré résulte d'un amas de fluide réparti dans des cellules particulières, et contenu en masse dans une capsule membraneuse.

L'*humeur vitrée*, de même nature, mais un peu plus dense que celle renfermée dans les chambres, ressemble à de l'eau dans laquelle on aurait dissous un peu de gomme.

La *membrane hyaloïde*, extrêmement fine et parfaitement transparente, est contiguë en dehors à la rétine, et fournit, par sa surface interne, une multitude de cellules qui communiquent toutes entre elles, et dans lesquelles se trouve renfermée l'humeur vitrée. On peut rendre sensible cette disposition de la membrane hyaloïde, en soumettant l'œil à la congélation. On s'assure aussi de la communication de ses cellules en faisant au corps vitré une petite incision, qui donne lieu à l'écoulement lent et goutte à goutte de toute l'humeur vitrée.

Au niveau du cercle dentelé du cristallin, la membrane hyaloïde se divise en deux lames, dont la postérieure se glisse par-dessous la capsule du cristallin, sans discontinuer d'appartenir au corps vitré, tandis que l'antérieure s'avance sous le cercle formé par le procès irien, jusque sur la partie antérieure de la même capsule, avec laquelle elle se confond. La séparation de ces deux lames laisse un intervalle qui entoure le cristallin et que les anatomistes nomment le *canal godronné*.

3° Le *cristallin*, corps lenticulaire, biconcave, mollasse et formé de lames concentriques, est placé derrière la pupille, vis-à-vis le centre de la cornée, et au devant du corps vitré, dans lequel il est enchâssé assez profondément. Sa *face antérieure*, bien moins convexe que la postérieure, regarde l'iris, dont elle est séparée par le petit espace qui constitue la chambre postérieure. Sa *face postérieure*, reçue dans le chaton du corps vitré, offre un segment de sphère d'un diamètre beaucoup plus considérable que le segment antérieur.

Le cristallin est composé d'une substance pulpeuse, lamelleuse et renfermée dans une capsule particulière. Cette substance composante semble acquérir de la consistance à mesure que le sujet avance en âge; en se desséchant, elle devient opaque, se fendille, et prend l'apparence de la corne. La *capsule cristalline,* aussi transparente que la matière qu'elle renferme, est contiguë aux lames de la membrane hyaloïde et forme un sac clos de toutes parts.

C. Muscles de l'œil.

Ces muscles, décrits tome Ier, page 322 et suivantes, opèrent les divers mouvements de l'œil et déterminent le regard. Sous ce dernier rapport, ils agissent de deux manières : ils dirigent d'abord l'œil sur les objets, et lui impriment ensuite une convexité proportionnée à la distance de ces mêmes objets.

D. Coussinet oculaire.

On désigne sous ce titre un amas de graisse qui entoure la face postérieure du bulbe de l'œil, s'y attache, s'interpose entre ses muscles et se trouve contenu dans la gaîne fibreuse. Cette substance adipeuse, d'une certaine consistance, semble faire partie du corps clignotant, dont elle favorise les mouvements.

E. Gaîne fibreuse de l'œil.

La gaîne fibreuse, poche pyramidale et tendue, renferme en masse les muscles avec le coussinet graisseux sur lequel repose le bulbe de l'œil. Sa forme est celle d'un cornet de papier, dont l'ouverture antérieure ou la base est implantée au côté interne du bord orbitaire, et dont la pointe est fixée dans le fond de l'orbite, autour de l'origine des muscles droits et grand oblique. Elle est formée d'un tissu blanchâtre tirant un peu sur le jaune, offre bien plus d'épaisseur à son côté externe que dans la partie correspondante à la paroi osseuse de l'orbite; elle laisse voir, en arrière de l'arcade zygomatique, plusieurs fortes brides intimement attachées aux os; et, plus en bas, on trouve deux principales veines, l'une supérieure et l'autre inférieure, qui émanent de l'intérieur de la gaîne et traversent le tissu graisseux répandu en quantité autour d'elle.

Par la résistance qu'elle oppose, la gaîne fibreuse sert d'une manière spéciale aux mouvements du corps clignotant; elle force ce corps à revenir en avant, toutes les fois que le globe de l'œil, fortement rétracté, fait pression sur le coussinet oculaire.

Particularités.

Dans l'intérieur de la gaine fibreuse du *porc* et vers le fond de l'orbite, on observe une glande particulière, d'un volume assez considérable, et dont le canal excréteur s'ouvre à la face interne du corps clignotant, tout près de son bord libre. Cet organe, rougeâtre et allongé, est formé d'une substance semblable à celle des glandes salivaires; il est logé dans un grand sinus veineux, aux parois duquel il tient par une multitude de filaments, dont la plupart sont évidemment vasculaires. Son canal excréteur s'élève du milieu de la face interne, et se dirige de bas en haut pour gagner le bord de la paupière nasale. Nous ignorons encore la nature de l'humeur sécrétée par cette glande, que l'on n'avait pas remarquée avant nous, et que l'on pourrait nommer *clignotante* ou *nasale*, en raison de ce qu'elle tient au corps clignotant ou paupière nasale (1).

§ II. *Des parties accessoires de la vision.*

A. Des paupières.

Les paupières, partie très-mobile, se prolongent

____

(1) Le sinus dans lequel est renfermée la glande contient toujours une certaine quantité de sang épanché, noir et épais.

sur le bulbe de l'œil, l'essuient, le préservent d'une action trop vive de lumière, le dérobent à son impression pendant le sommeil et le garantissent de l'abord des corps extérieurs capables de l'offenser. Elles sont au nombre de trois, dont deux principales, opposées l'une à l'autre et plus particuliérement formées par la peau, se distinguent en supérieure et en inférieure ; la troisième paupière, contenue dans la gaîne fibreuse, et placée à la face interne de l'angle nasal, immédiatement contre le globe, comprend le *corps clignotant*.

1° Les paupières cutanées, susceptibles de s'écarter et de se rapprocher l'une de l'autre, se réunissent aux extrémités du diamètre transversal de l'orbite, et forment deux angles, dont l'interne et inférieur se nomme le *grand angle* ou *angle nasal de l'œil*, et offre en dehors plusieurs rides plus prononcées dans les vieux chevaux : le *petit angle* ou *angle temporal*, dont la peau offre beaucoup de finesse, est aigu et un peu plus élevé que le précédent.

La *paupière supérieure*, beaucoup plus étendue et plus mobile que l'*inférieure*, est spécialement chargée de recouvrir le globe ; elle porte aussi des poils plus nombreux, plus gros et plus longs.

La *surface extérieure* des paupières est garnie de poils courts et fins ; elle présente, à un certain âge, quelques gros crins disséminés çà et là, et que l'on a soin de brûler, pour faire paraître le cheval moins vieux. Leur *face interne*, tapissée par la conjonctive, se trouve en contact avec le globe de l'œil.

Leur *bord libre*, ferme et épais, a pour base un fibro-cartilage, et porte une rangée de longs poils que l'on nomme les *cils*. Ces bords sont taillés en biseau aux dépens de la lèvre interne ; ils forment, par leur rapprochement, un canal étroit, triangulaire et propre à l'écoulement des larmes vers l'angle nasal ; leur lèvre externe offre une série de petits points blancs, qui sont les orifices des *follicules ciliaires*, et donnent issue à une matière cérumineuse, utile pour maintenir les larmes dans le conduit triangulaire.

Les *cils* sont de petits crins, presque toujours noirs, implantés le plus ordinairement sur deux ou trois rangs, et plus longs, plus nombreux à la paupière supérieure qu'à l'inférieure. Dans la première, ils existent principalement du côté de l'angle temporal, où ils sont disposés favorablement pour ombrager l'œil et modérer la vivacité des rayons lumineux.

La *structure organique* des paupières présente à examiner successivement un prolongement de la peau, une couche musculeuse, une membrane fibreuse, une expansion tendineuse, le fibro-cartilage tarse, les follicules ciliaires, enfin les vaisseaux et les nerfs de ces parties.

La *peau des paupières* s'amincit au fur et à mesure qu'elle s'approche de leur bord libre, près duquel elle cesse de porter des poils, et devient noire ou marbrée. Sa face interne adhère intimement à la *couche musculeuse*, formée par le muscle orbiculaire décrit page 322 du tome Ier.

La *membrane fibreuse*, d'un tissu dense et serré, sépare le muscle précédent d'avec l'expansion tendineuse du muscle orbito-palpébral propre à la paupière supérieure; elle s'attache d'une part au bord orbitaire, s'insère au fibro-cartilage tarse, forme en quelque sorte le corps des paupières, et adhère aux couches musculeuses par un tissu lamineux abondant.

Les *fibro-cartilages tarses* constituent à chaque paupière un segment allongé, qui est placé dans l'épaisseur de son bord libre, auquel il donne une certaine fermeté, et qu'il empêche de former des rides. Ces corps palpébraux, dont le supérieur est plus long et plus épais que l'inférieur, offrent, du côté du bulbe de l'œil, une série de sillons verticaux, qui logent les follicules ciliaires. Ces *follicules*, communément glandes de Meibomius, sont fixés entre la conjonctive et le fibro-cartilage tarse, se présentent sous forme de petits bulbes allongés, blanchâtres; ils sécrètent l'humeur cébacée, appelée *chassie*.

Les *artères* des paupières sont fournies par l'orbito-frontale, la faciale et la temporale; leurs *veines* suivent le même trajet que les artères, et se rendent dans les troncs correspondants; leurs *nerfs* émanent du trifacial et de l'oculo-musculaire commun; les *lymphatiques* vont se rendre dans les ganglions gutturaux.

2° La troisième paupière, dite *nasale* et plus généralement le *corps clignotant*, jouit d'un mouvement mécanique, par lequel elle est poussée subitement sur le devant du globe, qu'elle essuie et dérobe

pour un temps, qui n'est, le plus ordinairement,
qu'instantané. Étant presque toujours cachée dans
l'angle nasal, elle constitue un prolongement noirâtre
ou marbré, unguiforme et terminé en devant par
un repli membraneux très-mince. Sa face externe,
convexe, est en rapport avec la commissure des paupières ; sa face interne, concave, pose immédiatement contre le globe, et présente dans son fond
plusieurs ouvertures folliculaires.

Le corps clignotant fait partie du coussinet oculaire, et a pour base un fibro-cartilage oblong,
aplati et courbé, pour s'accommoder à la convexité
du bulbe. Antérieurement, ce cartilage, libre et
tapissé par la membrane conjonctive, forme une
espèce de croissant, se termine en s'amincissant aux
dépens de sa face externe. Sa partie postérieure, située en arrière de la conjonctive, se prolonge vers
le fond de l'orbite, pénètre le coussinet graisseux
et se confond avec son tissu. Ainsi le fibro-cartilage clignotant, segment circulaire, se trouve retenu
en devant par un repli membraneux, et s'unit postérieurement à la masse graisseuse, qui, étant pres-
sée par la rétraction du globe, chasse ce corps en
dehors et le force à se porter sur le devant de
l'œil.

B. De la conjonctive.

La conjonctive, membrane très-mince et folliculeuse, lie le globe avec les paupières et entretient
une perspiration utile à la souplesse de ces parties ;
elle revêt la surface interne des paupières, passe

sur la caroncule lacrymale, couvre la portion *unguiforme* du corps clignotant, et se réfléchit sur la surface antérieure du globe de l'œil ; le long du bord libre des paupières cutanées, elle s'unit étroitement avec la peau et soutient les ouvertures des follicules ciliaires ; en se réfléchissant par les points lacrymaux, elle se continue dans le sac lacrymal, et ensuite dans le canal du même nom. Sa face interne adhère intimement à la cornée, moins fortement à la sclérotique, et elle tient aux paupières par le moyen d'un tissu lamelleux plus ou moins abondant. Sa surface libre laisse suinter une humeur muqueuse, sorte d'enduit propre à la lubrifaction des surfaces, et qui retient parfois certains petits corps étrangers.

Mince et transparente au devant de la cornée, la conjonctive est rouge et très-vasculaire dans la partie correspondante aux paupières cutanées : elle est susceptible de s'enflammer, d'acquérir une certaine épaisseur et de devenir fongueuse.

C. Parties propres à la sécrétion et à l'excrétion des larmes.

Disposées les unes à la suite des autres, ces parties s'étendent depuis l'arcade orbitaire, dans l'intérieur de l'angle nasal et du chanfrein, jusqu'à l'extrémité inférieure du méat sus-palatin de la fosse nasale.

1° La glande lacrymale.

La glande lacrymale, dont l'office est de sécréter

les larmes, est placée sous l'arcade orbitaire, et fournit plusieurs canaux excréteurs très-déliés, qui s'ouvrent à la face interne de la paupière supérieure, du côté de l'angle temporal, en formant de *petits points* plus ou moins écartés les uns des autres. Cette glande, peu considérable, constitue un corps mollasse, aplati et formé, comme les glandes salivaires, de petits grains distribués en lobules, unis par un tissu lamineux, peu consistant. Sa face externe, convexe, s'accommode à la concavité de l'apophyse orbitaire ; et sa face interne, concave, pose sur le globe de l'œil, dont elle est séparée par le muscle droit supérieur, ainsi que par une couche de tissu cellulaire qui entoure toute la glande, lui sert de moyen d'union et pénètre sa substance.

Des conduits excréteurs, que l'on désigne plus généralement sous le nom de *canaux hygrophthalmiques*, s'élèvent des lobules dont est composé le corps glandulaire, par des radicules ténues, qui se dirigent, en se réunissant de proche en proche, vers la conjonctive, à la face interne de laquelle ils versent l'humeur qui forme les larmes. Cette humeur, essentiellement aqueuse et dont la sécrétion éprouve de nombreuses variations, se répand sur le devant du bulbe de l'œil et coule continuellement vers l'angle nasal, d'où elle s'échappe par les points lacrymaux, ou bien au dehors.

2° La caroncule lacrymale.

La caroncule lacrymale est un petit tubercule, le

plus communément noirâtre, pyramidal, situé près de l'angle nasal et entre les deux points lacrymaux. Ce corps, dont la surface est couverte de poils très-fins et dont le volume varie dans beaucoup de chevaux, porte dans son épaisseur plusieurs follicules muqueux réunis en un seul groupe. Ses principaux usages sont de favoriser le passage des larmes par les points lacrymaux, de retenir la partie concrète de cette humeur et de prévenir par là l'obstruction des vases destinés à son excrétion.

3° Les points lacrymaux.

Ces points sont deux ouvertures rondes, toujours béantes, pratiquées à la face interne du bord des paupières et tout près de leur commissure nasale. Ces ouvertures, opposées l'une à l'autre et séparées par la caroncule lacrymale, constituent les orifices externes de deux petits *conduits lacrymaux* qui vont aboutir dans le réservoir du même nom, et dont le supérieur est un peu plus long que l'inférieur.

4° Le réservoir lacrymal.

Ce réservoir, ou plus généralement le sac *lacrymal*, forme une petite poche membraneuse, qui est logée dans la fossette lacrymale (1), fait continuité avec les conduits lacrymaux et donne naissance au canal de même nom.

(1) Cette fossette lacrymale est différente de celle où s'attache le muscle petit oblique de l'œil ; elle forme la partie supérieure du conduit osseux nommé *lacrymal*.

Ce réservoir, dont le nom indique suffisamment l'usage, est formé par une membrane fibreuse, blanche et tapissée, à sa face interne, par un repli de la conjonctive.

5° Le canal lacrymal.

Ce canal, membraneux et très-long, se prolonge du fond du sac lacrymal, descend dans le conduit osseux du même nom, et s'ouvre inférieurement à la face interne de l'orifice extérieur de la fosse nasale, au niveau et au-dessus de la commissure inférieure des deux ailes qui bordent cet orifice. A partir du réservoir lacrymal, il diminue très-insensiblement de calibre, mais seulement jusque vers le milieu de sa longueur. Dans son trajet, il décrit plusieurs inflexions légères; après avoir franchi le conduit osseux, il est peu soutenu, devient flexueux et conséquemment difficile au passage d'une sonde. Son orifice inférieur, toujours ouvert, et situé dans la peau, proche de sa réunion avec la membrane nasale, correspond au milieu de la longueur du biseau formé par le petit sus-maxillaire, et constitue une issue libre, par laquelle les larmes s'échappent au dehors.

Exposé succinct des principaux phénomènes
de la vision.

La vision, sensation par laquelle les animaux perçoivent l'image des corps, à la faveur de laquelle ils acquièrent l'idée de la forme et de la distance de ces mêmes corps, suppose deux conditions essentielles : 1° l'intégrité des parties préposées à l'exercice de la fonction ; 2° l'action d'un agent intermédiaire, qui met ces organes en jeu et que l'on nomme *lumière*.

La lumière est un fluide excessivement subtil, très-élastique, qui émane du soleil ou de tous autres corps lumineux, diverge dans l'espace, et produit, dans l'œil qu'elle frappe, la notion, l'image des corps d'où elle provient ou desquels elle est renvoyée. Cette matière, que l'on suppose être composée de molécules qui se meuvent avec une inconcevable rapidité, est évidemment formée de filets déliés et disposés en rayons, lesquels rayons vont toujours en ligne droite, se croisent sans se choquer, ni se confondre, ni éprouver la moindre altération dans leur composition particulière.

Ainsi toute masse ou portion de lumière doit être considérée comme formée de l'assemblage de cônes qui vont toujours en se divisant et se propageraient indéfiniment s'ils ne rencontraient point d'obstacle. Chacun de ces cônes, dont le sommet est au point radiant, perd de sa force dans les mêmes rapports que ceux de sa divisibilité ; et cette perte se fait constamment en raison directe du carré des distances.

La lumière pure, telle qu'elle vient du soleil, donne par le prisme sept couleurs, savoir le *rouge*, l'*orangé*, le *jaune*, le *vert*, le *bleu*, l'*indigo* et le *violet* ; ces sept parties constituantes ont des degrés différents de réfrangibilité, qui se calculent dans l'ordre inverse de celui dans lequel nous venons de les énumérer : ainsi les rayons violets sont les plus réfrangibles, et les rouges ceux qui ont le plus de force et cèdent le moins. Ces mêmes parties constituantes, ayant chacune une manière particulière de se combiner avec les corps terrestres, produisent la coloration de ces corps, et contribuent à l'entretien de ceux qui jouissent de la vie.

En frappant les corps terrestres, la lumière se comporte différemment suivant leur composition, ou bien elle est arrêtée et renvoyée plus ou moins pure dans l'espace, ou bien elle passe au travers et se porte au delà. Tous les corps qui arrêtent la lumière sont dits *opaques,* et ceux qui se laissent traverser sont appelés *transparents.*

En renvoyant la lumière, les corps opaques lui font constamment décrire un angle de réflexion parfaitement égal à celui d'incidence ; les miroirs la réfléchissent pure et telle qu'ils la reçoivent, tandis que les corps bruts ou dépolis impriment aux rayons réfléchis une modification particulière, qui les met dans le cas de représenter l'image de ces corps, toutes les fois qu'ils sont rassemblés en un foyer.

La lumière qui traverse les corps transparents perd toujours une certaine densité. Tombe-t-elle obliquement sur ces corps, elle se dévie de sa marche première, et éprouve une réfraction qui est toujours en raison directe de l'obliquité des surfaces et de la densité de la matière composante du corps. Il n'en est pas de même des filets de lumière dont les angles d'incidence sont perpendiculaires à la surface du corps transparent; ceux-ci ne changent pas de direction, ils continuent d'aller en lignes droites, et ne subissent pas les lois de la réfraction. C'est sur ces principes que repose la théorie de l'axe optique, ainsi que des différentes sortes de réfractions que nous ne pouvons pas développer ici.

Pour exciter la vision, la lumière parvient dans le fond de l'œil, et produit deux faisceaux, l'un objectif et l'autre visuel. Le faisceau objectif, placé en avant de l'œil, comprend une multitude de cônes divergents, qui ont leur base à la surface externe de la cornée lucide; tandis que le faisceau visuel se compose d'une série de cônes rendus convergents autour de l'axe optique (1), par les pouvoirs réfringents que possède l'œil; tous les cônes visuels ont leur base opposée à celle des cônes objectifs, et s'étendent de la surface de la cornée jusqu'au *tapetum*, où ils se terminent en pointe.

Comme tous les cônes lumineux projetés d'un objet éclairé se comportent de la même manière, et que chacun d'eux se rassemble en un même point, les rayons visuels arrivent simultanément dans le fond de l'intérieur de l'œil, où ils retracent une petite image curviligne et renversée, mais parfaitement semblable à l'objet visuel. La même image, représentée en même temps dans l'autre œil, produit à la vérité deux impressions, qui, étant simul-

---

(1) On nomme axe *optique* ou *visuel* un rayon qui passe par le centre de l'œil, occupe le milieu du cône lumineux, et parvient au *tapetum* sans éprouver nulle déviation dans sa marche rectiligne.

tanées et semblables en tout, ne peuvent déterminer que le même sentiment, qu'une même sensation. Les rayons réfléchis du fond du bulbe ressortent, partie par la pupille, et l'autre partie est absorbée par l'enduit noir de la choroïde et du procès irien.

L'exercice de la vision est toujours précédé du regard, qui suppose deux choses : la direction de l'œil vers l'objet visuel, et sa fixation sur ce même objet. Ce dernier acte consiste à imprimer aux deux yeux un axe commun et qui soit en rapport avec la distance de l'objet; il se forme avec plus ou moins de rapidité et de sûreté, suivant la bonté des organes et suivant la position des corps en regard.

Toutes les fois qu'un animal veut distinguer un objet éclairé, il commence donc par y porter ses regards; dans le même instant, ses yeux sont frappés par une masse de lumière, qui est modifiée par les cils et par les paupières. La majeure partie de cette lumière, qui traverse la cornée lucide, est arrêtée par l'iris, qui la renvoie au dehors; il ne pénètre dans l'intérieur de l'œil que la quantité de lumière proportionnée à l'ouverture pupillaire. Au même moment où l'animal fixe ses yeux, il perçoit l'image de l'objet, parce que la vitesse de la lumière est instantanée et au-dessus de tout calcul.

L'image représentée sur le tapis de la choroïde produit dans la rétine une impression de contact, et cette impression, plus ou moins vive, plus ou moins durable, suivant la force ou la faiblesse des rayons lumineux, est immédiatement transmise au *sensorium commune*, où elle est perçue et combinée.

Cette image est toujours curviligne et renversée, double condition indispensable à la perfection de la vision. En effet, les rayons lumineux ne pouvaient produire un même sentiment qu'en frappant simultanément la rétine, et en tombant sur une surface concave, seule capable d'égaliser les diamètres des rayons visuels. D'un autre côté, l'animal ne peut voir les objets droits qu'autant qu'ils sont peints renversés, parce qu'il est dans l'ordre de son organisation de rapporter les impressions diverses qu'il reçoit, dans la même direction qu'elles lui arrivent.

Organes de l'audition.

L'audition s'exerce à l'aide des oreilles, organes disposés régulièrement de chaque côté du sommet de la tête, l'un à droite et l'autre à gauche. On reconnaît à chaque oreille trois parties : *l'oreille externe*, le *tympan* et le *labyrinthe*.

§ III. *De l'oreille externe.*

L'*oreille externe* et plus généralement l'oreille est disposée de manière à rassembler les rayons sonores et à leur donner plus d'intensité; elle comprend la *conque* et le *conduit auditif*.

1° La *conque* constitue un grand cornet très-mobile, maintenu droit, terminé en pointe, et ayant pour base un fibro-cartilage flexible, mais ferme. Son ouverture extérieure, disposée sur un plan très-oblique et pratiquée sur la face antérieure, se pro..

longe depuis le haut jusqu'en bas, et se termine
inférieurement par un angle arrondi. Sa surface
extérieure est recouverte de poils semblables à ceux
des autres parties de la tête. Sa cavité intérieure,
rugueuse et parsemée de longs poils, très-multipliés
au pourtour de l'ouverture ou entrée de la conque,
offre divers enfoncements longitudinaux, séparés
par des sillons irréguliers. Son fond décrit postérieurement un coude et présente une grande concavité, véritable cul-de-sac, qui est divisé en deux
compartiments par une saillie transversale, et fait
éprouver au son une réflexion particulière. Plus en
avant, on voit l'infundibulum du conduit auditif,
à la faveur duquel l'air extérieur parvient jusqu'à
la membrane du tympan.

2° Le *conduit* ou *méat auditif*, toujours béant et
susceptible de se courber sur lui-même, s'enfonce
dans l'intérieur de l'oreille et se termine sur la membrane du tympan au niveau du col du marteau. En
se continuant du fond de la conque, il présente une
dilatation infundibuliforme, à la suite de laquelle il
se rétrécit; son fond s'allonge, suit la direction de
la membrane tympanique, et forme ainsi un prolongement étroit, dans lequel l'air se trouve resserré.

La *structure organique* de l'oreille dérive de la
disposition respective de parties différentes, et
parmi lesquelles on compte une couche extérieure
cutanée, trois fibro-cartilages, divers ligaments, une
enveloppe intérieure, qui est une continuité de la
peau; enfin des vaisseaux et des nerfs.

La *peau* de la surface extérieure de l'oreille n'offre rien de particulier; elle est seulement un peu plus mince et se réfléchit dans la cavité de la conque.

Quant aux cartilages auriculaires, on les distingue, d'après leur forme et leur usage, en *conchinien annulaire* et *scutiforme*.

a. Le *cartilage conchinien*, ainsi appelé, parce qu'il détermine la base de la conque, est le plus grand et le principal. Ce fibro-cartilage constitue une grande feuille flexible, contournée sur elle-même et représentant un cornet tronqué et ouvert par son extrémité inférieure. Sa base porte une convexité postérieure, appuyée sur un coussinet graisseux et formant intérieurement le grand cul-de-sac de la conque; antérieurement et à la suite de l'ouverture extérieure de l'oreille, le même fibro-cartilage se prolonge en un demi-canal jusqu'auprès du trou auditif externe, et se termine par deux branches. Cette portion semi-circulaire concourt à la formation du conduit auriculaire, et offre, du côté de la fosse temporale, une interruption, où se fait le croisement des deux bords du fibro-cartilage. Son bord latéral, prolongé et fixé par-dessous celui de la partie convexe, est divisé en deux plaques inégales, situées l'une au-dessus de l'autre et courbées en dedans. La plaque supérieure, plus mince et plus allongée, donne attache à un très-petit muscle, que l'on découvre en coupant la couche extérieure du fibro-cartilage, et que l'on peut comparer au muscle transversal de l'oreille de l'homme.

Ce muscle conchinien, court et composé de fibres très-obliques, prend son origine à la saillie que l'on remarque dans la cavité de la conque, au côté interne de l'angle inférieur de son ouverture; il descend obliquement d'arrière en avant, et s'insère dans toute l'étendue du bord de la plaque; il contribue incontestablement à resserrer et même à roidir le conduit auriculaire.

La plaque ou appendice inférieur, irrégulièrement arrondi, échancré en haut et en bas, embrasse une partie du cartilage annulaire, auquel il est uni par un tissu filamenteux très-résistant.

Parmi les deux branches terminales du cartilage conchinien, l'une, plus longue, se glisse en dehors sous la parotide, et se termine sur la poche gutturale par des fibres divergentes. La branche courte se courbe en arrière et en haut vers la convexité de la base de la conque, et s'attache par des fibres ligamenteuses au pourtour du méat auditif externe.

b. Le *cartilage annulaire*, embrassé par l'extrémité inférieure du fibro-cartilage précédent, compose un cercle ouvert du côté interne du conduit auriculaire, et dont le bord inférieur est attaché autour de l'hiatus osseux, *auditif externe*. N'étant fixé aux parties environnantes que d'une manière lâche, ce deuxième fibro-cartilage maintient le conduit auditif et l'empêche, sans gêner ses mouvements, de faire des inflexions capables d'obstruer le conduit auriculaire et d'interrompre le passage des rayons sonores.

Le *cartilage scutiforme*, sorte de plaque ovalaire et de même nature que les deux autres fibro-cartilages, est maintenu en avant de la conque sur la région épicrànienne. Il donne implantation à diverses portions musculeuses, et favorise les mouvements de la conque.

La peau qui tapisse l'intérieur de l'oreille est une continuité de celle de la surface extérieure. A mesure qu'elle s'enfonce, elle devient successivement plus mince, moins velue et plus folliculeuse; après avoir formé le tube du conduit auditif, elle se termine en cul-de-sac sur la membrane du tympan et concourt à la former. Les follicules nombreux dont est garnie cette tunique cutanée sécrètent une humeur sébacée, qui acquiert une certaine consistance et forme le *cérumen*. Ce cérumen, matière grisâtre, huileuse et amère, s'amasse en tas dans le fond du conduit et y forme souvent des concrétions plus ou moins grosses. Elle entretient la souplesse du conduit et s'oppose à l'accès des insectes dans l'intérieur de l'oreille.

L'oreille externe est susceptible de mouvements variés, qui sont opérés par la contraction d'une série de muscles décrits dans le tome Ier, page 347 et suivantes. Ces mouvements ne contribuent pas seulement à l'audition, ils servent parfois à indiquer les actions auxquelles est déterminé le cheval. L'état des oreilles exprime presque toujours le genre d'impressions qui prédominent dans l'individu, et il devient ainsi le signal des mouvements auxquels il est déterminé.

Les vaisseaux propres à l'oreille sont artères, veines et lymphatiques.

Les *artères*, au nombre de deux, se distinguent en antérieure et en postérieure. L'auriculaire antérieure est une division de l'artère temporale; elle se glisse sous les muscles antérieurs de l'oreille, donne divers rameaux, dont le plus considérable gagne l'intérieur de la conque, où il se ramifie, tandis que les autres se distribuent dans les parties circonvoisines.

L'auriculaire postérieure, plus grosse, plus longue et plus superficielle que l'antérieure, provient de l'artère faciale et rampe sur la face postérieure de la conque jusqu'auprès de sa pointe, où elle se termine par des divisions ténues. Située d'abord profondément, elle devient superficielle à mesure qu'elle dépasse les muscles auriculaires postérieurs, et plusieurs de ses rameaux gagnent l'intérieur de la conque.

Les *veines* suivent la direction des artères et se réunissent aux branches qui concourent à la formation de la jugulaire.

Les *nerfs* auriculaires sont fournis par les nerfs *sous-zygomatique* et *facial;* ils se composent de plusieurs cordons, que l'on distingue en antérieurs, postérieurs et internes.

§ IV. *Du tympan.*

Le tympan, cavité irrégulière, située dans la portion tubéreuse du temporal et pratiquée dans l'intérieur même de la partie mastoïdienne, correspond en dehors au fond du conduit auditif, en dedans et du côté du crâne au labyrinthe, en arrière et en haut à l'apophyse mastoïde, en bas et en devant à l'arrière-bouche. Cette cavité, que l'on appelle aussi la *caisse* du tympan ou du tambour, a une capacité variable suivant l'âge et selon la stature; elle est tapissée par une membrane muqueuse très-fine, communique dans l'arrière-bouche et renferme une chaine d'osselets destinée à la transmission du son dans le labyrinthe. On peut y reconnaître une paroi externe, une paroi interne et une circonférence.

La paroi externe est formée par la *membrane* du *tympan*, qui termine le conduit auriculaire et le sépare complétement de la caisse du tambour. Cette membrane, mince et sèche, constitue une cloison ovalaire, disposée sur un plan oblique, et dont la circonférence est fixée à un cercle osseux, interrompu supérieurement du côté de l'apophyse mastoïde. Elle est traversée dans presque toute sa longueur par le manche du marteau, qui la maintient abaissée dans la cavité tympanique, et la rend ainsi concave du côté du conduit auriculaire externe.

Le cercle du tambour, qui limite la circonférence de la membrane, offre, supérieurement et du côté de l'apophyse mastoïde, une ouverture correspondant à la base du manche du marteau, et dont l'extrémité du dehors fournit une épine transversale, qui se prolonge jusqu'auprès de cet osselet.

Quant à l'organisation de la membrane tympanique, elle résulte principalement de la superposition de deux lames, entre lesquelles se prolonge le manche du marteau; le feuillet externe est une continuité de la peau qui revêt le méat auditif; la lame interne, plus mince, est fournie par la membrane de la cavité tympanique.

La paroi interne, correspondant aux cavités labyrinthiques, présente deux ouvertures, l'une ovale, l'autre ronde, et séparées par une éminence oblongue, pyramidale, appelée le *promontoire*. Sur cette éminence on observe un cordon nerveux, posé en travers, et qui s'échappe de la cavité tympanique par un petit trou situé sur le côté de l'apophyse styloïde. La première de ces ouvertures, supérieure, interne et la plus grande, aboutit dans le vestibule, est bouchée par la base de l'étrier, et se nomme *fenêtre ovale* ou *vestibulaire*. L'ouverture, ou *fenêtre ronde*, et mieux *cochléenne*, parce qu'elle fait communiquer le tympan avec la rampe interne du limaçon, n'est pas parfaitement ronde, elle est fermée par une membane extrêmement fine.

La circonférence du tympan est occupée en majeure partie par les cellules mastoïdiennes; on y remarque aussi la chaîne d'osselets, deux fossettes, enfin la gouttière du conduit guttural. A la considération de ces parties il faut ajouter celle du conduit guttural lui-même, qui fait partie du tympan.

a. Les *cellules mastoïdiennes* ou *tympaniques* forment une série de loges, rangées tout autour du cercle tympanique, et séparées les unes des autres par des cloisons osseuses, inégales, et dont les bords inférieurs ne dépassent pas le niveau du cercle précédent. Ces cavités, irrégulières et situées dans l'épaisseur même de la partie mastoïdienne, ont leurs ouvertures béantes et tournées en bas, vers le promontoire.

b. Les *fossettes tympaniques* sont deux petites cavités dont l'usage est de donner attache à des muscles : l'une, externe et supérieure, est située contre le conduit spiroïde du temporal, et loge le muscle de l'étrier ; l'autre, plus grande, inférieure et interne, se trouve sur le côté de la gouttière gutturale, et contient le grand muscle du marteau.

c. La *chaîne tympanique*, courbée en différents sens et susceptible de certains mouvements, est située vers la partie supérieure du tympan et contre l'apophyse mastoïde ; elle se propage du centre de la membrane du tympan jusqu'au vestibule, et se compose de quatre osselets : le *marteau,* l'*enclume,* le *lenticulaire* et l'*étrier.*

1° Le *marteau,* le plus long des osselets, forme le commencement de la chaîne : on y distingue un *manche,* un *col* et une *tête.* Le *manche* se prolonge entre les deux lames de la membrane du tympan, et se termine en pointe à une petite distance du cercle osseux ; près de son col, il offre une longue apophyse qui donne attache à l'un de ses muscles. Le *col* constitue une dépression oblongue et traversée en dessous par un filet nerveux, que l'on appelle la *corde du tambour ;* il porte une apophyse plus courte que celle du manche et destinée de même à l'insertion d'un muscle. La tête, sphéroïde et courbée en bas, forme avec le manche un angle obtus, et présente une facette concave pour son articulation avec l'enclume.

2° *L'enclume*, deuxième osselet, plus gros que le premier, offre un *corps* et deux *branches* ou *jambes*. Le corps ovoïde est pourvu d'une facette articulaire, bornée latéralement par deux petites éminences et reçue dans une cavité correspondante de la tête du marteau. Sa branche, courte et courbée en haut et en arrière, se termine par une pointe logée dans un enfoncement du rocher. L'autre branche se dirige du côté du labyrinthe et s'articule avec le lenticulaire.

3° L'os *lenticulaire*, ténu et semblable à un grain de sable aplati, est maintenu entre l'extrémité de la jambe longue de l'enclume et la tête de l'étrier.

4° *L'étrier*, dont le nom indique assez la forme, termine la chaîne et bouche la fenêtre ovale; on y reconnaît deux *branches*, une *tête* et une *base*. Les branches, dont une plus courte et moins courbée, laissent entre elles un espace fermé par une membrane très-fine. La *tête* ou extrémité supérieure s'articule avec le lenticulaire; la base, plus grande que la tête, est fixée sur la circonférence externe de l'ouverture vestibulaire, qu'elle bouche complétement.

La chaîne tympanique exécute de légers mouvements, qui sont dus à l'action des trois petits muscles, dont deux s'attachent au marteau, et le troisième à l'étrier.

Le premier de ces muscles, le plus long et le plus gros, occupe la fossette inférieure, dans laquelle il prend son origine; ce faisceau, ovoïde et entouré d'un tissu adipeux d'une nature particulière, se dirige de bas en haut, et se termine par un tendon grêle à la longue apophyse du manche du marteau.

Le deuxième muscle, propre au même osselet, est tellement ténu et si court, que plusieurs anatomistes ont nié son existence. On le trouve constamment par-dessus l'extrémité d'insertion du muscle précédent; il offre des fibres blanches, parallèles, et s'insère à la petite apophyse du col du marteau.

Le troisième, ou le muscle de l'étrier, prend son origine dans la fossette supérieure, et se termine à la branche courte de l'étrier. Ce dernier muscle, sphéroïde et moins gros que le premier, est couché contre le cordon du nerf facial, et présente à sa surface extérieure un tissu graisseux particulier.

d. La *gouttière* du conduit guttural réside au côté interne de la cavité tympanique, dans la longueur de la ligne qui sépare les cellules mastoïdiennes d'avec la paroi postérieure; c'est un canal étroit, qui commence supérieurement près de la chaîne tympanique, s'élargit insensiblement en s'approchant du trou styloïdien du temporal, et forme ainsi l'origine du conduit qui s'ouvre dans l'arrière-bouche.

e. Le *conduit guttural* (la trompe d'Eustachi) fait suite à la gouttière précédente; il se prolonge depuis le trou styloïdien jusqu'auprès de l'ouverture postérieure des naseaux, et présente deux parties, le *tube cartilagineux* et la *poche membraneuse*.

Le *tube cartilagineux* forme un long canal pyramidal, fixé sous le crâne et ouvert par le côté opposé dans presque toute sa longueur ; sa pointe ou extrémité supérieure est attachée à la circonférence du trou styloïdien ; son extrémité inférieure fournit une grande plaque circulaire, à bords minces, et qui sert de *pavillon* à l'ouverture gutturale de la poche. La lame externe du tube fibro-cartilagineux est recouverte par le muscle stylo-staphylin.

La *poche gutturale*, deuxième dépendance du conduit guttural, est une continuité de la membrane qui revêt le tube cartilagineux. Ce vaste réservoir, dont la capacité n'a pas été déterminée, correspond en dehors aux branches hyoïdiennes et à la parotide ; du côté interne, il est adossé immédiatement contre la poche opposée ; en haut et en arrière, il adhère à la face inférieure de l'atloïde ; en bas et en avant, il répond et adhère au pharynx. La cavité de la poche gutturale communique en haut dans le tympan au moyen du trou styloïdien, inférieurement elle s'ouvre dans l'arrière-bouche, sur le côté de l'ouverture commune des naseaux ; son ouverture supérieure, très-étroite, monte dans la cavité tympanique, et y forme la gouttière dont il a été parlé. Son ouverture inférieure ou gutturale, pourvue du pavillon fibro-cartilagineux, donne accès à l'air respiré.

La membrane qui forme la poche gutturale est une continuité de celle du tympan, dont elle ne diffère qu'en ce qu'elle est plus épaisse et qu'elle a une plus grande étendue.

Les poches gutturales entretiennent une vaporisation particulière, et sont occupées par l'air qui provient des cavités nasales. Ces réservoirs, que l'on ne trouve que dans les monodactyles, doivent avoir des usages particuliers, mais que nous ignorons. On présume seulement qu'ils servent à la perfection du hennissement.

§ V. *Du labyrinthe.*

Le labyrinthe, que l'on nomme aussi l'oreille interne, occupe l'intérieur de la partie pétrée, et présente trois parties essentiellement différentes, le *vestibule*, le *limaçon* et les *canaux demi-circulaires*.

a. Le *vestibule* est une cavité irrégulière, arrondie et divisée par une petite crête qui se termine près de la fenêtre ovale. Placé entre le limaçon et les canaux demi-circulaires, il correspond en dehors au tympan, et du côté interne à l'origine du conduit spiroïde; on y voit en dehors la base de l'étrier appliquée sur la fenêtre ovale, un peu plus bas une cavité infundibuliforme, au fond de laquelle se trouve l'ouverture de la rampe externe du limaçon; supérieurement on remarque les cinq ouvertures des canaux demi-circulaires.

La cavité vestibulaire, toujours remplie d'une humeur séreuse, sert de point de réunion et de centre, où viennent aboutir les autres parties du labyrinthe.

b. Le *limaçon* (cochlea) est situé au bas du vestibule et creusé dans la partie inférieure du rocher; il se compose, 1° de deux canaux coniques appelés *rampes* et contournés à la manière des coquilles d'escargots ; 2° d'une cloison spiroïde, qui sépare ces rampes et ne laisse entre elles nulle communication; 3° d'un noyau osseux, autour duquel se contournent les parties précédentes ; 4° enfin d'une lame osseuse extérieure et concave.

Les rampes, distinguées en *tympanique* ou *interne* et en *vestibulaire* ou *externe*, font deux tours et demi autour du noyau osseux; la tympanique aboutit dans la cavité de ce nom, au moyen de la fenêtre ronde, qui se trouve bouchée par une membrane fine; la rampe vestibulaire a une libre communication avec le vestibule, par une ouverture située au bas de la fenêtre ovale.

La *cloison* spiroïde du limaçon est moitié osseuse et moitié membraneuse; sa partie dure tient au noyau osseux, et son bord purement membraneux adhère à la lame osseuse.

Le noyau osseux, que l'on nomme aussi l'axe du limaçon, correspond au cul-de-sac du trou auditif interne, et se dirige presque horizontalement en avant et en dehors.

La lame osseuse, compacte et creuse, représente une espèce de cornet, qui décrit, autour de l'axe, deux tours et demi en spirale, et soutient la portion membraneuse de la cloison.

c. Les *canaux demi-circulaires* sont au nombre de trois, placés l'un à côté de l'autre, derrière le vestibule, à l'opposé du limaçon. Ils décrivent dans l'épaisseur de la partie supérieure du rocher trois axes, dont deux sont horizontaux, le troisième vertical ; le plus petit est intermédiaire. Les deux premiers se réunissent par une de leurs extrémités, de manière que ces canaux ne s'ouvrent dans le vestibule que par cinq orifices qui sont inégaux.

Les cavités labyrinthiques sont tapissées par une membrane extrêmement fine, que certains anatomistes considèrent comme une dépendance de l'une des méninges ; cette tunique soutient l'expansion pulpeuse du nerf labyrinthique ; elle fournit une sérosité qui remplit ces mêmes cavités et sert efficacement à la perception du son.

Mécanisme de l'audition.

L'audition, sensation à l'aide de laquelle les animaux perçoivent le mouvement vibratoire des corps, s'exerce par le moyen de l'air, agent qui transmet le mouvement depuis le lieu de sa formation jusqu'à l'oreille ; elle comprend la considération de trois points principaux, la *formation du son,* sa *propagation* et son *action* dans l'intérieur de l'oreille.

Le son est un mouvement de vibration imprimé à un corps, communiqué par ce corps à l'air ambiant, et transmis par ce fluide à l'oreille, qui en reçoit l'impression. Quelle que soit la cause de son développement, ce mouvement vibratoire suppose toujours un choc ou une percussion des molécules constituantes du corps sonore ; il s'exerce et se propage avec plus ou moins de violence, suivant la force de son impulsion et suivant la densité du corps vibrant.

En général, les corps élastiques sont les seuls capables de produire et de propager le son, qui s'étend en tous sens par rayons, et parcourt environ 337 mètres par seconde de temps ; mais sa vitesse éprouve quelques modifications, suivant que la direction et la force du vent lui sont favorables ou contraires. Le son se propage beaucoup mieux la nuit que le jour, plus efficacement dans les temps calmes et brumeux que dans les temps pluvieux et humides.

Lorsque le son rencontre des obstacles, il change de direction, et fait un angle de réflexion parfaitement égal à celui de son incidence. Éprouve-t-il des réflexions multipliées et rapprochées, il augmente d'intensité et se propage avec plus de force. Ces modifications ont lieu dans l'intérieur de l'oreille, ainsi que dans la formation des échos *monophones* et *polyphones*, de même que dans les chambres mystérieuses, etc.

Pour écouter et bien entendre, l'animal prête les oreilles, qu'il dirige et redresse du côté par où vient le bruit ; s'il a le temps et la liberté, il tourne la tête et reste attentif jusqu'à ce qu'il ait bien distingué la nature du son. Les premières impressions lui laissent-elles quelques doutes sur le genre de bruit qui le provoque, il redresse à plusieurs reprises les oreilles, et donne à sa tête diverses attitudes ; mais la sensation une fois bien acquise, il prend une détermination : s'il se décide à fuir, il couche les oreilles et décampe avec plus ou moins de vitesse, suivant l'imminence du danger. S'il s'agit d'avancer pour attaquer l'ennemi ou pour s'emparer d'une proie, il redresse davantage les oreilles, prend une attitude assurée, et s'élance en avant avec plus ou moins de force.

Étant maintenue redressée, l'oreille externe rassemble avec plus d'avantage les rayons sonores, dont elle augmente l'intensité, et qu'elle dirige sur la membrane du tympan; celle-ci est d'autant plus facilement ébranlée qu'elle est maintenue entre deux airs, et qu'elle présente une concavité à l'abord des rayons sonores; elle transmet son mouvement vibratoire au manche du marteau, qui la traverse et forme le commencement de la chaîne tympanique. Le mouvement se propage du marteau à l'enclume, de l'enclume à l'os lenticulaire, et de celui-ci à l'étrier, dont la base bouche la fenêtre ovale. Ce même mouvement vibratoire se communique d'une part à la partie pétrée de l'os temporal, par le moyen de la jambe courte de l'enclume, et d'un autre côté à la portion d'air renfermée dans la cavité tympanique par l'entremise de la membrane du tympan. Ainsi les rayons sonores, projetés sur cette dernière membrane, produisent des vibrations qui se propagent en différents sens, acquièrent une certaine force, ébranlent de toutes parts l'humeur contenue dans les cavités labyrinthiques, et titillent, en définitif, l'expansion pulpeuse du nerf auditif ou de la huitième paire encéphalique.

Nous nous bornons à ces détails sur le sens de l'ouïe, qui joue un rôle secondaire et bien moins important que ceux de l'olfaction et de la gustation,

placés en première ligne : au reste, ces considérations, toutes précises qu'elles sont, suffisent pour
donner une idée exacte de la théorie de l'audition
et des avantages que les animaux trouvent dans
l'usage de cette sensation.

Organes de l'odoration.

La membrane pituitaire est bien l'organe principal de l'olfaction; mais la sensation paraît s'exercer
plus spécialement sur la partie de cette membrane
qui revêt les cellules ethmoïdales, objets qui n'ont
été pour ainsi dire qu'indiqués, et qu'il importe
de faire connaître en détail.

Fixées par leurs extrémités supérieures à la lame
criblée de l'ethmoïde, ces cellules forment, de
chaque côté de la lame perpendiculaire de cet os,
une masse de petits cornets, séparés les uns des autres par des méats ou conduits qui aboutissent dans
leur intérieur; partie de cette masse de volutes se
prolonge dans la narine, tandis que l'autre partie
est logée dans les sinus.

1° La *portion nasale,* moins considérable que
celle qui se trouve renfermée dans les sinus, comprend une multitude de cellules oblongues, déprimées sur trois faces et fixées à la suite du cornet supérieur ou sous-ethmoïdal. Ces volutes nasales sont
disposées en petits tas, au nombre de cinq à six, et
séparées par des conduits qui communiquent dans
les cellules de la portion frontale. Chaque tas,
composé seulement de deux à trois cellules, tient

par un tronc commun, sorte de pédoncule, à la lame criblée de l'ethmoïde, et diminue de longueur du premier au deuxième, de celui-ci au troisième, et ainsi successivement jusqu'au cinquième; ce dernier, toujours le plus petit, se termine en se contournant sur la cloison perpendiculaire.

La première des volutes nasales, celle qui vient immédiatement après le cornet supérieur, diffère des autres, tant par son volume que par sa forme et par la disposition de sa cavité intérieure. Cette cellule, piriforme, beaucoup plus longue et plus grosse que les autres, a l'aspect du cornet sous-ethmoïdal; elle offre un volume bien plus considérable dans le bœuf que dans les monodactyles, et elle forme une grande cavité intérieure, *antre olfactif*, dont l'ouverture oblongue communique dans les sinus de la tête et sépare la masse frontale en deux parties inégales. La lame osseuse, papyracée, de chacune des autres volutes nasales, ne fait que se replier sur elle-même de dehors en dedans, mais de manière à ce que la cavité intérieure communique dans le méat nasal.

2° La portion frontale se trouve isolée au milieu du vaste sinus frontal, à la formation duquel concourent le frontal, le sus-nasal et la partie supérieure du cornet sous-ethmoïdal ; cette production de l'ethmoïde porte une petite cloison longitudinale et incomplète, en bas et en arrière de laquelle se remarque l'ouverture de l'antre olfactif, qui partage la totalité de la masse en deux parties pyramidales dont une supérieure, plus grosse et plus allongée que l'inférieure. Chacune de ces portions secondaires est composée de plusieurs petits cornets pyramidaux, séparés par des sillons peu profonds; les cavités intérieures de ces cornets s'ouvrent dans les méats qui divisent les cellules nasales et aboutissent dans la narine.

Les membranes qui tapissent les surfaces de ces diverses cellules ethmoïdales sont parsemées de filaments fournis par l'enveloppe corticale et gangliforme du bulbe de la couche ethmoïdale. Ces filaments, d'une certaine fermeté, émanent de la couche par divers pédoncules qui sont de différentes grosseurs et ne paraissent pas s'anastomoser avec les ramifications nerveuses de la cinquième paire. Les divisions formées par le nerf orbito-nasal sont plus spécialement destinées pour les sinus, tandis que celles du nerf nasal se distribuent dans la membrane qui tapisse la surface inférieure de la cavité nasale.

Phénomènes de l'olfaction.

L'olfaction, que l'on appelle aussi *odorat*, *odoration*, consiste à percevoir les odeurs qui s'élèvent continuellement dans l'atmosphère; cette sensation, intimement liée à la respiration, contribue, comme les autres sens, à mettre l'animal en rapport avec les corps extérieurs au milieu desquels il existe; elle lui donne la faculté de reconnaître certaines qualités de l'air; elle le prévient de la manière dont telle substance doit l'affecter et le dispose à la rechercher ou à la fuir.

L'odorat, généralement très-délicat dans les quadrupèdes domestiques, s'unit et s'associe avec la gustation sur laquelle il conserve cependant une supériorité marquée : ces deux sens, généralement préposés à la surveillance de la nutrition, se rectifient, s'assurent et se perfectionnent l'un par l'autre; ils se développent les premiers et tiennent toujours la préséance sur les autres.

Pour bien saisir la manière dont s'exerce l'olfaction, il importe de ne pas perdre de vue que tous les corps de la nature dégagent des effluves odorants plus ou moins stimulants, parfois imperceptibles, et qui, en s'élevant dans l'air, forment pour chacun de ces corps une atmosphère particulière : ces effluves, gazeux ou vaporeux et différents suivant leur nature, se conservent plus ou moins de temps, restent circonscrits autour du corps qui les dégage, ou bien ils se répandent à certaines distances.

L'air chargé de ces émanations odorantes pénètre dans les fosses nasales par l'effet de l'inspiration; plus cette inspiration est forte et profonde, plus il passe d'air par les naseaux, et plus la sensation est prononcée. Les inspirations prolongées, celles qui ont lieu par petites secousses, ont encore l'avantage d'attirer et distribuer les particules odorantes dans les sinus et dans les volutes ethmoïdales, où se fait plus immédiatement la perception des odeurs. L'impression déterminée par le contact des effluves peut être *forte* ou *très-légère, agréable* ou *désagréable ;* dans tous les cas, elle est subordonnée à la sensibilité même de l'organe qui est le siége de l'olfaction, à la nature des émanations, à la combinaison et à la masse des molécules odorantes, enfin à l'état de l'atmosphère.

Quelles que soient la nature ainsi que la force des odeurs, l'olfaction ne s'exercera qu'autant que les organes se trouveront dans les conditions requises pour recevoir l'impression des effluves et la transmettre à l'encéphale. L'intégrité de la membrane pituitaire est sans contredit la première de ces conditions; cette membrane, organisée de manière à percevoir les molécules odorantes avec lesquelles elle se trouve en contact, est la source d'une exhalation et d'une sécrétion continuelles; dans l'état ordinaire, elle est enduite d'un mucus propre à retenir les particules précédentes et à exciter convenablement la sensibilité nasale. Une altération de cette membrane, un vice de conformation des naseaux, diverses tumeurs, etc., sont autant de causes capables ou de troubler ou d'empêcher l'olfaction, suivant les degrés où ces lésions se trouvent portées.

Associé au goût, l'odorat devient l'instinct le plus utile aux animaux, il les guide sûrement dans le choix de leurs aliments et des boissons; en sentinelle vigilante, il les prévient de l'approche des bêtes ennemies déclarées de leur existence; dans tous les cas, il les détermine ou à se mettre en défense, ou à attaquer, ou à poursuivre, ou à fuir. Enfin l'odorat est un puissant lien de l'affection maternelle; il met le mâle sur la voie de la femelle en chaleur, et devient pour ces individus le plus fort aiguillon de leurs amours.

En général, les quadrupèdes sentent à de plus

grandes distances qu'ils ne voient ; non-seulement ils sentent de très-loin les corps présents et actuels, mais encore ils en reconnaissent les émanations et les traces longtemps après qu'ils sont passés ou absents. L'odorat, selon Buffon, doit être regardé comme un œil qui voit les objets non-seulement où ils sont, mais même partout où ils ont été, comme un organe de goût, par lequel l'animal savoure non-seulement ce qu'il peut toucher et saisir, mais même ce qui est éloigné et ce qu'il peut atteindre. Le même naturaliste établit que l'odorat est un organe universel de sentiment, par lequel ce même animal est le plus souvent et le plus tôt averti ; par lequel il connaît ce qui est convenable ou contraire à sa nature ; par lequel enfin il aperçoit, sent et choisit ce qui peut satisfaire son appétit (1).

Bien différente de la vision, l'olfaction ne s'exerce pas indistinctement et également sur tous les corps odorants : les animaux ont constamment une perception particulière pour quelques-uns de ces corps et une prédilection bien déterminée pour les substances qui font leur principale nourriture. D'après cela, la perfectibilité de l'odorat de l'herbivore se portera plus spécialement sur les végétaux ; celle du carnivore se dirigera vers le fumet du gibier ou des débris cadavériques dont il peut se repaître. Il faut encore observer que l'odorat de chaque individu peut, par l'exercice et par l'habitude, acquérir une

(1) Buffon, *Discours sur la nature des animaux*; cinquième édition, 1753, tome VII, page 70.

finesse remarquable pour saisir certains effluves et les distinguer d'une manière sûre. Ainsi le chien, fidèlement attaché à son maître et entièrement occupé à lui complaire, finit par le suivre à la piste et même par reconnaître tous les corps qu'il a touchés. En exerçant son odorat, le porc parvient à distinguer les truffes qui sont dans la terre, même à une certaine profondeur. Le bœuf, occupé à paître dans la prairie, ne mange pas l'herbe qui entoure les tiges amères, telles que la gentiane, la patience, etc., ou qui borde les tas de bouse.

Suivant son état de sécheresse ou d'humidité, de repos ou d'agitation, l'air fait varier les odeurs ; il les rend ou plus actives, ou plus faibles ; il les déplace et les entraîne toujours dans la direction des vents. C'est pourquoi le chien couchant, bien exercé à la chasse, prend toujours le dessous du vent, pour pouvoir flairer le gibier et faire dessus son arrêt. La sagacité admirable que déploie ce quadrupède à découvrir et à poursuivre le gibier se trouve en défaut toutes les fois que l'atmosphère n'a pas une certaine fraîcheur nécessaire à la conservation et à la perception des odeurs. Un air trop chaud dissout les effluves odorants et les rend imperceptibles ; les pluies un peu fortes produisent les mêmes effets.

La nécessité peut aussi développer d'une manière remarquable l'odorat et lui imprimer une délicatesse particulière. Pendant la traversée des déserts d'Arabie, les dromadaires employés aux caravanes finissent, lorsqu'ils n'ont pas bu depuis huit à quinze jours, par sentir l'eau de très-loin et par y courir bien avant qu'on puisse l'apercevoir. Levaillant rapporte que, dans les plaines sablonneuses et brûlantes de l'Afrique méridionale, son singe *Kees* et ses chiens lui découvraient de plus d'une demi-lieue les sources d'eau, dont ils éprouvaient le plus pressant besoin. L'observation prouve aussi que les animaux élevés dans la domesticité, et que l'on abandonne, soit dans des forêts, soit dans des immenses pâturages éloignés de toute habitation, ne tardent pas à acquérir la même finesse d'odorat que les individus sauvages de même espèce. C'est ce que l'on remarque à l'égard des bêtes à grosses cornes que l'on place dans les montagnes d'Auvergne, en subsistance, pendant trois ou quatre mois de la belle saison. Au bout de quelques jours, au milieu de ces plages inhabitées, les vaches acquièrent un instinct extraordinaire pour découvrir les sources d'eau, distinguer l'approche des loups, et reconnaître surtout celle de leur ancien conducteur.

Organes de la gustation.

La gustation, sensation en vertu de laquelle les animaux perçoivent la qualité des substances que l'on appelle *sapidité*, s'exerce dans la bouche. Cette sensation, dont la langue est le principal organe, et à laquelle participent le palais, le voile du palais, les lèvres, les joues, même l'arrière-bouche, est une sorte de toucher très-délicat, occasionné par le contact d'un corps qui produit l'impression du goût.

Tous les corps n'ont pas la propriété d'imprimer ce sentiment : ceux qui la possèdent sont appelés *sapides;* tous les autres sont dits *insapides;* et les premiers deviennent *savoureux,* toutes les fois qu'ils déterminent une impression forte et agréable.

Les saveurs sont très-nombreuses et très-variées; elles peuvent être *douces, salées, acides, amères, acerbes, âcres,* etc. ; dans tous les cas, elles excitent un sentiment de plaisir ou de répugnance, et sont *agréables* ou *désagréables.* Toutes les substances dont les saveurs sont agréables disposent favorablement les organes de la déglutition : elles sont prises avec avidité et appétées avec ardeur; celles, au contraire, qui provoquent un sentiment désagréable sont repoussées et rejetées comme nuisibles.

En traitant des organes digestifs, nous avons fait connaître toutes les parties qui coopèrent à la perception des saveurs. Nous rappellerons seulement que la membrane de la langue est le siége spécial du goût. Cette membrane, dont la texture est analogue à celle de la peau, est composée, comme cette dernière partie, de deux feuillets, l'un épidermique et l'autre dermoïde. Le premier, qui semble être le résultat d'un suc concrété à la périphérie de la couche dermoïde, fait office de vernis : il abrite les papilles de la langue, modère leur sensibilité, et renferme dans de justes limites le contact des corps. Dans les herbivores, ce feuillet épidermique a une épaisseur à peu près égale à celle de l'épiderme cutané. La couche profonde offre la même organisation que le derme de la peau; elle porte une multitude de papilles, dont les unes, très-multipliées et aussi fines que des cheveux, subsistent à la face supérieure de l'organe et rendent la partie veloutée couverte de petits poils. D'autres papilles beaucoup plus grosses constituent différents mamelons, disséminés çà et là, unis en tas, ou isolés les uns des autres.

Les nerfs qui se rendent aux parties destinées à la gustation sont très-nombreux et proviennent des branches sus-maxillaire et maxillaire inférieure de la cinquième paire. Dans cette série, on compte 1° le nerf palato-labial; 2° le rameau staphylin; 3° le nerf bucco-labial; 4° les filets du ganglion *naso-palatin;* 5° les ramifications radiées et terminales de la branche sus-maxillaire; 6° enfin le nerf lingual. Les anatomistes considèrent ce dernier comme étant principalement destiné à recevoir l'impression des saveurs, et ils se fondent sur ce que ses filets se prolongent dans les papilles villeuses et fungiformes de l'organe. Cette continuité, qu'il est extrèmement difficile, pour ne pas dire impossible, d'apercevoir, est très-présumable; elle s'accorde d'ailleurs avec les expériences physiologiques et avec les observations pathologiques, qui prouvent que le nerf lingual est le nerf essentiel du goût. Tous les autres nerfs qui se rendent à la membrane de la bouche participent de différentes manières à la gustation, et les filets fournis par le ganglion naso-palatin semblent avoir pour effet principal d'établir l'association des organes de la bouche avec ceux des naseaux.

Mécanisme du goût.

L'impression du goût est toujours le résultat du contact d'un corps qui est pris, attiré dans la bouche, où il se trouve en rapport immédiat avec les parties préposées à percevoir les qualités sapides dont il peut être empreint. L'exercice de la gustation suppose conséquemment deux conditions essentielles : 1° l'application d'une substance sapide sur la membrane de la bouche ; 2° l'intégrité de cette même membrane : un simple contact immédiat suffit pour que l'animal distingue sur-le-champ la nature de la saveur du corps, et se détermine ou à repousser ce corps ou à l'ingérer dans son estomac. L'excitant extérieur réveille l'activité nerveuse de la bouche ; il agit particulièrement sur les papilles de la langue, et plus intimement sur les papilles fungiformes et coniques, que l'on considère comme étant plus spécialement destinées à l'exercice de la gustation. L'impression étant agréable provoque l'action de tous les organes, et donne lieu à une abondante sécrétion des différents fluides qui sont versés dans la bouche. Le mélange qui se fait de ces humeurs avec les substances alimentaires, pendant la mastication, rend la gustation plus intime, plus prolongée, plus efficace.

On peut conclure de ce qui précède que le goût, chargé de préjuger les aliments, est une sentinelle avancée de la digestion ; étant agréablement excité, il favorise la mastication, ainsi que l'insalivation, et concourt à la préparation d'une bonne digestion.

Comme nous l'avons fait remarquer à l'article de *l'olfaction*, le goût s'associe d'une manière intime avec l'odorat, et ces deux sens, que l'on peut considérer comme les principaux sens de l'instinct, guident sûrement les animaux dans le choix de leurs aliments et de leurs boissons : ils dirigent à peu près toutes leurs actions et les déterminent aussi bien à fuir les ennemis de leur propre existence qu'à courir après tout ce qui peut servir à leur alimentation. La répugnance invincible que les animaux témoignent pour certaines substances dont l'ingestion dans l'estomac leur deviendrait funeste prouve l'excellence de ces sens d'instinct. Se déterminent-ils à admettre ces substances dans les voies digestives, ils y sont contraints par la faim, encore n'en prennent-ils qu'une faible partie; quelques-uns se laissent même mourir d'inanition plutôt que de se résoudre à surmonter la répugnance qu'ils ressentent. Ainsi les quadrupèdes herbivores, occupés soit à paître, soit à manger au râtelier ou dans l'auge, font, avec autant d'exactitude que de promptitude, le choix des substances savoureuses d'avec celles qui frappent désagréablement leurs sens et qu'ils rebutent; si le mélange est tel qu'ils ne puissent faire le triage, ils refusent le tout, jusqu'à ce que le sentiment de la faim les force à en prendre une partie. Dans le cours des expériences tentées à cette École sur les meilleurs moyens d'empoisonner les loups, on a remarqué que ces animaux refusaient constamment les morceaux de viande qui recélaient du poison dans leur intérieur.

Organes du toucher.

Cet article comprend la considération de la peau
et de ses annexes, qui sont les poils, la corne, le tissu cellulaire sous-cutané , objets dont nous avons
déjà parlé dans l'*Anatomie générale*, et que nous ne
ferons que rappeler ici.

§ Ier. *De la peau.*

La peau ou le tégument constitue l'enveloppe générale du corps ; c'est une expansion membraneuse,
souple, extensible, élastique, dont l'épaisseur varie
suivant les régions du corps ; dont la surface externe
et poreuse est garnie de poils, et percée de plusieurs
grandes ouvertures qui communiquent dans les
cavités intérieures du corps ; dont la face interne
est accolée avec les parties sous-jacentes par le tissu
cellulaire sous-cutané ; dont les propriétés les plus
remarquables sont de servir à la taction et à diverses sécrétions.

Cette expansion, de la nature des membranes fol-
liculeuses , est partagée en deux parties égales par
la ligne médiane, qui forme, en différents endroits,
une sorte de couture plus ou moins saillante. Elle
est généralement mince, fine et très-souple autour
des ouvertures naturelles, tandis qu'elle offre beaucoup de densité et d'épaisseur dans les parties qui
portent des crins.

Sa *surface externe* papillaire, exhalante et inha-

lante, est surmontée non-seulement par les poils,
mais encore par une multitude de mamelons de
différentes grosseurs. Les plus élevés de ces mamelons, qui sont aussi les moins nombreux, se font
remarquer autour des organes génitaux et des ouvertures naturelles ; les autres, plus généralement
répandus et analogues aux papilles, sont doués
d'une sensibilité particulière et sécrètent une matière
onctueuse moins consistante. Examinée de près,
cette même surface cutanée laisse apercevoir divers
petits enfoncements, dont les uns entourent la base
des poils et les autres semblent servir de réservoir à
un liquide sébacé odorant. Enfin la surface externe
de la peau, criblée de pores innombrables, présente
une couleur uniforme, ou plus ou moins mélangée,
et dont les principales nuances sont le blanc et le
noir.

La *face interne* ou *adhérente* de la peau se laisse
pénétrer par le tissu cellulaire, qui établit ses différentes sortes d'union avec les parties sous-jacentes,
soutient les vaisseaux et les nerfs cutanés.

Structure. En traitant des tissus organiques,
nous avons fait connaître la composition intime de
la peau ; nous ne pourrions que reproduire ici les
considérations dans lesquelles nous sommes entré et
auxquelles nous renvoyons (1).

Usages généraux. Par sa structure et par son étendue, la peau est un organe extrêmement important,
qui remplit plusieurs fonctions différentes et entre-

(1) Tome I⁰ʳ, page 34 et suiv.

tient des rapports particuliers avec divers viscères. Elle reçoit certaines impressions spéciales, et devient, sous ce rapport, le siége du toucher ; par le moyen de ses pores exhalants, elle rejette au dehors une quantité considérable d'une humeur superflue et nuisible, elle produit par ce moyen une dépuration utile à la santé, et que l'on appelle l'*insensible transpiration*. La peau est encore un grand organe d'absorption, qui a lieu à la faveur des pores inhalants et fait entrer dans le torrent de la circulation une partie des fluides répandus à la surface du corps ; enfin les follicules cutanés servent à la sécrétion d'une humeur onctueuse, enduit huileux qui a toutes les qualités nécessaires pour l'entretien de la souplesse du tégument ; mais il ne faut pas perdre de vue que l'exercice de ces diverses fonctions se trouve toujours plus ou moins modifié par l'état des viscères avec lesquels la peau conserve des rapports spéciaux ; ces sympathies ont lieu soit avec l'encéphale, soit avec les organes urinaires et les poumons, ou bien avec l'estomac et le tube intestinal.

A ces usages principaux, nous ajouterons que la peau, dont l'état varie continuellement, et qui peut être onctueuse ou sèche, souple ou adhérente, chaude ou froide, très-irritable ou peu sensible, est un organe important à consulter pour établir le diagnostic tant de la santé que de la maladie.

DIFFÉRENCES. Considérée dans tous les animaux domestiques, l'enveloppe cutanée offre des différences relatives à son épaisseur, à sa texture, à sa couleur, à son organisation et à certains usages particuliers.

Dans la *bête bovine*, le tégument, généralement plus épais, plus fort que dans les autres quadrupèdes, et dont le tissu est aussi plus serré, jouit d'une souplesse remarquable et d'une irritabilité particulière, qui rend le bœuf très-sensible aux piqûres des mouches.

La *bête à laine* est revêtue d'une peau mince, molle, lâche, et se déchirant avec une grande facilité ; cette expansion membraneuse présente diverses cavités extérieures, qui constituent autant de réservoirs folliculaires, dont les principaux sont 1° le *canal biflexe*, situé entre les deux onglons de chaque doigt ; 2° la *fossette lacrymale*, que l'on remarque en bas de l'angle nasal des paupières.

La peau du *cheval* ne diffère de celle du bœuf qu'en ce qu'elle est moins épaisse et qu'elle paraît moins sensible aux attaques des mouches. Elle est encore moins irritable dans l'*âne*, qui supporte plus aisément que le cheval et le bœuf les coups de bâton et de fouet.

Le tégument du *porc* présente une dureté particulière qui le rend peu sensible et en quelque sorte inattaquable par les mouches.

Dans le *chien* et le *chat*, la peau, quoique souple et délicate, n'entretient pas une perspiration aussi abondante que celle des monodactyles et du bœuf.

§ 11. *Des poils.*

Les poils sont des productions allongées, filiformes, très-multipliées, qui s'élèvent de toute la surface externe de la peau, la couvrent et lui fournissent un vêtement naturel, que l'on désigne, dans la plupart des quadrupèdes domestiques, par le terme de *robe*. On les distingue, dans les monodactyles et dans la bête bovine, en *poils* proprement *dits* et en *crins*.

1° Les *poils* constituent la presque totalité de la robe, surtout dans les chevaux de race et dans les mulets; ils sont plus ou moins ras, fins, tassés, et diversement inclinés suivant les régions. Dans la longueur de la ligne médiane, ils sont rabattus à droite et à gauche, de manière que la robe de l'animal se trouve partagée en deux parties d'une égale étendue; sur les régions latérales du tronc, ils sont presque partout couchés en arrière, et ils affectent assez généralement la direction oblique de haut en bas; à partir du niveau des coudes et des grassets jusqu'aux sabots, ils se prolongent en bas et tiennent une direction plus ou moins perpendiculaire; on les trouve irrégulièrement rebroussés dans le milieu du front, des flancs, du gosier, etc. Généralement fins, courts et peu nombreux dans les plis des ars, ils sont rares et ténus autour des ouvertures naturelles, où ils ne forment communément qu'une espèce de duvet. Le poil le plus long et le plus touffu se remarque sur les régions de l'épaule, du bras, des côtes, du dos, des lombes, de la croupe, et de la hanche. Certains chevaux ont le poil crépu, d'autres semblent être nus et ne sont recouverts que d'un léger duvet; ceux-ci sont beaucoup plus rares que les premiers; ils ressemblent à la race de chiens sans poils qui habite les contrées de l'Orient.

En général, le poil fin et ras constitue l'une des qualités essentielles du cheval de race, et le gros poil est assez communément le partage des chevaux communs.

2° Les *crins* diffèrent des poils par leur grosseur et par leur longueur beaucoup plus considérables; ils sont aussi bien moins nombreux, et ne se rencontrent que dans quelques parties du corps. Dans le cheval, ils existent à la queue, le long du bord supérieur de l'encolure, au sommet de la tête, à la partie postérieure des boulets; on en trouve aussi autour des lèvres, au bord et à la surface externe des paupières, etc.; mais ils présentent des dispositions particulières, suivant les endroits où ils se montrent. Les crins de la queue, si remarquables par leur grosseur et par leur excessive longueur, constituent une touffe, véritable émouchoir dont l'animal se sert utilement pour se débarrasser des insectes. Ceux dont est garni le bord supérieur de l'encolure composent la crinière, qui est un ornement, un signe caractéristique de courage, de force et de fierté. Les crins qui descendent du sommet de la tête forment le toupet et terminent en quelque sorte la crinière. Ceux des boulets, généralement courts, forment une touffe appelée le *fanon*, d'autant mieux fournie que la peau offre une plus grande épaisseur. Les crins répandus autour des lèvres, à la surface des paupières, à l'entrée des oreilles, etc., sont écartés les uns des autres, et épars çà et là, sans ordre; ces crins, roides et de la longueur de cinq à dix centimètres, ne surviennent qu'à un certain âge, quelques-uns ne se montrent même que dans la vieillesse (1).

Différences. En passant en revue les poils des animaux, comparés à ceux des monodactyles, on observe plusieurs différences importantes qui ne peuvent être qu'indiquées ici, et dont les détails sont du ressort de l'économie domestique.

La robe de la *bête bovine* offre la même disposition que celle du cheval; elle se compose de poils proprement dits ou *bourre* et de crins, mais elle est dépourvue de crinière, de toupet et de fanon aux boulets; ses plus gros crins sont rassemblés à l'extrémité de la queue, dont ils forment le *toupillon*. Le front du bœuf est garni d'une bourre crépue, plus longue et plus touffue que partout ailleurs.

La bête ovine porte quatre sortes de poils, la *laine*, la *jarre*, le *poil* proprement dit et les *crins*. La *laine*, dont les qualités soyeuses la rendent susceptible de tant d'usages variés, constitue la toison qui revêt la majeure partie du corps de l'animal. La *jarre*, remarquable par une grosseur et une roideur qui la rapprochent des crins du cheval, est un long poil, rare, épars entre la laine, et que l'on

(1) Pour de plus amples détails, voyez tome Iᵉʳ, page 37 et suiv.

rencontre plus particulièrement au sommet de la tête, sous le ventre et à la face interne des membres. Le *poil* proprement dit se distingue de la laine en ce qu'il est très-court, droit, et qu'il occupe des places particulières, comme la face, les extrémités des membres, les surfaces des ars, des mamelles et des bourses. Les *crins*, peu nombreux, ne se remarquent qu'au bord des paupières et autour des lèvres.

Le vêtement de la chèvre se compose principalement d'un long et gros poil touffu, à la base duquel se trouve disséminé un duvet particulier, très-fin, et que l'on emploie à la confection des châles précieux, dits de *cachemire*.

La robe du *porc* domestique ne comprend qu'une sorte de poils rudes et appelés *soies;* ces poils, bien moins tassés que la bourre et la laine, offrent une certaine longueur, qui varie dans les diverses régions du corps; les soies sont plus rudes et plus longues le long du dos et du bord supérieur du cou; elles sont rares et courtes sous le ventre, entre les cuisses et dans les ars. La peau du sanglier porte un duvet très-touffu, et par-dessus lequel s'élèvent les soies, qui donnent à la robe une couleur fauve tirant sur le noir.

Les poils du *chien*, que l'on nomme aussi les *soies*, peuvent être longs ou courts, droits ou frisés, rudes ou soyeux; les crins résident au bord et à la surface externe des paupières; on en rencontre aussi autour des lèvres, où ils forment quelquefois des moustaches.

La peau du chat donne naissance à du poil, à du duvet et à du crin; les poils fins et droits dépassent le duvet et forment avec lui la fourrure qui s'étend sur la presque totalité du corps. Certains crins rudes et longs constituent les deux moustaches dont est garnie la lèvre supérieure.

Dans les oiseaux, les plumes remplacent les poils et l'on observe à leur base un duvet qui, suivant ses qualités, peut former l'*édredon*, et devient alors une matière précieuse et recherchée.

§ III. *De la corne.*

La corne, deuxième production épidermique, est un solide compacte, de même nature que les poils, mais borné à quelques régions du corps, où elle constitue des enveloppes utiles, ou bien des prolongements, instruments de défense. Ce solide doit être considéré comme un résultat de l'union, de l'agglomération d'une multitude de poils qui, suivant leur mode d'arrangement, produisent différentes sortes de cornes (1).

§ IV. *Du tissu cellulaire sous-cutané.*

Généralement très-abondant, le tissu lamineux sous-cutané se trouve séparé par le pannicule charnu

---

(1) Nous avons traité en détail de ce solide important dans les herbivores; nous renvoyons à ce que nous en avons dit dans le *Traité du pied*, troisième édition.

en deux couches distinctes, l'une externe et l'autre interne. La première couche comprend un tissu court, qui sert à l'adhérence générale de la peau. Les lamines de ce tissu pénètrent la substance de la peau, soutiennent ses vaisseaux et ses nerfs, se combinent avec eux et deviennent ainsi parties constituantes de l'organe cutané.

La couche interposée entre le pannicule charnu et les parties sous-jacentes offre un tissu lâche, qui soutient une quantité prodigieuse de granulations adipeuses, et communique avec une pareille couche celluleuse, répandue à la face interne du péritoine, par divers prolongements qui entourent et suivent les vaisseaux et les nerfs.

Fonctions particulières de la peau.

a. Mécanisme du tact. Ainsi qu'on l'a fait remarquer dans les articles précédents, la peau est un organe d'une grande sensibilité; elle est susceptible d'éprouver par le contact, ou par l'application immédiate des différents corps extérieurs, une impression plus ou moins vive. Ce mode de sensibilité, qui existe dans toute l'étendue, fait naître dans l'animal l'idée de la présence d'un corps, et produit, suivant ses degrés, plaisir ou douleur; on le désigne communément sous le nom de *tact généralement pris.* Mais par leur conformation, par les divers mouvements dont elles sont capables, par la disposition des nerfs qui s'y terminent, les extrémités digitées des membres sont le siége d'une sensibilité spéciale, en vertu de laquelle l'animal peut non-seulement reconnaître la présence, le contact, le choc du corps, mais il acquiert d'une manière plus ou moins précise l'idée de leur solidité, de leur étendue et de leur température. Cette faculté constitue plus particulièrement le *toucher*, dont la perfectibilité est toujours subordonnée à l'organisation des parties où il s'exerce.

Dans les quadrupèdes à sabots, où l'impression des corps tactiles ne peut se faire qu'à travers l'épaisseur de la substance cornée, le toucher se borne en quelque sorte à la perception de la solidité de la surface sur laquelle l'animal pose le pied ; et cette sensation est d'autant moins développée que la région digitée offre moins de divisions, et que la corne est elle-même plus compacte et plus épaisse.

Les animaux fissipèdes, tels que le *chien* et le *chat*, ont le toucher beaucoup plus étendu, tant à cause de la multiplicité de leurs doigts qu'en raison de la structure des tubercules plantaires, qui sont le siége de la sensation. En effet, plus les doigts sont libres et mobiles, plus l'animal a d'avantage pour embrasser le corps tactile, en saisir la forme, le contour ; d'un autre côté, il est constant que la perception des propriétés du corps doit perdre de l'étendue, suivant que les impressions s'exercent d'une manière plus ou moins immédiate. Ces simples considérations suffisent pour faire sentir que le *chien* et le *chat*, dont les tubercules plantaires ne sont recouverts que d'une couche épidermique, doivent jouir d'un toucher moins obtus que celui des animaux à sabots; aussi les fissipèdes distinguent-ils d'une manière plus précise la solidité des corps; ils acquièrent, en outre, l'idée de leur température et de leurs aspérités.

A ces organes du toucher propres aux quadrupèdes domestiques, on doit ajouter les lèvres, qui servent à saisir le contour des objets, à en déterminer la surface. Les poils roides et implantés à la surface externe de ces parties ajoutent encore à la sensibilité des lèvres, et servent particulièrement à l'animal pour l'avertir de la proximité des objets.

b. Perspiration cutanée. Cette fonction, que l'on désigne communément sous le nom de *transpiration insensible*, se fait par le moyen de vaisseaux exhalants; elle consiste à rejeter au dehors une humeur superflue, à produire dans la masse des fluides une dépuration considérable, très-salutaire, et elle devient ainsi une fonction très-importante. L'humeur excrétée, dont la nature et la sécrétion sont constamment subordonnées à l'état et à l'action de la peau, est essentiellement aqueuse, contient du mucus animal, fournit beaucoup d'acide carbonique, donne une odeur pénétrante (1) et particulière à chaque espèce de quadrupèdes domestiques, même à chaque animal. Elle s'élève sous forme de vapeur, se répand dans l'air ambiant, y reste plus ou moins suspendue; elle le charge de ses principes et lui imprime des qualités qui deviennent parfois

(1) Elle est généralement plus forte dans les vieux animaux que dans les jeunes.

préjudiciables à la respiration. Ainsi délayée dans l'air, cette matière de la transpiration y laisse, jusqu'à ce qu'elle soit complétement dissoute, son principe odorant, qui met certains animaux dans le cas de reconnaître la trace de la proie qu'ils appètent ou de l'ennemi qu'il faut fuir. Souvent cette humeur vaporeuse, sécrétée en abondance, se condense sur la peau, s'accumule en gouttelettes et constitue la sueur ; en hiver, lorsque l'atmosphère est froide, humide, et que les animaux, tels que le bœuf et le cheval, font un exercice violent, elle forme autour du corps un nuage, une fumée plus ou moins épaisse.

La perspiration cutanée éprouve des variations continuelles, dépendantes soit des fluides qui touchent la surface de la peau, soit des viscères avec lesquels le tégument a des rapports intimes. Ainsi l'atmosphère, élevée à une température modérée, devient un stimulant de l'action organique de la peau, augmente la transpiration; tandis que l'air froid, déterminant un resserrement, une astriction plus ou moins forte dans le tissu de cet organe, diminue ou supprime la perspiration cutanée. L'atmosphère humide, qui se soutient longtemps dans cet état et à laquelle les animaux ne sont pas accoutumés, finit par débiliter la peau et devient cause de diverses affections cachexiques. Mais le passage plus ou moins rapide et gradué d'une atmosphère chaude dans une atmosphère froide, humide, l'exercice plus ou moins continu et modéré que font les animaux, modifient singulièrement les effets de l'air sur l'organe cutané, et doivent être pris en grande considération dans les moyens de conserver les animaux en santé.

Parmi les organes intérieurs qui ont des rapports plus particuliers avec la peau et, qui influent d'une manière spéciale sur son état, on compte l'estomac, l'intestin, les organes urinaires et les poumons.

1° Les connexions intimes de l'enveloppe cutanée avec l'estomac et avec l'intestin sont très-marquées. En général, toutes les fois que ces viscères digestifs exercent une action spéciale, forte et soutenue, ou qu'ils éprouvent une irritation quelconque, les fonctions de l'organe se trouvent considérablement diminuées, et restent suspendues jusqu'à ce que les forces vitales divergent de l'intérieur à l'extérieur.

2° Les organes urinaires qui, de même que la peau, ont pour but de produire une dépuration d'humeurs superflues, se maintiennent avec la peau dans une sorte de balance et se suppléent mutuellement. Lorsqu'il y a diminution de perspiration cutanée, la sécrétion urinaire se trouve augmentée en proportion : aussi les animaux qui transpirent peu, ou dans lesquels la transpiration est supprimée, urinent-ils beaucoup et fréquemment.

3° Les rapports des poumons avec la peau ne sont pas moins remarquables que ceux qu'offrent les reins, l'estomac et l'intestin. La perspiration pulmonaire concourt, avec la sécrétion urinaire, à suppléer à la diminution ou à la suspension de la transpiration cutanée. Certains animaux haleteurs, tels que le *chien*, qui perdent considérablement par la respiration et que la moindre fatigue excite à haleter, transpirent peu et ne suent jamais ; tandis que le cheval, qui sue avec facilité, perd bien moins par la perspiration pulmonaire que le dernier, qui halète en tout temps, et qui urine très-fréquemment.

En général, les animaux transpirent plus en été qu'en hiver, plus quand il fait chaud que quand il fait froid, davantage lorsqu'ils exercent que lorsqu'ils restent en repos : la perspiration cutanée est aussi plus développée, plus grande dans les jeunes animaux que dans les vieux ; chez les haleteurs, elle paraît moins considérable, semble être d'autant plus faible que les animaux sont plus sujets à haleter, et qu'ils perdent davantage par ce genre de respiration.

c. Absorption cutanée. Cette fonction, qui dépend des pores inhalants dont est criblée toute la surface externe de la peau, consiste à introduire dans l'économie une partie des fluides répandus à la périphérie du corps, à y porter diverses substances étrangères, parfois préjudiciables à l'exercice de la santé. Pour produire ces effets, les radicules inhalantes se redressent, s'ouvrent, se resserrent alternativement, et pompent ainsi les fluides qui se trouvent en contact avec les orifices. Mais cette action absorbante se trouve considérablement modérée par la présence de l'épiderme, qui resserre les orifices des vaisseaux séreux, et les rend moins accessibles à l'abord des substances. Partout où cette couche cutanée offre beaucoup d'épaisseur, l'absorption y est toujours très-bornée, presque nulle, tandis qu'elle paraît plus développée dans les endroits où l'épiderme ne forme qu'une pellicule fine ; et elle devient complétement libre lorsque cet épiderme est entièrement usé ou enlevé par une circonstance quelconque. Aussi les divers moyens de développer et d'activer l'action absorbante de la peau consistent-ils, soit à amollir l'épiderme, soit à l'amincir, soit à le soulever et même à l'enlever.

L'absorption cutanée est évidemment le moyen de propagation de certaines maladies contagieuses, telles que la clavelée, le farcin, etc. ; elle sert aussi à l'intromission de certaines substances médicamenteuses employées en frictions sur la peau, et elle présente sous ces rapports plusieurs considérations importantes, dont le médecin vétérinaire doit se bien pénétrer.

d. Excrétions folliculaires. Cette dernière fonction cutanée concourt, de même que la perspiration, à produire une dépuration et rejeter au dehors une matière excrémentitielle ; mais son but le plus direct consiste à lubrifier la peau, à lui procurer une souplesse particulière, et dont elle avait besoin pour l'exercice libre de ses autres fonctions.

La sécrétion folliculaire, plus ou moins développée, suivant l'état et la nature des follicules sébacés, peut éprouver l'influence des mêmes causes qui font varier la transpiration insensible. En se desséchant sur la surface de la peau, la matière excrétée s'attache à la base des poils, forme parfois des croûtes écailleuses, et fournit ainsi la crasse, que l'on enlève soit avec l'étrille, soit avec la brosse. Autour des organes génitaux des monodactyles, elle constitue un enduit abondant et appelé le *cambouis*; souvent elle produit des concrétions qui se logent soit dans le sinus urétral, soit dans les plis du fourreau, et déterminent par leur présence divers accidents.

L'humeur sébacée de la bête ovine constitue le *suint*, matière jaunâtre, gluante et qui, par son séjour dans les sinus folliculaires que portent ces animaux, acquiert plus d'odeur et de consistance. En s'interposant entre la laine, le suint entretient la chaleur de la peau, ainsi que la souplesse des poils, et donne plus de poids à la toison.

ORDRE VI.

ORGANES DE LA SÉCRÉTION ET DE L'EXCRÉTION DE L'URINE.

Ces organes, peu nombreux, situés partie dans la région sous-lombaire et partie dans la cavité pelvienne, sont destinés à produire la dépuration intérieure d'une humeur, l'*urine*, dont l'excrétion est indispensable à l'entretien de la santé. Parmi ces viscères, on compte les reins, les capsules surrénales, la vessie et ses annexes.

Des reins.

Les reins, glandes dont l'office est de sécréter l'urine, constituent deux organes rougeâtres, aplatis, triangulaires, placés dans la région sous-lombaire, hors du péritoine, l'un à droite et l'autre à gauche; ces organes sont pourvus chacun d'un long canal excréteur, destiné à transmettre l'humeur sécrétée dans la vessie. On les trouve fixés immédiatement sous les muscles psoas, et par-dessus le péritoine, où ils sont entourés d'un tissu cellulaire abondant, extensible, et qui soutient une certaine quantité de cellules adipeuses. Ils sont à peu près également distants du corps des vertèbres lombaires; le rein droit est néanmoins plus avancé que le gauche, il a aussi une forme plus régulièrement triangulaire, et il représente la figure d'un cœur de carte à jouer.

On doit reconnaître dans chaque rein deux faces, l'une supérieure et l'autre inférieure; trois bords distingués en antérieur, postérieur et interne; enfin trois angles, l'externe, l'antérieur et le postérieur.

Les *faces*, lisses et perspirables, offrent parfois de petites dépressions irrégulières; le plus souvent elles portent divers filaments vasculaires et nerveux, qui pénètrent la substance de l'organe.

Les *bords*, arrondis, sont perspirables comme les surfaces; l'interne présente dans son milieu une scissure profonde, dans laquelle passent les vaisseaux, les nerfs, ainsi que le canal excréteur du viscère. Tout le bord antérieur du rein droit est reçu et maintenu dans une cavité particulière, pratiquée dans la substance du lobe droit du foie. Le rein gauche, plutôt allongé que triangulaire, correspond, par son extrémité antérieure, à la base de la rate , ainsi qu'à l'angle gauche du pancréas.

STRUCTURE. Chaque rein est formé d'un parenchyme ferme , rougeâtre , pourvu d'une tunique propre, d'un canal excréteur et d'un grand appareil vasculaire. Si l'on partage cette substance, selon son épaisseur, en deux parties à peu près égales, on voit que sa texture, généralement serrée , n'est pas la même du côté de la surface extérieure que vers le centre , et l'on remarque proche de la scissure rénale une cavité irrégulière, appelée *sinus* ou *bassinet*. Cette substance rénale offre deux couches intimement réunies, mais différentes, tant par leur couleur que par leur texture. La couche extérieure, dite *corticale* ou *cendrée* , a une couleur grisâtre , se casse, se déchire avec assez de facilité , semble être composée de granulations et d'un lacis vasculaire. La partie intérieure , plus épaisse , et distinguée par le nom de substance *tubuleuse* ou *rayonnée* , présente une texture fibreuse et une couleur rougeâtre, qui devient blanche autour du bassinet ; son tissu, serré et résistant, parait être formé d'un grand nombre de séreux déliés, disposés en faisceaux coniques, et qui se continuent de la substance corticale , où ils prennent origine, jusque dans le bassinet. Ces canaux , plus rapprochés à l'extrémité des cônes que vers la base, se réunissent de proche en proche , forment des tubes qui se terminent par plusieurs ouvertures placées les unes contre les autres , dans le milieu de la crête longitudinale qu'offre la surface papillaire du bassinet.

Le *bassinet* ou *sinus rénal* est un réservoir situé

dans l'intérieur du rein, tout près de la scissure; réservoir dans lequel est déposée, exhalée l'humeur sécrétée, et d'où émane un long canal excréteur nommé l'*uretère*. Cette cavité, assez considérable et d'une forme irrégulière, offre une partie moyenne, ovalaire, deux prolongements dont la longueur est en raison de celle de l'organe, et que l'on appelle communément les bras du bassinet. Les parois du sinus rénal sont formées en dehors par une surface papillaire, d'où suinte l'urine, et du côté de la scissure par un infundibulum, qui constitue l'origine de l'uretère. La surface papillaire, la plus étendue, rougeâtre et mamelonnée, laisse voir une crête longitudinale, qui soutient les orifices des tubes formés par les canaux des différents cônes. L'infundibulum, cavité membraneuse, ridée et d'un blanc jaune, paraît être comme rivé dans le bassinet; il forme à son origine un bord frangé, et constitue un grand calice opposé à la crête de la surface précédente. A la suite de l'infundibulum, l'uretère se rétrécit, sort du rein par la scissure, et se courbe immédiatement en arrière pour aller gagner la vessie. Depuis la scissure rénale jusqu'à l'entrée du bassin, ce canal excréteur se trouve placé hors du péritoine, sous le côté du corps des vertèbres lombaires, et il est entouré d'un tissu cellulaire et graisseux. En abordant dans la cavité pelvienne, il prend une direction oblique de dedans en dehors, passe entre les lames d'un repli du péritoine, s'approche insensiblement de la vessie, et s'ouvre dans cette poche, un peu en avant de son col, sur le côté de sa face supérieure ; il pénètre obliquement les parois du réservoir urinaire, et se comporte de manière qu'après avoir traversé la tunique charnue, il fait un trajet de plusieurs centimètres de long entre celle-ci et la membrane interne, qu'il perce la dernière. Cette insertion, favorable à l'abord de la liqueur dans la cavité de la vessie, forme un obstacle invincible à la sortie du fluide par la même voie qu'il est entré.

L'uretère, dont le diamètre surpasse de beaucoup celui d'une plume à écrire, diminue de grosseur et de fermeté à son extrémité postérieure ; son organisation comprend deux membranes blanchâtres, superposées et unies entre elles par du tissu lamineux ; l'externe, la plus épaisse et formée de fibres charnues longitudinales, opère la contraction du canal, dont l'effet est de pousser l'urine dans la vessie ; la membrane interne, mince, folliculeuse, et ridée selon sa longueur, adhère à la précédente d'une manière forte, et sa surface libre est enduite d'un mucus glaireux jaunâtre ; cette humeur modère la sensibilité du canal, et le préserve de l'impression douloureuse que pourrait causer le passage de l'urine.

La tunique rénale constitue une capsule fibreuse, qui contient en masse le parenchyme du viscère, lui est unie, tant par un tissu lamineux court et lâche que par divers filaments vasculaires et nerveux.

Les vaisseaux des reins, nombreux et très-rameux, affectent une disposition particulière ; ils abordent à l'organe ou en sortent par la scissure.

Chaque artère rénale, généralement courte mais très-grosse, nait de la partie latérale de l'aorte postérieure, gagne en ligne droite la scissure rénale, où elle se partage en plusieurs gros rameaux, qui s'enfoncent, pénètrent le tissu de l'organe, s'y subdivisent aussitôt en ramuscules, dont les uns vont former les séreux sécréteurs de l'urine, tandis que les autres se continuent avec les radicules veineuses. Les deux artères rénales, qui paraissent être d'un diamètre égal, diffèrent entre elles en ce que la droite est plus longue que la gauche, attendu que l'aorte d'où elles émanent se trouve placée plus du côté gauche que du côté droit.

Les veines sortent par la scissure du rein, offrent le même mode de ramifications que les artères, qu'elles surpassent de beaucoup en grosseur; elles se rendent, se dégorgent dans la veine cave postérieure par deux branches, dont la gauche est plus longue que la droite.

Parmi les lymphatiques, quelques-uns s'élèvent de la surface du rein; la majeure partie suit, accompagne les veines, gagne les ganglions environnants, d'où ces vaisseaux se rendent dans le réservoir souslombaire : plusieurs lymphatiques s'ouvrent dans les veines rénales

Les nerfs sont fort nombreux; plusieurs traversent les capsules surrénales avant d'arriver au rein; les uns et les autres proviennent des plexus environnants, et établissent les rapports intimes des organes urinaires avec l'estomac, l'intestin, les poumons et la peau.

Usages. Les reins sont préposés à la sécrétion de l'urine, qui est exhalée dans le bassinet, d'où elle est transmise par les uretères dans la vessie ; ils entretiennent ainsi une dépuration intérieure, qui a les rapports les plus marqués avec celle qu'exécute la peau. Toutes les fois que la perspiration cutanée se trouve diminuée par une cause quelconque, la sécrétion urinaire devient plus active ; et le contraire a lieu lorsque la peau exécute ses fonctions avec aisance, liberté, et qu'elle rejette au dehors une grande quantité d'humeur excrémentitielle.

Différences. Les reins du bœuf, plus considérables que ceux du cheval, et dont le gauche est trifacié, se trouvent contenus, renfermés dans une sorte de capsule graisseuse. Leur surface extérieure, bosselée, présente un assemblage de lobules de différentes grosseurs, et séparés par des sillons plus ou moins profonds. La scissure rénale constitue une grande cavité allongée, pratiquée dans l'épaisseur de la surface inférieure de l'organe, et remplie d'un tissu adipeux qui soutient les vaisseaux et les divers canaux excréteurs. L'uretère s'élève du milieu de cette cavité par plusieurs branches, qui ont chacune un calice particulier et une origine séparée : chaque calice est attaché autour de la base d'un cône, dont la pointe, arrondie et percée, laisse suinter l'urine qui est reçue par l'infundibulum.

Tous ces calices sont formés d'une membrane mince, blanche, dépourvue de rides.

Dans la *bête à laine*, les reins, peu soutenus et presque flottants, sont ovalaires et entourés de graisse, comme ceux du bœuf; la scissure rénale est pratiquée dans le milieu de la face inférieure et interne; c'est une cavité ronde et petite.

Les reins du *porc* ont beaucoup plus de volume que ceux du mouton; ils sont larges, peu épais et uniformes; la scissure rénale constitue une cavité ronde, qui se trouve dans le milieu du bord interne du viscère, et qui ne divise pas complétement la substance rénale, comme cela a lieu dans les monodactyles. Le calice de l'uretère ne présente point de rides; il est formé d'une membrane mince et blanche.

Les reins du *chien* sont ovalaires, flottants comme ceux de la bête à laine, dont ils ne différent qu'en ce qu'ils sont plus petits.

Des capsules surrénales ou reins succinturiaux.

Ce sont deux petits corps allongés, brunâtres, aplatis, minces, placés l'un à droite et l'autre à gauche, en avant de chaque rein, hors du péritoine; ils sont soutenus par un tissu lamineux, ainsi que par les vaisseaux et les nerfs qui leur sont propres. La capsule droite, plus longue et située au côté interne du rein du même côté, se prolonge antérieurement jusque contre le foie; la gauche, communément plus petite que l'autre, se trouve posée presque en travers, et s'étend depuis l'extrémité antérieure du rein gauche, sur le côté du tronc de la grande mésentérique, qu'elle dépasse un peu.

Ces corps glandiformes, dont la surface extérieure est parsemée de quelques aréoles et dont l'usage est inconnu, ont une texture moins ferme que celle des reins; ils sont pourvus d'une tunique séreuse, reçoivent beaucoup de vaisseaux et de nerfs; mais ils n'offrent dans leur organisation aucune disposition qui puisse faire présumer une sécrétion particulière. Les corps dont il s'agit sont proportionnellement bien plus développés chez le fœtus que dans l'animal adulte, et leur volume paraît être en raison inverse de celui des reins.

En partageant une capsule selon son épaisseur, on aperçoit que sa substance, brunâtre extérieurement, jaunâtre intérieurement, est traversée par quelques grosses veines, et qu'elle présente vers son milieu une espèce de cavité longitudinale dont les parois sont assez rapprochées; cette cavité contient une humeur rouge dans le fœtus, jaune dans l'adulte et plus foncée dans la vieillesse.

Deux ou trois rameaux artériels, assez gros, pénètrent ces capsules, qui ont aussi beaucoup de veines. Leurs nerfs sont nombreux, émanent des ganglions semi-lunaires et des plexus rénaux et solaire; plusieurs filets traversent la capsule pour se porter au rein du même côté. Cette disposition vasculaire et nerveuse annonce que ces corps doivent avoir un très-grand rapport avec les reins et exercer sur eux une influence spéciale qui nous est inconnue.

Différence. Les capsules surrénales, dont les usages sont inconnus, ne diffèrent dans les autres animaux domestiques que par leur forme, leur volume, leur couleur ou leur division.

De la vessie.

La vessie, réservoir musculo-membraneux, situé dans le bassin, immédiatement sur les parois inférieures de cette cavité et par-dessous les organes génitaux, tient en réserve l'urine qui provient des reins et qui doit être expulsée au dehors. Cette poche, dont la forme et la situation particulière varient, suivant son état de vacuité ou de plénitude, est pourvue d'un canal excréteur appelé l'urètre, par lequel l'urine est transportée au dehors.

En se dilatant, la vessie s'allonge, devient piriforme, se porte progressivement en avant, se prolonge même hors de la cavité du bassin, et se renverse parfois dans l'abdomen. Au fur et à mesure qu'elle se vide, elle s'arrondit, revient vers le fond du bassin, et, lorsqu'elle s'est débarrassée de tout son contenu, elle constitue un petit corps blanchâtre, sphéroïde, dont les parois internes et ridées sont exactement en contact avec elles-mêmes, ne laissent subsister aucune cavité intérieure ; mais celle-ci se reforme bientôt par l'effet de l'abord d'une nouvelle urine.

Considérée dans un état moyen de distension, la poche urinaire présente deux parties, séparées par un grand ligament orbiculaire, et distinguées en antérieure et en postérieure. Ce ligament orbiculaire, fourni par le péritoine, lie le viscère dont il s'agit avec les organes circonvoisins et concourt à le maintenir dans la cavité pelvienne.

La *partie antérieure*, dont l'extrémité arrondie forme le fond de la vessie, est lisse, perspirable, tapissée par le péritoine, et soutenue par trois ligaments; elle pose sur le pubis, répond par sa face supérieure à la portion celluleuse des canaux afférents du mâle, et dans la femelle au corps de l'utérus. Parmi ses ligaments, les deux latéraux, plus grands, plus forts, et prolongés jusqu'au milieu du fond de la vessie, présentent, à leur bord libre, un cordon blanc, résultat de l'oblitération des artères ombilicales du fœtus. Le ligament inférieur ou sus-pubien constitue un repli mince, court, mais plus développé dans certains sujets que dans d'autres.

La *partie postérieure*, comprise en arrière du ligament orbiculaire, se trouve plongée dans un tissu cellulaire abondant et élastique; elle se termine postérieurement par un rétrécissement, sorte de bourrelet, c'est *le col de la vessie*; elle correspond en haut aux vésicules séminales et à la grande prostate du mâle, et repose inférieurement sur la symphyse ischiale: dans la femelle, la surface supérieure de la poche urinaire est unie au vagin et au corps de l'utérus. Le col de la vessie, pourvu extérieurement d'une couche musculeuse rouge, est fixé à la symphyse ischiale par diverses brides ligamenteuses;

son ouverture reste dans une constriction complète, et ne cède qu'à une force supérieure, qui pousse les fluides et les fait sortir par cette voie.

Structure. L'organisation de la vessie résulte de trois membranes superposées, dont l'externe séreuse est une continuité du ligament orbiculaire, et ne se répand que sur la partie antérieure de la poche, à laquelle elle adhère d'une manière intime.

Parmi les deux autres membranes qui forment plus particulièrement les parois du viscère, la tunique charnue opère le resserrement du réservoir, et produit conséquemment l'expulsion de l'urine accumulée ; cette couche ou tunique musculeuse est composée d'une multitude de faisceaux allongés et unis par un tissu cellulaire lâche, qui permet leur écartement et facilite leur rapprochement ; vers le fond de la poche urinaire, ces faisceaux décrivent des lignes spiroïdes, forment des circonvolutions concentriques et semblent se réunir dans un point central ; en s'étendant de ce point vers le col de la vessie, ils s'écartent les uns des autres, affectent diverses directions, et forment presque tous une ou plusieurs inflexions plus ou moins marquées, qui leur permettent de s'allonger, de s'écarter les uns des autres, et de se prêter ainsi à la dilatation de la vessie.

La membrane folliculeuse, interne, blanchâtre, molle et très-organisée, forme, pendant la vacuité de la poche, une multitude de petits plis irréguliers ; sa surface adhérente tient à la tunique charnue par un tissu cellulaire abondant, qui soutient quelques ramifications vasculaires et nerveuses; sa surface interne papillaire et exhalante est enduite d'un mucus glaireux, peu différent de celui que l'on rencontre dans les uretères.

Les vaisseaux et les nerfs propres au viscère sont généralement petits; ils traversent la membrane charnue, se ramifient sur la surface externe de la tunique interne, et forment un réseau peu considérable, d'où émanent les divisions déliées qui se rendent aux papilles de la surface interne.

Usages. La vessie n'est pas un simple réservoir destiné à contenir l'urine, qui doit être transmise au dehors, comme étant une humeur nuisible et excrémentitielle; cette poche exerce sur le fluide accumulé dans sa cavité une influence spéciale, et lui fait éprouver des altérations plus ou moins marquées, suivant les circonstances. Par son séjour dans la vessie, l'urine devient trouble, odorante, et se charge de matières animales; celle qui ne fait pour ainsi dire que passer dans la poche est rendue claire et limpide, telle enfin qu'elle provient des reins.

Ces changements bien connus, et qui ont fait distinguer deux sortes d'urine, l'une de crudité, l'autre de coction, sont subordonnés à l'action du viscère, qui est un organe sécréteur et en même temps absorbant. En effet, la vessie fournit deux fluides : l'un, séreux, suinte par les pores exhalants de sa surface interne, et se mêle à l'humeur apportée des reins; l'autre liqueur a sa source dans les follicules, et forme l'enduit qui modère la sensibilité de l'organe. Pendant que ces sécrétions ont lieu, une par-

tie du fluide contenu est absorbée par les pores inhalants, et passe dans le torrent de la circulation.

L'urine est une liqueur essentiellement aqueuse,
d'un goût âcre et salé, d'une odeur forte, piquante,
désagréable et particulière à chaque genre de quadrupèdes domestiques; elle contient plus ou moins
de mucus, de l'albumine, de l'urée en grande quantité, différents sels unis et combinés dans des proportions très-variables. D'après les analyses chimiques, les sels qui prédominent dans l'urine du cheval et du bœuf sont 1° le carbonate de chaux et de
soude, 2° le muriate de potasse et de soude, 3° le
benzoate de soude.

La sécrétion et la nature de cette humeur varient
dans plusieurs circonstances : ainsi les boissons ni-
treuses et l'exercice soutenu en déterminent une sécrétion plus copieuse, qui se trouve aussi augmentée
pendant la digestion, et toutes les fois que la perspiration cutanée est diminuée.

L'urine parvient successivement et aborde goutte
à goutte dans la vessie, où elle est retenue sans qu'elle
puisse s'échapper, ni par le col maintenu resserré au
moyen de son sphincter, ni par les uretères, qui,
faisant un trajet assez considérable entre la membrane charnue et la membrane folliculeuse de la vessie, ne peuvent permettre aucun reflux de fluides.

A mesure que la liqueur aborde dans la vessie,
elle dilate la poche et s'y accumule, jusqu'à ce qu'elle
détermine dans ce viscère un sentiment qui fait naître le besoin de son expulsion. Ce sentiment ne reconnaît pas toujours pour cause la quantité d'urine;

il dépend plutôt de la nature plus ou moins stimulante de cette liqueur, ainsi que de l'état de la partie plus ou moins sensible; il devient bientôt douloureux, et par suite préjudiciable à la vie de l'animal qui ne peut le satisfaire à temps.

Pour uriner facilement, tous les animaux sont obligés de s'arrêter, afin de pouvoir prendre une position convenable, rassembler un concours de forces nécessaires pour cette opération. Les monodactyles, les didactyles et le *porc* se campent; ils écartent les membres postérieurs, qu'ils mettent dans un état moyen de flexion, plient le dos en contre-haut, portent les membres antérieurs un peu en avant; ils font ensuite une forte inspiration, qu'ils prolongent jusqu'à ce que l'urine ait pris son cours libre au dehors. Dans cette attitude, les muscles des parois inférieures de l'abdomen, ainsi que le diaphragme, se contractent simultanément, soulèvent la vessie, qu'ils compriment vers le fond du bassin ; ils pressent l'urine contre le col, qui est obligé de céder : alors le fluide s'écoule au dehors, et continue à sortir par la contraction seule des parois de la poche. Le bœuf et le verrat urinent par bonds. Durant cette évacuation, le *chien* tient une patte de derrière levée (le plus ordinairement la gauche); mais il s'accroupit comme la chienne jusqu'à huit à dix mois, époque où il commence à lever la patte.

ORDRE VII.

ORGANES DE LA GÉNÉRATION.

Préposés à la reproduction de l'espèce, ces organes établissent, par la différence de leur conformation et de leurs propriétés, la distinction des deux sexes, le *mâle* et la *femelle*; cet appareil organique, situé en plus grande partie dans la cavité du bassin, diffère principalement des autres appareils, en ce qu'il ne peut remplir la fonction à laquelle il est préposé, qu'autant qu'il y a rapprochement et concours mutuel de deux êtres de sexe différent.

Appareil sexuel du mâle.

Ces organes, nombreux et très-différents les uns des autres, sécrètent le sperme, lui impriment les qualités dont il a besoin pour vivifier le germe, et ils transmettent cette liqueur dans le lieu où elle devient fécondante. L'étude de cet appareil embrasse 1° les parties qui sécrètent l'humeur prolifique, les *testicules* avec leurs *annexes;* 2° celles qui contiennent en réserve le sperme, et lui donnent plus de qualités prolifiques, telles sont les *vésicules spermatiques;* 3° enfin les organes qui projettent la liqueur dans l'utérus, et qui comprennent le *pénis* avec ses *dépendances.*

§ Ier. *Des testicules.*

Les testicules, au nombre de deux, l'un droit et l'autre gauche, sont des viscères glanduleux, vasculaires et préposés à la sécrétion du sperme ; ils se trouvent situés hors de la cavité abdominale, sont soutenus et accompagnés par un repli du péritoine, qui fournit à chacun d'eux une cavité perspirable ; pendants entre les cuisses sous le bord antérieur du pubis, ces organes sont logés dans des prolongements de la peau nommés les bourses, et ils tiennent à l'intérieur de l'abdomen par chacun un prolongement particulier, appelé *cordon spermatique*. Les testicules ne diffèrent entre eux qu'en ce que le gauche est communément un peu plus gros et plus pendant.

Ils ont une forme ovoïde et un peu déprimée latéralement, sont pourvus de plusieurs membranes superposées, et ils portent chacun un long canal excréteur, qui, après avoir formé une multitude d'inflexions, monte le long du cordon testiculaire, et transmet l'humeur sécrétée dans la vésicule séminale du même côté.

Chaque testicule, étant dénudé de ses tuniques, peut présenter 1° deux faces latérales, convexes, libres et perspirables; 2° deux bords, dont l'inférieur décrit une convexité, le long de laquelle s'observe une série d'inflexions formées par l'artère grande testiculaire. Le bord supérieur, qui a une direction droite, tient à l'épididyme et au cordon testiculaire par le repli que forme le péritoine pour se prolonger jusque sur l'organe.

Structure. Chaque testicule est formé d'un tissu propre, et comprend plusieurs membranes superposées, parmi lesquelles on compte le *scrotum*, le *dartos*, les *tunique charnue, péritonéale* et *corticale*.

a. Le *scrotum* ou l'*enveloppe cutanée* constitue pour chaque testicule une poche ou bourse, séparée de celle du côté opposé par une sorte de couture médiane appelée le *raphé*; ce prolongement cutané, mince et dégarni de poils, forme, pendant la rétraction du testicule, plusieurs petites rides irrégulières, qui s'effacent dès que l'organe descend et distend le scrotum, dont la couleur est toujours analogue à celle de la robe de l'animal.

b. Le *dartos*, deuxième enveloppe testiculaire, superposée et intimement unie à la couche extérieure, représente une grande poche jaunâtre, attachée aux parois de l'abdomen, prolongée en arrière autour du pénis, et adossée contre le dartos opposé; cet adossement produit un grand septum, composé de deux lames, qui s'écartent supérieurement pour livrer passage à la verge.

Le dartos, dont les deux faces sont adhérentes, est étroitement uni avec le scrotum; il tient à la tunique charnue par un tissu cellulaire abondant, mais court, facile à déchirer et constamment dépourvu de graisse : ce dernier mode d'adhésion est d'autant plus remarquable, qu'il nécessite une manipulation particulière dans la castration dite à *testicule couvert.* Malgré l'aspect rougeâtre de la partie fixée au scrotum, le dartos ne possède pas une texture musculeuse ; son organisation résulte principalement de faisceaux fibreux, jaunâtres, évidemment ligamenteux, très-élastiques, soutenus de toutes parts par un tissu cellulaire, filamenteux et extensible. Cette substance fibreuse, de même nature que celle qui compose le ligament cervical et la tunique abdominale, fournit les ligaments suspenseurs du fourreau, ainsi que la gaine postérieure, qui s'étend jusqu'auprès des racines du pénis.

c. La *tunique charnue*, appelée *érythroïde*, est une expansion aponévrotique, produite par le muscle ilio-testiculaire ou crémaster. Ce muscle, mince, long, prend son origine par des fibres tendineuses à la face interne de l'angle externe de l'ilium, d'où il se dirige de haut en bas, sort de l'abdomen par l'anneau sus-pubien, fournit au cordon testiculaire une enveloppe ou gaine rouge ; vers l'épididyme, il dégénère en une aponévrose qui s'épanouit sur le testicule, et forme la tunique dont il s'agit. Cette couche, fibreuse et blanche, adhère fortement à la membrane péritonéale, et concourt à former les parois de la cavité du testicule. Le crémaster, sur la surface externe duquel se remarque un gros nerf, relève le testicule, comprime son cordon, aide la progression des liqueurs dans les vaisseaux et dans le canal efférent.

d. La *tunique péritonéale,* production du péritoine, accompagne le testicule hors de la cavité abdominale ; ce repli commence à l'anneau sus-pubien, maintient entre ses feuillets les vaisseaux et les nerfs testiculaires, ainsi que le canal efférent; il constitue une cavité intérieure, perspirable, qui communique avec celle du péritoine, et qui descend jusqu'autour du testicule. Cette cavité, dont la partie supérieure est étroite et allongée, forme la gaine *vaginale* du cordon, tandis que la cavité inférieure ou testiculaire, beaucoup plus évasée et terminée en cul-de-sac, compose la capsule libre du testicule, laquelle capsule devient fréquemment siége de hernies, ou de l'accumulation d'une humeur séreuse, déposée primitivement dans l'intérieur du péritoine (1).

La surface libre de la membrane péritonéale est toujours en contact avec elle-même; elle exhale une humeur séreuse, qui devient matière de lubrifaction et d'absorption. Par sa surface externe et adhérente, cette même membrane se trouve intimement unie en dehors avec la tunique charnue, et du côté de l'organe avec la tunique la plus intérieure.

e. La *tunique corticale* ou *albuginée*, membrane blanche, fibreuse et compacte, forme une capsule qui contient immédiatement le parenchyme testiculaire, qu'elle pénètre par une multitude de filaments.

Quant au tissu parenchymateux du testicule, il constitue une substance molle, brunâtre, marbrée de blanc et fournissant par expression un suc par-

______

(1) *Traité des Hernies inguinales dans le cheval*, in-4°. Paris, 1827.

ticulier, dont les propriétés sont inconnues : quelques anatomistes pensent que cette substance testiculaire résulte de l'agglomération de vaisseaux fins, pelotonnés, diversement entrelacés et soutenus par des filaments d'une certaine force ; d'autres ont avancé que ce parenchyme est composé d'une infinité de granulations, d'où émanent les conduits séminifères ; ceux-ci , très-ténus, vont se rendre, s'ouvrir dans un petit canal blanc , appelé *sinus testiculaire*, ou plus communément le *corps d'Hygmore*. Ce réservoir spermatique réside vers le bord supérieur de l'organe , et donne naissance à plusieurs conduits déliés , situés à l'extrémité postérieure du testicule, et qui, en s'élevant de la substance parenchymateuse, se réunissent pour former le canal flexueux de l'épididyme.

Les artères testiculaires , au nombre de deux, proviennent de l'abdomen et se distinguent en grande et en petite testiculaire. La première rampe sur la grande courbure du viscère, et forme une succession d'inflexions , d'où émanent les divisions qui pénètrent le parenchyme ; la petite artère n'aborde à l'organe que par quelques ramifications déliées et qui n'offrent rien d'important. Les veines, nombreuses et très-flexueuses, suivent la direction des artères, concourent à former le cordon, et vont se dégorger dans la veine cave postérieure. Les lymphatiques suivent le trajet des veines, et se rendent partie dans les ganglions inguinaux, les autres gagnent les ganglions situés à l'entrée de la cavité pelvienne.

Les rameaux nerveux, fournis par des plexus

abdominaux , accompagnent la grande artère testiculaire.

Les parties préposées à l'excrétion de la liqueur
sécrétée dans le testicule sont les *conduits séminifères*, l'*épididyme* et le *canal efférent*.

1° Les *conduits séminifères*, très-ténus et imperceptibles, se rendent, suivant l'opinion des anatomistes, dans le corps d'Hygmore, et y déposent
l'humeur spermatique.

2° L'*épididyme* , sorte d'appendice blanchâtre ,
vermiforme et allongé , réside le long du bord
supérieur du testicule , auquel il paraît comme
surajouté ; sa partie moyenne, plus mince que ses
extrémités renflées , se trouve soutenue, à une petite distance de la substance testiculaire , par le
moyen de la membrane péritonéale , qui va de
l'un à l'autre. Son extrémité antérieure ou la tête
offre une grosse protubérance , fixée sur l'angle
antérieur de l'organe ; l'extrémité postérieure ou
la queue de l'épididyme fournit un prolongement
pyramidal, d'où émane le canal efférent qui en fait
suite.

L'épididyme est recouvert par la tunique péritonéale , qui lui fournit une espèce de mésentère ,
le soutient et l'attache au testicule ; dépouillé de
cette tunique, il présente l'aspect d'un cordon tellement entortillé sur lui-même, qu'il semble inextricable. Ce cordon creux renferme dans plusieurs
points de son étendue une certaine quantité de
sperme. Le canal du cordon dont il s'agit est unique; il émane du sinus testiculaire , se replie une

infinité de fois sur lui-même, et forme une masse d'inflexions soutenues par des filaments et pénétrées par des ramuscules vasculaires.

3° Le *canal efférent*, qui n'est qu'une continuité de la queue de l'épididyme, remonte, le long du bord postérieur du cordon, dans une duplicature particulière du péritoine. Parvenu dans l'abdomen, il se courbe dans la cavité pelvienne, se dirige de dehors en dedans vers le col de la vessie, croise la direction de l'uretère et s'enfonce au-dessus de la grande prostate; vers sa terminaison, il se réunit avec le col de la vésicule spermatique du même côté, et forme avec cette poche un seul et même conduit, appelé *éjaculateur*.

En partant de l'épididyme, il présente quelques inflexions qui s'effacent insensiblement; le long du cordon, il offre un diamètre uniforme et à peu près égal, mais il grossit un peu eu s'approchant de l'abdomen; dans la cavité du bassin, il acquiert tout à coup la grosseur qu'il conserve jusqu'à la prostate, où il devient mince et petit.

Ce canal, dont les parois sont épaisses, et dont la cavité est enduite d'un mucus visqueux et blanchâtre, laisse voir, dans l'intérieur de son renflement pelvien, de nombreuses cellules, dans lesquelles paraît séjourner le sperme sécrété par le testicule.

Le canal efférent résulte de l'union des deux membranes, dont l'externe, fibreuse et blanchâtre, se rapproche des tuniques charnues; la membrane interne, folliculeuse, sécrète le fluide qui enduit les parois intérieures du conduit, et elle forme les cavités celluleuses qu'offre la partie renflée.

Le canal que nous venons de considérer concourt, avec les vaisseaux et les nerfs, à former le *cordon testiculaire*, qui commence à l'anneau sus-pubien, et se prolonge jusqu'au testicule, qu'il fixe dans l'abdomen. Ces diverses parties constituantes du cordon sont maintenues unies, ou écartées les unes des autres par les lames qui proviennent du repli que forme le péritoine pour fournir la gaine vaginale. Ainsi la grande artère testiculaire, qui naît, à angle aigu, de la face inférieure de l'aorte, règne le long du bord antérieur du cordon ; elle décrit, du côté du testicule, une multitude d'inflexions unies avec celles des veines, et d'où résulte un corps vasculaire pyramidal, appelé *pampiniforme*. La petite artère testiculaire, très-grêle et provenant de l'iliaque, est écartée de la précédente et réside vers le bord postérieur proche du canal efférent.

CONSIDÉRATIONS GÉNÉRALES. Dans le fœtus, les testicules, généralement plus gros et plus rouges, sont logés dans l'abdomen, autour de l'anneau sus-pubien, qu'ils ne franchissent que six à sept mois après la naissance : à cette époque, ils descendent peu à peu, dilatent les bourses et prennent insensiblement la fermeté qui leur est propre.

USAGES. L'office des testicules consiste à sécréter le sperme, humeur blanchâtre, très-moléculeuse, très-visqueuse et d'une odeur très-fade. Cette liqueur fournit, à l'analyse chimique, une matière animale toute particulière, abondante, et dont la proportion est d'environ les quatre cinquièmes ; elle contient, en outre, un peu de mucus, du muriate de potasse, de la soude, du carbonate et du phosphate de chaux. En parcourant le canal tortueux qui se propage depuis le corps d'Hygmore jusqu'à la vésicule séminale, cette humeur acquiert des qualités particulières ; par son séjour dans les vésicules, elle devient plus colorée, plus odorante, plus moléculeuse et incontestablement plus prolifique.

DIFFÉRENCES. Dans les *didactyles*, les testicules, plus pendants et beaucoup plus gros, sont allongés de haut en bas.

Dans le *cochon*, ces organes sont ronds et placés en arrière des cuisses ; ils ont à peu près la même forme et la même situation dans le *chien* et le *chat*. Dans la volaille, les testicules ne se prolongent pas hors de l'abdomen : ils sont placés vers la région sous-lombaire.

§ II. *Des vésicules spermatiques.*

Ce sont de petites poches membraneuses, oblongues, piriformes et destinées à tenir le sperme en réserve : ces vésicules, au nombre de deux principales, se trouvent placées obliquement dans la cavité pelvienne, l'une à droite et l'autre à gauche, sous le rectum ; elles représentent, dans leur union, un V, dont les deux branches s'écartent en s'avançant dans la cavité pelvienne ; leur extrémité antérieure est appliquée, fixée contre le péritoine, tandis que les extrémités postérieures, rapprochées et unies l'une à l'autre, sont embrassées et soutenues par la grande prostate.

On peut distinguer à chacune de ces poches, 1° une partie moyenne, la plus grosse, la plus étendue, et entourée d'un tissu lamineux lâche, très-abondant; 2° une extrémité antérieure arrondie, qui est attachée au péritoine par des fibres divergentes, rayonnées, et qui constitue la base ou le fond de la poche; 3° une extrémité postérieure, mince et prolongée, qui en forme le col; celui-ci, maintenu contre le col de l'autre vésicule, se réunit avec le canal efférent du même côté, d'où résulte un seul canal court, que l'on appelle *éjaculateur*, et qui s'ouvre dans le tubercule urétral.

STRUCTURE. Chaque vésicule est principalement formée d'une membrane celluleuse, molle, blanchâtre, dont la surface externe offre quelque fibres charnues, plus nombreuses vers le fond de la poche d'où elles s'étendent en divergeant sur le péritoine. Sa surface interne, papillaire et garnie de follicules, est lubrifiée par une humeur muqueuse, blanchâtre, gluante; elle est aussi pourvue de pores inhalants, qui absorbent une partie du sperme et lui font éprouver des changements remarquables.

PARTICULARITÉS. Dans les monodactyles, outre les deux vésicules que nous venons de décrire, on en rencontre une troisième, que l'on nomme *mitoyenne*: celle-ci, oblongue et parfois arrondie, est située entre les extrémités des deux canaux efférents, et s'ouvre dans le tubercule urétral, en avant des canaux éjaculateurs ; elle contient toujours une liqueur blanche, plus ou moins abondante, analogue au sperme, et dont on ignore l'usage.

Différences. Dans les didactyles, les vésicules séminales constituent deux réservoirs flexueux, bosselés, et qui ont une certaine longueur. Les bosselures qui se montrent à la surface externe résultent des plis formés par les parois internes de la poche. La partie pelvienne des canaux efférents ne présente pas de renflement comme dans les monodactyles.

Ces mêmes poches, dans le porc, sont bosselées et irrégulièrement arrondies, et ces bosselures dérivent des plis formés par les parois mêmes.

Le chien n'a point de vésicules séminales, ni renflement des canaux efférents.

Usages. Les vésicules spermatiques retiennent en réserve l'humeur apportée par les canaux efférents ; elles lui impriment des qualités prolifiques très-remarquables, puisque, par son séjour dans ces poches, le sperme devient plus blanc, plus visqueux, plus moléculeux et plus odorant.

§ III. *Des prostates.*

Elles sont au nombre de trois, une grande et deux petites ; ce sont des corps glandiformes, folliculaires, brunâtres, situés dans le fond du bassin sur la portion pelvienne de l'urètre, dans la cavité duquel ils versent une liqueur muqueuse, diaphane, filante, destinée à lubrifier ses parois et à faciliter ainsi l'éjaculation du sperme.

1° La grande prostate impaire, située profondément en avant des petites prostates, et par-dessus le col de la vessie, présente un corps ou partie moyenne et deux branches : le corps embrasse, soutient et réunit les extrémités des canaux efférents et des vésicules séminales ; ses branches latérales et prolongées en avant s'écartent l'une de l'autre, et sont entourées d'un tissu lamineux très-abondant.

2° Les petites prostates, qui n'existent pas dans les quadrupèdes dépourvus de vésicules séminales, se trouvent à l'extrémité de la cavité pelvienne, au dessus de l'arcade ischiale ; elles sont placées l'une à droite et l'autre à gauche, un peu en avant du bulbe de l'urètre : ce sont deux corps ovoïdes, bien moins gros que la grande prostate ; ils sont recouverts d'une couche musculeuse, tiennent à l'urètre, et versent dans sa cavité l'humeur accumulée dans leurs cellules.

STRUCTURE. La substance des prostates est brunâtre, molle et vésiculaire ; si l'on partage l'une de ces parties, on voit dans son épaisseur diverses cellules qui s'ouvrent dans l'urètre. Les cellules de la grande prostate ont leurs orifices au pourtour du tubercule urétral, et les cellules des petites prostates forment de chaque côté une rangée de petits mamelons, située en avant du contour de l'urètre.

USAGES. Les prostates sécrètent une humeur muqueuse qui lubrifie l'urètre, se mêle avec la liqueur spermatique expulsée des vésicules, lui sert de véhicule, en rend l'éjaculation plus facile et plus prompte. A mesure qu'elle est sécrétée, cette humeur s'accumule et reste en dépôt dans les cellules intérieures, où elle devient plus muqueuse et plus propre à remplir le but auquel elle est destinée; elle sort de ces réservoirs par l'effet d'une forte érection du pénis, et elle est expulsée en quantité quelques instants avant l'éjaculation.

§ IV. *Du pénis.*

Le pénis, plus communément le *membre*, la *verge*, est l'organe destiné à opérer l'acte de l'accouplement et à projeter le sperme dans l'utérus : c'est un corps allongé, cylindroïde, très-érectile, attaché à l'arcade ischiale, situé en long sous le bassin, et qui se prolonge du milieu d'une cavité profonde appelée le *fourreau.*

Dans l'état ordinaire, le membre offre deux parties, l'une, postérieure, fixe et qui constitue sa base; l'autre, antérieure et libre, dont l'extrémité forme la tête. La partie postérieure, la plus considérable, et maintenue par la peau dans le fond de l'entre-deux des cuisses, se trouve implantée à l'arcade ischiale par deux fortes racines; la partie libre, molle et qui s'allonge toutes les fois que l'animal urine, peut être rétractée et entièrement cachée dans la cavité du fourreau ou bien se prolonger hors du fourreau et être plus ou moins pendante.

Par l'effet de l'érection, le pénis acquiert un développement considérable ; il s'allonge, se gonfle et se redresse plus ou moins. En prenant ce développement, il sort du fourreau, l'entraîne avec lui, le déploie et l'efface complétement. Au fur et à mesure que l'érection diminue, le fourreau se rétablit et concourt à ramener le membre dans son état habituel.

Dans tous les quadrupèdes domestiques, la verge se compose de trois parties principales : le *corps caverneux*, la *tête* et l'*urètre*; elle est, en outre, soutenue par le *fourreau* et par deux *ligaments suspenseurs*, objets que nous décrirons les premiers.

a. Le *fourreau*, résultant d'un repli de la peau, correspond au prépuce de l'homme; il constitue une grande cavité folliculaire et d'autant plus profonde que le pénis est plus fortement rétracté. Le rebord de son entrée présente inférieurement une échancrure aux côtés de laquelle se trouvent deux petits mamelons dépourvus de poils, mais plus longs dans l'âne que dans le cheval et correspondant aux mamelles de la femelle. Les parois internes du fourreau forment une multitude de rides irrégulières, et sécrètent une humeur sébacée, enduit gras, onctueux et très-odorant ; cette matière, communément le *cambouis*, devient plus ou moins épaisse, constitue parfois des plaques, des écailles et diverses autres concrétions, dont le séjour peut devenir nuisible et occasionner diverses altérations cutanées.

La peau de la surface extérieure du fourreau est mince, souple, et ne porte que de petits poils, fins et semblables à du duvet. En se repliant dans sa cavité, la peau cesse d'être velue ; elle devient progressivement plus mince, plus douce au fur et à mesure qu'elle s'enfonce dans le fourreau et qu'elle

revient sur la partie libre du pénis, qu'elle enveloppe complétement. Vers le milieu de cette partie
libre, elle forme un bourrelet circulaire, échancré
inférieurement, et qui ne s'efface jamais complète-
ment lors de l'érection du pénis. Depuis l'entrée du
fourreau jusqu'à ce bourrelet, l'enveloppe cutanée
présente des plis irréguliers, dont un principal,
longitudinal, constitue une sorte de fanon prolongé
du fond de la cavité sur le milieu de la face supérieure du membre. A partir de ce même bourrelet,
la peau change de nature ; non-seulement elle est
très-fine et intimement adhérente à la verge, mais
elle ne sécrète plus qu'une humeur mucoso-séreuse
et ne forme que de petites rides.

Entre la peau extérieure et celle des parois internes du fourreau, on observe une couche fibreuse,
jaunâtre et fixée supérieurement aux parois de l'abdomen. Cette couche, appelée communément le
corps du fourreau, se trouve continue, en quelque
sorte confondue avec les faisceaux fibreux du dartos ; antérieurement elle présente deux fortes et
longues brides, jaunes et très-extensibles ; ce sont
les *ligaments suspenseurs,* qui s'attachent supérieurement aux côtés de la dépression ombilicale, et forment inférieurement un anneau demi-circulaire qui
embrasse l'entrée du fourreau et l'affermit. Cette
même couche fibreuse accompagne la peau du fourreau jusqu'au bourrelet de la partie libre du pénis.

b. Les *ligaments suspenseurs* du pénis se présentent sous la forme de deux longs et gros cordons
fibreux, blanchâtres, qui prennent leur origine aux

côtés de l'extrémité du sacrum et des premiers os coccygiens, s'unissent l'un à l'autre en bas de l'anus, suivent la direction de l'urètre et se prolongent jusque dans la tête de la verge. Vers la base de la queue, ils se dirigent d'avant en arrière et de haut en bas, passent par-dessus les ligaments latéraux de l'anus et les croisent; le long de la face inférieure du pénis, ils sont accolés avec l'urètre, lui donnent une succession de gros faisceaux , dont les premiers gagnent le bulbe urétral , et les derniers se plongent dans la substance spongieuse de la tête du membre.

L'organisation de ces cordons suspenseurs résulte de l'assemblage de gros faisceaux fibreux, parallèles et unis entre eux par un tissu lamineux abondant; ces faisceaux , qui ont la plus grande analogie avec ceux de la membrane charnue de l'intestin rectum, semblent s'identifier avec le tissu spongieux de l'urètre et de la tête du pénis.

c. Le *corps caverneux* , partie principale et dont la force d'érection rend le pénis capable d'exécuter l'accouplement, embrasse l'urètre et soutient la tête.

Sa *base* ou *extrémité postérieure* se termine par deux *branches* ou *racines,* implantées de chaque côté à l'arcade ischiale, recouvertes par le muscle ischio-sous-pénien, et entre lesquelles passent des vaisseaux et des nerfs. Un peu en avant de ses racines, la base du pénis est encore fixée au bassin par deux ligaments courts, composés de fibres albuginées et serrées.

Sa *partie antérieure* , plongée dans la substance spongieuse de la tête, se termine par un prolongement grêle, cylindroïde, dont le bout est effilé, et dont la longueur peut être de 3 à 4 centimètres. Cette pointe, formée à la suite d'une échancrure assez subite, et qui lui est inférieure, traverse le milieu de la tête, parvient jusque contre son enveloppe, et produit, lors de l'érection, une protubérance remarquable.

Ses *faces latérales* sont entourées d'un tissu lamineux très-extensible, qui soutient des ramifications vasculaires ; elles laissent voir plusieurs petits trous, qui livrent passage à des vaisseaux, et elles adhèrent à l'enveloppe fibreuse dont il a été question à l'article du dartos.

Son *bord supérieur* porte une petite scissure anguleuse, soutient deux cordons nerveux et différents vaisseaux ; le *bord inférieur* présente une grande scissure, qui loge l'urètre et dont les bords donnent implantation au muscle ischio-urétral ou accélérateur.

Le corps caverneux, dont les parois extérieures sont formées d'une couche fibreuse et blanche, offre intérieurement un tissu spongieux, érectile et très-complexe. La couche corticale, remarquable par sa texture et par sa résistance, ne présente pas une épaisseur uniforme ; elle est mince sur les racines et dans le fond de la scissure urétrale; elle jouit d'une extensibilité considérable et d'une éminente contractilité. Ses fibres, déliées et pour la plupart longitudinales, s'entrelacent de diverses manières et composent un tissu inextricable.

La substance spongieuse, qui remplit toute la cavité formée par l'enveloppe corticale, présente 1° une multitude de brides transversales, blanches et plus ou moins écartées les unes des autres; lesquelles brides ou colonnes s'implantent d'un côté à l'autre dans les parois internes de la couche corticale, et semblent être une continuité de son tissu; 2° des faisceaux ou bandelettes longitudinales, très-élastiques et blanchâtres; ces faisceaux, de nature musculeuse, croisent les colonnes ligamenteuses et soutiennent une série de cellules irrégulières, qui communiquent toutes entre elles et semblent être formées par des veines; 3° enfin quelques ramifications vas culaires, qui sont presque toutes veineuses.

Les artères abordent dans l'intérieur du corps caverneux, en pénétrant les racines; elles sont fournies par la sous-pénienne, qui provient elle-même de l'artère sous-pelvienne, et se continue en avant, le long du bord supérieur du pénis. Les veines, très-nombreuses, suivent les artères; quelques-unes accompagnent les cordons nerveux, qui descendent du plexus pelvien, et sont au nombre de deux, l'un droit, l'autre gauche.

d. La *tête*, qui correspond au gland de l'homme, forme l'extrémité du pénis, et constitue, lors de son développement, une éminence fungiforme, d'un volume extraordinaire, et circonscrite par un bourrelet circulaire, échancré à sa partie inférieure. Dans le milieu de sa surface antérieure, on remarque une protubérance, saillie particulière et que décrit la pointe du corps caverneux; en bas de cette éminence, on voit une grande fosse qui entoure un prolongement de l'urètre et lui sert de pavillon ; dans le fond de cette même fosse, et précisément au-dessus de l'urètre, se trouve une ouverture qui aboutit dans un réservoir folliculaire et bifurqué ; c'est le *sinus urétral*, ou plus communément la *fossette naviculaire*, cavité dans laquelle se fait la sécrétion d'une matière sébacée, dont l'accumulation obstrue parfois l'urètre et empêche l'écoulement de l'urine. Fixée à l'extrémité antérieure du corps caverneux qu'elle embrasse, la tête sert à diriger le sperme dans l'ouverture vaginale de l'utérus.

Sa *surface extérieure* est tapissée par la peau, qui se réfléchit du fond du fourreau, se replie dans la grande fosse urétrale, ainsi que dans la fossette naviculaire, et revient sur le tube de l'urètre.

Sa *substance spongieuse*, molle, celluleuse et très-élastique, fournit un prolongement, sorte d'appendice qui s'étend en arrière sur la face supérieure du corps caverneux, et se termine insensiblement. Cette substance, formée d'un tissu aréolaire, dans lequel on trouve toujours une certaine quantité de sang, est fixée, attachée à la surface du corps caverneux, tant par du tissu lamineux que par des brides ou faisceaux ligamenteux.

Les artères de la tête du pénis sont des divisions de la sous-pénienne et atteignent la substance spongieuse, en suivant le corps caverneux. Les veines accompagnent les artères, et quelques-unes suivent la direction des artères scrotales. Les nerfs sont des rameaux qui viennent du plexus pelvien.

e. L'*urètre*, long canal spongieux et membraneux, s'étend depuis le col de la vessie jusqu'à l'extrémité de la tête du pénis, et livre passage à l'urine, ainsi qu'aux humeurs fournies par les vésicules séminales et par les prostates.

Ce conduit excréteur présente trois portions distinctes par leur direction, leur connexion et leur structure.

La première, située dans le bassin et appelée *pelvienne*, commence au col de la vessie, d'où elle se dirige un peu obliquement d'avant en arrière, et de haut en bas, jusqu'à l'arcade ischiale. Cette partie de l'urètre, enveloppée d'une couche extérieure, musculeuse et rouge, est embrassée par la grande prostate ; elle présente intérieurement, et proche du col de la vessie, une éminence irrégulière, nommée *tubercule urétral*, communément le *verumontanum*; cette éminence soutient les orifices des deux canaux éjaculateurs, ainsi que de la vésicule mitoyenne, et il présente à son pourtour les ouvertures des cellules de la grande prostate. Vers l'arcade ischiale, on voit les deux rangées de mamelons, formés par les orifices des follicules des petites prostates.

La deuxième portion, ou le *contour de l'urètre*, fait suite à la première, se courbe de dedans en dehors et de haut en bas sur l'arcade ischiale, et s'étend jusqu'entre les racines du corps caverneux; elle correspond au périnée, et offre un renflement oblong, appelé le bulbe de l'urètre.

La troisième portion *sous-pénienne* comprend toute

la partie de l'urètre embrassée par la scissure inférieure, et pourvue d'une couche de substance spongieuse, semblable à celle de la tête de la verge. Dans
la presque totalité de la longueur de la scissure,
l'urètre est enveloppé par le muscle penniforme,
nommé accélérateur ou ischio-urétral. Parvenu à
l'extrémité de la tête, le canal passe sous la fossette
naviculaire, et se termine par un prolongement
dont la longueur est d'environ un centimètre, et que
l'on appelle *tube urétral*.

L'urètre est principalement formé d'une membrane folliculeuse, interne, dont la face, libre et
papillaire, est enduite d'un mucus glaireux, qui
modère sa sensibilité et rend sa surface plus douce,
plus glissante. Outre cette membrane principale, la
portion pelvienne présente une couche musculeuse,
et la partie sous-pénienne est pourvue d'une enveloppe spongieuse ; celle-ci est une continuité du
corps bulbeux de l'urètre, et se continue avec le
tissu spongieux de la tête du pénis.

Différences. Dans les *ruminants*, la verge est
grêle et terminée en pointe courbée en bas. Le corps
caverneux, formé plus particulièrement de fibres
albuginées et serrées, n'est ni aussi élastique, ni
susceptible de gonflement, comme celui du cheval ;
par l'effet de l'érection, il ne fait, pour ainsi dire,
que se redresser, et gagne peu en d'autres dimensions. Dans l'état de relâchement, sa base décrit une double inflexion, située en bas de l'arcade
ischiale. La couche corticale forme un canal cylindroïde, dans l'intérieur duquel se trouve renfermé

l'urètre. Le tissu spongieux, de même nature que celui du cheval, mais généralement peu développé, constitue une deuxième couche, contenue dans l'enveloppe corticale et fixée autour du noyau central, de même nature, mais plus dense que la substance corticale.

La tête du pénis n'est qu'une expansion mince, fournie par la membrane spongieuse de l'urètre. Ce canal, bien plus étroit que dans le cheval, se rétrécit insensiblement en gagnant la pointe de la verge, où il se termine par une petite ouverture inclinée en bas, et dont les bords ne font nulle saillie. Le muscle ischio-urétral ou accélérateur, très-gros et fort épais, ne fait que recouvrir le contour de l'urètre. L'enveloppe charnue de la portion pelvienne offre une épaisseur considérable, tandis que les prostates sont fort petites.

Le membre du *porc* diffère peu de celui du bœuf; il a la même conformation et essentiellement la même organisation.

La verge du *chien* présente une organisation particulière et utile à connaître; la moitié postérieure ou environ de son corps caverneux offre une structure que l'on rencontre dans tous les autres animaux; elle comprend 1° une enveloppe extérieure ou couche corticale, 2° une substance spongieuse partagée en deux parties longitudinales par le moyen d'une cloison fibreuse et albuginée. La partie antérieure du même corps caverneux a pour base un os long, impair, sur lequel s'implante et se continue le tissu fibreux de la partie postérieure, en lui fournissant une enveloppe corticale. Cet os, dont la face inférieure porte une scissure profonde pour loger l'urètre, diminue progressivement de grosseur, depuis sa base ou extrémité postérieure jusqu'à son extrémité antérieure, où il se termine par une petite protubérance arrondie qui fait saillie à l'extrémité de la tête et rend plus vive l'excitation du coït. Vers sa base, l'os pénien soutient un tissu spongieux, très-érectile, parfaitement isolé et n'ayant nulle communication avec la substance spongieuse du corps caverneux de la tête et de l'urètre; ce tissu, simplement accolé sur la face supérieure de l'os, représente, lorsqu'il est gonflé, une protubérance pyriforme, échancrée inférieurement, et dont la base est postérieure. Fixée immédiatement derrière le repli de la membrane du fourreau, la protubérance pénienne force le mâle à rester accouplé avec sa femelle, jusqu'à ce qu'elle ait récupéré son état primitif de relâchement.

La substance spongieuse de la tête constitue une expansion plus étendue que dans les monodactyles et dépourvue de bourrelet circulaire.

Le muscle ischio-urétral offre absolument la même disposition que dans les ruminants, mais le canal qu'il recouvre est moins étroit.

Appareil sexuel de la femelle.

Disposés favorablement pour l'acte de la copulation, les organes génitaux de la femelle fournissent une substance indispensable à la génération, *les ovules* ou *petits œufs*; ils conservent l'ovule fécondé, lui procurent l'espace, la température et les éléments nécessaires à son développement; ils concourent en même temps à l'expulsion du fœtus, qui a lieu au bout d'un terme dont la durée varie dans les différents genres de quadrupèdes domestiques. Parmi ces parties, les unes, plus particulièrement organisées pour l'acte du coït, comprennent la *vulve* et le *vagin;* d'autres, servant d'une manière spéciale à la fécondation et à la gestation, sont l'*utérus*, les *trompes utérines* et les *ovaires;* un troisième ordre, qui forme une classe particulière, se compose des *mamelles*, organes essentiellement destinés à l'alimentation du nouveau-né.

§ Ier. *De la vulve*.

La vulve, grande ouverture située un peu au dessous de l'anus et prolongée de haut en bas, communique dans la cavité du vagin et soutient l'urètre.

1° Les *lèvres*, ou parties latérales de cette ouverture, sont susceptibles de prendre un certain développement pendant la durée des chaleurs, ainsi qu'au terme de la gestation; elles forment deux commissures, dont la supérieure est aiguë et limite inférieurement le périnée; la commissure inférieure, arrondie, présente une cavité dont le fond est occupé par le clitoris. Le bord des lèvres, déprimé en dehors et irrégulièrement arrondi, renferme dans son épaisseur une multitude de follicules, d'où suinte un enduit particulier, onctueux et abondant. La peau de leur surface externe est mince, très-fine, dépourvue de poils et lubrifiée par une humeur sébacée ; cette enveloppe se replie au bord des lèvres, pour se réunir à la membrane muqueuse qui tapisse la face interne de ces parties et se continue dans le vagin. Cette dernière membrane, communément blanchâtre, prend une couleur vermeille dans le temps du rut et devient rougeâtre à l'approche du part.

Les lèvres ont pour base une substance fibreuse, extensible et difficile à débrouiller ; cette substance complexe, fixée entre la peau et la membrane folliculeuse interne, offre quelques lames ou couches très-minces et charnues ; elle se compose principalement de filaments diversement entrelacés, qui soutiennent un tissu spongieux.

2° Le *clitoris* représente un gros tubercule hémisphérique, fixé dans le fond de la commissure inférieure des lèvres et attaché à l'arcade ischiale. Ce corps, que l'on découvre en dilatant la vulve, est formé plus particulièrement d'un tissu érectile, et paraît être le siége du plaisir que ressent la femelle dans l'acte du coït. Il est entouré, circonscrit par un repli membraneux, qui lui fournit une sorte de fourreau, forme un véritable pavillon plus grand en arrière et en haut qu'en devant et en bas, où il est échancré. La pointe du clitoris laisse voir, en haut et dans son milieu, une ouverture particulière, c'est l'orifice d'un sinus folliculaire, terminé en cul-de-sac et appelé *fossette naviculaire*.

L'organisation du clitoris est simple ; elle présente une enveloppe ou membrane propre et un corps caverneux qui en est la base. Le corps caverneux est attaché à l'arcade ischiale, par le moyen de ses deux branches ou racines courtes, qui se réunissent pour former le septum intérieur. Ce corps offre 1° un tissu fibreux, albuginé, très-serré, qui forme une tunique extérieure très-mince, fournit aussi les racines et le septum ; 2° deux tissus spongieux séparés l'un de l'autre par la cloison et semblables au tissu spongieux de la tête du pénis. La membrane du clitoris, papillaire et douée d'une sensibilité particulière, est analogue à celle de la tête du pénis, et tient autant de la nature de la peau que de celle de la tunique interne des lèvres ; communément marbrée, mais parfois blanchâtre ou noirâtre, elle forme le pavillon du clitoris et divers autres petits replis disposés en frange sur la surface du corps caverneux, auquel elle adhère par un tissu lamineux particulier.

Dans la *vache*, les lèvres de la vulve sont plus grosses, plus saillantes et garnies, en dehors, de petits poils; la commissure inférieure se prolonge par un bec recourbé en bas et terminé en pointe, qui est elle-même entourée de quelques longs poils. Le clitoris, plus grêle et plus long que dans la jument, porte intérieurement un noyau fibreux, dur et spiroïde ; il présente trois muscles distincts, ainsi qu'un ligament suspenseur, qui vient de la base de la queue.

Dans la *truie* et dans la *chienne*, le bec de la

commissure inférieure est plus prononcé, et le clitoris ne présente qu'un petit tubercule.

§ II. *Du vagin*.

C'est un long et grand canal membraneux, extensible, situé dans le bassin sous le rectum, et prolongé depuis la vulve jusqu'au col de l'utérus, qu'il embrasse exactement. Plus étroit à ses extrémités que dans son fond, il sert à la copulation et donne issue au fœtus. Il est fixé antérieurement par le repli du péritoine, qui le lie en haut avec le rectum et en bas avec la vessie; en arrière de ce repli, sa surface externe est garnie d'un tissu cellulaire abondant, qui lui sert de moyen d'union avec les parties environnantes et soutient diverses ramifications vasculaires et nerveuses.

Sa surface interne, libre, douce et lubrifiée par une humeur muqueuse, reste en contact avec elle-même; elle offre une teinte ordinairement blanchâtre, mais devient rouge et plus ou moins enflammée par l'effet de l'orgasme génital.

Son entrée, qui fait suite à la vulve, présente à sa partie inférieure et un peu en avant du clitoris le *méat urinaire*, conduit court, étroit et dirigé obliquement de haut en bas et d'arrière en avant; ce canal, qui provient de la vessie et livre passage à l'urine, se trouve dérobé, recouvert par un grand repli membraneux, véritable valvule, fixe du côté de la cavité du vagin et flottante du côté de la vulve.

La cavité proprement dite du vagin présente quelques replis irréguliers, plus développés et plus nombreux dans les femelles adultes, surtout dans celles qui ont été couvertes et qui ont eu des portées.

Dans le fond du vagin se trouve une grosse éminence, prolongement utérin, dont la membrane forme une multitude de plis frangés et dont le centre porte une dépression qui est l'origine ou la trace de l'entrée de la cavité utérine. Ce prolongement vaginal, ou plus communément la *fleur épanouie*, est susceptible d'acquérir un certain développement, qui se fait remarquer dans les temps de la gestation.

Les parois vaginales, dont une inflammation spéciale établit la période des chaleurs, sont composées de deux membranes superposées et très-différentes l'une de l'autre. La première, charnue, blanchâtre et extensible, est formée de faisceaux fibreux qui ont différentes directions, passent les uns sur les autres sans se confondre, et sont unis, tant entre eux qu'avec la membrane interne, par un tissu lamineux abondant. Cette deuxième membrane, molle et folliculeuse, fournit l'humeur qui lubrifie la cavité du vagin ; elle forme aussi les rides irrégulières qui contribuent à rendre plus vive l'excitation des parties génitales pendant le coït.

A droite et à gauche de la face externe de l'entrée vaginale, on observe un corps spongieux, oblong, déprimé de dehors en dedans, entouré et soutenu par un tissu lamineux, qui sert à l'accoler contre la membrane charnue; ce corps, plus ou moins développé et appelé *bulbe vaginal*, est composé d'un tissu caverneux, de la même nature que celui de la tête du pénis du cheval.

Dans la vache, le bulbe vaginal est beaucoup plus étendu que dans la jument; il se continue jusqu'au clitoris, et il est recouvert par un gros muscle qui descend de l'extrémité du sacrum et se termine sur le côté du corps caverneux du clitoris; ce muscle se remarque aussi dans la jument, mais il est bien moins épais.

§ III. *De l'utérus.*

L'utérus ou la matrice est un viscère creux, musculo-membraneux, destiné à contenir les produits de la fécondation et à concourir à l'expulsion du fœtus lorsque le terme de la gestion est arrivé. Ce réservoir, allongé et bifurqué antérieurement, forme la continuité du vagin, présente un *corps* et deux *branches*.

1° Le corps, partie moyenne et impaire, s'étend depuis le vagin jusqu'à l'origine des branches latérales; ses faces supérieure et inférieure sont légèrement convexes, tapissées par le péritoine, et un peu plus larges dans leur milieu qu'aux extrémités; ses bords latéraux se trouvent fixés supérieurement aux ligaments sous-lombaires; son col ou extrémité postérieure fournit le prolongement vaginal précédemment décrit; son fond, dont le bord antérieur est arrondi, donne naissance aux branches et sert à les réunir.

2° Les *branches,* ou plus généralement les *cornes,* l'une droite et l'autre gauche, établissent la bifurcation du corps, s'écartent progressivement l'une de l'autre, se contournent en dehors et en haut vers la région des lombes. Ces parties, dont la disposition a quelques rapports avec les cornes de certaines bêtes bovines, ont une forme pyramidale, se courbent sur elles-mêmes, et se terminent chacune par une pointe arrondie, à laquelle sont attachés la trompe utérine et l'ovaire.

La cavité de l'utérus, analogue à la conformation générale du viscère, s'étend dans toute la longueur du corps, et se propage jusqu'aux extrémités des cornes; elle communique dans le fond du vagin par un conduit très-resserré, dont l'orifice se trouve dans la dépression de la fleur épanouie; cette ouverture du col de l'utérus se dilate pendant la période des chaleurs, elle s'ouvre aux approches du part et livre passage au fœtus. Dans le milieu du cul-de-sac qui se remarque à l'extrémité de chaque branche utérine, on voit un petit tubercule blanchâtre et assez ferme: c'est l'orifice du conduit flexueux appelé la trompe. La surface interne de l'utérus, enduite d'une humeur muqueuse, est appliquée contre elle-même; elle présente une multitude de rides irrégulières, qui constituent dans les femelles adultes, surtout dans celles qui ont eu des petits, divers plis plus ou moins grands.

L'utérus est attaché dans la cavité pelvienne,

autant par sa continuité avec le vagin que par ses deux ligaments sous-lombaires, l'un droit, l'autre gauche. En se repliant sur l'extrémité antérieure du vagin, le péritoine lie aussi ce viscère avec le rectum et avec la vessie.

Chaque ligament sous-lombaire constitue une large et grande production membraneuse, résultant d'un repli du péritoine et composée de deux lames ou feuillets, entre lesquels sont soutenus les vaisseaux et les nerfs propres au viscère. Par son bord supérieur, ce ligament provient de la face inférieure des lombes et de la région sacrée, se termine dans toute la longueur de la face postérieure de la corne utérine, et se continue sur les parties latérales du corps de la matrice. Vers sa base ou partie antérieure, il forme plusieurs replis, qui sont des dépendances de l'ovaire et de la trompe. Pendant la gestation, les ligaments sous-lombaires prennent un développement particulier; non-seulement ils s'étendent en tous sens et deviennent plus épais, mais ils acquièrent une texture fibreuse très-remarquable. A l'époque du part ou peu de temps après, on trouve entre les feuillets de ces ligaments une couche formée de faisceaux blanchâtres et analogues à ceux qu'offre la membrane mitoyenne de l'utérus pendant la plénitude. Après la mise-bas, cette couche fibreuse se déprime considérablement, mais ne disparaît pas complétement.

STRUCTURE. Trois membranes superposées et différentes entre elles composent la substance de l'utérus, qui présente diverses ramifications vasculaires et nerveuses.

La première de ces tuniques, extérieure et séreuse, est une continuité des ligaments sous-lombaires, ainsi que du feuillet orbiculaire qui entoure l'extrémité vaginale de l'utérus; elle tapisse toute la surface du viscère, y adhère d'une manière intime et y entretient par sa face interne une perspiration utile.

La deuxième membrane, blanchâtre, fibreuse, élastique et intermédiaire, forme le tissu propre du viscère; elle adhère plus fortement à la tunique séreuse qu'à la membrane interne. Vers le prolongement vaginal, elle a une épaisseur plus considérable que partout ailleurs. Pendant la gestation, elle prend un développement particulier, offre alors une multitude de faisceaux fibreux qui se croisent en différents sens et sont unis par un tissu lamineux abondant.

La membrane interne et muqueuse a très-peu d'épaisseur, forme divers replis et sécrète un mucus qui lubrifie les parois internes du réservoir.

Les vaisseaux et les nerfs qui abordent à l'utérus sont soutenus entre les deux lames de chaque ligament sous-lombaire; ils se glissent sous la tunique séreuse, traversent la membrane charnue, et forment derrière la muqueuse une multitude de ramifications capillaires. Les artères sont fournies par deux branches, dont une, plus particulièrement destinée pour l'ovaire, répond à l'artère grande testiculaire, et l'artère qui est analogue à la petite testiculaire gagne le corps de l'utérus. Les veines accompagnent les artères et vont se rendre dans les branches de la veine cave postérieure. Les nerfs sont des filets fournis par le plexus mésentérique postérieur.

Particularités. Après la naissance et jusqu'au temps des premières chaleurs, l'utérus ne constitue qu'un viscère très-peu important, et que l'on extirpe sans nul danger, pour le développement des autres parties de l'animal (1). Pendant cette première époque de la vie, il forme un réservoir peu développé, blanc, et dont les parois minces ne reçoivent que fort peu de sang.

Différences. Dans les *didactyles,* les parois internes de l'utérus présentent de gros mamelons appelés *cotylédons,* d'autant plus considérables que les femelles ont eu plus de gestation.

Considérés après le vêlage ou lorsque la gestation est très-avancée, les cotylédons se présentent sous la forme de corps spongieux, irrégulièrement arrondis, plus ou moins volumineux et tenant aux parois de l'utérus par chacun un pédoncule vasculaire. Ces corps, complétement isolés les uns des autres, les plus gros occupant toujours le fond de la matrice, sont parsemés de trous qui donnent accès à des mamelons correspondants du placenta.

L'utérus des femelles *multipares* a une conforma-

(1) Dans la castration des jeunes truies, on coupe ou plutôt on arrache tout l'utérus avec les ovaires et les trompes; mais ce mode opératoire serait mortel dans les truies qui ont déjà été couvertes ou qui ont éprouvé des chaleurs.

tion qui lui est propre; son corps est très-court, tandis que ses branches, fort longues, forment une suite d'inflexions semblables aux circonvolutions du canal intestinal.

§ IV. *Des trompes utérines.*

Les trompes utérines, que l'on nomme aussi les *trompes* de *Fallope*, sont deux conduits flexueux, blanchâtres, fixés entre les feuillets des ligaments sous-lombaires et destinés à établir une communication entre la cavité de l'utérus et les ovaires.

Chaque trompe s'élève de l'extrémité de la corne utérine, dans l'intérieur de laquelle elle forme un tubercule plus ou moins saillant; en s'éloignant de la corne, elle décrit une succession d'inflexions qui diminuent vers le milieu de sa longueur et n'ont plus lieu au voisinage de l'ovaire. Ce canal acquiert insensiblement plus de grosseur, au fur et à mesure qu'il s'approche de l'ovaire; il commence par une entrée très-étroite, pratiquée dans le centre du tubercule utérin, et il se termine par une ouverture infundibuliforme, située proche de la scissure de l'ovaire, et dans le milieu d'un grand repli qui lui sert de *pavillon*. Découpé en franges ou lanières irrégulières, ce prolongement membraneux, ou plus communément le *morceau frangé*, semble posséder des fibres rayonnées et jouir d'une contractilité énergique.

Les parois de la trompe utérine offrent, outre les feuillets du ligament sous-lombaire, deux couches, dont l'externe est fibreuse et plus épaisse ; tandis que l'interne, molle et légèrement villeuse, paraît être une continuité de la muqueuse de l'utérus.

§ V. *Des ovaires.*

Organes parenchymateux, vasculaires, ovoïdes, fermes et au nombre de deux, les ovaires sont situés, soutenus à la suite de la trompe, entre les lames des ligaments sous-lombaires, et ils fournissent une substance indispensable à la fécondation. Ils correspondent aux testicules, ont chacun un cordon particulier, offrent dans leur milieu une dépression qui en constitue la scissure, et qui se trouve opposée à la surface frangée et papillaire du pavillon de la trompe.

La substance de l'ovaire, susceptible de devenir fibreuse et même squirreuse, offre un tissu serré, d'une nature peu connue, et qui paraît essentiellement formé de vaisseaux diversement ramifiés et entrelacés ; elle est enveloppée de deux membranes, dont l'externe, perspirable, est une production des feuillets du ligament sous-lombaire ; l'interne forme une couche corticale, fibreuse et semblable à la tunique qui renferme immédiatement le parenchyme du testicule.

Avant le développement des premières chaleurs, les ovaires sont blancs et très-petits ; pendant la période du rut, ils se gonflent, prennent une teinte rougeâtre et offrent diverses stries ou traînées noires. La copulation fécondante produit une révolution spéciale dans un d'eux; elle y fait naitre une petite tumeur noire, circonscrite, et qui, venant à s'ouvrir, laisse une cavité également noire; celle-ci se cicatrise peu à peu et renferme assez ordinairement une vésicule remplie d'un fluide jaunâtre : aussi les ovaires des femelles qui ont eu plusieurs portées présentent-ils diverses éminences, ainsi que des vésicules jaunes.

Les vaisseaux de l'ovaire forment une série d'inflexions semblables à celles qui constituent le corps pampiniforme du cordon testiculaire. Les filets nerveux proviennent du plexus mésentérique postérieur, et les divisions artérielles sont fournies par l'artère utérine, qui correspond à la grande testiculaire.

Les ovaires sont des organes nécessaires et indispensables à la reproduction, puisque les femelles qui en sont privées sont infécondes et n'entrent plus en chaleur.

Des mamelles.

Organes préposés à la sécrétion du lait, les mamelles sont au nombre de deux, situées l'une contre l'autre, dans l'entre-deux des cuisses et sous le pubis. Aux approches du part, elles acquièrent un développement marqué, prennent insensiblement du volume, de la fermeté; par l'effet de la mise-bas, elles éprouvent une révolution subite qui développe immédiatement la sécrétion laiteuse, dont la durée est subordonnée à diverses circonstances. Pendant l'exercice de cette dernière fonction, les organes mammaires conservent un certain volume et une fermeté particulière, qu'ils perdent suivant que la lactation baisse et diminue. Lorsque la sécrétion laiteuse est totalement supprimée, les mamelles sont déprimées, molles, flasques, et elles restent dans cet état de laxité jusqu'à une nouvelle gestation.

Considérée dans un état moyen de développement, chaque mamelle présente un corps et un mamelon. Le corps, partie principale et dont la forme est hémisphérique, offre une peau fine, lisse, douce et garnie d'un léger duvet, qui disparaît autour du mamelon. Celui-ci s'élève de la partie la plus saillante de l'hémisphère, forme un prolongement cylindroïde, de 3 à 4 décimètres de long dans la jument, et dont le bout est tronqué, arrondi et papillaire.

Le pourtour de la base du mamelon laisse voir plusieurs gros tubercules, dont le nombre varie et qui fournissent une humeur onctueuse. Son extrémité ou le bout, remarquable par une contractilité fibrillaire très-élevée, porte les ouvertures des sinus lactifères et présente une rénitence particulière. Dans l'état ordinaire, le mamelon reste un peu rétracté, retiré sur lui-même, et sa peau, très-fine, forme alors de petites rides irrégulières. Par l'effet de l'accumulation du lait, il s'allonge, se redresse et prend plus ou moins de dureté; l'excitation produite par la succion le rend mou, doux et lisse.

Chaque mamelle comprend une substance glandulaire, soutenue et enveloppée par deux membranes, l'une fibreuse et l'autre cutanée. La *substance glandulaire* constitue la base de l'organe, et renferme une multitude de granulations jaunâ-

tres, disposées en lobules; ces lobules, unis entre
eux par un tissu lamineux très-abondant, composent de petites masses, qui ont une certaine consistance et rendent la glande inégalement dure, ou
plutôt comme formée de l'assemblage de parties
plus fermes et séparées les unes des autres. La base
supérieure et déprimée de la substance mammaire
tient aux parois abdominales, auxquelles elle est attachée non-seulement par les vaisseaux et les nerfs
mammaires, mais encore par un tissu cellulaire
abondant, ainsi que par des faisceaux ligamenteux.
Ceux-ci semblent naître des parois mêmes de l'abdomen, ils pénétrent le tissu de la glande et se combinent avec lui. Outre les granulations précédentes,
la substance mammaire offre une multitude de petits canaux excréteurs, qui se réunissent de proche
en proche, convergent tous vers le centre de l'organe, où ils forment plusieurs gros et longs conduits appelés sinus *lactifères*. Ces derniers canaux,
continuant à se réunir de l'un à l'autre, produisent
de grands réservoirs, situés dans l'intérieur du mamelon, au bout duquel ils s'ouvrent par deux ou
trois trous, dont un principal, toujours plus grand.

Ainsi la substance complexe de la mamelle présente 1° un grand nombre de granulations dont
on ne connaît pas bien la texture intime, et qui
donnent naissance aux radicules des vaisseaux excréteurs lactifères; 2° un tissu lamineux, interlobulaire, abondant, peu extensible, et qui soutient
quelques vésicules adipeuses; 3° plusieurs longs
conduits *galactophores*, qui occupent le centre de

l'organe et communiquent au dehors ; 4° quelques ganglions lymphatiques , situés aux environs de la base de la glande ; 5° enfin diverses ramifications vasculaires et nerveuses.

L'enveloppe lamineuse, qui contient immédiatement la substance mammaire, adhère très-intimement à la peau : c'est une capsule blanchâtre, fixée aux parois de l'abdomen par diverses brides ligamenteuses ; sa surface interne laisse échapper une infinité de lamines qui s'insinuent dans le parenchyme de l'organe.

Les vaisseaux et les nerfs mammaires, rassemblés et accolés par du tissu lamineux, composent un cordon très-court, qui passe par l'anneau sus-pubien, duquel il reçoit une enveloppe ligamenteuse. Cette enveloppe ou pavillon émane de la circonférence externe de l'ouverture sus-pubienne, affermit et accompagne le cordon mammaire jusque dans la glande.

Les artères viennent de la sus-pubienne et se plongent dans la mamelle.

Les veines nombreuses et qui acquièrent, pendant la lactation, un développement considérable, sont de deux ordres : les unes, profondes et compagnes des artères, vont se dégorger dans la branche pelvi-crurale de la veine cave postérieure; les autres, superficielles, rampent sous la peau et forment deux divisions, dont les postérieures, plus courtes et moins apparentes, se jettent dans la veine fémorale, tandis que les antérieures se dirigent sous la peau du ventre et se rendent dans la vaine sus-sternale ou thoracique interne.

Les *nerfs* suivent la direction des artères et viennent des plexus rénaux ou mésentériques.

Différences. Les mamelles de la vache constituent une masse unique appelée le *pis ;* cette masse, composée de deux parties symétriques simplement accolées l'une avec l'autre, prend un volume considérable pendant l'allaitement ; elle donne naissance à quatre principaux mamelons, que l'on appelle les *trayons*, les *tétines*. En arrière de ces gros mamelons, elle porte presque toujours deux petits mamelons, ou mieux *tétins*, qui ne fournissent que très-rarement du lait.

Les mamelles de la brebis forment deux hémisphères séparés, et de chacun desquels part un seul mamelon.

Le pis de la chèvre se rapproche de celui de la vache, mais il ne porte que deux mamelons lactifères, l'un droit, l'autre gauche.

Dans les multipares, les mamelles, ou plus communément les tétines, sont disposées en deux rangées sur les côtés de la ligne médiane du ventre. Chaque rangée se compose de dix à douze glandes et s'étend depuis le pubis jusque sous le sternum.

Usages. L'office des mamelles est de sécréter le lait : cette fonction, qui ne persiste qu'un certain temps et se renouvelle à chaque gestation, offre plusieurs périodes, durant lesquelles l'humeur élaborée varie tant en quantité qu'en qualité.

Le lait des diverses femelles domestiques est une liqueur blanche, onctueuse et douce au toucher, liqueur qui contient une matière sucrée, passe

promptement à l'état acide et fournit trois parties :
la *butyreuse* , la *caseuse* et la *séreuse*. Les proportions respectives de ces parties constituantes varient, selon les femelles, suivant les époques de la
lactation , selon le genre de nourriture , et encore
suivant le tempérament du sujet.

Le premier lait, sécrété à l'époque du développement de l'orgasme mammaire, fournit le colostrum,
matière séreuse et dont l'élaboration lente et gra-
duelle précède celle du véritable lait. Vers la fin de
la lactation, le lait offre peu de principes sucrés ; il
devient aqueux et prend parfois une teinte bleuâtre.

Au fur et à mesure que l'humeur est formée, elle
s'accumule dans les sinus galactophores, les distend
et augmente progressivement le volume de la glande.
Retenue par la rénitence que lui oppose le bout
papillaire du mamelon , elle reste en réserve dans
ces sinus, et ne s'échappe au dehors que par l'effet
d'une pression mécanique, qui force les ouvertures
du mamelon. Parfois le lait , accumulé en trop
grande quantité, s'échappe de lui-même, et coule
pendant plus ou moins de temps.

Phénomènes de la reproduction.

Les organes génitaux du mâle et de la femelle
produisent, dans leur rapprochement intime, une
action simultanée, dont le résultat le plus ordinaire
est le développement d'un être semblable aux deux
individus qui ont concouru à sa formation. Cette
grande opération , par laquelle la nature conserve

et renouvelle sans cesse toutes les espèces d'animaux, comprend la copulation, la fécondation, la gestation, le part et l'allaitement.

1° La *copulation* ou accouplement du mâle et de la femelle d'une même espèce ou d'une espèce voisine est un acte qui s'exécute de la même manière dans tous les animaux domestiques, mais qui présente quelques particularités relatives à la conformation et à la structure des organes génitaux. Dans cet acte, le rôle du mâle se borne à projeter le sperme dans la cavité de l'utérus, celui de la femelle consiste à favoriser cette émission et à la rendre efficace.

Dans les quadrupèdes domestiques, les sexes ne se recherchent, ne se rapprochent et ne s'accouplent qu'à certaines époques de l'année, qui constituent les temps du *rut* ou des *chaleurs*. Ces époques périodiques produisent un développement particulier, déterminent une excitation plus ou moins vive dans les organes génitaux des femelles. Toutes les parties de leur appareil générateur se dilatent et prennent plus de volume; l'utérus s'ouvre et se dispose ainsi à aspirer la liqueur prolifique du mâle; la vulve se gonfle, laisse écouler une liqueur visqueuse plus ou moins abondante et dont l'odeur est un puissant stimulant pour le mâle; mais ces changements ne se manifestent pas au même degré dans toutes les femelles; leur exaltation semble toujours subordonnée à la sensibilité générale du sujet. Aussi toutes les circonstances susceptibles d'exciter cette sensibilité sans amener un état d'obésité concourent-elles à rendre l'orgasme génital et plus violent et plus marqué ; par la même raison, les causes contraires contribuent à modérer cette excitation et même à en éloigner le retour. C'est pour cette raison que les femelles herbivores mal nourries, mal traitées ou soumises à des travaux journaliers et pénibles, n'entrent que rarement en chaleur; tandis que les bêtes bien entretenues et qui fatiguent peu deviennent régulièrement, une fois par an, aptes à recevoir le mâle et à être fécondées. Ces influences ne sont jamais aussi marquées dans le mâle, chez lequel les époques du rut sont assez régulières, quels que soient d'ailleurs la mauvaise nourriture et les travaux fatigants.

Les saisons du rut n'ont ni les mêmes époques ni la même durée dans les animaux domestiques ; les espèces monodactyles et bovines entrent en amour vers la fin du printemps, et sont soumises à la monte pendant les mois de mai et de juin; le temps le plus propice pour la lutte des bêtes à laine et des chèvres est depuis le milieu du mois d'août jusqu'à la fin de septembre; dans le *porc* et le *chien,* les sexes se recherchent et s'accouplent à toutes les saisons de l'année. Les chaleurs des *chattes* se renouvellent deux fois par an, et se manifestent en janvier et en septembre.

Pendant la saison du rut, les animaux s'agitent et éprouvent une inquiétude plus ou moins grande; ils maigrissent et expriment leur ardeur par des cris et des soupirs particuliers. Dès que les chaleurs commencent, les mâles s'attachent à la poursuite de

la femelle, qu'ils suivent partout, et dont ils ne s'é-
loignent que par la force, ou lorsque les besoins
sont satisfaits. Impétueux, ardents et pressés par
le désir violent de s'accoupler, ils sollicitent, provoquent la femelle, qui témoigne moins d'empresse-
ment, attend et cède. Cependant les chattes vont à
la recherche des mâles, qu'elles appellent par des
miaulements doux et réitérés. Le temps des amours
est aussi celui des combats entre les animaux qui
jouissent de leur liberté ; tous les mâles, même les
plus timides, deviennent courageux et belliqueux ;
ils se battent à toute outrance, parce que le vain-
queur reste toujours le possesseur de l'objet des
querelles.

Pendant toute la durée du rut, les mâles, surtout
les boucs, répandent des exhalaisons fortes et vi-
reuses ; leur chair, dure, coriace, renferme une saveur désagréable.

2° La *fécondation*, toujours suite d'une copulation, fait ordinairement cesser les chaleurs, et produit le resserrement de l'utérus. Dans cet acte important, l'humeur spermatique doit, selon l'opinion
la plus généralement reçue, aborder dans la cavité
de l'utérus, passer de là dans l'une des trompes utérines, qui l'applique et la retient sur l'ovaire. Celui-ci, jouissant de toute son intégrité, se gonfle et
donne une petite vésicule, *l'ovule*, qui vient, à la
faveur de la même trompe, se développer et prendre
son accroissement dans la cavité de l'utérus. Ainsi
les premiers effets de la fécondation se passent dans
l'ovaire et consistent dans le développement d'une

ou de plusieurs vésicules ; ils sont suivis du passage de ces ovules dans la trompe, et de leur arrivée dans la cavité de l'utérus.

La fécondation n'éteint pas toujours les désirs de l'accouplement ; beaucoup de juments se laissent saillir et semblent être en chaleur à une époque même avancée de leur gestation.

L'acte de la fécondation exigeant de la force et une certaine vigueur, les animaux n'y deviennent aptes qu'à des époques déterminées, et seulement lorsque leur corps a acquis un développement suffisant. La truie est, en général, la femelle qui entre le plus tôt en chaleur et peut être fécondée à l'âge de six mois. Les juments sont les plus tardives et incapables d'engendrer avant vingt mois à deux ans.

Souvent, après la copulation, les femelles rejettent avec force la liqueur prolifique et ne retiennent pas. Pour prévenir cette évacuation et faire resserrer l'utérus, on a recours à diverses pratiques, suivant les contrées et selon les femelles. On flagelle l'ânesse, ou bien on la pique avec un instrument aigu ; parfois on lui jette sur la croupe un seau d'eau fraîche. Cette dernière manœuvre se pratique aussi dans quelques pays à l'égard de la jument et de la vache. Les Arabes sont dans l'habitude de fatiguer à la course la cavale qui doit être saillie, afin que, restant en repos après le coït, elle puisse être plus efficacement fécondée.

3° La *gestation*, fonction pendant laquelle le fœtus se développe et prend un certain accroissement, commence au moment de la fécondation et se ter-

mine par le part. Sa durée, dans les différentes femelles domestiques, présente les rapports suivants :
elle est de onze à douze mois, très-rarement de
treize, dans la jument et l'ânesse; de neuf à dix
mois dans la vache; de quatre mois et demi à cinq
mois dans la brebis et la chèvre; de trois à quatre
mois dans la truie; de soixante à soixante-six jours
dans la chienne; enfin de cinquante-quatre à cinquante-six jours dans les chattes.

Dans les premiers temps, la gestation s'annonce
communément par la cessation des chaleurs et par
une fermeté particulière du prolongement vaginal
de l'utérus. Lorsqu'elle est déjà avancée, elle se fait
ordinairement distinguer par un gonflement particulier du ventre, dont le volume augmente jusqu'au
part. L'existence de la plénitude devient constante
toutes les fois que l'on peut reconnaître, par le moyen
du toucher, la présence du fœtus, ainsi que les
mouvements qu'il fait. Mais ces signes caractéristiques ne sont pas également sensibles dans toutes
les espèces de femelles. Ils sont toujours obscurs et
parfois même imperceptibles dans les monodactyles;
car il n'est pas rare de voir pouliner des juments,
de la plénitude desquelles on ne s'était point aperçu,
ou dont on n'avait que de simples présomptions.

La méthode de fouiller les juments, les vaches et
les ânesses pour reconnaître leur état de plénitude
peut entrainer de graves inconvénients; outre qu'elle
est peu sûre, elle occasionne parfois des tranchées
et l'avortement, surtout lorsqu'elle n'est pas exécutée avec les précautions requises et par une main

habile. Vers le septième mois de la gestation des cavales et des ânesses, on peut commencer à sentir les mouvements du fœtus en posant le plat de la main sous le ventre, un peu en avant de l'ombilic, et pendant que l'animal, étant pressé par la soif, boit de l'eau fraîche. Dans la vache, la présence du fœtus se fait distinguer à travers les parois abdominales, en bas du flanc droit, surtout lorsque la mère s'abreuve le matin et avant de prendre son repas.

4° Le *part*, ou la *mise-bas*, termine la gestation, et s'opère par la sortie du fœtus hors de l'utérus. Cette séparation du petit d'avec la mère est toujours un acte douloureux, pénible, même dangereux, souvent funeste à l'un des deux individus et quelquefois à tous les deux en même temps.

Les approches du part s'annoncent par le gonflement et par la sensibilité des mamelles, par la dilatation de la vulve, par l'affaissement de l'abdomen, dont les flancs deviennent creux; par la flexion de la colonne dorso-lombaire, qui semble céder à l'excès du fardeau; enfin par la démarche lente et pénible de la bête. Ces signes précurseurs, d'abord peu apparents, augmentent graduellement et deviennent de plus en plus sensibles jusqu'à l'instant du part, toujours précédé par un gonflement subit des mamelles. Étant tourmentée par les douleurs du part, la bête s'agite plus ou moins : est-elle en liberté, elle va, vient, cherche un abri et un lit; elle se couche et se relève presque aussitôt; par instants, elle s'étend sur la litière et pousse des soupirs plaintifs. Des contractions énergiques de l'utérus, du diaphragme et des muscles abdominaux venant à s'établir, on voit bientôt paraitre une poche ou vessie, dont la rupture donne lieu à l'écoulement *des eaux*, humeurs qui relâchent les parties, en favorisent la dilatation et facilitent ainsi le passage du fœtus. Le travail se soutenant et devenant de plus en plus efficace, les pieds de devant se présentent seuls ou avec la tête, et l'expulsion entière du fœtus ne tarde pas à s'effectuer. Cette expulsion entraine souvent la rupture du cordon ombilical, et complète ainsi la séparation du petit d'avec sa mère.

Tel est l'ordre général d'après lequel s'exécute le part naturel, qui, par diverses circonstances accidentelles, peut être ou prématuré, ou laborieux, ou contre nature, ou impossible.

Certaines femelles unipares mettent bas, debout, sans de grands efforts, même sans danger pour le petit, qui glisse sur les jarrets fléchis de la mère, et arrive à terre sans accident.

Le part, que l'on désigne, dans quelques espèces d'animaux, par les termes de *poulinage*, de *vélage* et d'*agnelage*, se complète par la sortie de l'arrière-faix ou délivre, qui se compose des débris des membranes propres au fœtus. La délivrance de la jument et de la vache est toujours beaucoup plus longue que celle des autres femelles domestiques ; parfois elle se prolonge pendant trois à quatre jours, ou ne s'effectue que par des moyens auxiliaires.

5° L'*allaitement* est le complément des fonctions que doit remplir la mère à l'égard du petit. Cet office des mamelles, qui suit immédiatement le part, consiste à procurer au nouveau-né un aliment approprié à la faiblesse de ses organes, et dont la cupidité de l'homme ne le prive que trop souvent.

L'allaitement peut être *naturel* ou *artificiel;* on peut aussi le distinguer, pour les ruminants et pour l'espèce du porc, en celui d'*engrais* et en celui d'*élèves.*

Guidé par un instinct admirable, l'animal qui vient de naître fait usage de tous ses moyens pour trouver la mamelle, en saisir le mamelon et en sucer le lait. A peine le goret est-il sorti du ventre de sa mère, qu'il se traîne vers les tétines, et se met à teter pendant qu'il tient encore à l'utérus par le cordon ombilical, qui n'est pas rompu (1). Assez généralement, on est obligé de soutenir, aider, guider les poulains et les veaux nouvellement nés, pour les habituer à saisir les mamelons et les mettre dans le cas de s'alimenter d'eux-mêmes.

Du fœtus et de ses dépendances.

Ainsi qu'il a été dit dans les articles précédents, les produits de la fécondation prennent leur développement et leur accroissement dans la cavité de l'utérus. Ils donnent lieu à la formation de deux genres de parties, dont les unes se détruisent au

(1) Cette prévoyance admirable des gorets ne les met pas à l'abri d'être parfois dévorés par leur mère, surtout lorsqu'ils sont les produits d'une première portée, ou que la femelle a contracté cette habitude, suscitée dans le principe par le plaisir qu'elle ressent en léchant ses petits.

moment du part, tandis que le nouvel être est destiné à exister hors de l'antre utérin. Dans le principe, ces produits ne présentent qu'une matière
gélatineuse, transparente, qui devient peu à peu
opaque, moins fluide, prend la forme d'une vésicule ovoïde, dont les parois offrent deux ou trois
membranes superposées et dont le centre présente
un germe, l'*embryon*. À mesure que le développement avance, on voit successivement se former les
diverses parties nécessaires à l'entretien du petit sujet, qui reste peu de temps à l'état d'embryon pour
passer à celui de *fœtus*, qu'il conserve jusqu'à la
naissance.

Au terme moyen de la gestation, on trouve dans
la jument, type des comparaisons, le *placenta*, le
chorion, l'*allantoïde*, l'*amnios* et le *cordon ombilical*. Toutes ces parties, collectivement prises, composent le *délivre* ou l'*arrière-faix*; les quatre premières forment, par leur disposition, deux grands
réservoirs, contenus l'un dans l'autre et traversés
par le cordon ombilical.

Du placenta.

Le placenta, expansion vasculaire, rouge et membraneuse, établit les adhérences de l'arrière-faix
avec l'utérus et entretient la circulation fœtale.
Cette production, très-étendue, couvre tout le chorion, avec lequel elle est accolée par un tissu filamenteux, abondant, et qui soutient une multitude
de ramifications vasculaires. Sa surface externe ou

utérine tapisse toute la face interne de la matrice, et lui est unie au moyen de mamelons hémisphériques reçus dans des ouvertures correspondantes. Ces mamelons, par lesquels le fœtus communique avec la mère, sont plus gros et plus nombreux dans les parties où le placenta offre plus de force et d'épaisseur; ils sont rares et petits vers les extrémités des cornes, surtout à l'extrémité de celle qui ne recèle pas les membres du petit sujet; ils manquent dans les points qui répondent aux ouvertures du col de l'utérus et des trompes.

Le tissu de cet organe est rouge, facile à déchirer et toujours pénétré d'une certaine quantité de sang; il ne présente dans sa composition que des vaisseaux sanguins, soutenus et combinés avec un tissu lamineux particulier. On n'a encore démontré dans le placenta ni nerfs ni vaisseaux lymphatiques. Les filets nerveux qui viennent du plexus hépatique sont si fins, qu'on ne saurait les considérer comme parties constituantes. Les ramifications vasculaires émanent de grosses branches, situées vers le fond du corps de l'utérus; elles se glissent, se divisent entre le chorion et le placenta, et composent un réseau très-anastomotique, soutenu par un tissu lamineux. Ce tissu filamenteux forme diverses cellules et porte quelques brides particulières qui semblent provenir de l'oblitération des vaisseaux. Tout concourt à prouver que le réseau vasculaire donne les radicules, qui constituent les mamelons de la surface externe de l'organe; que les radicules veineuses aspirent les sucs fournis par la mère, et que les bouches artérielles transmettent dans les cellules utérines les sucs superflus du fœtus.

Dans les premiers temps de la plénitude, on n'aperçoit nulle trace de placenta, qui est remplacé par la membrane caduque ou l'épichorion ; au bout de quelque temps, on voit apparaître des vaisseaux qui traversent cette membrane et se rendent à l'utérus. Au fur et à mesure que l'organe prend du développement, il déprime la caduque et la détruit peu à peu ; aux approches du part, il acquiert une rigidité remarquable, amène progressivement de la gêne dans la circulation, et devient une des causes qui font cesser la gestation et déterminent la mise-bas.

DIFFÉRENCES. Dans les *femelles didactyles*, le placenta est divisé en une multitude de productions isolées les unes des autres, et qui constituent autant d'organes distincts ; ces placentas, plus ou moins volumineux, et remarquables surtout par leurs mamelons, allongés et bien plus gros que dans la jument, correspondent et s'unissent aux cotylédons de l'utérus. Chaque placenta enveloppe le cotylédon, corps sphéroïde qui ne tient à la matrice que par une espèce de pédoncule.

Pour bien saisir les différences du placenta, considéré dans les *femelles multipares*, il importe de savoir que chaque fœtus contenu dans ses membranes propres représente une masse allongée, cylindroïde, dont les extrémités prolongées en appendice se terminent par une pointe arrondie. Dans la *truie*, le placenta forme une expansion mince, peu différente de celle de la jument, mais qui n'enveloppe pas complétement le chorion. Vers les extrémités du réservoir fœtal, l'expansion vasculaire dont il s'agit se déprime insensiblement et se termine sans se propager sur les bouts du réservoir. Le placenta de la *chienne* constitue une zone, sorte de cravate qui ceint circulairement la masse fœtale et l'accole avec l'utérus. Ce placenta, dont le parenchyme est mou et épais, offre une teinte rouge dans le jeune fœtus et acquiert une couleur noire vers les derniers temps de la gestation.

Du chorion.

Le chorion, membrane séreuse, blanche, transparente et fixée sous le placenta, forme les parois extérieures du réservoir, dans lequel s'ouvre l'uraque ; en se réfléchissant sur la partie utérine du cordon ombilical, il se réunit avec l'allantoïde, et semble ne former avec elle qu'une même membrane.

Sa *surface externe* adhère au placenta par un tissu filamenteux, au milieu duquel se ramifient les vaisseaux qui pénètrent cet organe. Sa *face interne*, douce et libre, constitue la paroi extérieure du sac de l'allantoïde.

Dans les commencements de la gestation, la membrane dont il s'agit porte une couche extérieure, caduque, au milieu de laquelle se développe le placenta, et que l'on appelle l'*épichorion.* Vers la fin de la plénitude, elle devient plus dense, plus blanche, et participe ainsi à l'état de rigidité qu'acquiert le placent.

Différences. Dans les *ruminants,* le chorion ne

concourt pas à la formation du premier sac ; il est appliqué sur l'amnios, et aide à soutenir l'allantoïde, qui forme un long conduit bifurqué et situé dans l'adossement de ces deux membranes. Sa *surface externe* se trouve en contact avec l'utérus, excepté dans les endroits occupés par les cotylédons; elle est lubrifiée par une humeur visqueuse, qui empêche son adhérence avec les parois du viscère.

Le chorion des femelles *tétradactyles* offre la même disposition essentielle que celui de la jument; les deux extrémités du sac qu'il concourt à former représentent deux appendices allongés, inégaux en longueur, et destinés à unir d'une manière particulière le fœtus avec celui ou avec les deux qui lui sont continus.

De l'allantoïde.

Autre membrane séreuse et beaucoup plus fine que le chorion, l'allantoïde est une continuité de l'uraque, s'étend sur l'amnios et forme les parois internes du réservoir qui renferme l'urine du petit sujet. Cette membrane est accolée au chorion, avec lequel elle se trouve intimement réunie, au moyen de la gaîne qui accompagne la portion utérine du cordon ombilical, et se continue de l'une à l'autre de ces deux enveloppes.

Sa *surface interne* et *adhérente* est unie à l'amnios par un tissu lamineux, abondant, qui concourt à soutenir de nombreuses ramifications vasculaires fournies par le cordon ombilical. Sa *surface externe*, libre et perspirable, correspond à la face interne du chorion, dont elle se trouve écartée par la liqueur accumulée dans le premier sac.

Différences. L'allantoïde des ruminants est l'unique prolongement de l'uraque; cette membrane, extrêmement fine, représente un long boyau, maintenu entre le chorion et l'amnios, dont la cavité constitue le premier réservoir, et dans lequel on distingue une partie moyenne et deux branches.

La partie moyenne, peu étendue, forme la continuité de l'uraque et fournit les deux branches latérales; celles-ci, toujours inégales en longueur, s'écartent l'une de l'autre, et se terminent chacune par un cul-de-sac arrondi. La branche la plus longue s'étend dans la corne utérine qui contient les membres postérieurs du petit sujet, tandis que la plus courte se porte communément du côté de l'ouverture vaginale de l'utérus.

Dans la brebis où la gestation est avancée, on trouve quelquefois l'allantoïde prolongée dans le sac de l'amnios; cette situation contre nature a lieu par suite du déchirement accidentel de l'amnios.

De l'humeur de l'allantoïde.

Considérée vers la fin de la gestation de la jument, l'humeur renfermée dans le sac de l'allantoïde est douceâtre, trouble, d'une couleur jaune-fauve, d'une saveur fade et légèrement salée; parfois elle contient en suspension divers filaments blanchâtres et peu consistants; on y trouve aussi des *hippomanes*, corps olivâtres, aplatis, plus ou moins gros, dont le nombre le plus ordinaire est

d'un à quatre, et dont la substance, mollasse, cérumineuse, est composée de couches concentriques.
Ces hippomanes, presque toujours libres, ne se rencontrent que très-rarement dans la vache, et n'existent ni dans la bête ovine, ni dans les femelles tétradactyles.

M. le professeur Lassaigne a reconnu, par des
analyses chimiques, que l'humeur de l'allantoïde de
la vache contient 1° de l'albumine; 2° de l'osma-
zôme; 3° une matière azotée, insoluble dans l'alcool; 4° un acide cristallisable, jouissant de toutes
les propriétés de l'acide amniotique, observé par
MM. Vauquelin et Buniva; 5° des muriate, sulfate
et phosphate de soude; 6° enfin des phosphates de
chaux et de magnésie.

De l'amnios.

L'amnios est l'enveloppe la plus immédiate du
fœtus; cette membrane, plus forte que le chorion,
est pénétrée par un grand nombre de vaisseaux;
elle provient du pourtour de l'ouverture ombilicale,
d'où elle s'élève, se prolonge sur le cordon jusqu'à
l'origine de l'allantoïde, se réfléchit ensuite, forme
un grand réservoir clos de toutes parts, et qui contient un liquide particulier, dans lequel se trouve
plongé le jeune fœtus.

Sa *surface externe* ou *adhérente* est unie à la
face interne de l'allantoïde; sa *surface interne*,
douce et perspirable, exhale l'humeur accumulée
dans le sac interne, et se trouve en contact avec
cette liqueur.

Lorsque la gestation est avancée, l'amnios offre une multitude de petits grains blanchâtres, semblables à du millet et plus ou moins écartés les uns des autres ; dans les premiers temps de la plénitude, cette membrane est appliquée sur le fœtus et le couvre presque complétement ; sa disposition et ses usages sont essentiellement les mêmes dans les diverses femelles domestiques, où elle ne présente nulle particularité importante.

De l'humeur amniotique.

Cette liqueur, plus ou moins douce et albumineuse, environne le fœtus, et sert, suivant plusieurs physiologistes, à sa nutrition par les voies de l'absorption cutanée et de la déglutition ; ce qui est incontestable, c'est qu'elle procure au petit sujet une température douce, toujours égale, et concourt à le garantir des chocs extérieurs. Ce liquide, dont la quantité relative diminue à mesure que la gestation avance, est exhalé en totalité par la surface perspirable de l'amnios.

Jaunâtre, très-visqueuse et légèrement alcaline, l'humeur amniotique a une odeur fade et une saveur salée ; elle fournit, à l'analyse chimique, de l'albumine, du mucus, une matière animale jaune, différents sels, tels que du muriate de soude et de potasse, du phosphate de chaux et de magnésie.

Le réservoir amniotique de la vache renferme quelquefois des débris d'excréments sortis par l'anus ; on en trouve aussi, mais plus rarement, dans la jument. Au reste, ces débris ne se font remarquer que vers la fin de la gestation, et leur sortie de l'intestin paraît être l'effet de mouvements convulsifs particuliers.

Du cordon ombilical.

Le cordon ombilical, gros faisceau vasculaire, s'étend depuis l'ombilic du fœtus jusqu'au placenta, traverse les deux sacs, forme le lien, le moyen de communication du petit sujet avec ses enveloppes. En partant de l'ombilic, il présente une sorte d'étranglement, semble être fixé à l'abdomen par un anneau blanchâtre, et il gagne le placenta au niveau du fond de l'utérus.

En traversant le sac interne, il est enveloppé, contenu dans la gaîne fournie par l'amnios; l'uraque lui donne la tunique qui l'accompagne dans la cavité du sac extérieur, et qui établit la réunion de l'allantoïde avec le chorion.

Le cordon ombilical résulte de l'assemblage de deux artères, d'une veine et du conduit appelé l'*uraque;* ces différents vaisseaux ombilicaux, dont le tissu environnant est rempli d'un fluide visqueux, albumineux, incolore ou jaunâtre, et plus ou moins abondant, se contournent sur eux-mêmes, décrivent des spirales plus ou moins allongées, mais peu prononcées pendant les premiers temps de la gestation. Dans la portion allantoïque du cordon, ces vaisseaux offrent plusieurs divisions, tandis que la portion amniotique ne présente que trois branches, dont deux artères et une veine.

Les artères ombilicales, au nombre de deux,

émanent communément des artères bulbeuses, d'où elles se dirigent en avant aux côtés de la vessie, sont soutenues par un repli du péritoine et s'accolent avec l'uraque, au moment de franchir l'ombilic; elles donnent les ramifications soutenues entre l'amnios et l'allantoïde, et elles étalent dans le tissu du placenta le sang qu'elles puisent de l'aorte postérieure.

La veine ombilicale, dont le diamètre peut équivaloir à celui des deux artères, provient du placenta, d'où elle s'élève par deux ou trois branches, qui se réunissent en traversant les parois du sac interne. Dans l'abdomen, cette veine se contourne en avant, gagne le prolongement abdominal du sternum, où elle se courbe de nouveau pour aller se plonger dans la scissure triangulaire du lobe mitoyen du foie. Parvenue dans la substance de ce viscère, elle fournit trois sortes de divisions : 1° diverses ramifications, qui se dispersent dans le parenchyme de l'organe; 2° une branche courte, qui s'anastomose avec la veine porte qu'elle surpasse en grosseur; 3° une autre branche plus longue, communément le *canal veineux*, qui remonte vers le diaphragme et s'ouvre dans la veine cave postérieure. Dans son trajet, cette même veine ombilicale est accompagnée par des filaments nerveux, qui proviennent du plexus hépatique et vont se rendre au placenta.

L'uraque est un canal qui provient du fond de la vessie, sort de l'abdomen par l'ouverture ombilicale et va s'ouvrir dans le sac du chorion, où il verse l'urine déposée dans la vessie du fœtus : en partant de l'extrémité antérieure de la vessie, ce conduit se dirige vers l'ouverture ombilicale, où il s'accole avec les vaisseaux et se continue ainsi jusqu'à sa terminaison.

Le cordon ombilical comprend encore deux petits vaisseaux filiformes appelés *omphalo-mésentériques* ou *ombilico-mésentériques*; ces vaisseaux, dont une artère et une veine, remplissent une fonction spéciale dans l'embryon; ils s'étendent depuis l'ombilic, à travers la masse intestinale, jusque vers le tronc de la grande mésentérique, où ils se terminent. Formés de très bonne heure, ils entretiennent une circulation première, qui a lieu du petit sujet à la vésicule ombilicale. Après la destruction de ce réservoir, ils ne paraissent servir à aucun usage connu; néanmoins ils se conservent longtemps et subsistent même dans le fœtus à terme.

L'artère placée à gauche provient du tronc de la grande mésentérique, et la veine située à droite tire son origine du tronc de la veine porte. D'abord écartés l'un de l'autre et séparés par la portion repliée du colon, ces vaisseaux se réunissent à l'ombilic, s'enfoncent dans l'épaisseur du cordon ombilical, et vont se rendre à la vésicule ombilicale. Cette poche, qui ne se fait remarquer dans les femelles domestiques que pendant les premiers temps de la plénitude, est un petit réservoir oblong qui s'étend au delà de l'ombilic, entre le chorion et l'amnios. M. le docteur Dutrochet, qui a donné la description de cette vésicule dans l'embryon de la brebis, dit que son extrémité fœtale adhère à la partie latérale de l'intestin grêle, et que l'autre extrémité fournit deux très-longues branches (1). Pendant toute la durée de la vésicule, il existe une circulation qui s'opère au moyen des vaisseaux ombilico-mésentériques, et a lieu dans l'ordre suivant. Le sang va de l'aorte postérieure du fœtus à la vésicule, par l'entremise de l'artère, qui l'étale dans les parois de cette poche ; le superflu du sang est repris par la veine omphalo-mésentérique, qui le dépose dans le tronc de la veine porte.

Particularités relatives au fœtus.

Cet article pourrait comporter une foule de détails plus ou moins intéressants ; mais nous nous astreindrons à l'indication simple des objets qu'il importe essentiellement de connaître.

Situation. Dans les premiers temps de sa formation, le fœtus plongé dans l'humeur amniotique, dont la quantité relative est considérable, prend une position permanente qu'il conserve jusqu'au moment du part. La tête, remarquable par son volume, se porte en bas, du côté de l'ouverture vaginale de l'utérus, et les membres postérieurs s'écartent en arrière et en haut : de sorte que, vers le terme de la gestation, le petit sujet se présente dans un état moyen de flexion de toutes ses parties, ayant les extrémités des membres antérieurs placées contre la tête, dont le bout est dirigé vers le col de

(1) *Recherches sur les enveloppes du fœtus*, par Dutrochet, *Mémoires de la Société médicale d'émulation*, huitième année, première partie.

l'utérus : les membres postérieurs, légèrement fléchis, s'étendent dans l'une des cornes ; et le dos,
courbé suivant sa longueur, répond communément
aux parois abdominales de la mère.

Dans les femelles multipares, un seul fœtus occupe le corps de l'utérus, et tient à peu près la position que nous venons d'indiquer dans les unipares ;
les autres fœtus, étant répartis dans les deux cornes
et placés l'un à la suite de l'autre, affectent la même
situation générale ; ils ont la tête tournée en bas, du
côté du corps de la matrice.

A mesure que la gestation fait des progrès, l'u-
térus se dilate, prend du volume, s'étend en avant
dans l'abdomen et dérange la masse intestinale.
Dans la jument et l'ânesse, ce viscère expulse de la
cavité pelvienne l'arc de la portion repliée du colon ;
il se glisse progressivement sous cette portion intestinale, pose immédiatement sur les parois inférieures de l'abdomen, s'avance dans la direction de
la ligne médiane, et se prolonge jusque contre le
diaphragme ; dans les femelles didactyles, il chasse
le rumen et le cæcum hors de la cavité du bassin,
presse de côté la masse intestinale, s'étend entre le
sac droit du rumen et les parois abdominales. Pendant la plénitude des femelles multipares, l'utérus
vient occuper les parois inférieures de l'abdomen ;
et dans la truie il se dévie un peu à droite.

État particulier des organes. Considérés depuis
l'époque de l'embryon jusqu'au terme de la fœta-
tion, les organes du jeune animal éprouvent des
changements presque continuels et plus ou moins

marqués. On observe que la corne, généralement molle, blanche et filandreuse, se déchire avec une facilité extrême ; les os sont flexibles, très-poreux et pourvus de nombreuses épiphyses ; les poumons, affaissés, compactes, rougeâtres, reçoivent peu de sang et se précipitent au fond de l'eau ; l'ouverture du septum auriculaire du cœur est pourvue d'une grande valvule située du côté de l'oreille gauche ; le canal artériel, qui fait communiquer le tronc de l'artère pulmonaire avec l'aorte postérieure, offre un diamètre considérable ; le thymus contient une matière lactescente, et se prolonge le long de la face inférieure de la trachée ; le foie, rouge, compacte, présente un grand volume ; tous les autres viscères sanguins participent plus ou moins à cet état du foie ; l'estomac renferme une liqueur douceâtre, analogue à l'humeur de l'amnios, et tenant en suspension des flocons blancs, semblables à du lait caillé : les matières distribuées dans le tube intestinal présentent diverses altérations qui semblent être de même nature que celles des substances renfermées dans l'intestin du jeune poulain : ces matières constituent le *méconium*, et sont successivement chassées au dehors lorsque l'animal est né.

Circulation fœtale. Elle comprend le cours du sang, qui a lieu du fœtus au placenta, s'exécute au moyen du cordon ombilical, et s'éteint à l'époque même du part. A l'aide de ses radicules d'origine, la veine ombilicale pompe les sucs exhalés par la matrice, et prend également le sang étalé dans le placenta par les ramifications des artères ombilicales ;

ces fluides, mélangés, élaborés et riches en matériaux nutritifs, sont transmis dans la veine cave
postérieure par trois voies différentes, qui forment
la terminaison de la veine ombilicale. La colonne
sanguine de la veine cave postérieure arrive, en
majeure partie, dans l'oreillette gauche, à la faveur
de l'ouverture ovale du septum auriculaire; de ce
réservoir, elle parvient dans le ventricule gauche,
et de là dans le tronc primitif de l'aorte. La masse
du fluide projeté dans cette dernière artère passe en
plus grande partie dans l'aorte antérieure, attendu
que la postérieure se trouve remplie par le fluide
qui vient du tronc pulmonaire et circule dans le canal artériel. Le sang déposé dans l'oreillette droite
est fourni presque en totalité par la veine cave antérieure; ce sang, superflu et dépouillé de ses principes nutritifs, enfile l'artère pulmonaire, puis le
canal artériel, qui le dépose dans l'aorte postérieure; une très-faible partie aborde aux poumons,
qui ne remplissent nul office particulier. Transmis
dans l'aorte postérieure, le fluide arrive dans les
artères ombilicales, qui le transportent au placenta,
où il éprouve une élaboration particulière, soit en
se dépouillant des fluides perspirés dans les cellules
utérines, soit en recevant des qualités spéciales et
subordonnées à l'action organique de la partie.

Au résumé, le placenta entretient la circulation
capillaire, intermédiaire entre la veineuse et l'artérielle; le cœur, agent central de ces deux dernières
circulations, est disposé favorablement pour diriger le
cours du sang et le maintenir dans un ordre régulier.

Ajoutons aussi que le sang apporté par la veine cave antérieure est projeté dans le tronc aortique; la presque totalité de ce fluide passe dans l'aorte antérieure, et sert à la nutrition des parties.

Nutrition. Cette fonction importante s'opère par différentes voies, suivant les époques de la plénitude. Dans le premier temps, la vésicule ombilicale semble fournir les matériaux nutritifs, et remplir, à l'égard de l'embryon, le même office que le vitellus des oiseaux. Au fur et à mesure que le placenta, le cordon ombilical et les membranes fœtales se développent, les sources primitives de nutrition tarissent, se suppriment entièrement : alors le jeune sujet s'alimente, tant par les eaux de l'amnios que par les sucs laiteux qui émanent de la mère. Tout concourt à prouver l'existence de cette double nutrition. En effet, l'humeur amniotique possède tous les éléments propres à l'accroissement : cette liqueur, qui touche et environne de toutes parts le fœtus, doit être incontestablement absorbée, et doit pénétrer en plus ou moindre quantité dans l'intérieur; plusieurs anatomistes pensent même qu'elle s'insinue, par le moyen de la bouche, dans les organes digestifs. Il est également reconnu que, vers le terme moyen de la gestation, la face interne de l'utérus laisse suinter une liqueur lactescente et albumineuse : il est donc présumable de penser que cette humeur, pompée par les radicules inhalantes de la veine ombilicale, forme une deuxième source d'alimentation.

MÉMOIRE

SUR

LA RUMINATION.

La rumination est un acte par lequel les animaux domestiques appelés *ruminants* font revenir du premier de leurs estomacs à la bouche une partie des aliments ingérés après une mastication très-légère, suffisante seulement pour leur déglutition. Dans cette seconde opération, les substances ramenées dans la bouche y subissent une division plus parfaite ; en même temps qu'elles s'incorporent avec les humeurs salivaires, elles acquièrent des caractères particuliers d'animalisation et deviennent ainsi plus propres aux altérations, qu'elles doivent subir dans la caillette et dans le canal intestinal.

Les quadrupèdes ruminants domestiques sont pourvus de quatre estomacs, le *rumen*, le *réseau*, le *feuillet* et la *caillette;* ils ont le pied fourchu, divisé en deux onglons, portent huit dents incisives à la mâchoire inférieure, présentent un bourrelet fibro-cartilagineux qui remplace les dents incisives de la mâchoire supérieure ou antérieure; leur bouche est parsemée de gros mamelons, élevés et courbés en arrière; leur os hyoïde est divisé en sept pièces, etc. En s'insérant dans le rumen leur œsophage forme une ouverture infundibuliforme, et donne en même temps naissance à une gouttière, qui, passant par les petites courbures du réseau et du feuillet, va aboutir dans la cavité de la caillette.

§ Ier. *Description des estomacs des ruminants.*

Les estomacs des ruminants sont des réservoirs musculo-membraneux, continus l'un à l'autre, mais distincts par leur forme, leur grandeur, leur position et leurs usages. Ainsi disposés dans un ordre successif et attachés ensemble par l'épiploon, ces viscères composent une masse considérable, parfaitement séparée de celle formée par le canal intestinal; cette masse ventriculaire, fixée contre le diaphragme, se prolonge en arrière dans la cavité pelvienne. Le premier de ces réservoirs, le plus vaste, occupe la majeure partie de l'abdomen, repose sur les parois inférieures de cette cavité et s'enfonce dans le bassin; les trois autres, oblongs, bien moins considérables, recourbés sur eux-mêmes et dans un sens opposé, sont continus et fixés l'un à la suite de l'autre par leur petite courbure; ils s'étendent de gauche à droite, d'avant en arrière, contre le diaphragme, et sont attachés au rumen par des prolongements épiploïques.

Chacun de ces ventricules est composé de trois membranes superposées : l'une, *péritonéale*, soutient les vaisseaux, les nerfs, et entretient la perspiration extérieure du viscère; la seconde, *charnue*, plus ou moins épaisse, opère le resserrement, la diminution de sa cavité; la troisième *muqueuse*, *villeuse*, *composée*, et pourvue d'une lame épidermique, fournit une humeur plus ou moins abondante, qui paraît différer dans les quatre réservoirs. Les vaisseaux et les nerfs de ces viscères ont la même origine, le même mode de terminaison que ceux des monogastriques.

Le rumen (communément la panse).

Ce premier estomac, d'un volume considérable, est situé obliquement dans la cavité abdominale, dont il occupe environ les trois quarts; il a une forme allongée, très-irrégulière, un peu aplatie de dessus en dessous, et il est partagé, selon sa longueur, en deux masses ou hémisphères inégaux, dont le gauche et supérieur se continue, par son extrémité antérieure, en haut avec l'œsophage, et en bas avec le réseau.

Ce vaste réservoir, que l'on a comparé à l'abajoue des singes, est distribué intérieurement en plusieurs compartiments, et sert de magasin aux aliments fibreux que l'individu avale de prime abord, et qu'il fait ensuite revenir par parties dans la bouche pour les mâcher à son aise.

Sa *surface supérieure*, déprimée dans le milieu et selon sa longueur, est divisée en deux hémisphères par une sinuosité longitudinale ; elle se trouve en rapport avec la région sous-lombaire à laquelle elle est attachée par les vaisseaux, par les nerfs et par une portion de l'épiploon. Du côté droit, elle est recouverte par une partie de la masse intestinale ; tandis que le côté gauche, plus élevé que le droit, touche immédiatement les parois du flanc.

Sa *face inférieure*, un peu plus étendue que la supérieure, pose sur les parois inférieures de l'abdomen, et présente deux légères scissures longitudinales dont les extrémités se croisent sans se réunir ; l'une de ces scissures se dirige d'arrière en avant et l'autre d'avant en arrière.

Les *bords*, séparés par les extrémités, sont convexes, arrondis, libres et perspirables, comme les deux faces que nous venons de considérer. Le gauche, le plus élevé, s'étend contre le diaphragme, sous le flanc gauche, jusque dans la cavité pelvienne. Le droit repose sur les parois inférieures de l'abdomen, et se trouve recouvert supérieurement par la caillette.

L'extrémité antérieure tient au diaphragme par l'œsophage et par le ligament cardiaque.

L'extrémité postérieure, libre, occupe ordinairement la cavité pelvienne, d'où elle est expulsée à une certaine époque de la gestation, ainsi que dans quelques cas d'irritation très-vive, soit du rumen, soit des autres viscères abdominaux.

Chacune des extrémités du rumen est divisée par une grande scissure, en deux lobes, sortes de bosses arrondies et circonscrites à leur base par des bandes charnues, qui forment des étranglements. Les lobes postérieurs, distingués en droit et gauche, sont courbés l'un contre l'autre, et diffèrent en ce que le gauche est le plus long. Quant aux lobes antérieurs, le gauche, le plus gros et le plus long, se prolonge en avant pour donner accès à l'œsophage et se continue du côté droit avec le réseau. Le lobe droit, bien plus court et courbé de dehors en dedans, paraît comme appliqué et refoulé contre la base du lobe gauche.

Les *scissures interlobaires*, tant antérieure que postérieure, sont dérobées en majeure partie par la membrane péritonéale, qui va de l'un à l'autre lobe et couvre un amas de tissu cellulo-graisseux. Dépouillées du péritoine ainsi que des tissus cachés par la séreuse, ces scissures laissent voir une grande profondeur ; en se prolongeant sur les faces du viscère, elles tracent la ligne de séparation des deux hémisphères, démarcation beaucoup plus sensible sur la face supérieure. Le fond des diverses scissures correspond à des bandes charnues plus ou moins fortes, et ces bandes affermissent les parois du ventricule, les mettent en état de résister à une masse considérable de substances alimentaires et d'agir efficacement sur elle.

Les hémisphères de ce premier ventricule sont allongés d'avant en arrière, et beaucoup plus grands dans le milieu qu'aux extrémités où se trouvent leurs lobes. L'hémisphère gauche, ovoïde, supérieur et toujours le plus long, occupe toute la partie gauche de l'abdomen ; il s'étend depuis le diaphragme, dans l'hypocondre et le flanc gauches, jusque dans la cavité pelvienne. L'hémisphère droit, inférieur, moins long, mais plus évasé que le précédent, a une figure triangulaire, et réside dans le côté droit de l'abdomen ; il pose immédiatement sur les parois inférieures de cette cavité, et il se trouve séparé du flanc droit par la masse intestinale. La majeure partie de ce dernier hémisphère est enveloppée par l'épiploon, qui forme deux expansions, dont une supérieure et l'autre inférieure (1).

La *cavité intérieure du rumen* est partagée, ainsi

_____

(1) Dans le bœuf, le sac gauche dépasse le droit par ses deux extrémités ; mais, dans la chèvre et la bête à laine, le sac droit se prolonge en arrière plus que le gauche.

que l'indique la conformation extérieure, en deux grands réservoirs ou sacs, par deux cloisons fort épaisses, l'une antérieure et l'autre postérieure. Sa surface est tuberculeuse, parsemée de mamelons durs, de forme et de grosseur différentes ; et les aliments entassés dans ce réservoir sont généralement fibreux et peu atténués. Les cloisons, sortes de replis valvulaires, correspondent aux scissures interlobaires, constituent deux forts piliers charnus, d'autant plus remarquables qu'ils fournissent divers prolongements ou bandes. Le pilier antérieur, situé vis-à-vis la scissure interlobaire antérieure, se présente sous l'aspect d'une grande cloison semi-lunaire, dont le bord libre est arqué et arrondi, et qui, au lieu d'être perpendiculaire aux surfaces du ventricule, tient une direction un peu inclinée de droite à gauche et de haut en bas. Son extrémité inférieure se prolonge par une bande qui s'étend obliquement dans les parois du sac gauche et se perd insensiblement. L'extrémité supérieure de ce même pilier se bifurque et fournit deux bandes transversales, dont une se contourne vers la base du lobe droit, et l'autre se prolonge sur la base du lobe gauche et la brise.

Le pilier postérieur, moins large, mais beaucoup plus épais que l'antérieur, correspond à la scissure interlobaire postérieure. Ce pilier semble être double, résulter de la réunion de deux grands replis arqués et adossés l'un à l'autre. Le repli gauche, semi-lunaire, se prolonge, par ses extrémités supérieure et inférieure, dans les parois du sac gauche et bride la base du lobe gauche postérieur. Le repli de droite, également semi-lunaire, se comporte, par rapport au sac droit, de la même manière que le repli gauche. La partie du même pilier, comprise entre les deux replis, fournit à chacune des deux faces du ventricule une bande longitudinale qui se dirige obliquement d'arrière en avant; la bande supérieure, plus forte que l'inférieure, forme intérieurement une saillie, petite cloison qui diminue insensiblement en se portant en avant.

D'après cette disposition des piliers ainsi que des bandes qui en proviennent, la cavité du rumen se trouve séparée en deux, et chaque sac est lui-même divisé en trois compartiments, dont un moyen, un antérieur et l'autre postérieur.

Ainsi que nous l'avons fait remarquer, la surface interne du rumen est garnie de mamelons différents par leur forme, leur couleur et leur grosseur. Généralement aplatis sur deux sens, presque tous noirâtres et durs, ces mamelons sont ou *conoïdes*, ou *myrtiformes*, ou *fusiformes*, ou *lenticulaires*; il en est de crochus, semblables à des grains de *seigle ergoté*. Ces mamelons se trouvent plus nombreux, plus rapprochés, plus gros et plus longs, sur la surface inférieure et les côtés du viscère que dans le reste de son étendue. On observe qu'aux parois inférieures de ce grand réservoir, ils sont très-rapprochés et composent une espèce de velours épais, dur, susceptible de résister à l'usure que pourraient produire les substances amoncelées dans le ventricule. Tous ces grands mamelons sont inclinés en sens différens, et quelques auteurs ont démontré que leur direction était analogue au trajet constant que parcourent les aliments entassés dans ce premier estomac. Susceptibles d'une contractilité très-grande, ces corps se redressent, se hérissent dans l'état de santé, et paraissent fournir une humeur dont la nature, la quantité et les propriétés n'ont pas encore été appréciées.

La cavité du rumen présente deux ouvertures, placées l'une au-dessus de l'autre, à son extrémité antérieure; l'une, *œsophagienne*, en forme l'entrée, et donne accès aux substances qui proviennent de la bouche ou y retournent; l'ouverture inférieure, beaucoup plus grande et toujours béante, aboutit dans le réseau, et fait voir intérieurement une cloison charnue semi-lunaire et disposée obliquement d'avant en arrière. Le repli dont il s'agit, et qui a la forme d'un croissant, réside à la partie inférieure de l'ouverture du rumen au réseau, sépare conséquemment ces deux ventricules l'un de l'autre. Ce repli, bien moins grand que les piliers antérieur et postérieur, est garni d'une multitude de mamelons coniques et myrtiformes; comme il se trouve situé vis-à-vis l'ouverture œsophagienne, et que ses deux extrémités sont tournées en haut, il doit, lors de sa contraction, rétrécir le passage du premier estomac au deuxième; il semblerait même devoir aider l'ascension des aliments dans l'œsophage.

L'ouverture supérieure ou œsophagienne ne se dilate que pour laisser passer les substances diverses qui montent ou descendent ; elle forme alors une excavation infundibuliforme, qui devient d'autant plus grande que l'œsophage est tiré plus en avant. Du côté droit de cet orifice, part une longue gouttière, qui se prolonge dans l'épaisseur des petites courbures du réseau et du feuillet, va se terminer dans la caillette, et établit la continuité directe de l'œsophage jusque dans le quatrième estomac. La partie de cette gouttière *œsophagienne*, celle qui règne dans la petite courbure du réseau et se trouve supérieure à la cavité de ce second estomac, forme un canal lisse, très-étroit à son origine, mais qui se dilate insensiblement jusqu'au feuillet. Ce conduit offre à ses côtés deux gros cordons allongés, appelés les lèvres de la gouttière ; ces lèvres, à base charnue, vont en grossissant jusqu'à l'orifice du réseau dans le feuillet, où elles se terminent à angle obtus, et laissent entre elles une petite ouverture ronde, à la faveur de laquelle les matières les plus divisées franchissent le second estomac pour parvenir dans le troisième. En s'appliquant l'une contre l'autre, ces mêmes lèvres concourent au développement de cette partie de la gouttière œsophagienne. La seconde portion de la gouttière, celle qui occupe la petite courbure du feuillet, et conséquemment la partie la plus déclive de ce troisième ventricule, est divisée, du côté de l'orifice du réseau, en plusieurs conduits, par des crêtes, petites lames longitudinales, à bords denticulés et qui constituent des filières ; à mesure qu'elle s'approche de la caillette, elle devient plus unie, plus grande, et présente, à sa terminaison au dernier estomac, une grande ouverture ronde.

La double terminaison que nous venons de décrire donne lieu à deux genres de déglutition : ainsi les substances, poussées en masse par l'action contractile du canal œsophagien, vont dans la cavité du rumen ; tandis que les fluides, avalés en petite quantité et échappant en quelque sorte à la contraction œsophagienne, parviennent, au moyen de la gouttière, directement dans la caillette.

STRUCTURE PARTICULIÈRE. La membrane péritonéale émane des feuillets de l'épiploon, qui gagne les scissures tant supérieures qu'inférieures du rumen.

La membrane charnue, située entre la séreuse et la muqueuse, est bien une continuité de celle de l'œsophage, mais elle en diffère non-seulement par sa couleur, qui est blanche au lieu d'être rouge, mais encore par son épaisseur plus forte et surtout par son organisation. Les fibres constituantes de cette membrane forment des faisceaux plus ou moins gros et unis les uns aux autres par du tissu cellulaire. A partir du cardia, ces fibres fasciculaires se propagent dans toute l'étendue des parois ventriculaires, et affectent différentes directions, droites, obliques, spiroïdes, etc. Quelques anatomistes ont reconnu deux plans de ces fibres, l'un externe et l'autre interne; s'il n'existe pas de séparation bien marquée entre ces deux plans, il est certain que les faisceaux extérieurs ne se replient pas pour former les cloisons ou piliers intérieurs. On voit, en effet, que, dans le fond des scissures interlobaires, la membrane charnue fournit de gros faisceaux, qui vont de l'un à l'autre lobe sans se replier en dedans, et laissent entre eux de nombreux intervalles occupés par du tissu graisseux. Toutefois les faisceaux internes bien plus nombreux sont plus particulièrement préposés à la formation des piliers, bandes et brides divers dont est pourvu ce viscère, et desquels il a déjà été question.

La membrane interne *muqueuse*, que l'on nomme aussi membrane *nerveuse*, *mamelonnée*, provient de la muqueuse œsophagienne, et adhère à la face interne de la charnue par un tissu cellulaire assez abondant. Cette membrane blanchâtre et d'une certaine force forme la base des divers mamelons de la cavité ventriculaire, et porte à sa face interne une lame épidermique remarquable autant par son épaisseur que parce qu'elle fournit une gaine à chaque mamelon.

Le rumen reçoit peu de sang, eu égard au volume qu'il présente. Les artères lui viennent de la splénique, les veines se rendent dans la veine porte, et les nerfs, fournis par le plexus céliaque, suivent la direction des artères.

Le rumen du fœtus surpasse de peu en grandeur les trois autres estomacs; pendant l'allaitement, ce réservoir reste dans une sorte de stagnation ; tandis que les autres, surtout la caillette dilatée par le lait, prennent beaucoup de développement, ne tardent pas à offrir une capacité plus grande, et qui va en augmentant jusqu'à ce que le petit sujet commence à user d'aliments fibreux. A cette époque, les choses changent de nouveau ; le rumen, recevant toutes les substances fibreuses, surpasse promptement en grandeur les autres réservoirs ; il s'étend rapidement, et finit par présenter un volume considérable, qu'il conserve pendant tout le reste de la vie.

Usages. Ce premier estomac est l'agent essentiel de la rumination ; il sert de réservoir, dans lequel s'accumulent les substances avalées et poussées avec une certaine force ; il retient celles qui ont besoin d'être ruminées, tandis que les fluides coulent successivement dans le réseau.

Le réseau (ordinairement le bonnet).

Le réseau le plus petit des quatre estomacs du bœuf (1) peut être comparé à une vessie arrondie, un peu allongée de droite à gauche et légèrement courbée sur elle-même. Ce second ventricule, appliqué contre le diaphragme, en avant du lobe antérieur du sac gauche du rumen, réside sous l'insertion de l'œsophage, et pose sur le cartilage xiphoïde.

(1) Chez la bête ovine, le réseau est plus grand que le feuillet.

Sa petite courbure, qui est supérieure, se continue du côté gauche avec le rumen et du côté droit avec le feuillet. Ce réservoir viscéral contient des matières liquides, qui lui parviennent soit de l'œsophage, dans l'instant de la déglutition, soit du rumen, pendant l'exercice de la rumination et de la respiration.

Le réseau a été considéré, par différents auteurs anciens, comme un simple appendice du rumen; il constitue cependant un véritable ventricule, ayant des ouvertures l'une pour l'entrée et l'autre pour la sortie; il présente d'ailleurs une organisation particulière, et il offre à considérer des faces, des bords et des cellules intérieures.

Les *faces* sont perspirables et arrondies; l'antérieure pose contre le diaphragme, et la postérieure, recouverte par l'épiploon, est en rapport avec le sac gauche du rumen, auquel elle se trouve attachée.

Les *courbures* sont séparées l'une de l'autre par les orifices mêmes du ventricule. La grande courbure, convexe, arrondie et inférieure, pose sur le prolongement abdominal du sternum. La petite courbure, un peu concave, se trouve placée et maintenue sous la même courbure du feuillet et sous la grosse extrémité de la caillette.

Sa *cavité intérieure* est en conformité avec la face extérieure; elle est garnie de cellules de diverses grandeurs et de différentes figures. Polygones et disposées à peu près comme les cellules des mouches à miel, ces cavités sont arrangées de manière qu'une grande cellule en renferme plusieurs autres de diverses grandeurs. Les lames ou cloisons, d'autant plus élevées que ces cellules sont plus grandes, offrent une surface chagrinée, hérissée de mamelons, plus longs et plus nombreux vers le fond des cellules. Dans l'épaisseur de la petite courbure, on voit la portion de la gouttière œsophagienne dont nous avons parlé précédemment.

Structure particulière. La membrane charnue conserve à peu près la même épaisseur partout, et forme les lèvres qui constituent les parties latérales de la gouttière œsophagienne. La membrane folliculeuse fournit les lames des cellules.

Les vaisseaux de cet estomac sont peu nombreux; les artères sont des divisions de la splénique.

Usages. Nous avons déjà vu que le réseau sert de réservoir à des substances fluidifiées, mais dont une partie a besoin d'être reprise et élaborée de nouveau par le feuillet. Ces matières s'accumulent dans le réseau, d'où elles passent lentement dans le feuillet, qui, par ce moyen, a la facilité de retenir les fibreuses, de les saisir et de les attirer entre ses lames.

Le feuillet (mille-feuillet, livret ou psautier.

Peu différent du réseau par sa forme et par sa grandeur, mais moins arrondi, ce troisième estomac constitue un réservoir oblong, courbé sur lui-même de haut en bas, appliqué, par sa petite courbure, à gauche sur le réseau et à droite sur la base de la caillette ; il est situé obliquement du côté droit de l'abdomen, se trouve être en rapport, antérieurement, avec le foie et, postérieurement, avec l'hémisphère droit du rumen. Sa cavité intérieure est garnie de lames de diverses grandeurs, qui retiennent les matières fibreuses, les atténuent et en altèrent plus ou moins la nature.

On peut distinguer au feuillet une *face antérieure*, posée contre le foie et le diaphragme ; une *face postérieure*, appliquée sur le sac droit du rumen ; une *grande courbure* convexe, arrondie et attachée à la caillette ainsi qu'au rumen par un prolongement épiploïque ; une *petite courbure*, continue et supérieure à celle du réseau.

Sa *cavité intérieure*, remplie de lames posées les unes contre les autres, présente, le long de la petite courbure, la continuité de la gouttière œsophagienne, et les deux orifices de ce réservoir, dont un vient du réseau et l'autre aboutit dans la caillette.

1° Les lames du feuillet, fort nombreuses, falciformes et rangées en tas ou groupes, sont fixées tout le long de la grande courbure ; tandis que leur bord, libre et inférieur, est tourné vers la gouttière œsophagienne. Toute leur surface est parsemée de mamelons coniques, terminés en pointe, d'autant plus gros et plus élevés qu'ils sont plus près de l'orifice du réseau dans le feuillet; du côté de cette dernière ouverture, ils sont courbés en crochets de bas en haut et du réseau vers la caillette. Ces mamelons crochus retiennent les substances fibreuses et les attirent le long de la grande courbure du ventricule.

Chaque groupe, composé d'un nombre plus ou moins considérable de lames, offre dans le milieu un feuillet central, impair, qui surpasse tous les autres en grandeur. Les autres lames du groupe, rangées symétriquement à droite et à gauche, sont d'autant moins larges qu'elles sont plus éloignées de la lame impaire, et elles sont séparées à leur base par des lamines denticulées. Tous ces groupes, différents entre eux par le nombre et par la grandeur de leurs feuillets, se prolongent du côté de l'orifice du réseau au feuillet, où ils forment des crêtes allongées et garnies de crochets (1). Ces sillons, plus ou moins longs et élevés, établissent du côté du feuillet une multitude de gouttières, qui sont autant de filières entre lesquelles s'engagent et sont retenues les substances fibreuses.

2° La gouttière inférieure, plus étroite du côté du réseau, devient successivement libre et plus grande, à mesure qu'elle s'approche de la caillette.

3° L'orifice du feuillet dans la caillette est rond,

(1) Dans le bœuf, plusieurs de ces crochets sont noirs et cornés.

et laisse un passage libre aux matières qui sont poussées dans le dernier estomac.

STRUCTURE PARTICULIÈRE. La membrane charnue, plus épaisse qu'au réseau, contribue à la formation des feuillets intérieurs, plus particulièrement dus à la membrane muqueuse et à la lame épidermique.

Le feuillet reçoit beaucoup plus de vaisseaux que les deux estomacs précédents; ce qui indique une sécrétion plus abondante (1).

USAGES. Le feuillet, qui, toute proportion égale d'ailleurs, est plus grand dans le bœuf que dans le mouton, sert de réservoir, dans lequel les aliments fibreux éprouvent les derniers changements dont ils ont besoin pour être complétement digérés. Il retient les matières fibreuses qui n'ont pas été suffisamment mâchées; il les atténue, les pénètre de liqueurs qui en changent la nature et les rendent propres à la chymification.

La caillette (franche-mule).

Ce dernier estomac, allongé, conoïde et plié en arc de bas en haut, est situé obliquement à droite et en arrière du feuillet, entre le diaphragme et l'hémisphère droit du rumen, sur lequel il est attaché par des portions épiploïques. Pourvue intérieurement de lames molles, plus ou moins grandes et écartées les unes des autres, la caillette est la source

(1) Dans la bête à laine, le feuillet est le plus petit des quatre estomacs.

du véritable suc gastrique, et par conséquent l'agent
principal de la chymification.

On y reconnaît 1° deux *faces* libres et perspirables, dont une pose contre le diaphragme, et l'autre
est maintenue accolée par l'épiploon sur le sac droit
du rumen; 2° deux *courbures*, l'une inférieure,
convexe, appelée grande courbure, donne attache,
le long de son bord interne, à la portion de l'épiploon qui va gagner les scissures inférieures du
rumen; la courbure supérieure, concave, dite petite
courbure, reçoit l'épiploon, qui vient du réseau et
atteint les scissures supérieures du rumen; 3° deux
extrémités, dont l'antérieure, beaucoup plus grosse
et inférieure, tient à la petite courbure du feuillet,
et constitue la base ou la grosse extrémité de la caillette. L'extrémité postérieure et supérieure, étroite,
allongée, contournée en haut et en arrière sur la
face supérieure de l'hémisphère droit du rumen, est
appelée la petite extrémité ou l'extrémité pylorique.

La *cavité intérieure* de la caillette renferme toujours des matières pultacées, plus ou moins abon-
dantes et diversement colorées; elle offre une multitude de lames molles, irrégulièrement couchées,
plus grandes et plus multipliées vers sa base.
L'une de ces lames, très-large, paraît boucher
l'orifice du feuillet et faire fonction de valvule; tandis qu'une autre lame se prolonge jusqu'à l'ouverture dans l'intestin. Du côté du pylore, on observe
des rides irrégulières, dont les unes sont transversales, d'autres longitudinales et quelques autres

obliques. Toute la surface interne de cette cavité est douce, veloutée, papillaire, enduite d'un mucus épais, abondant, et elle affecte une couleur jaunâtre, tirant souvent sur le vert.

L'intérieur du même viscère présente deux ouvertures placées à ses extrémités. Celle de sa base, qui aboutit dans le feuillet, est arrondie, la plus grande, et semble bouchée par la base d'une ou de deux lames; l'ouverture pylorique, beaucoup plus étroite, est entourée d'un gros bourrelet circulaire, et communique dans l'intestin (1).

Structure particulière. La membrane interne, très-composée et papillaire, fournit le mucus qui enduit la surface interne de ce réservoir, et elle sécrète le suc gastrique, agent de la dissolution des aliments; elle forme à elle seule les lames intérieures, et acquiert par là beaucoup d'étendue.

Usages. La caillette est le réservoir où les aliments, après avoir été préparés par la mastication, par l'action du rumen, du réseau et du feuillet, subissent le dernier degré d'altération gastrique et sont convertis en substance chymeuse. Les trois premiers estomacs n'ont qu'un degré peu élevé de sensibilité, ne jouissent pas d'un mouvement d'oscillation aussi manifeste que celui dont est douée la caillette. Le rumen, qui a des parois intérieures presque calleuses, ne peut qu'être difficilement ir-

---

(1) Pendant l'allaitement du petit sujet, la caillette prend un grand développement et surpasse en grandeur le premier ventricule, jusqu'à l'époque où le jeune animal commence à ruminer ses aliments.

rité par la présence des substances apportées du dehors; le réseau est préservé des irritants par les lames de ses cellules; on trouve souvent ces lames traversées par des épingles, par des clous ou autres corps pénétrants, sans que l'animal en paraisse incommodé; enfin le feuillet ne semble pas jouir d'une sensibilité plus grande que le réseau, et tout concourt à prouver que la caillette est l'estomac le plus irritable, celui qui, par son organisation, joue le principal rôle dans l'acte de la digestion.

§ II. *Des phénomènes digestifs dans les ruminants.*

La rumination est une opération essentielle à la digestion des animaux ruminants; elle développe, entretient l'exercice de cette importante fonction, et elle influe d'une manière spéciale sur la production du chyle. Elle se compose d'une série d'actes dont le résultat est de faire subir aux aliments certaines élaborations qui les disposent à être convertis en chyme.

Les ruminants, pressés par la faim et étant à même de satisfaire ce besoin, mangent avec voracité; quelques-uns ne font que couper, que tordre les aliments par quelques coups de dent, et ils les avalent avec d'autant plus de précipitation qu'ils sont plus pressés par la faim ou par la gourmandise; ils remplissent leur premier estomac d'une masse de substances aussi imparfaitement divisées que peu animalisées.

Quelle que soit cependant la rapidité avec laquelle s'exécute cette première manducation, l'individu ne rejette pas moins les végétaux nuisibles, et qui frappent désagréablement ses organes d'olfaction et de gustation.

Les substances fibreuses, n'ayant donc éprouvé d'atténuation qu'autant qu'il en faut pour que l'animal puisse les avaler, arrivent dans le rumen, où elles s'accumulent successivement.

La déglutition présente ici des considérations particulières et qu'il est nécessaire de ne pas perdre de vue. Toutes les fois que les substances sont avalées en masse et qu'elles sont poussées avec une certaine force, elles abordent dans le rumen. Sont-elles diffusibles et prises en petite quantité, elles ne peuvent être que faiblement pressées et ne font que couler dans l'œsophage : elles suivent alors la gouttière œsophagienne et parviennent directement dans la caillette.

Telle est la manière dont se fait généralement l'abord des solides et des fluides dans les estomacs. Mais ces deux espèces de déglutition offrent des variations qu'il est important d'indiquer. Ainsi le bol alimentaire, composé entièrement, ou en grande partie, de substances dures ou très-fibreuses, ira constamment dans le rumen. Lorsque les substances sont peu consistantes, plus ou moins fluidifiées, la plus grande partie du bol avalé tombe dans le réseau; une autre partie aborde dans le rumen, et une petite partie des matières fluides coule, à la faveur de la gouttière œsophagienne, jusque dans la caillette.

Il en est de même des fluides : lorsque l'animal les prend à grandes gorgées et qu'il les avale précipitamment, ils arrivent partie dans la caillette, partie dans le rumen, et l'autre partie dans le réseau. Dans le jeune ruminant qui tette, le lait va en totalité dans la caillette, et la déglutition de ce fluide se fait presque toujours régulièrement, parce que le jeune sujet ne prend ce liquide qu'à petites gorgées. Dans l'animal formé, où les choses se passent autrement, il est rare que tous les fluides parviennent directement dans la caillette, sans qu'il en tombe une partie dans le réseau et même dans le rumen.

L'animal ayant pris une suffisante quantité de nourriture, le rumen se trouve distendu, rempli d'aliments très-imparfaitement mâchés, peu humectés, d'autant plus secs qu'ils sont plus supérieurs et qu'ils occupent l'extrémité postérieure du sac droit ; il n'y a, généralement, de délayés que ceux qui sont près des parois inférieures ou proche de l'ouverture du rumen dans le second estomac. Les matières contenues dans le réseau, étant plus divisées, beaucoup plus atténuées et plus altérées, nagent dans les liqueurs, sont quelquefois très-fluidifiées ; mais elles n'y paraissent pas accumulées en plus grande quantité avant qu'après le repas. Les substances distribuées entre les lames du feuillet sont plus ou moins sèches et quelquefois dures ; elles ont une couleur verdâtre tirant sur le noir, et donnent une odeur plus forte que dans les premiers estomacs. Enfin le contenu dans la caillette est peu abondant en substances fibreuses ; tout est liquide, d'une couleur très-altérée et d'une odeur pénétrante ; si l'animal a bu beaucoup, les liqueurs se trouvent en plus grande partie dans ce dernier réservoir.

Voyons maintenant ce qui se passe pendant la digestion des aliments entassés dans le rumen, et tâchons de bien saisir les changements et les diverses altérations successives qui ont lieu. Presque toutes les substances amoncelées dans le premier réservoir reviennent dans la bouche, pour y subir une nouvelle mastication plus parfaite et dont elles ont besoin pour passer à l'état de chyme. Pour être mise en activité et soutenue en exercice, la rumination exige une concentration des forces vitales, un état particulier de repos. Une fois développée, elle se soutient et se prolonge plus ou moins longtemps, jusqu'à ce que le rumen soit débarrassé d'une partie de sa provision et qu'il soit parvenu à un certain degré de décharge : car, après la rumination même la plus parfaite, il reste encore une grande quantité d'aliments dans ce réservoir. Ainsi la rumination devient le signal de la digestion ; c'est une opération qui la développe et qui l'entretient.

Les animaux ne se mettent pas à ruminer aussitôt qu'ils ont fini leur repas; ils restent un certain temps en repos et semblent éprouver un malaise, qui cesse dès que la rumination est en activité. Quelques instants avant l'exécution de cette importante opération, les estomacs sont ballottés et pressés en tous sens. La respiration et les mouvements convulsifs des viscères cessent tout à coup et en même temps;

l'animal fait alors une forte inspiration soutenue pendant quelques instants et bientôt entrecoupée par une courte expiration, sorte de soubresaut, qui marque l'instant de l'ascension du bol dans l'œsophage. Immédiatement après, la bête allonge l'encolure, fait une forte expiration, et le bol alimentaire remonte avec promptitude par le canal œsophagien, qui le transmet dans la cavité de la bouche. Dès que la pelote est arrivée à la bouche, l'animal, reprenant ses mouvements ordinaires de respiration, la mâche et la remâche en la faisant passer plusieurs fois sous les dents mâchelières. La mastication dure plus ou moins de temps, suivant que l'aliment est plus difficile à atténuer. Quelques auteurs ont cherché à déterminer le nombre de coups de dent qu'éprouve chaque pelote ruminée : les uns en ont porté le terme moyen à quarante, d'autres l'ont fixé à trente ; mais tous ont observé, comme cela doit être, une variation constante entre chaque bouchée (1). La mâchoire inférieure, le principal agent de cette opération, exécute ses mouvements latéraux de droite à gauche ; souvent les mouvements qui terminent la mastication se font dans un ordre inverse, et cela s'observe plus particulièrement dans le mouton. Cette mastication offre les mêmes phénomènes à considérer que ceux qui se passent dans les monodactyles ; elle produit l'atté-

(1) Brugnone a porté le nombre des mouvements latéraux, de 30 à 33 pour les substances ordinaires, et de 45 à 55 pour les substances dures et sèches.

nuation des aliments qui, étant suffisamment mâchés et pénétrés par la salive, sont avalés de nouveau et vont en majeure partie dans le réseau.

Cette première déglutition, achevée, est suivie
d'un temps de repos, d'autant plus court que le
besoin de débarrasser le rumen de la surcharge des
substances alimentaires est plus pressant. Après cet
intervalle de repos, l'acte de la rumination s'effectue
de nouveau de la même manière que la première fois,
et ainsi de suite, jusqu'à ce que l'animal cesse tout à
fait de ruminer, ou qu'il suspende cette opération
pour quelque temps.

Pour rendre raison des causes qui déterminent
l'ascension des aliments, il importe de ne pas perdre
de vue la succession des phénomènes qui ont lieu.
Nous avons dit et l'expérience prouve que des mouvements convulsifs des estomacs précèdent toujours
le développement de la rumination, qui a lieu après
que l'animal a mangé à satiété. L'exécution de l'acte
même commence par une forte inspiration, pendant laquelle survient un contre-coup, signal de
l'ascension du bol alimentaire dans l'œsophage, et
elle se termine par une forte expiration pendant
laquelle l'animal, allongeant l'encolure et la tête,
mène le bol dans la bouche.

Le temps de repos qui précède constamment
chaque rumination est employé à la concentration
combinée des forces musculaires et gastriques, concentration nécessaire pour que l'acte puisse s'effectuer avec liberté et efficacité. La forte inspiration
par laquelle débute la rumination détermine la

contraction du diaphragme, qui rapproche les cercles cartilagineux et presse les viscères abdominaux; cette action du diaphragme est accompagnée de la contraction énergique des muscles inférieurs de l'abdomen, qui soulèvent et pressent en avant le rumen. En se portant en arrière, le diaphragme forme une surface fixe, résistante, et approche de la cavité du rumen l'ouverture œsophagienne, ainsi que l'extrémité de la gouttière. Les parois inférieures de l'abdomen soulèvent et poussent en avant toute la surface inférieure et latérale de ce grand réservoir; pendant ce temps, la membrane charnue de cet estomac se contracte, se resserre avec énergie: cette contraction est, à la vérité, lente, mais elle est facilitée par l'inspiration, qui se soutient jusqu'à ce que, par un mouvement convulsif, le bol ait été poussé dans l'œsophage.

Parmi toutes ces puissances qui concourent à la rumination, la contraction des parois du rumen paraît être la première, la principale, celle sans laquelle la rumination ne peut pas s'effectuer; les muscles abdominaux, tant antérieurs qu'inférieurs, ne font que la déterminer, que l'aider.

Cette contraction naturelle s'exécute dans un ordre régulier; elle resserre en plusieurs sens la panse et la comprime en avant. Ainsi la rumination est produite par un mouvement naturel d'arrière en avant, qui se développe dans le premier estomac et se propage sur les autres ventricules.

Il est dans l'organisation des ruminants de faire revenir leurs aliments dans la bouche, pour les mâcher à leur aise et les disposer à des élaborations ultérieures. Une fonction si nécessaire, aussi importante pour ces animaux, ne dépend ni de causes mécaniques, ni de lois contre nature, comme on l'a avancé ; elle est toute vitale, subordonnée à l'action nerveuse, surtout à la contraction des parois du rumen ; elle est aidée et favorisée par la respiration ainsi que par les muscles abdominaux.

Jusqu'ici nous n'avons considéré que le premier estomac, parce que ce viscère est l'agent essentiel de la rumination. Mais les trois réservoirs suivants éprouvent, comme le premier et dans le même temps, un resserrement plus ou moins considérable, qui a lieu de la même manière et qui produit la sortie d'une certaine quantité de leur contenu. Le réseau chasse une partie de ses substances dans le feuillet, où elles sont tamisées, de manière que les plus fluidées suivent la gouttière œsophagienne et vont dans les caillettes, tandis que les matières fibreuses sont retenues et attirées entre les lames du troisième estomac. Ces matières, pressées, comprimées entre ces lames et altérées par les liqueurs que sécrète l'organe, forment un résidu consistant, sorte de marc, qui arrive peu à peu dans la caillette. Les substances contenues dans ce quatrième estomac sont converties en chyme et expulsées dans l'intestin.

Pendant la rumination, il se fait donc une expression plus ou moins grande de matières d'un estomac à un autre ; successivement depuis le rumen jusqu'à la caillette. Cette transmission des aliments se soutient après la rumination, mais elle est bien moins grande ; elle est entretenue par la respiration, qui produit sur les réservoirs ventriculaires un mouvement, un balancement alternatif d'avant en arrière et de haut en bas. Cependant les substances accumulées dans le rumen, et qui ont nécessairement besoin d'être remâchées, ne sortent de ce réservoir, comme nous l'avons déjà dit, que par l'acte de la rumination.

D'après toutes ces considérations, il résulte que le rumen sert de réservoir, où l'animal entasse ses aliments, et qu'il est le principal agent de la rumination; que dans le réseau s'accumulent des substances divisées ou plus ou moins fluidifiées, mais dont une partie exige de nouvelles altérations avant d'arriver dans la caillette; que le feuillet élabore les matières qui ont échappé à la mastication ou qui ne sont pas assez atténuées pour être digérées ; qu'enfin la caillette est le réservoir où se fait la sécrétion du suc gastrique, seul agent capable d'opérer la dissolution parfaite des aliments et leur conversion en chyme. Il se fait bien une sécrétion dans les autres estomacs, mais elle est moins abondante, et la liqueur ne peut pas avoir le même degré d'activité ni les mêmes propriétés. La bouche et les trois premiers estomacs peuvent être considérés comme des instruments qui préparent, disposent les aliments aux changements ultérieurs qu'ils subissent dans la caillette; ils les divisent, opèrent la désunion de leurs molécules, leur fournissent différentes liqueurs qui en changent la nature, les ramollissent et leur impriment des caractères d'animalisation. Ces quatre organes préparatoires agissent deux à deux; l'un reçoit les aliments, et l'autre les atténue. Le rumen contient en réserve les substances, qui reviennent dans la bouche pour être soumises à l'action des mâchoires; le réseau est au feuillet ce que le rumen est à la bouche, il contient les substances qui, attirées entre les lames du feuillet, sont divisées et altérées suffisamment pour pouvoir éprouver la chymification, qui a lieu dans la caillette.

Les animaux ne se livrent à la rumination qu'autant qu'ils sont bien portants ou légèrement indisposés, et que leur panse renferme une certaine quantité de substances alimentaires; ils ruminent après le repas, lorsqu'ils ont mangé à satiété, tout debout ou couchés. L'animal en bonne santé, étant libre et abandonné à lui-même, se couche ordinairement pour cette opération; s'il n'est interrompu par quelque besoin ou par d'autres causes, il reste dans cette position et continue à fonctionner jusqu'à ce qu'il ait remâché assez d'aliments; souvent il termine sa rumination par quelques instants de sommeil, surtout si c'est la nuit, ou s'il se trouve à l'abri de toutes causes capables d'exciter ses sensations et de produire une impression un peu forte. Le bœuf, attaché dans une étable où il se trouve à son aise, bien tranquille, et où il a une bonne litière, rumine de la même manière. Plusieurs animaux ont l'habitude de ruminer debout; d'autres ne se couchent pas, parce qu'ils souffrent. Ceux qui travaillent habituellement ruminent en labourant, en traînant des tombereaux et autres instruments aratoires;

mais il faut que leur marche ne soit pas précipitée et qu'eux-mêmes ne fassent pas de grands efforts.

La rumination peut être interrompue par une impression vive, par une surprise quelconque, par le besoin de boire, par le dérangement forcé de place; lorsque les animaux ruminent dehors, ils peuvent être tourmentés par un orage, qui les empêche de continuer; si l'on change leur marche et qu'on la précipite, ils cessent de ruminer. Il en est de même des travaux pendant lesquels ils ruminent; rend-on ces travaux plus pénibles, ou l'animal est-il obligé de déployer de grandes forces musculaires pour franchir une montagne, la rumination reste suspendue : elle est plus ou moins longtemps à se rétablir, suivant que la cause qui l'a interrompue a agi d'une manière plus ou moins forte. Ainsi des ruminants, effrayés par un animal ennemi déclaré de leur existence et qui les aura fortement tourmentés, ne recommenceront à ruminer que très-longtemps après, lorsque la frayeur sera entièrement dissipée, et qu'ils n'auront plus de crainte; tandis que l'individu qui ne cesse de ruminer que parce qu'il est distrait par la vue d'un objet qu'il connaît, ou qui lui est indifférent, recommence bientôt, et continue à ruminer comme auparavant.

Les didactyles qui éprouvent quelques douleurs ne ruminent que par intervalles ou ne ruminent pas du tout; il en est de même de ceux qui ont trop mangé, que l'on soumet à des exercices forcés ou à des travaux auxquels ils ne sont point habitués. Les jeunes bœufs ou taureaux, vaches ou génisses que l'on attelle pour les premières fois, se tourmentent, s'agitent et ne ruminent pas. Les moutons , dans un long voyage, ne ruminent qu'autant que leur marche, bien calculée, leur laisse le repos nécessaire pour cette opération.

Les signes qui précèdent, accompagnent et suivent une bonne rumination sont à peu près les mêmes que ceux que nous avons relatés en traitant des phénomènes de la digestion dans les monogastriques. L'animal dans lequel la rumination n'a pu s'effectuer est triste, porte la tête et les oreilles basses ; ses yeux sont plus ou moins ternes, la respiration profonde, le mouvement de son flanc plus ou moins irrégulier ; la bête a souvent le bout des oreilles et du nez froid ; sa marche est lente et pénible. Si c'est un bœuf, la peau perd de sa souplesse, de sa moiteur, et les poils deviennent hérissés , luisants et secs.

NOTICE

SUR

LE VOMISSEMENT

DANS LES PRINCIPAUX

QUADRUPÈDES DOMESTIQUES.

Considéré dans tous les quadrupèdes domestiques, le vomissement devient un vaste sujet de physiologie pathologique, sujet important et que nous
ne pouvions omettre sans laisser subsister une la-
cune marquée dans la quatrième réimpression de
l'anatomie vétérinaire. Déjà, en 1810, nous avons
traité du vomissement dans un mémoire particulier,
lu à l'Institut le 10 février de la même année et imprimé à la suite de la deuxième édition de notre anatomie. La notice que nous donnons aujourd'hui re-

36

produira les documents consignés dans ce mémoire; elle résumera en même temps les observations nombreuses recueillies et publiées sur cet objet.

§ Ier. *Du vomissement dans le chien et dans le porc.*

Comme les causes et les phénomènes du vomissement dans ces animaux sont les mêmes que chez l'homme; considérant, d'un autre côté, que ces points de physiologie ont été éclaircis par une multitude d'expériences, nous nous bornerons, dans ce premier article, à quelques remarques particulières, concernant les organes digestifs susceptibles de coopérer au vomissement.

Ainsi l'estomac des quadrupèdes dont il est question pose antérieurement contre le diaphragme, inférieurement sur les muscles abdominaux, et se trouve conséquemment sous l'influence de ces deux agents; ses parois membraneuses ont une épaisseur à peu près égale partout; son ouverture cardiaque, infundibuliforme et située à l'extrémité de la petite courbure, ne présente pas cette espèce d'anneau qui se fait remarquer au cardia des herbivores monogastriques; enfin le voile du palais, court et très-mobile, permet aux substances repoussées de l'estomac de sortir par la gueule.

Si l'on compare l'estomac du chien avec celui du porc, on trouve des différences non-seulement dans la forme des viscères, mais encore dans leur structure et leur position particulières. Le ventricule du carnivore, généralement court et très-évasé du côté gauche, d'où il va, en se rétrécissant, jusqu'au pylore, constitue une poche pyramidale, appuyée immédiatement sur les parois inférieures de l'abdomen; l'orifice œsophagien, situé dans le milieu de la partie évasée, forme, dans son état de dilatation, une grande ouverture infundibuliforme dont les parois minces doivent permettre la continuité des mouvements antipéristaltiques, de même que la sortie des substances repoussées dans l'œsophage.

L'estomac du porc, moins pyramidal, mais plus allongé que celui du chien, ne touche qu'en partie les parois inférieures de l'abdomen; il porte à l'extrémité gauche de la grande courbure un prolongement conoïde, sorte d'appendice terminé en pointe arrondie. Les parois ventriculaires de l'animal omnivore sont un peu plus fortes dans le sac gauche que dans le sac droit; elles sont aussi plus épaisses autour du cardia, où l'on distingue des lames fibreuses superposées : cette ouverture cardiaque réside dans la petite courbure, à droite et contre l'appendice pyramidal, et ne se dilate pas autant que dans le chien.

D'après ce court aperçu, le vomissement chez les tétradactyles semblerait dépendre de trois circonstances : 1° de la position du ventricule entre le diaphragme et les muscles abdominaux; 2° de la structure particulière de ce réservoir, dont les parois membraneuses paraissent se prêter à la propagation du mouvement antipéristaltique développé dans l'organe; 3° enfin au mode d'insertion de l'œsophage, qui ne présente aucun obstacle au passage des substances poussées vers l'ouverture cardiaque par le même mouvement antipéristaltique. M. Magendie a démontré, par une série d'expériences variées sur des chiens, que les véritables agents du vomissement sont, d'une part, le diaphragme, et de l'autre les muscles abdominaux. Selon le même physiologiste, l'estomac serait à peu près passif dans la production de l'acte.

Il n'est donc pas étonnant que le chien, dont le ventricule se trouve placé entre ces deux puissances musculaires, soit, de tous les quadrupèdes domestiques, celui qui vomit et le plus fréquemment et le plus facilement. Parfois cette opération semble s'effectuer chez lui naturellement et dépendre, jusqu'à un certain point, de sa volonté. Ainsi une chienne nourrice, éloignée de ses petits, mais connaissant le lieu où ils sont déposés, se hâte de prendre la nourriture qu'on lui donne ou qu'elle rencontre; dès qu'elle a achevé son repas, elle court auprès de ses jeunes nourrissons et leur dégorge les substances ingérées dans son estomac (1). Il est probable que les animaux carnassiers, comme la louve, jouissent de la même faculté que la chienne pour élever

(1) Étant professeur à l'école vétérinaire d'Alfort, j'y possédais une chienne braque, surnommée *Vénus*, qui me fournit un exemple remarquable de ce genre de vomissement; cette chienne, à laquelle j'avais laissé deux nourrissons provenant de la même portée, fut privée de ses petits au bout d'un certain temps d'allaitement. Les jeunes animaux furent transportés de l'école d'Alfort à Maisons (distance de deux myriamètres), et déposés chez MM. d'Hu-

leurs petits, jusqu'à ce que ceux-ci puissent suivre leur mère partout, manger en même temps qu'elle ou bien se procurer par eux-mêmes leur nourriture.

Le porc domestique, dont l'estomac ne pose qu'incomplétement sur les parois inférieures de l'abdomen, vomit bien moins souvent que le chien, et il éprouve beaucoup plus de peine à exécuter le vomissement. Après le rejet des matières par la gueule, l'animal est plus ou moins abattu, et il ne récupère son état habituel qu'après un certain temps de repos.

§ II. *Du vomissement chez les monogastriques herbivores.*

L'inaptitude bien connue du cheval à faire remonter par l'œsophage les substances contenues dans l'estomac et à les rejeter au dehors a fait le sujet de nombreuses controverses, et la question ne paraît pas encore complétement résolue. Les uns ont attribué la cause de cette inaptitude à la longueur considérable de l'œsophage, qui ne trouverait pas assez de points d'appui pour prendre les subs-

galy, auxquels ils étaient destinés; la chienne suivit le transport de ses petits, et connaissait parfaitement l'habitation de MM. d'Hugaly. Aussitôt que cette bête avait pris son repas à l'école d'Alfort, elle courait à Maisons et employait tous les moyens pour arriver jusqu'à ses petits, devant lesquels elle rendait ses aliments. Ces allées et venues durèrent assez longtemps; la chienne revenait exactement au domicile de son maître, où elle était bien choyée et bien nourrie.

tances et les ramener dans la bouche; d'autres ont cru reconnaître que la force de l'os hyoïde et la compression qu'il exerce sur le pharynx étaient les véritables obstacles au retour des aliments de l'estomac à la bouche. Il en est qui ont admis l'existence d'une valvule située à l'ouverture cardiaque du ventricule et obstruant la sortie des substances. Quelques autres enfin, tels que Lamorier, chirurgien à Montpellier, ont avancé que l'impuissance dans laquelle sont les chevaux de vomir dépend 1° de l'enfoncement de l'estomac sous l'intestin colon, position qui le tient éloigné des muscles abdominaux et l'abrite d'autant de l'action de ces puissances musculaires; 2° de la faiblesse du diaphragme chez ces quadrupèdes. Notre intention n'est pas de discuter chacune de ces opinions, il nous suffira de les avoir indiquées, et nous passons de suite à la considération des parties susceptibles de former obstacle à l'exécution du vomissement.

Le cheval a un estomac très-petit en proportion de la masse de son corps. Au lieu de présenter une forme conique comme celui du chien, ce réservoir est à peu près aussi gros dans sa partie droite que dans sa partie gauche. Court, très-courbé sur lui-même et placé profondément sous les piliers du diaphragme, il se trouve séparé des parois inférieures de l'abdomen par les grosses courbures de la portion repliée du colon. On remarque aussi qu'il est attaché dans l'abdomen d'une manière moins fixe que chez les omnivores, et qu'il se déplace chaque fois qu'il prend du volume ou qu'il diminue de capacité.

Les différences les plus importantes de l'estomac des monodactyles, comparé à celui du chien et du porc, résident dans sa structure et surtout dans la disposition particulière de son ouverture cardiaque. Les parois ventriculaires chez les monogastriques herbivores sont plus épaisses que dans les carnivores et omnivores; elles ont aussi plus de force dans le sac gauche que dans le sac droit.

A l'article de la description de l'œsophage, nous avons fait connaître les changements que subit ce canal alimentaire à partir de la crosse de l'aorte postérieure, nous avons démontré comment il s'insère dans le ventricule et ce qu'il devient. Nous ne rappellerons pas ici les détails dans lesquels nous sommes entré sur chacun de ces points; nous dirons seulement que l'ouverture cardiaque, produite par la terminaison de l'œsophage, réside dans la concavité de la petite courbure du ventricule. En palpant les parois d'un estomac frais et nouvellement détaché, l'on s'aperçoit que l'ouverture dont il s'agit offre une épaisseur considérable et qu'elle semble circonscrite par une sorte de bourrelet. Pour bien saisir la disposition et l'arrangement des tissus constituants de ce bourrelet, il faut commencer par retourner le viscère et procéder à la dissection des parties, en allant de la face interne à la face externe, c'est-à-dire de dedans en dehors.

La membrane muqueuse, qui se présente la première à l'examen, est blanche, ridée et ne laisse distinguer d'autre particularité qu'une forte adhérence avec la membrane superposée. En enlevant tout le tissu cellulaire sus-muqueux, on met à découvert deux couches de faisceaux charnus parfaitement distinctes. La première de ces couches, celle qui se trouve appliquée par-dessus la muqueuse, représente une cravate passée autour du col, mais sans être croisée par devant. La partie moyenne et semi-circulaire de cette bande ou couche embrasse tout le cardia, à l'exception du côté qui correspond à la petite courbure du viscère. Ses branches, l'une antérieure et l'autre postérieure, s'étendent de gauche à droite sur les parois ventriculaires et bordent les côtés de la petite courbure. Autour du cardia les faisceaux fibreux sont rassemblés en tas et composent en grande partie le bourrelet; en se continuant pour former les branches, ces faisceaux s'écartent insensiblement les uns des autres et se portent en divergeant vers le sac droit. Si l'on écarte avec un peu de soin les faisceaux, tant antérieurs que postérieurs, qui côtoient la petite courbure, on aperçoit la deuxième couche, la plus externe, recouverte par la séreuse; et l'on voit que ses faisceaux, disposés circulairement autour du cardia, tiennent une direction tout à fait inverse de celle des fibres de la couche interne et se contournent conséquemment de droite à gauche pour aller se disperser dans les parois du sac gauche. Toutefois la lame externe ne présente pas autour du cardia cette épaisseur si remarquable de la lame interne, à laquelle elle est unie par un tissu cellulaire extensible, quoique peu abondant. En résumé, la membrane charnue qui, de l'œsophage, se continue à l'estomac fournit au cardia deux couches, sortes de cravates superposées en sens inverse de l'une à l'autre; et ces cravates, agissant suivant la direction de leurs fibres, étranglent l'orifice œsophagien en le serrant de droite à gauche et de gauche à droite, de telle manière qu'elles en opèrent plus sûrement et plus fortement la constriction.

Si nous avons insisté sur la structure organique qui précède, c'est que nous la considérons comme la cause principale de l'inaptitude des monodactyles au vomissement. Cette inaptitude à laquelle participe sûrement le mode d'insertion de l'œsophage dans le ventricule, ainsi que la forme et la position de l'estomac lui-même, n'est pas tellement rigoureuse que les animaux ne puissent jamais vomir.

Des faits nombreux attestent que les aliments renfermés dans l'estomac du cheval remontent parfois dans l'œsophage et sont rejetés au dehors, presque toujours par les naseaux. Le vomissement est, à la vérité, rare, et il constitue, quand il a lieu, une sorte de phénomène sur lequel nous avons, l'un des premiers, fixé l'attention des vétérinaires praticiens.

D'après les observations nombreuses consignées tant dans notre mémoire de 1810 que dans les journaux de médecine vétérinaire et autres ouvrages imprimés, nous croyons devoir être fondé à reconnaître, chez les herbivores monogastriques, deux sortes de vomissements, l'un que nous désignerons sous le nom de *régurgitatif* et l'autre que nous nommerons morbide (1).

1° Vomissement régurgitatif.

Ce premier mode d'évacuation, appelé régurgitatif en raison de son analogie avec la régurgitation chez l'homme, débarrasse l'estomac d'un surcroît d'aliments qui le gênait. Son exécution plus ou moins pénible est toujours le résultat d'une contraction combinée des parois ventriculaires, des muscles abdominaux et du diaphragme. L'estomac irrité, fatigué par la surcharge de certaines substances, fait effort sur lui-même, appelle à son secours les puissances musculaires précédentes ; et ces organes, venant à agir simultanément sur le contenu, en forcent une partie à s'échapper par l'ouverture cardiaque qui cède le passage, mais revient promptement dans son état normal.

Pour effectuer l'acte dont il est question, l'animal se roidit sur ses quatre membres, courbe le dos en contre-haut, pousse parfois des soupirs ou bien des cris aigus, et reste quelques instants en cet état de souffrance ; il fait ensuite une forte inspiration qu'il retient, allonge l'encolure, et, dans le même moment, les muscles abdominaux et diaphragmatiques se contractant avec énergie, les matières remontent avec vitesse et sont rejetées au dehors par les naseaux, quelquefois par la bouche en même temps.

(1) Morbide, dérivé de *morbidus*, qui tient de la maladie, en est un des résultats. On dit *phénomène morbide*, *état morbide*.

Dans quelques cas, ces diverses actions sont simultanées, et le vomissement est, pour ainsi dire, instantané; d'autres fois elles sont moins promptes et laissent entre elles quelques intervalles sensibles, plus ou moins longs.

Il est des cas où le vomissement régurgitatif n'est qu'un accident passager, qui se termine en très-peu de temps et ne se renouvelle qu'autant que la cause occasionnelle viendrait elle-même à se reproduire. D'autres fois il devient persistant pendant un certain temps, ne se remontre qu'à certaines époques, ou par accès irréguliers, ou bien par suite d'habitude vicieuse. Dans le premier cas, l'estomac, surchargé de certains aliments appétissants et pris en excès, tels que des herbes vertes et tendres, l'orge et l'avoine en grain, le son, etc., se dégorge d'une manière subite, en une ou plusieurs secousses successives ou peu éloignées les unes des autres, et reprend, après ces déjections, son état naturel. La première observation relatée dans notre mémoire de 1840 peut donner une juste idée de ce genre de régurgitation. M. Miquel, vétérinaire à Béziers, en rapporte deux exemples (1), auxquels il convient d'ajouter le fait recueilli par M. Lionnet sur une jument, le 12 juin 1819 (2). Nous devons aussi à la complaisance de M. Bouley, membre de l'Académie royale de médecine, un fait de même nature que les trois précédents et dont le récit suit : « Le 14 juillet 1827, on me présenta,

<hr>

(1) *Journal pratique de médecine vétérinaire*, ann. 1826, p. 206.
(2) *Nouvelle bibliothèque médicale*, année 1823, p. 454.

« dit M. Bouley, un cheval appartenant à un entre-
« preneur de pavage, et qui était atteint de violentes
« coliques, après avoir mangé une trop grande quan-
« tité d'avoine. L'animal, fortement météorisé et cou-
« vert de sueur, me parut dans un état grave ; je me
« disposais à lui pratiquer une saignée, lorsque je le
« vis se roidir et parvenir, après de violents efforts,
« à rendre par les naseaux une grande quantité de
« matières chymeuses. Ce vomissement se répéta
« plusieurs fois en ma présence dans l'espace d'une
« demi-heure et procura un soulagement très-
« marqué. Bientôt la météorisation cessa, et, au bout
« d'une à deux heures, le cheval se trouva, à ma
« grande surprise, hors de tout danger et presque
« complétement revenu à la santé. »

Un second genre de vomissement comprend les régurgitations déterminées par l'ingestion, dans l'estomac, de certains aliments ou de certains liquides devenus accidentellement irritants. Ainsi feu Damoiseau vétérinaire dit avoir vu deux chevaux flamands qui avaient coutume de vomir après avoir mangé une ration ordinaire de son, si on les faisait travailler aussitôt après le repas (1). M. Miquel, de Béziers, cite le fait d'une mule bien constituée, qui rejetait habituellement l'eau froide avec laquelle on l'abreuvait (2).

Un troisième genre de vomissement régurgitatif

(1) *Correspondance sur les animaux domestiques;* par Fromage de Feugré, année 1811, t. III, p. 220.
(2) *Journal pratique de médecine vétérinaire,* 1826, p. 228.

a lieu par accès irréguliers, qui se reproduisent à différents intervalles et sans nulle cause déterminée. Ces sortes de dégorgement fatiguent d'autant plus les animaux que les déjections par le haut sont plus fréquentes. Les exemples les plus saillants de ce troisième genre de vomissement sont dus à M. Dandrieu, vétérinaire à Lavardac (1), et Colomb, vétérinaire à Virieu (2).

Une observation fort intéressante et rapportée par M. Berthe, vétérinaire à Épernay, semble démontrer un quatrième genre de vomissement régurgitatif ; et ce vomissement se manifeste chez certains chevaux tiqueurs sur la mangeoire, qui, en s'efforçant de tiquer, amènent de fréquentes éructations et finissent par obtenir quelques régurgitations (3).

2° Vomissement morbide.

Le vomissement morbide est constamment le symptôme d'une altération profonde, grave et presque toujours mortelle ; parmi les causes susceptibles de le produire, nous indiquerons 1° les hernies étranglées, 2° les invaginations intestinales, 3° certaines entérites aiguës, enfin certaines indigestions. Dans ces diverses circonstances, les douleurs vives doivent exciter et entretenir une tension spéciale, une contractilité convulsive dans les voies digestives, surtout dans l'estomac, qui finit par tomber dans un

---

(1) *Recueil de médecine vétérinaire*, 1832, p. 443.
(2) *Recueil de médecine vétérinaire*, 1835, p. 417.
(3) *Journal pratique de médecine vétérinaire*, 1827, p. 293.

état de laxité et de paralysie voisin de l'atonie et précurseur ordinaire de la mort. Cet état de relâchement, qui présente une certaine analogie avec la flaccidité cadavérique, étant une fois établi, le cardia ne fait plus de résistance ; il livre passage aux fluides aussi bien qu'aux solides, qui sont poussés par l'action des muscles abdominaux. Lorsque la laxité est parvenue à un certain degré, une légère contraction des parois abdominales suffit pour effectuer le vomissement ; il est même des cas où l'on peut le déterminer en soulevant avec les mains la surface inférieure de l'abdomen. La deuxième observation relatée dans notre mémoire de 1810 confirme cette dernière remarque.

A l'ouverture des animaux morts, après des accès de vomissement morbide, on distingue d'abord les lésions qui appartiennent à la maladie primitive, essentielle ; on passe ensuite à l'examen de l'estomac et de l'extrémité gastrique de l'œsophage, et l'on constate l'état de ces parties, communément flasques, sans ressorts et plus ou moins ramollies. Lorsqu'il y a eu rupture du ventricule, la lésion se fait remarquer le plus ordinairement à la grande courbure, parce qu'en se contractant l'estomac se resserre sur lui-même de bas en haut et du côté de la petite courbure. La rupture peut être complète ou incomplète. Dans le premier cas il y aura épanchement, dans l'abdomen, d'une certaine quantité de substances chymeuses ; si la déchirure est incomplète, la membrane muqueuse fera hernie à travers la charnue et la séreuse rupturées.

Il est constant que le cheval qui éprouve des vomissements peut avoir en même temps l'estomac crevé. A quelle époque précise de la maladie primitive s'effectue la rupture du viscère? Cette rupture doit-elle être considérée comme antérieure au vomissement ou seulement comme un phénomène concomitant? Telles sont les questions qu'il importe d'examiner et sur lesquelles nous émettrons notre manière de voir.

Lafosse, le premier, a avancé que le vomissement signale la rupture de l'estomac et qu'il en est une conséquence, un signe pathognomonique. Cette opinion a prévalu longtemps parmi les vétérinaires. Des observations ultérieures ayant constaté que certains animaux vomissent sans laisser apercevoir, après leur mort, nulle déchirure à l'estomac, l'assertion de Lafosse a perdu tout crédit et a été complétement abandonnée.

Quelques vétérinaires répugnent à admettre que le vomissement puisse s'effectuer pendant que l'estomac est déchiré; il nous semble cependant possible de rendre raison de cette circonstance. Si la rupture de l'estomac peut s'établir subitement, comme nous le dirons plus loin, elle ne se forme le plus souvent que d'une manière lente et progressive. Dans ce dernier cas, l'accident se borne pour quelque temps à une petite ouverture d'abord incomplète; en considérant ensuite que l'épiploon répandu sur toute la grande courbure de l'estomac et le contact des viscères voisins peuvent boucher plus ou moins complétement cette ouverture première, l'on concevra la possibilité de cette concomitance, dont la durée doit cesser dès que la déchirure a acquis une certaine étendue.

La rupture des parois ventriculaires, qui complique l'affection primitive et la rend mortelle, hâte la disposition des parties à la paralysie, ou fait naître cette disposition si elle n'existait pas déjà. Dès que l'atonie ou mort des organes est complète, les douleurs cessent aussitôt et font place à un calme trompeur, avant-coureur de l'extinction de la vie. L'expérience journalière prouve que la cessation subite des douleurs excessives qu'éprouve l'animal n'est autre que l'annonce de la mort.

La lésion dont il est question ne s'annonce par aucun signe extérieur capable de la faire reconnaître ou seulement présumer; d'après sa gravité, elle ne doit précéder que de peu de temps la mort du cheval. Il est même des circonstances où la rupture ne s'opère qu'au moment où le malade, n'ayant plus de force, se laisse tomber pour ne plus se relever, et cela arrive surtout lorsque le ventre est ballonné et que l'animal se laisse choir tout d'une pièce. Dans ce cas, le déchirement du ventricule offre une grande étendue, et il y a épanchement considérable de substances chymeuses.

La correspondance de Fromage de Feugré sur les animaux domestiques renferme beaucoup de faits de vomissement avec ou sans déchirures de l'estomac (1). MM. Lionnet (2), Berthe (3), et Renault,

(1) *Correspondance sur les animaux domestiques*, tome III.
(2) *Nouvelle bibliothèque médicale*, année 1823, p. 206 et suiv.
(3) *Journal pratique de médecine vétérinaire*, 1827, p. 294.

directeur actuel de l'école royale vétérinaire d'Alfort (1), ont aussi payé chacun leur tribut, en ce
qui concerne le même sujet.

Aux faits que nous venons d'indiquer, nous
ajouterons deux observations intéressantes, qui nous
ont été communiquées par notre ami M. Bouley, et
dont une présente un exemple de vomissement
avec rupture incomplète de l'estomac. Dans la
soirée du 15 février 1828, un gros cheval de voiture fut affecté tout à coup de violentes coliques,
et l'on appela de suite M. Bouley pour lui donner
les secours nécessaires. « Je trouvai, dit ce vété-
« rinaire, l'animal dans un tel état d'anxiété et
« de tourments, qu'il ne pouvait conserver pen-
« dant quelques secondes la même position. Il
« grattait continuellement du pied, se couchait et
« se relevait sans cesse, regardait son ventre,
« cherchait à le mordre et semblait par là indi-
« quer le siége de ses souffrances. Ses flancs étaient
« tendus et ballonnés, son corps couvert de sueur,
« et son pouls peu développé, légèrement accéléré.
« J'augurai que les coliques dépendaient d'une in-
« digestion, et je prescrivis un traitement combiné
« d'après ce diagnostic. Revenu le 16 matin chez
« le propriétaire du malade, j'appris du palefrenier
« qui soignait l'animal que depuis environ deux
« heures ce cheval ne se tourmentait plus, mais
« que de temps à autre il faisait de violents efforts
« et rendait des matières alimentaires par les na-

(1) *Recueil de médecine vétérinaire,* 1828, p. 352.

« seaux. Ce rapport me détermina à considérer
« avec attention le malade, que je vis effectivement
« vomir à plusieurs reprises : les substances expul-
« sées au dehors étaient liquides, verdâtres, mé-
« langées de grains d'avoine, et elles exhalaient
« une odeur acide, produite sans doute par leur
« séjour dans le ventricule. Peu de temps après ces
« évacuations, le cheval tomba sur la litière et
« rendit le dernier soupir.

« L'ouverture faite deux heures après la mort
« laissa voir les membranes séreuses et charnues
« rupturées à la grande courbure de l'estomac,
« dans une étendue d'environ vingt-quatre centi-
« mètres ; la muqueuse se prolongeait à travers
« cette déchirure et formait *jabot* ou poche, con-
« tenant des matières. »

La deuxième observation de M. Bouley a été
fournie par un cheval entier, de grosse voiture,
et qui, de même que le précédent, se trouvait atteint
de coliques d'indigestion. L'animal, conduit chez
M. Bouley, vers huit heures du matin, fut soumis
de suite à un traitement rationnel. Sur les deux
heures de l'après-midi, le cheval paraissait plus
calme et moins souffrant : pendant cet état de tran-
quillité, il survint tout à coup de violents efforts ;
l'animal contracta fortement les muscles abdominaux, allongea l'encolure et rendit par les naseaux
une grande quantité de substances chymeuses, verdâtres et acides. Ce phénomène se répéta plusieurs
fois, et sans amélioration sensible dans l'état du
malade ; l'animal, épuisé par les douleurs, se laissa

tomber sur la litière , où il expira après s'être débattu pendant quelques minutes.

L'autopsie, faite douze heures après la mort, montra l'estomac déchiré à sa grande courbure , dans une étendue de plus de trois décimètres, les matières alimentaires répandues en abondance dans l'abdomen ; une grande partie de substances fibreuses étaient retenues et enlacées dans l'épiploon, déchiré en différents endroits : les autres lésions consistaient seulement en quelques points inflammatoires disséminés sur le péritoine. Il est à regretter que M. Bouley ait omis de constater l'état des bords de la rupture, qui pouvait indiquer si la lésion était toute récente, ou si elle datait d'un peu de temps.

§ III. *Du vomissement dans les ruminants.*

Les animaux ruminants se trouvent dans les mêmes conditions que les solipèdes , en ce qui concerne le vomissement. Nous avons démontré que les causes de l'inaptitude à cet acte , chez les monodactyles, doivent être attribuées à la structure et à la position de leur estomac , ainsi qu'au mode de terminaison de leur œsophage. Les mêmes organes des ruminants ne présentent nulle disposition particulière , d'après laquelle on puisse expliquer la raison pourquoi ces quadrupèdes sont, de même que les monogastriques herbivores, impropres au vomissement.

Les quatre estomacs des ruminants, le *rumen*, le *réseau*, le *feuillet* et la *caillette*, sont continus et attachés l'un à l'autre de telle sorte, qu'ils composent une masse de poches situées entre le diaphragme et les muscles abdominaux. Le premier de ces réservoirs, le plus vaste, occupant à lui seul les trois quarts de la cavité abdominale, est divisé intérieurement, par deux forts piliers, en deux principaux compartiments ou sacs, l'un droit et l'autre gauche. Le dernier, le plus grand, est aussi le plus remarquable, parce qu'il porte les deux ouvertures, l'entrée et la sortie du ventricule. Ces ouvertures résident à l'extrémité antérieure du même sac gauche et sont situées l'une au-dessus de l'autre. La supérieure est l'orifice cardiaque, et l'inférieure, bien plus grande, fait communiquer la panse avec le réseau. Nous renvoyons, pour les détails anatomiques, au mémoire sur la rumination ; nous nous bornerons à rappeler ici les changements qu'éprouvent le cardia et la gouttière œsophagienne, suivant la position de l'encolure et de la tête de l'animal. Les expériences faites sur le cadavre et consignées dans notre mémoire de 1810 prouvent que l'ouverture cardiaque se dilate progressivement et à mesure que l'œsophage est allongé, tiré en avant. Lorsque, par suite de l'extension de l'encolure, le canal est arrivé à un certain degré de déplacement en avant, l'ouverture cardiaque présente alors une excavation profonde, infundibuliforme. Pendant la manœuvre précédente, la gouttière œsophagienne se redresse, s'allonge et se dessine de plus en plus par l'effet du rapprochement de ses deux lèvres l'une de l'autre. L'encolure étant ramenée à l'état de flexion, l'orifice œsophagien revient sur lui-même ; il se relâche, s'avance dans la cavité ventriculaire et se referme complétement. C'est alors que l'on voit se former une sorte de valvule entre l'insertion du canal et la gouttière relâchée. Une nouvelle extension de l'encolure rétablit l'état primitif : au fur et à mesure que l'œsophage est porté en avant, la valvule s'efface, la gouttière se redresse et l'ouverture cardiaque se dilate. Ces divers changements, qui se font remarquer sur le sujet mort, doivent se reproduire pendant la vie, puisque le ruminant étend constamment l'encolure, pour effectuer l'ascension du bol alimentaire et le ramener dans la bouche. Nous démontrerons plus loin qu'en allongeant fortement l'œsophage d'un bœuf on parvient à obtenir la régurgitation d'une partie de la masse alimentaire contenue dans le rumen.

Une opinion ancienne, qui a eu peu de partisans et que nous avons nous-même combattue, est de considérer la rumination comme une sorte de vomissement, sollicité d'abord par le besoin, et qui devient naturel par l'habitude. Quelques observations sembleraient confirmer les rapports établis entre ces deux opérations.

On sait que les animaux ruminants éprouvent de fréquentes éructations, surtout lorsqu'ils ont beaucoup mangé. Les gaz de ces éructations entraînent parfois des débris alimentaires ; ce fait, rapporté par plusieurs vétérinaires et que nous avons eu occasion d'observer nous-même, est un fait incontestable. M. Cruzel, praticien très-recommandable, dit avoir remarqué chez des bœufs que, pendant qu'ils étaient en train de ruminer, certaines gorgées, remontant avec précipitation et éructation, étaient rejetées par la bouche, ce qui n'empêchait pas l'ascension d'un nouveau bol, qui avait lieu peu après l'expulsion des matières au dehors (1). Les faits qui précèdent semblent justifier le rapprochement que l'on a établi entre le vomissement et la rumination, mais ils ne prouvent pas l'identité de ces deux opérations. La rumination est un acte digestif, essentiellement conservateur de la santé; le vomissement, au contraire, est une action insolite, un dérangement dans le système habituel des organes.

Les quadrupèdes ruminants sont sujets à vomir aussi bien que les monogastriques herbivores; ils vomissent à peu près dans les mêmes circonstances et sous l'influence des mêmes causes. Toutefois, le vomissement morbide est bien plus rare chez les premiers que le régurgitatif, tandis que le contraire a lieu pour les solipèdes : différence remarquable, et qui dépend de la structure des parties.

Le vomissement morbide précède assez souvent la mort des bêtes ovines, principalement de celles dont le ventre est météorisé; il annonce aussi le terme de la vie chez certaines bêtes bovines, débilitées par des indigestions putrides, qui font développer des gaz et entretiennent la tympanite.

Le vomissement morbide peut aussi être la suite du régurgitatif, qui, en se reproduisant, affaiblit les

(1) *Journal pratique de médecine vétérinaire*, 1830, p. 326.

animaux et devient chronique. Cette remarque nous a été suggérée par une vache, appartenant à une femme veuve, peu fortunée et résidant aux environs de Rambouillet. La bête dont il s'agit, ayant été conduite à la pâture sur une luzernière, fut ramenée un jour à l'étable parce qu'elle se trouvait enflée. Pendant qu'on lui prodiguait des soins, elle fit de grands efforts, se roidit sur ses quatre jambes; en allongeant l'encolure et la tête, elle parvint à rejeter par la bouche une partie de la masse d'herbe renfermée dans sa panse. Ce dégorgement lui procura du soulagement et fit aussitôt cesser tout danger de suffocation; le lendemain la vache, paraissant bien portante, fut conduite sur la même prairie; elle revint un peu empansée et vomit de nouveau. Le régime alimentaire, continué plusieurs jours de suite, donna lieu à plusieurs accès de vomissement, qui finit par devenir habituel, morbide, et continua à se montrer jusqu'à la mort de l'animal.

Quant au vomissement régurgitatif dans les ruminants, il se manifeste assez fréquemment, et a fait le sujet d'un grand nombre d'observations imprimées. Dans quelques cas, il se montre par intermittences, cesse pendant quelque temps pour se rétablir de nouveau. Ainsi M. Santin, vétérinaire à Dourgne, cite le fait d'un bœuf qui mangeait avec voracité, rendait peu après une partie des aliments avalés et se remettait ensuite à manger (1). Nous devons à

(1) Dictionnaire de M. Hurtrel d'Arboval, deuxième édition, au mot *vomissement*.

M. Cruzel, déjà cité, le récit d'un autre bœuf qui éprouvait la même régurgitation que celui de M. Santin. « Étant prévenu, dit M. Cruzel, que l'a-
« nimal vomissait de temps en temps, je me rési-
« gnai à rester dans l'étable jusqu'à ce qu'il fût pos-
« sible de m'en assurer. Une heure après mon ar-
« rivée (en août 1821), la rumination s'exécute
« après avoir été précédée d'éructations profondes,
« sonores et ayant une odeur pénétrante.

« Cet acte dure dix minutes, après quoi l'animal
« se relève, se recule, tire sur sa chaîne, éprouve
« des tremblements, rapproche les extrémités pos-
« térieures du centre, tend la tête, et après une ins-
« piration très-forte, il vomit environ dix litres de
« matières mi-liquides et parfaitement triturées. Le
« vomissement terminé, le bœuf reste un moment
« debout sans faire aucun mouvement; bientôt il se
« couche de nouveau et rumine. A peine avait-il
« exécuté cette fonction pendant trente-cinq minu-
« tes, qu'un nouvel accès de vomissement se mani-
« festa, et parfaitement semblable à celui que j'a-
« vais observé précédemment (1). »

Le vomissement régurgitatif, souvent précédé d'éructations profondes et sonores, comme le dit M. Cruzel, s'opère en une ou en plusieurs secousses; on peut le provoquer et parvenir à le faire dévelop-per à l'aide d'une manœuvre qui a été publiée, en 1833, dans un journal d'agriculture, et que nous croyons utile de transcrire ici. Les praticiens exer-

(1) *Journal de médecine vétérinaire pratique*, 1830, p. 322.

cés à ces sortes d'opérations commencent par se munir d'un bout de bâton de la grosseur d'un manche à balai et de la longueur d'environ six à sept décimètres ; ils ont la précaution d'arrondir et de rendre bien unie l'une des extrémités de l'instrument, celle par laquelle le bâton doit être introduit dans le fond de la bouche du bœuf. Un aide vigoureux, et ayant un peu l'habitude de manier les animaux à grosses cornes, s'empare de la tête de l'animal, l'élève et l'allonge le plus possible. Cet aide se place d'abord du côté gauche de l'encolure, empoigne avec la main gauche la corne du même côté : immédiatement après, il saisit avec la main droite le bout du nez de l'animal en introduisant ses doigts dans les deux narines ; puis agissant simultanément des deux mains, dont une abaisse la corne pendant que l'autre soulève le bout du nez, il renverse en quelque sorte la tête et l'étend sur l'encolure, qui se trouve également allongée. Les parties étant fortement maintenues dans cette position, l'opérateur se met en devoir de provoquer la sortie des substances qui occasionnent la tension du ventre. Il saisit à pleine main la langue de l'animal, et la tire hors de la bouche en la portant en avant et de côté. Il plonge ensuite dans la bouche le petit bâton qu'il tient de la main droite, et qu'il enfonce jusque sous le voile du palais, un peu au delà de la base de la langue. Il appuie l'extrémité de l'instrument contre cette dernière partie, qu'il s'agira de presser et d'abaisser en avant ; l'autre bout du bâton doit poser contre le bourrelet calleux de la mâchoire antérieure. Ces deux appuis étant bien près, il effectue la pression pour ramener en avant et le plus possible la base de la langue, redresser et allonger en même temps l'œsophage. Après quelques minutes de cette manœuvre, qui doit se faire par petites secousses, les éructations commencent à s'établir ; elles sont d'abord légères, mais elles deviennent bientôt fortes et rapprochées ; l'opérateur doit alors avoir la précaution de se mettre de côté et de tenir sa tête penchée, afin d'éviter les bouffées gazeuses, dont l'odeur est herbeuse, acide et très-désagréable. Lorsqu'il y a surcroît d'aliments, les régurgitations de ces substances se mêlent aux éructations gazeuses, et le ventre ne tarde pas à se détendre. Pour que la manœuvre soit plus efficace et que la sortie des matières alimentaires se fasse moins attendre, il importe de préposer un aide à la compression du flanc gauche avec les deux mains, et de lui prescrire d'agir pendant que le bâton fonctionne comme il vient d'être expliqué.

L'opération qui précède, et que l'on désigne sous le nom vulgaire de *bâtonnage*, mérite toute l'attention des vétérinaires ; toutes les fois qu'elle est exécutée comme il convient, elle amène un résultat avantageux, la régurgitation ; et cette évacuation, étant un peu copieuse, soulage de suite le malade, diminue d'autant la tympanite, et prévient toute suffocation quelconque. M. Delafond, professeur à l'école vétérinaire d'Alfort, a constaté l'efficacité de cette méthode, qu'il a fait connaître à différents vétérinaires.

La manœuvre que nous venons de décrire pourrait assurément être employée pour la météorisation des bêtes ovines, avec les mêmes avantages que contre l'empansement des bêtes bovines; il suffirait seulement de substituer au petit bâton une cuiller de fer ou d'argent ou de buis. Les bergers ne connaissant pas la méthode du bâtonnage, les plus habiles parmi eux enfourchent d'abord la bête malade et la placent de manière à pouvoir lui comprimer le ventre avec les deux genoux; pendant qu'ils agissent sur l'abdomen, ils élèvent la tête de l'animal, l'allongent le plus possible, et facilitent avec les doigts les mouvements de la langue. D'autres, et c'est le plus grand nombre, confectionnent un bâillon avec des morceaux de genêt vert ou autre bois (1), placent cet instrument dans la bouche, en guise de mors, et le fixent à demeure par le moyen de deux bouts de ficelle qui sont arrêtés derrière la nuque et font l'office de têtière. La bête, ainsi bridée, mâchonne le bois et évacue, pendant le mouvement des mâchoires et de la langue, une humeur écumeuse, rend quelques rots, mais ne vomit jamais. Le bâillonnage dont il s'agit devient insuffisant, ou ne peut être que d'un faible secours lorsque la tympanite se déclare en même temps sur un grand nombre de têtes. Dans cette dernière circonstance, les bergers font courir les animaux, ou bien ils les rentrent à la bergerie, les rassemblent dans un coin du local et les font presser les uns contre les autres.

(1) Le genêt mérite la préférence, parce qu'il fournit un sel amer qui excite la salivation.

Ces moyens, assez communément employés, ne produisent que de faibles résultats ; beaucoup de bêtes rendent de la bave, même des gaz, mais la régurgitation est aussi rare que lorsque l'on a recours au bâillon. Il serait donc à désirer que le bâtonnage soit mis en usage pour combattre les tympanites des bêtes ovines ; lors même que la météorisation surviendrait sur un grand nombre d'individus à la fois, la méthode serait toujours d'un grand secours pour sauver les bêtes les plus précieuses.

FIN.

TABLE DES MATIÈRES

DU TOME SECOND.

ORDRE II.

ORDRE III.

ORDRE IV.

ORDRE V.

II.

ORDRE VI.

ORDRE VII.

FIN DU TOME SECOND ET DERNIER.